碳中和系列教材

C a r b o n   N e u t r a l i t y

碳中和
技术概论

● 江霞　汪华林　主编

中国教育出版传媒集团

高等教育出版社·北京

内容提要

本书针对我国碳中和技术创新重大需求，系统介绍了各项碳中和技术的基本原理、工艺过程、技术特点和发展趋势。全书分为能源篇、资源篇、信息篇、产业篇及决策篇，包括绪论、零碳电力技术、氢能技术、二氧化碳捕集封存技术、生物质燃料/原料替代、工业原料替代与循环利用、二氧化碳资源化技术、碳负排及生态碳汇强化技术、信息与通信技术在节能降碳中的应用、信息与通信碳中和技术、工业/交通运输/建筑/农业领域碳中和技术、碳中和决策支撑技术等十五章。

本书可作为高等学校环境、能源、化工、电气、信息、建筑、交通、农业类专业本科生与研究生的教学用书，也可供从事碳中和领域的管理和技术人员参考。

图书在版编目（ＣＩＰ）数据

碳中和技术概论 / 江霞，汪华林主编. -- 北京：高等教育出版社，2022.6（2023.9 重印）
ISBN 978-7-04-058495-0

Ⅰ．①碳… Ⅱ．①江… ②汪… Ⅲ．①二氧化碳－节能减排－高等学校－教材 Ⅳ．①X511

中国版本图书馆CIP数据核字(2022)第055053号

Tanzhonghe Jishu Gailun

策划编辑	陈正雄	责任编辑	杨 博	封面设计	赵 阳	版式设计	赵 阳
责任绘图	黄云燕	责任校对	高 歌	责任印制	刁 毅		

出版发行	高等教育出版社	网　址	http://www.hep.edu.cn
社　址	北京市西城区德外大街4号		http://www.hep.com.cn
邮政编码	100120	网上订购	http://www.hepmall.com.cn
印　刷	北京市鑫霸印务有限公司		http://www.hepmall.com
开　本	787mm×1092mm　1/16		http://www.hepmall.cn
印　张	36.25		
字　数	640 千字	版　次	2022 年 6 月第 1 版
购书热线	010-58581118	印　次	2023 年 9 月第 2 次印刷
咨询电话	400-810-0598	定　价	78.80 元

碳中和
技术概论

江霞　汪华林　主编

1　计算机访问 https://abook.hep.com.cn/1260749，或手机扫描二维码、下载并安装 Abook 应用。

2　注册并登录，进入"我的课程"。

3　输入封底数字课程账号（20位密码，刮开涂层可见），或通过 Abook 应用扫描封底数字课程账号二维码，完成课程绑定。

4　单击"进入课程"按钮，开始本数字课程的学习。

数字课程与江霞、汪华林主编的《碳中和技术概论》配套，是教材的补充和拓展，包含每个章节的PPT和导图，共十五章。数字课程中的资源很好地展现了教材中的主要概念、理论、重难点，有助于读者更好地掌握、理解和使用教材，提高学生自主分析问题和解决问题的能力。

| 用户名： | 密码： | 验证码： | 2692 忘记密码？ | 登录 | 注册 □ 记住我(30天内免登录) |

课程绑定后一年为数字课程使用有效期。受硬件限制，部分内容无法在手机端显示，请按提示通过计算机访问学习。

如有使用问题，请发邮件至 abook@hep.com.cn。

扫描二维码
下载 Abook 应用

参考教案

https://abook.hep.com.cn/1260749

序言

气候变暖已是一个不争的事实，是人类面临的重大的全球性挑战，应对气候变化是全人类共同的事业。截至2020年底，全球130多个国家提出了碳中和目标，这些国家二氧化碳排放量占全球的73%，GDP占全球的70%。作为世界上最大的发展中国家，我国二氧化碳排放总量全球第一，2020年约占全球的28%。我国承诺2060年前实现碳中和，展现了负责任大国的使命与担当，是着力解决资源环境约束突出问题的必然选择，事关中华民族永续发展和构建人类命运共同体。实现碳中和是一场广泛而深刻的经济社会系统性变革，需要把碳中和纳入生态文明建设整体布局。

2021年5月18日，国际能源署（IEA）发布全球实现碳中和六大技术，包括源头减量、能源替代、节能提效、回收利用、工艺改造和碳捕集，其中约50%的技术还不成熟。中国21世纪议程管理中心分析了我国碳中和技术发展路线图，包括零碳电力、零碳非电能源、零碳原料/燃料与工艺替代、二氧化碳捕集利用封存及碳汇、集成耦合与优化五类关键技术，其中仅1/3商业化，2/3仍在中试和基础研发阶段。因此，我国实现碳中和的关键在于科技创新自立自强，这对自然科学、工程科学、社会科学的发展和创新提出了全新要求，需要多学科交叉协同，引导碳中和技术变革。

在教育部科学技术与信息化司和教育部科学技术委员会环境学部领导下，四川大学江霞教授和华东理工大学汪华林教授分别作为工作组组长和副组长参与编制了《高等学校碳中和科技创新行动计划》，该行动计划于2021年7月由教育部正式发布，提出了加快碳中和领域人才培养、学科建设、教材建设等重点任务。为积极响应教育部行动计划，目前，四川大学、华东理工大学和中国石油大学（北京）成立了碳中和未来技术学院，西北大学成立了榆林碳中和学院，同济大学成立了碳中和学院，北京理工大学设立了"碳中和科技与管理技术"一级学科。这些都亟待碳中和科学理论与创新技术的产生，亟须碳中和相关教材来支撑碳中和人才培养。碳中和技术涉及学科多、行业多、范围广，是一个系统复杂的技术体系，既涉及环境科学与工程、电气工程、化学工程与技术、核科学与技术、动力工程及工程热物理、石油与天然气工程等相关学科，又涉及电力、工业、建筑、交通、农业等重碳领域。目前，国内外还没有一本系统地介绍碳中和技术的教材。

基于此，在高等教育出版社的组织下，四川大学联合国内十余家单位编写了本教材，以适应碳中和学科发展和人才培养的迫切需求。全书系统全面地介绍了碳减排、碳零排和碳负排等核心技术的基本原理、工艺过程、技术特点和发展趋势，体系结构完整，内容系统全面，反映了国内外碳中和技术领域研究和应用的最新成果，可帮助高校学生和碳中和相关的技术、管理人员在较短时间内对碳中和涵盖的技术有一个较为全面的了解。

碳中和是一个时代的使命，碳中和技术是永续发展和不断更新的。对于这样一个新生的事物，本书编写组耗费了大量的心血对碳中和技术的分类体系、技术特征、关键工艺、代表性案例进行了系统的梳理、归纳和总结，多方征求各个领域专家意见以及多次组织各种研讨会，力求全面覆盖大多数关键减碳技术。希望该书出版后能为高等学校探索建设碳中和相关学科专业、培养碳中和技术人才起到推动作用。

郭吉坤

2022 年 1 月 20 日

围绕碳中和国家重大战略部署,四川大学较早地积极地在碳中和"方向—人才—项目—平台—成果"创新链进行全方位布局。2021年1月,四川大学启动"创新2035"先导计划,其中以"碳中和技术创新"为重点研发任务之一,并先后成立四川大学碳中和技术创新中心、四川大学资源碳中和关键技术集成攻关大平台、四川大学碳中和未来技术学院,设置了"碳中和技术"学科博士点,开设了"碳中和技术概论"专业课程以及"碳中和:人类与地球共同的未来"全校核心通识课程。2021年4月,四川省科技厅批复建设四川大学牵头的"四川省碳中和技术创新中心",成为全国首家省级碳中和技术创新中心,并承担"四川省碳中和技术发展路线图"编制工作。2021年12月,四川省政府批复建设四川大学作为主要依托单位的天府永兴实验室(碳中和)。四川大学牵头承担了国家重点研发计划重点专项"废弃秸秆制备生物汽柴油成套技术与装备""可反复化学循环生物降解高分子材料""CO_2矿化利用固废关键技术与万吨级工业试验"等项目。

在高等教育出版社的组织下,四川大学牵头于2020年12月启动编写《碳中和技术概论》教材。本书在编写的过程中追溯了国内外碳中和的技术路线,参考了国内外碳中和领域相关众多优秀书籍,聚焦各类技术最新动态和发展趋势,加强理论知识与案例分析的结合,努力适应我国碳中和目标的实际需要。本书主要介绍能源、资源、信息三大减碳领域,以及重点产业的碳减排、碳零排、碳负排技术,分为能源篇、资源篇、信息篇、产业篇和决策篇。能源篇包括零碳电力技术、氢能技术、二氧化碳捕集封存技术；资源篇包括生物质燃料/原料替代、工业原料替代与循环利用、二氧化碳资源化、碳负排及生态碳汇强化技术；信息篇包括信息与通信技术在节能降碳中的应用、信息与通信碳中和技术；产业篇包括工业、交通运输、建筑、农业领域碳中和技术；最后，决策篇介绍碳排放监测、核算、净零碳导向下的低碳转型情景分析，为我国实现碳中和提供决策支撑技术。

本书由四川大学牵头，联合清华大学、华东理工大学、四川农业大学、浙江大学、浙江工业大学、北京科技大学、昆明理工大学、北京建筑大学、交通运输部科学研究院、国网四川电力公司、成都市环境保护科学研究院共同编写。本书参加编写的主要人员有：第一章，江霞、詹宇、甘凤丽；第二章，马生贵、代忠德；第三章，江霞、谢玲玲；第四章，代忠德、张士汉；第五章，靳紫恒、江霞、何臻；第六章，汪华林、彭琴、王邦达、陈宁；第七章，田程程、岳海荣；第八章，徐敏、田程程、肖溪；第九章，卿粼波、唐旺；第十章，张凌浩，唐伟；第十一章，江霞、陈琳、石宵爽、邢奕、李凯；第十二章，周子航、郭杰；第十三章，张炜、石杨、牛润萍、周浩、孙弘历；第十四章，徐敏、唐先进、张晓洪；第十五章，鲁玺、王洁。全书由江霞、汪华林担任主编，负责整本书的修改和统稿，由清华大学郝吉明院士主审，并欣然为本书作序。

本书的编写得到了教育部科学技术与信息化司、教育部高等学校环境科学与工程类专业教学指导委员会以及中国21世纪议程管理中心等单位的大力支持。2021年8月28日，高等教育出版社组织的《碳中和技术概论》教材审稿会在北京召开，教育部科学技术与信息化司高润生一级巡视员，清华大学郝吉明院士、贺克斌院士，中国21世纪议程管理中心副主任陈其针研究员，国家应对气候变化战略研究和国际合作中心李俊峰主任，冶金工业规划研究院李新创院长，能源基金会首席执行官兼中国区总裁邹骥等来自环境、能源、工业、管理领域的十余位领导专家出席指导。本书的编写思想与体系架构得到了参会专家的肯定和赞许，并为本书的修改提出许多宝贵的意见。

本书在编写过程中，四川大学石碧院士，中国21世纪议程管理中心仲平研究员，清华大学林波荣教授，南京农业大学周立祥教授，北京大学马丁教授，华北电力大学汪黎东教授，四川大学蒋文举教授、汤岳琴教授，循环经济协会可再生能源专业委员会王卫权秘书长等专家也提出了许多宝贵的意见和建议。高等教育出版社陈正雄、杨博等为本书的出版付出了辛勤的劳动。编者单位许多老师和研究生参与了书稿的校对工作。在此，谨向提供帮助的所有老师和同学表示衷心的感谢！

碳中和技术涉及学科多、内容广、行业众多，由于编者学识水平有限，书中不足和错漏在所难免，希望读者在使用本书时，多向我们反馈意见，促进我们不断修改、完善并再版，加快推进我国碳中和学科专业建设和人才培养。

编者

2022年1月20日

碳中和技术概论

绪论

第一章 绪论
- 全球气候变化
- 全球碳排放与碳中和
- 国际碳中和公约与行动
- 我国碳中和目标、挑战和机遇

能源篇

第二章 零碳电力技术
- 传统发电节能提效技术
- 可再生能源发电技术
- 储能技术
- 核能发电技术
- 输配电技术

第三章 氢能技术
- 制氢技术
- 储氢技术
- 运氢技术
- 氢能应用

第四章 二氧化碳捕集封存技术
- 液体吸收技术
- 固体吸附技术
- 膜分离技术
- 二氧化碳压缩、运输技术
- 二氧化碳封存技术

资源篇

第五章 生物质燃料/原料替代
- 生物质制备液体燃料
- 生物质制备燃气
- 生物质制备化学品
- 生物质制备大宗材料

第六章 工业原料替代与循环利用
- 钢铁冶金原料替代
- 水泥原料替代
- 绿色高分子原料替代
- 工业固体废物循环利用

第七章 二氧化碳资源化技术
- 二氧化碳制备化学品
- 二氧化碳制备燃料
- 二氧化碳制备高性能材料
- 二氧化碳矿化利用

第八章 碳负排及生态碳汇强化技术
- 直接空气碳捕获技术
- 生物能源和碳捕集与储存技术
- 生物炭土壤固碳技术
- 陆地碳汇强化技术
- 海洋碳汇强化技术

产业篇

第十一章 工业领域碳中和技术
- 钢铁行业
- 化工行业
- 石化行业
- 水泥行业
- 有色金属冶炼行业

第十二章 交通运输领域碳中和技术
- 能效提升技术
- 替代燃料技术
- 绿色能源替代技术

第十三章 建筑领域碳中和技术
- 建筑建造、构造与环境营造碳减排技术
- 建筑能源系统碳零排技术
- 建筑绿化系统碳负排技术

第十四章 农业领域碳中和技术
- 种植与养殖碳减排技术
- 农田土壤固碳增汇技术
- 农业有机废弃物资源化利用技术

信息篇

第九章 信息与通信技术在节能降碳中的应用
- 大数据、云计算与人工智能技术
- 物联网与数字孪生技术
- 卫星遥感技术
- 集成耦合与优化技术

第十章 信息与通信碳中和技术
- 信息与通信领域碳排放与能耗评价指标
- 绿色数据中心低碳技术
- 通信基础设施低碳技术
- 典型信息与通信企业碳中和技术

决策篇

第十五章 碳中和决策支撑技术
- 碳排放监测技术
- 碳排放核算技术
- 净零碳导向下的低碳转型情景分析
- 基于学习曲线的技术发展路径

目录

01

第一章

绪论

全球气候变化是21世纪人类可持续发展面临的重大挑战，世界卫生组织（WHO）已将气候变化列为当前全球人类健康的最大威胁。化石燃料燃烧和利用所引起的碳排放被认为是导致全球变暖最主要的原因。

第一节
全球气候变化

近年来，全球变暖趋势逐步加快，2020年全球平均温度比1850—1900年平均温度升高1.27 ℃，87%的地球表面温度明显高于1951—1980年的平均温度。全球升温影响到几乎所有的陆地和海洋区域，其中陆地区域的升温幅度通常是海洋的两倍多。

一、气候变化可能带来的影响

（一）正面影响

1. 大气湿度增加

气候变化会使全球大气湿度增加，从而带来更多的降水。例如，非洲北部、亚洲中部及我国中西部将变得更加湿润。非洲的撒哈拉沙漠将会逐渐缩小，我国的戈壁滩将逐渐变绿，这些地方可能变得适宜人居。

2. 植被覆盖率增加

气候变化和大气二氧化碳（CO_2）含量增加会促进植物生长，在一定程度上增加植被覆盖，扩大绿化面积。据统计，近年来我国的森林覆盖率快速增长，除了植树造林等措施之外，气候变化的影响亦不容忽视。

3. 农作物增产

气候变暖有助于农作物增产。更长的温暖季节可以使局部地区作物分蘖良好，产量增加。全球变暖为部分地区农作物的种植创造了新的条件，例如，加拿大和西伯利亚等冷冻地区也可种植农作物。近年来，全球作物产量持续增加，气候变化所引起的降雨增加和低温冻害减少是主要因素。

(二) 负面影响

1. 冰川消融

近几十年来，气候变暖导致北极海冰范围持续缩小、高山冰川明显退缩、北半球积雪不断减少。北极海冰面积过去每10年减少约10%，若气候变暖趋势不减，夏季的北极冰海可能在21世纪末消失。自1980年以来，全球范围内冰川和积雪的消退变得更加普遍和迅速，预计到2050年，全球大多数冰川的平均体积将损失60%。冰川的消失直接导致山体滑坡、山洪暴发等灾害，还增加了局部地区季节性可用水量减少的风险。

2. 海平面上升

气候变暖使海洋热含量增加。自20世纪中叶至21世纪，全球海洋从海平面到700 m深度的平均温度上升了0.1 ℃，加之冰川持续消融，全球平均海平面以平均1.8 mm/a的速率上升（图1-1）。此外，CO_2的大量排放会导致海水酸化，极地地区的酸化尤其严重。海水酸化除了会影响海洋生态系统，还会降低其碳汇能力。

3. 极端天气

气候变暖令不同类型天气出现的概率发生不同程度的变化，尤其是极端天气的增加。① 全球大部分地区极端降水天气频发。极端降水指日降水强度大，达到日累积降水量的前5%，研究表明极端降水在最潮湿和最干旱的地区都在增加。陆地上约18%的极端降水事件与自工业化以来的温度升高密切相关。② 许多地区火灾频率和强度增加。过去三四十年中，热浪变得更加频繁和严重，高湿度的热浪对人类健康构成威胁，而低湿度的热浪会导致环境干燥，更易引发火灾。③ 干旱地区严重程度和频率增加。未来30年全球大部分地区的干旱情况将日趋严重。

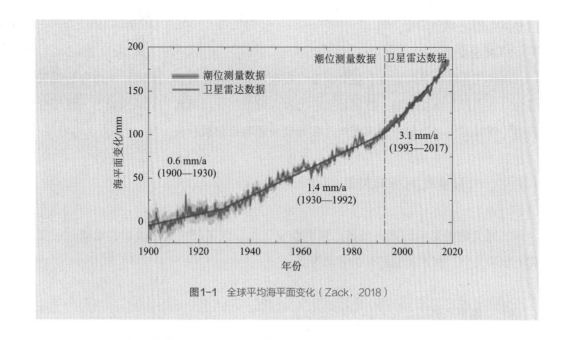

图1-1 全球平均海平面变化（Zack，2018）

4. 生物多样性锐减

气候变化会导致许多物种的灭绝。由于气温升高，自然环境发生变化，一些物种被迫离开它们的栖息地，将其活动范围迁移至更高纬度或更高海拔的地区。同时，生态系统中气候因素的不稳定性也会导致入侵物种的增加，进而导致全球生物多样性丧失。

5. 生态系统功能紊乱

气候变化正通过影响食物链和食物网而不断影响着陆地、海洋生态系统功能。由于气温升高，全球淡水水体数量减少，河流和溪流系统中的周期性水流减少，依赖淡水生态系统的生物的摄食、交配和迁徙被破坏。生态系统内的植物和动物物种的变化直接影响着依赖此生态系统的人类活动。

6. 健康风险

气候变化对人类健康造成威胁，如极端天气导致的直接死亡，气候变化引起介质变化导致的疾病增加等。各种传染病在温暖的气候下更容易传播，如登革热、疟疾、埃博拉出血热等，对儿童影响尤其严重。

WHO估计2030—2050年期间，全球变暖将导致每年约25万人死于高温暴露及传染病感染。同时，气候变化会增加严重污染事件的风险。研究发现，到2050年，气候变化将对中国半数以上地区的空气质量产生不利影响，主要表现在细颗粒物和臭氧浓度分别增加3%和4%。

7. 社会安全

气候变化也在不同程度上威胁着粮食安全、经济社会发展。暴雨、干旱等极端天气会对农业产生负面影响，特别是世界上收入较低的人群将面临饥饿风险。大量研究表明，气候变化对当前和未来人类社会的负面影响将继续存在。

二、气候变化的影响因素

气候变化的影响因素有很多，包括温室气体、气溶胶、太阳活动、地球轨道变化、板块运动、海水运动和火山活动等。

（一）温室气体

温室气体指大气中能让太阳短波辐射自由通过，同时吸收地面和空气放出的长波辐射，从而造成近地层增温的气体。如果大气层不存在，地球表面平均温度约为$-18\ ℃$，但实际上的地球表面温度保持在$15\ ℃$左右，即大气层的温室效应使地球表面温度升高约$33\ ℃$，其中温室气体发挥重要作用。

大气中的主要温室气体包括水蒸气、CO_2、甲烷（CH_4）、氧化亚氮（N_2O）、臭氧（O_3）和氟利昂类物质（CFCs）等。主要大气成分水蒸气、CO_2、CH_4 及 O_3 对温室效应的贡献率大小分别为$36\%\sim72\%$、$9\%\sim26\%$、$4\%\sim9\%$ 和 $3\%\sim7\%$。CO_2主要来自化石燃料使用及土地利用变化（如热带毁林），CH_4主要来自畜牧业、水稻田、湿地等，N_2O主要产生于施氮肥等农业生产活动，CFCs则主要来自冰箱、空调等的制冷剂使用。

（二）气溶胶

气溶胶是大气中的一种微小颗粒，主要包括火山喷发产生的火山灰、化石燃料燃烧产生的二氧化硫（SO_2）及生物质燃烧释放的颗粒等。

气溶胶通过影响大气化学、辐射和云物理过程，进而影响近地表的辐射平衡和气温。绝大部分气溶胶因反射太阳辐射而对大气产生降温作用；但也有少量的气溶胶，如化石燃料的燃烧产物黑炭具有增温效果。此外，气溶胶通过影响水云并引起云反照率效应，起到间接的降温作用。

（三）太阳活动

太阳是地球热量的主要来源，地球温度变化与太阳活动密切相关，但太阳活动对地球温度的影响程度存在较大不确定性。有学者认为，太阳活动增加将导致地球升温。例如，在长时间尺度上，太阳活动强度与北极地区的温度变化之间有很好的一致性。而太阳黑子的变化与全球温度之间具有良好的相关性。

（四）其他

1. 地球轨道

地球运行轨道微小的波动就会改变地球接收的太阳辐射能量，影响太阳辐射在地球表面的分布。虽然对年均辐射强度影响不大，但会影响区域和季节性分布。与太阳活动对气候影响的理论类似，轨道变化是否会影响气候变化亦是现代气候理论的重要争辩点。

2. 板块运动

板块运动产生了全球陆地和海洋区域的各类地形，大陆位置决定了海洋的几何形状，从而影响大气－海洋环流模式，进而影响全球或区域的气候环境。海洋的位置控制着全球热量和水分的转移路径，对全球气候的影响也极为重要。最近的一个板块运动影响气候的例子是大约500万年前巴拿马地峡的形成，它切断了大西洋和太平洋之间的直接联系，强烈影响了墨西哥湾流的海洋动力学，并可能促使北半球冰盖的形成。

3. 海水运动

海洋是气候系统的重要组成部分之一，无论是短期的涨落变化还是长期存在的洋流运动，都会影响乃至改变气候环境。通过深海和大气之间的热交换或改变云、水蒸气、海冰分布等影响全球地表平均温度。例如，暖流会增加温度和湿度，而寒流则会降低温度和湿度。值得注意的是，因为海洋的质量远大于大气的质量，且受到水比热容的影响，海洋对气候变化的影响会持续较长时间。

4. 火山活动

火山活动也是影响气候变化的重要因素之一。火山喷发产生的火山灰和气体通过影响大气的辐射传输，影响地表平均温度，并通过改变大气环流、水平垂直增温差等来影响气候变化。由于火山喷发存在季节、纬度及强度的差异，喷发物的空间分布特征各异，进入的大气层不同，产生的辐射强迫也会有所不同。大规模的火山喷发会产生较大的辐射强迫，如2008—2011年，火山喷发产生的辐射强迫为 $-0.11\ W/m^2$，是1999—2002年的2倍。

三、气候变化应对

温室气体的持续排放将导致全球气候进一步变暖。适应和减缓是应对气候变化的基本途径，是减少和管理气候变化风险的互补战略。适应是对实际或预期气候及其影响进行调整的过程，以减少或降低气候变化带来的风险；减缓是减少温室气体排放或增加汇的过程，以减缓未来的气候变化。

（一）适应

适应可以有效降低当前气候变化产生的风险，并且可以在未来应对新出现的风险。适应的难度随着气候变化的幅度和速度而增加，由于气候系统的惯性，全球变暖及其影响将持续多年。即使通过减少温室气体排放或加强碳汇来有效地缓解气候变化，也无法消除气候变化的长期影响，因此适应是必要的。

适应包括生态系统适应、社会适应和制度适应。增强生态系统的连通性，可以提高生态系统适应能力，减少气候灾害。提高基础设施建设水平、改善资源获取方式、减少群体之间的经济不平等、多样化的环境移民等可持续发展活动可以提高人类对气候变化的适应能力，有助于降低气候变化产生的风险。

（二）减缓

减缓可以减少21世纪后几十年及长期的气候变化影响。减缓气候变化的核心措施是大幅降低 CO_2 等温室气体人为排放量，同时通过提高全球碳汇水平来增强 CO_2 的吸收能力，最终实现 CO_2 排放量与吸收量的平衡。

目前降低 CO_2 排放最艰巨的挑战是减少化石燃料的使用，大幅度提升可再生能源或非化石能源的比例，促进能源降碳。通过发展低碳发电、燃料转化用电等关键技术可以提升资源利用效率，力争将大气 CO_2 当量浓度控制在 $450\sim500\ mL/m^3$ 的水平。低碳电力供应的比例到2050年将从目前的30%左右增加到80%以上。此外，还应通过各种生态建设手段加强森林、土地及海洋生态系统的保护，增强生态系统碳汇能力。

第二节
全球碳排放与碳中和

一、温室气体排放与气候变化的关系

(一) 大气温室气体排放

近几十年来，全球人为温室气体排放量显著增加，特别是21世纪以来，温室气体排放量增幅约为2.2%。2019年，全球人为温室气体排放量约为524亿t（以CO_2当量计），其中CO_2排放量（364.4亿t）占比高达70%。图1-2反映了全球平均温度变化与温室气体排放的关系。

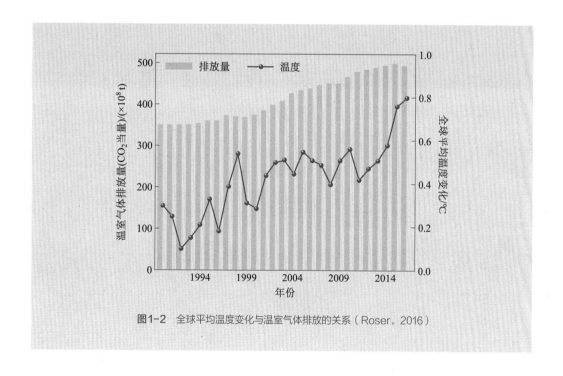

图1-2　全球平均温度变化与温室气体排放的关系（Roser，2016）

与过去80万年相比，当前全球大气中CO_2、CH_4、N_2O浓度为历史新高。自工业革命后，大气中温室气体浓度大幅增加 [图1-3 (a)]，CO_2浓度增加了约46%，CH_4浓度增加了一倍多，已达到1.8 mL/m^3以上。在过去80万年中，大气中的N_2O浓度很少超过0.28 mL/m^3，但自1850年以来显著上升，2019年达到了0.331 mL/m^3。

2018年，世界气象组织（WMO）发布《温室气体公报》，公报显示1990年以来，全球"辐射强迫"效应增量中，CO_2的贡献占比高达82%。仅在2019年，人类就向大气中排放了364.4亿t CO_2，其中约40%将在大气中滞留数百年。因此，CO_2分子在整个大气层中形成了一层保温膜。

在过去一百多年里（1900—2020年），气温与CO_2浓度在整体上也具有高度的相关性[图1-3（b）]。2021年，诺贝尔物理学奖获得者证明了CO_2是导致全球变暖的主要因素。如果不加以控制，到21世纪末，升温可能会达到3~4 ℃（图1-4）。这可能会引起生命、生态和气候系统等崩溃性的紊乱，对全球的气候和生态系统产生巨大的影响。

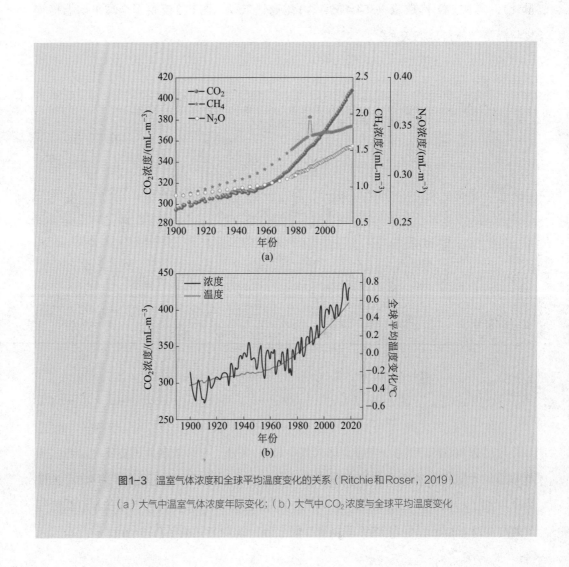

图1-3 温室气体浓度和全球平均温度变化的关系（Ritchie和Roser，2019）

（a）大气中温室气体浓度年际变化；（b）大气中CO_2浓度与全球平均温度变化

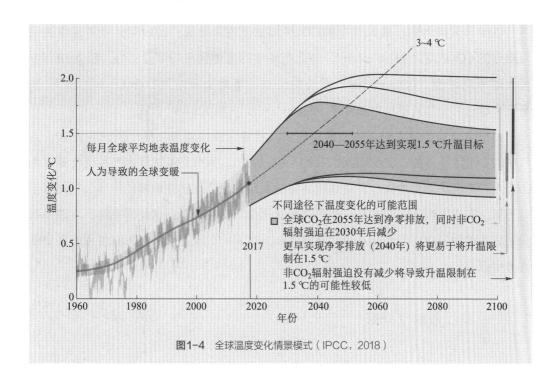

图1-4 全球温度变化情景模式（IPCC，2018）

（二）大气二氧化碳排放

工业革命开始之前，全球平均CO_2浓度约为280 mL/m^3，2013年5月9日，在美国冒纳罗亚火山测得的日均CO_2浓度有记录以来首次超过400 mL/m^3，而在2015年，全球平均CO_2浓度首次超过400 mL/m^3。大气CO_2浓度持续高速增长，到2020年，全球平均CO_2浓度已经达415 mL/m^3，较21世纪初上升约12%（图1-5）。

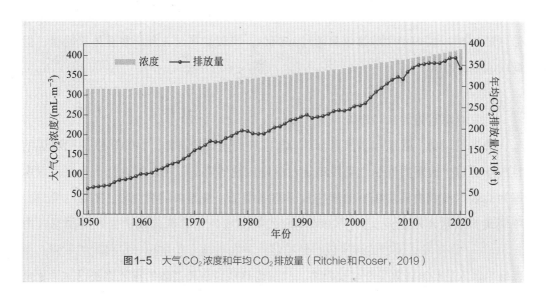

图1-5 大气CO_2浓度和年均CO_2排放量（Ritchie和Roser，2019）

以中国大陆为例，其大气中的CO_2平均浓度逐年增长。2019年，青海瓦里关站观测到的CO_2浓度为411.4 mL/m^3，与北半球中纬度地区平均浓度相当，较2010年中国大陆平均浓度（387.8 mL/m^3）增长约6.1%，年增长率约为2.6 $mL \cdot m^{-3} \cdot a^{-1}$，略高于全球过去十年的平均增长水平（2.1 $mL \cdot m^{-3} \cdot a^{-1}$）。

如果全球能源需求仍以化石燃料为主，且需求持续增长，预计到21世纪末，大气中的CO_2浓度将超过900 mL/m^3（NOAA，2020）。大气CO_2浓度水平和变化速率也由于人为原因均逐渐加快。自然碳循环中的大气浓度变化往往需要经历几个世纪甚至几千年，在人为因素的影响下，达到这一变化仅用了几十年，这使得生物、生态系统和地球系统的适应时间大幅减少。高浓度CO_2带来的气候变化深刻影响着生态系统和人类生活。

二、碳排放时空分布

CO_2人为排放是全球气候变化的主要原因，了解CO_2历史排放如何演变、分布及其关键驱动因素，对于缓解气候变化至关重要。

（一）全球碳排放时间分布

19世纪中叶工业革命之后，化石燃料的消耗导致CO_2排放量明显增加，扰乱了全球碳循环并导致了全球变暖，1950年排放量已达60亿t，但增长相对缓慢。随着全球工业化进程加快，排放量急剧上升，2000年排放量达251.2亿t，较1950年增加3.2倍（图1-5）。2019年全球排放量超过360亿t，排放量在过去几年增速虽显趋缓，但尚未达到峰值。

（二）全球碳排放空间分布

20世纪以前，欧洲和美国是全球CO_2排放的主要经济体，1900年欧洲和美国的排放量占总排放量的90%，至1950年占总排放量的85%以上。但近几十年来，以中国为代表的亚洲发展中国家的碳排放量急剧增加。最显著的变化发生在21世纪初，中国碳排放量不断上升，并于2006年取代美国成为全球碳排放量最大的国家［图1-6（a）］。许多发达国家的碳排放已经稳定，并在近几十年呈现一定程度的下降。而发展中国家的CO_2排放呈现增长趋势，且目前这些经济转型体的排放增长已主导了全

球 CO_2 的排放趋势。

亚洲的 CO_2 排放量占全球的53%，是第一大排放区域。以美国为主导的北美是第二大排放区域，排放量占全球的18%。欧洲是第三大排放区域，占全球的17%。中国自2006年以来一直是世界上最大的排放国，近年来其排放量占全球的25%以上。

迄今为止，美国的累计排放量超过任何其他国家，占全球累计排放量的25.5%，中国为累计排放量第二的国家，占比为13.7%（表1-1）。

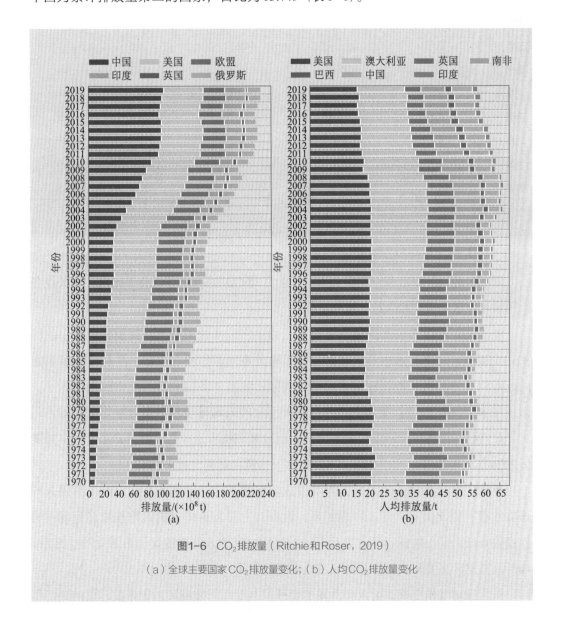

图1-6 CO_2 排放量（Ritchie和Roser，2019）

（a）全球主要国家 CO_2 排放量变化；（b）人均 CO_2 排放量变化

表1-1　2019年全球主要国家CO_2排放情况和累计排放情况

国家	CO_2排放量/ （10^8 t · a^{-1}）	年排放量占比 /%	CO_2累计排放量 （1750—2019年）/ （10^8 t）	累计排放量占 比/%	人均排放量/t
中国	101.7	27.9	2 199.9	13.7	7.1
美国	52.8	14.5	4 102.4	25.5	16.1
印度	26.2	7.2	519.4	3.2	1.9
俄罗斯	16.8	4.6	1 138.8	7.1	11.5
日本	11.1	3.0	645.8	4.0	8.7
德国	7.0	1.9	919.8	5.7	8.4
加拿大	5.8	1.6	331.1	2.1	15.4
南非	4.8	1.3	207.2	1.3	8.2
巴西	4.7	1.3	151.3	0.9	2.2
英国	3.7	1.0	778.4	4.8	5.5
全球	364.4	100.0	16 116.0	100.0	5.5

数据来源：Ritchie和Roser，2019

（三）人均碳排放时空分布

世界各地CO_2排放量存在很大差异。为了对CO_2的排放进行公平比较，须关注各个国家和地区的人均CO_2排放水平。

世界上人均排放较高的国家主要是石油生产国，特别是人口规模相对较小的国家。一般而言，生活水平高的国家具有高碳足迹，但即使在生活水平相似的国家之间，人均排放量也可能存在较大差异。例如，欧洲许多国家的人均排放量远低于美国、加拿大（表1-1）。事实上，一些欧洲国家的人均排放量与全球平均水平相差不远。虽然CO_2排放与经济发展关系密切，但政策和技术选择也会对其产生影响，如英国2019年人均排放远低于美国，主要是由于核能和可再生能源的利用。

亚洲拥有世界60%的人口，人均排放量略低于全球平均水平。同时，中国人均排放水平不到美国的一半。21世纪后，世界及主要发达国家的人均排放已呈现不同程度的降低，而以中国、印度为代表的发展中国家的人均排放量仍不断上升［图1-6（b）］，其差异主要来自国家能源供应及经济的差距。

虽然应对气候变化是全人类共同的责任，但受经济发展和历史排放总量的制约和影响，各国应承担"共同但有区别的责任"。

三、碳排放情况

（一）主要行业碳排放情况

CO_2 排放的主要来源可分为：能源利用、农业及土地利用、直接工业过程及废物处理过程。其中，能源利用产生的 CO_2 排放量目前约占全球总排放量的75%，能源利用的主要行业包括电力和热力生产、工业、交通运输、制造及建筑等，各行业在近几十年的排放量均显著上升。

2019年，全球 CO_2 的排放有约70%来源于电力和热力生产、工业生产及交通运输过程，其中电力和热力生产（33%）是最大贡献者。同年，我国电力和热力生产业 CO_2 排放占比为43%，亦是最大贡献源，工业及交通运输业排放占比依次为33%及9%（图1-7）。

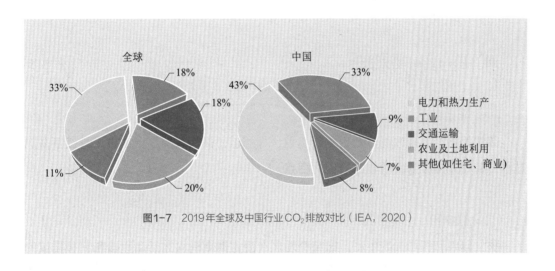

图1-7　2019年全球及中国行业 CO_2 排放对比（IEA，2020）

（二）主要燃料碳排放情况

能源和工业生产中的 CO_2 排放主要来自不同类型的燃料燃烧（图1-8）。18世纪，在欧洲和北美首先出现工业规模的以燃煤发电为主的 CO_2 排放源，直到19世纪中期，来自石油和天然气的 CO_2 排放开始增加，进入20世纪后，水泥生产的 CO_2 排放才逐渐显现。

2019年，中国、美国、印度、欧盟27国、英国、俄罗斯和日本7个全球最大的 CO_2 排放主体合计占全球人口的51%，占全球国内生产总值（GDP）的62.5%，占全球化石燃料使用总量的62%，排放了全球化石 CO_2 总量的67%。

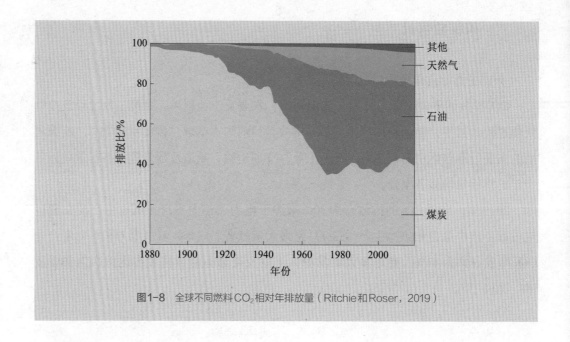

图1-8　全球不同燃料CO_2相对年排放量（Ritchie和Roser，2019）

四、碳中和相关术语

（一）碳达峰

碳达峰指CO_2排放量达到历史最高值，即峰值，然后经历平台期进入持续下降的过程，是CO_2排放量由增转降的历史拐点。

（二）碳中和

狭义碳中和指CO_2的中和，即某个地区在规定时期内人为活动直接和间接排放的CO_2，通过利用新能源减少碳排放、碳捕集利用与封存、植树造林等人为的碳移除和碳汇补偿手段，与自身产生的CO_2相互抵消，实现CO_2排放与吸收的平衡（图1-9）。广义碳中和还包含净零排放和气候中性等。

（三）净零排放

净零排放指包含CO_2、CH_4等在内的所有温室气体的中和。

（四）气候中性

气候中性的概念更广，是指除温室气体以外，还将辐射等地球物理效应纳入考

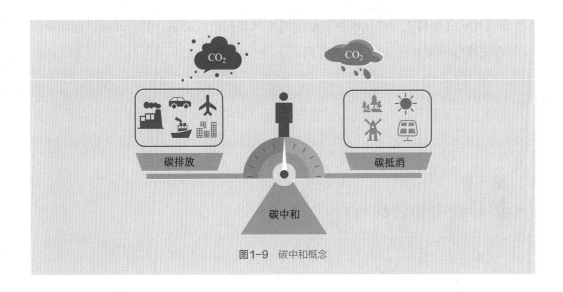

图1-9　碳中和概念

虑，避免对气候系统产生影响。

（五）碳抵消

排放单位用核算边界以外所产生的温室气体排放的减少量及碳汇，以碳信用、碳配额或（和）新建林业项目等产生碳汇量的形式来补偿或抵消边界内的温室气体排放的过程。

（六）碳汇

通过植树造林、森林管理、植被恢复等措施，利用植物光合作用吸收大气中的 CO_2，并将其固定在植被和土壤中，从而减少大气中 CO_2 浓度的过程、活动和机制。

（七）碳足迹

碳足迹用以衡量人类活动对生态环境的影响，指由个人、事件、组织、服务、地点或产品直接或间接引起的温室气体总排放量（以 CO_2 当量计）。

（八）碳核算

衡量人类活动排放温室气体（CO_2 当量）的过程，为国家碳相关决策提供事实依据。

（九）碳交易

碳交易是《京都议定书》为促进全球减少温室气体排放，采用市场机制，建立以

《联合国气候变化框架公约》作为依据的温室气体排放权交易，是一种通过创建排放配额有限的市场来限制气候变化的方法。

第三节
国际碳中和公约与行动

一、国际公约

在应对气候变化的过去几十年里有三大里程碑式国际公约，分别是《联合国气候变化框架公约》、《京都议定书》和《巴黎协定》。

（一）《联合国气候变化框架公约》

1992年5月，联合国大会通过了《联合国气候变化框架公约》（*United Nations Framework Convention on Climate Change*），并由154个国家共同签署。作为世界上首个关于全面控制CO_2等温室气体排放的国际公约，提出了国际社会在全球气候变化问题上进行合作的基本框架。

《联合国气候变化框架公约》终极目标是将大气温室气体浓度维持在一个稳定的水平，在该水平上人类活动对气候系统的危险干扰不会发生。根据"共同但有区别的责任"原则，公约对发达国家和发展中国家规定的义务及履行义务的程序有所区别，要求发达国家作为温室气体的排放大户，采取具体措施限制温室气体的排放，并向发展中国家提供资金以支付他们履行公约义务所需的费用。而发展中国家只承担提供温室气体源与温室气体汇的国家清单的义务，制订并执行含有关于温室气体源与汇方面措施的方案，不承担有法律约束力的限控义务。

《联合国气候变化框架公约》确立了5个基本原则：① "共同但有区别的责任"原则，要求发达国家带头应对气候变化；② 应充分考虑发展中国家的具体国情；③ 缔约方应采取必要举措，预测、预防和减少导致气候变化的要素；④ 重视各方可持续发展权；⑤ 加强各国之间的合作。

作为《联合国气候变化框架公约》缔约方，中国重视其国际义务，已发布3次《中华人民共和国气候变化初始国家信息通报》和2次《中华人民共和国气候变化两年更新报告》，并向《联合国气候变化框架公约》秘书处提交，以履行我国义务。

（二）《京都议定书》

1997年12月，《京都议定书》（*Kyoto Protocol*）通过，这是对《联合国气候变化框架公约》的重要补充。《京都议定书》规定发达国家要在1990年的基础上于2020年和2050年分别减排20%和80%～85%。发展中国家则在得到发达国家一定援助的前提下，实行自愿减排，其目标是将地球的温升控制在与工业化初期相比不超过2 ℃，对应的是大气中温室气体的浓度不超过450 mL/m³，CO_2浓度不超过400 mL/m³。

2005年2月16日，《京都议定书》正式生效。这是人类历史上首次以法规的形式限制温室气体排放。为了促进各国完成温室气体减排目标，议定书允许采取以下4种减排方式：① 两个发达国家之间可以进行排放额度买卖的"排放权交易"，即难以完成削减任务的国家，可以花钱从超额完成任务的国家买进超出的额度。② 以"净排放量"计算温室气体排放量，即从本国实际排放量中扣除森林所吸收的CO_2的数量。③ 可以采用清洁发展机制，促使发达国家和发展中国家共同减排温室气体。④ 可以采用"集团方式"，即欧盟内部的许多国家可视为一个整体，采取有的国家削减、有的国家增加的方法，在总体上完成减排任务。

中国是《京都议定书》第37个签约国，我国努力贯彻全面、协调和可持续发展的科学发展观，不断致力于提高能源利用效率、开发利用新能源和可再生能源，为减缓和适应气候变化做出贡献，与国际社会一起，主动探索应对气候变化的有效途径。

（三）《巴黎协定》

2015年12月，《巴黎协定》（*Paris Agreement*）设定了21世纪后半叶实现净零排放的目标。《巴黎协定》提出了与工业化初期相比较，到21世纪末将大气温升控制在2 ℃以内，并为控制在1.5 ℃而努力的目标，把21世纪下半叶实现人为温室气体排放量与自然系统吸收量相平衡（即碳中和）作为实现该目标的具体措施。

在《巴黎协定》形成的过程中，中美两国元首连续五次发表联合声明，明确了《巴黎协定》的基本原则和框架，为《巴黎协定》的达成、签署和生效发挥了关键作用。

在《巴黎协定》的框架之下，我国以"五大发展理念"为核心，提出实现碳中和四大目标：到2030年，中国单位GDP的CO_2排放比2005下降60%~65%；非化石能源占总能源比重提升到20%左右；中国的CO_2排放要达到峰值，并且争取尽早达到峰值；中国的森林蓄积量要比2005年增加45亿m^3。

在《巴黎协定》框架下，截至2020年底已有占全球CO_2排放量65%以上的100多个国家或地区提出了碳中和承诺。碳中和的提出是国际社会应对气候变化的主动作为。

二、国际行动

（一）欧盟

欧洲在低碳方面一直积极行动，早在2011年，欧盟委员会就发布了2050年能源路线图、2050年低碳经济转型路线图等政策文件，明确减排目标及能源结构转型计划。2014年，欧盟进一步提出，到2030年碳排放量比1990年减少40%，可再生能源消费占能源消费总量的比重达到30%，能源使用效率提升30%。

2017年7月，欧盟委员会出台"强化欧盟地区创新战略"，呼吁欧盟各国提升智能化建设水平，推进低碳转型。2019年12月，欧盟委员会发布《欧洲绿色协议》，提出到2050年欧洲在全球范围内率先实现碳中和。《欧洲绿色协议》几乎覆盖农业、工业、交通、建筑、通信等所有领域，是一项彻底改变欧洲经济社会体系的政策。

2021年7月14日，欧盟委员会公布《欧洲绿色新政》，旨在实现到2030年温室气体净排放量较1990年减少55%以上、到2050年实现碳中和。该提案中包含气候、能源、土地利用、运输、税收等多个方面。在能源转型方面，到2030年将可再生能源占比提高到40%；在能效方面，将通过《欧盟能源效率指令》制定更具约束力的年度目标，以减少欧盟整体的能源使用量；在交通方面，要求新车的平均排放量到2030年较2021年水平下降55%，自2035年开始禁售燃油车；在森林和土地利用方面，支持林业人员和以森林为基础的生物经济，保持采伐和生物量利用的可持续性，保护生物多样性，并计划到2030年植树30亿棵。

（二）美国

美国政府提出多项措施，包括增加在新能源领域的投入、建立严格的汽车尾气排放标准、颁布《美国清洁能源安全法案》等，该法案主要包括节能增效、开发新能源、应对气候变化等方面。美国"绿色新政"的内容也包括节能增效、开发新能源、应对气候变化等方面，其核心是开发新能源。开发新能源主要包括发展高效电池、智能电网、碳捕集与封存（CCS技术），发展可再生能源如风能和太阳能等重点领域。节能增效的重点是汽车节能和建筑节能。

美国宣布，到2030年将温室气体排放量较2005年减少50%~52%，并在2050年实现净零排放。2020年10月27日，美国提出了"零碳排放行动计划"，重点关注六大碳排放相关的能源生产与消费部门，包括电力、交通运输、建筑、工业生产、土地利用和材料（图1-10）。

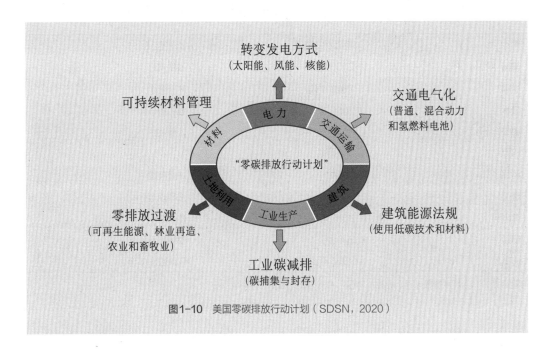

图1-10　美国零碳排放行动计划（SDSN，2020）

（三）其他国家

2020年10月，日本承诺2050年实现碳中和。2004年4月，日本环境省设立了"面向2050年的日本低碳社会情景"研究计划，研究日本2050年低碳社会发展的情景和路线图，提出在技术创新、制度变革和生活方式转变方面的具体对策。2008年7月，日本政府制定了《构筑低碳社会行动计划》，提出了能源碳中和愿景，到2030年，日本能耗总量要削减0.5亿kL油当量。

2020年10月，韩国也承诺2050年实现碳中和。2008年8月，韩国提出"低碳绿色增长"经济振兴战略，通过发展绿色环保技术、新能源、可再生能源，实现节能减排、增加就业、创造经济发展新动力三大目标。

2019年，澳大利亚政府制订了削减碳排放量的计划，采用100多种新技术实现碳中和，并将可再生能源列为关键减排技术进行重点投资。预计10年内，澳大利亚电网中的可再生能源发电量将增加一倍，占比达到50%，并致力于高污染行业现代化，以应对本国与国际上日益关注的"脱碳"问题。

为应对气候变化，目前除印度外，美国、中国、日本、德国等全球GDP排名前十的国家，已通过政策宣示或法律规定的形式，提出了净零目标（表1-2）。

表1-2　全球GDP排名前十国家的气候承诺

国家	净零目标	承诺性质
美国	2050年	政策宣示
中国	2060年前	政策宣示
日本	2050年	政策宣示
德国	2045年	法律规定
印度	—	—
英国	2050年	法律规定
法国	2050年	法律规定
意大利	2050年	政策宣示
巴西	2050年	政策宣示
加拿大	2050年	政策宣示

数据来源：华为技术有限公司、德勤（中国）有限公司，2021

第四节
我国碳中和目标、挑战和机遇

一、我国碳中和目标

2020年9月22日，我国在第七十五届联合国大会上郑重宣布：中国将提高国家自主贡献力度，采取更加有力的政策和措施，二氧化碳排放力争于2030年前达到峰值，努力争取2060年前实现碳中和。实现碳达峰、碳中和，是着力解决资源环境约束突出问题、实现中华民族永续发展的必然选择，是构建人类命运共同体的庄严承诺。

到2030年，经济社会发展全面绿色转型取得显著成效，重点耗能行业能源利用效率达到国际先进水平。单位国内生产总值能耗大幅下降；单位国内生产总值CO_2排放比2005年下降65%以上；非化石能源消费比重达到25%左右，风电、太阳能发电总装机容量达到12亿kW以上；森林覆盖率达到25%左右，森林蓄积量达到190亿m^3。CO_2排放量达到峰值并实现稳中有降。

到2060年，绿色低碳循环发展的经济体系和清洁低碳安全高效的能源体系全面建立，能源利用效率达到国际先进水平，非化石能源消费比重达到80%以上，碳中和目标顺利实现，生态文明建设取得丰硕成果，开创人与自然和谐共生新境界。

二、我国碳中和挑战

实现碳达峰、碳中和，是我国向世界作出的庄严承诺，也是一场广泛而深刻的经济社会变革。作为世界上最大的发展中国家，我国将用全球历史上最短的时间实现从碳达峰到碳中和，时间紧、挑战大、任务重，这无疑将是一场硬仗。

（一）我国还在中高速发展阶段，面临的碳中和挑战远大于欧美发达国家

首先，我国是世界上最大的发展中国家，还在中高速发展阶段。欧盟的碳达峰历程较自然，在达峰之后有一个漫长的平台期才开始缓慢下降。而我国现在仍处在能源消费和CO_2排放的“双上升”阶段，即使达峰后仍需付出艰苦的努力，快速度过平台期，实现稳步下降，最终实现碳中和。欧盟承诺的碳中和与碳达峰时间距离是70～80年，而我国承诺的碳中和与碳达峰时间的距离只有30年，这意味着我国碳达峰之后几乎没有平台期的缓冲就要开始下降，且是快速下降，时间相当紧迫。

其次，我国与欧美国家处在不同的发展水平阶段和不同的经济增速阶段。我国需要在人均GDP相对低的水平下实现碳达峰。国际货币基金组织（IMF）的研究表明，发达国家的平均经济增速一般为1%～2%，而我国的经济增速在5%以上且将维持很长一段时间，这会导致能源需求总量的增长。在这种经济及增速下实现减排，就需要低

碳可再生能源的发展明显高于经济增速，从而抵消经济增长带来的CO_2排放的增加。

最后，我国CO_2排放总量明显超过欧美发达国家。2019年，我国能源活动CO_2排放约为105亿t，大约是美国的2倍、欧盟的3倍（图1-11）。同时，我国单位GDP能耗高、CO_2排放强度大，2019年我国单位GDP CO_2排放量为6.9 t/万美元，是全球平均的1.8倍、美国的3倍、德国的3.8倍（图1-12）。因此，我国实现碳中和，CO_2排放总量基数大、技术难度高、时间紧（仅有30~40年），而且没有成熟的减排模式作为参考，必须创新减排模式。

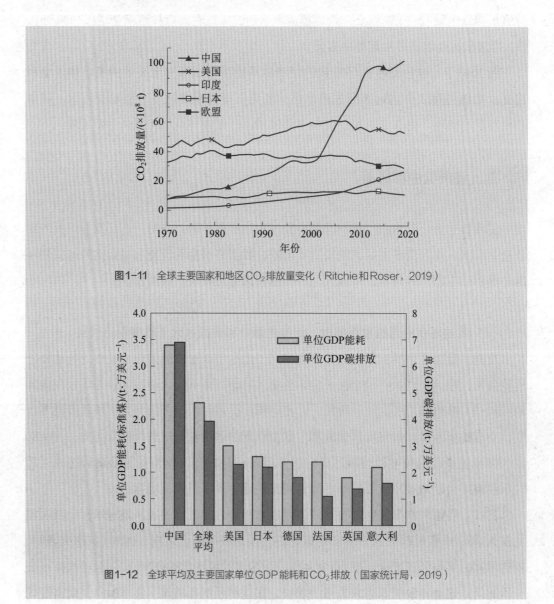

图1-11　全球主要国家和地区CO_2排放量变化（Ritchie和Roser，2019）

图1-12　全球平均及主要国家单位GDP能耗和CO_2排放（国家统计局，2019）

（二）我国化石能源在一次能源消费占比高，高碳能源结构短期内难以改变

从能源结构来看，我国化石能源在一次能源消费占比高达85%，并且呈现"一煤独大"的格局，煤炭占比接近60%（图1-13）。而非化石能源仅占一次能源的15%，导致我国单位GDP碳排放强度比全球平均水平高80%以上（图1-12）。这反映出我国能源结构调整中可能面临的一系列问题和挑战，如高碳能源资产累计规模总量大、转型难等。

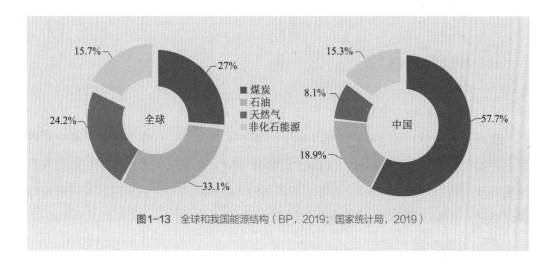

图1-13 全球和我国能源结构（BP, 2019；国家统计局, 2019）

清华大学气候变化与可持续发展研究院研究预测，在碳中和目标下，到2050年，我国非化石能源发电量占总电量的90%以上，煤炭比例则将降至5%以下。因此，我国能源结构低碳转型以及最终实现净零排放所面临的任务十分艰巨。

（三）我国是高碳产业结构，高耗能难减排行业占比高

我国重碳工业比重较高，包括钢铁、水泥、石油、化工、有色金属冶炼等高排放高耗能行业，占整个工业能耗的比重超过70%，碳减排难度大，下面以钢铁、水泥行业为例进行说明。

就钢铁行业而言，我国是世界上最大的粗钢生产国，并且每年都在快速增长。2020年，我国粗钢产量达到10.65亿t，以56.5%的占比居世界首位。同时，我国钢铁行业CO_2排放量大，约占全国CO_2排放总量的16%，是CO_2排放量最高的非电行业。另外，我国钢铁行业CO_2排放强度高，吨钢碳排放显著高于美国、德国、墨西哥等欧美国家，亟须发展先进碳中和技术支撑钢铁行业碳减排。

水泥行业的脱碳路径更为艰难。水泥行业是我国国民经济的重要基础产业，也构成了现代城市建筑的躯干。2020年，我国建筑材料工业 CO_2 排放量为14.8亿t，水泥行业居建材行业首位，占比高达83%。据测算，到2050年中国水泥行业碳减排需达70%以上。但目前水泥的生产仍以煅烧石灰石为主，此过程可产生超过80%的 CO_2，排放强度高。用非石化基材料替代石灰石为原料，以及零碳燃料替代是两类极具发展前景的水泥行业碳减排技术。然而，这两类技术相应的工业流程需要对现有生产线路开展升级改造，涉及产业链的各个环节。

三、我国碳中和机遇

（一）我国人均 CO_2 排放量低

我国在人均 CO_2 排放量较低的前提下 [图1-6（b），表1-1]，提出了碳中和目标。美国人均 CO_2 排放量超过16.1 t/a，是我国（7.1 t/a）的2倍多；日本和德国人均排放量分别是8.7 t/a和8.4 t/a，也都高出我国的人均排放水平。如果我国实现在较低峰值水平上达峰，这种后发优势就更加明显。

（二）我国节能潜力巨大

节能提效是实现 CO_2 排放大幅下降的最主要途径，是碳中和的优先手段。发达国家人均能源消费已达峰值，我国还面临能源利用效率偏低的现实，我国单位GDP能耗是3.4 t标准煤/万美元，为世界平均水平的1.4~1.5倍（图1-12）。如果达到世界平均水平，每年可减少13亿t标准煤的使用、减排34亿t CO_2，约占2020年 CO_2 排放总量的1/3。因此，我国节能提效潜力巨大。

（三）我国可再生能源丰富

目前全球经济发展高度依赖化石能源，但化石能源在全球的地域分布极不均匀。可再生能源主要包括风能、太阳能、水能、生物质能等。全球风、光资源分布相对更均匀，若能更好地掌握抓取风、光资源，开发出大规模应用风电、光伏电的领先技术体系，就可获得长期经济发展支撑能力的提升。

我国太阳能资源丰富，技术可开发装机容量超过1 172亿kW，目前开发率仅为0.2%，大规模开发完全能够满足我国能源需求。我国风能资源丰富，陆上风电的技术可开发装机容量超过56亿kW，开发率仅为5%。我国生物质资源丰富，每年可作为能源利用的生物质资源总量约4.6亿t标准煤。

（四）我国技术发展空间大

我国是世界第一大石油进口国、第二大石油消费国。英国石油公司（BP）《BP 2030年世界能源展望》报告显示，到2030年，我国的石油对外依存度将高达80%。因此，我国可从资源依赖向技术依赖转型，以应对化石能源对外高度依存的"卡脖子"问题。如果我国提前攻克一批关键技术，如可再生能源发电技术、氢能技术、生物质原料/燃料替代技术等，在全球碳中和背景下的优势将更加明显。

四、能源、资源、信息碳中和

能源、资源、信息是三大重要减碳领域，耦合地质存碳与生态固碳，支撑国家、地区实现碳中和（图1-14和表1-3）。

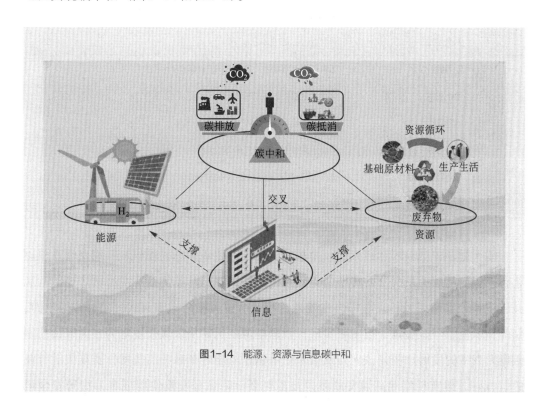

图1-14 能源、资源与信息碳中和

表1-3 能源、资源与信息碳中和技术

能源	可再生能源电力与核电	太阳能/风能/水能/生物质能/海洋能/地热能发电，核能发电
	储能技术	机械/热化学/电气/电化学储能
	输配电技术	高比例可再生能源并网/特高压输电，先进电力装备，交直流混合配电网
	氢能技术	电解水制氢，生物质制氢，可再生能源制氢，核能制氢
		物理/固态/有机液体储氢，运氢
		氢燃料电池汽车，氢原料工业利用
	供热技术	低品位余热利用，热力与电力协同
	节能降碳技术	能源提效，能量回收利用，CO_2捕集封存
资源	燃料替代	生物质燃料替代，氨能燃料利用，CO_2制备燃料
	原料替代	生物质原料替代，工业原料替代，CO_2制材料化学品
	工业流程再造	钢铁/化工/建材/有色金属/石化流程再造
	回收与循环利用	物质回收利用
	碳捕集/利用技术	空气直接碳捕集，CO_2资源化
	生态资源	海洋碳汇，陆地碳汇
信息	效率提升	信息技术支撑能源/工业/交通/建筑/农业提效
	运行节能	信息通信基础设施节能降碳
	供需平衡	电力供需平衡优化，产品供需平衡优化
	能源互联	多能协同发电，多能互补耦合应用
	产业系统协同	全产业链/跨产业低碳技术集成与耦合
	管理支撑	碳排放监测核算/核查，碳中和决策支撑技术

　　能源是要求减碳幅度最大的一个领域，碳中和要求全球能源供应−消费体系由以化石能源为基础的系统全面转换为零碳系统，需大幅提升非化石能源比例。能源领域减碳主要通过发展风、光等可再生能源、改变产业用能结构等方式，包括零碳电力、储能、氢能、节能提效等技术来实现。我国能源结构需从以煤炭发电为主向以清洁零碳电力为主的发展。例如，大力发展氢能炼钢、氢能客车等清洁技术，实现关键行业的碳减排。但实现氢能高速发展亟须技术创新，降低开发及使用成本，提升安全可靠性。

资源领域可从化石能源资源减量化、二次资源规模化、多种资源综合化出发，实现资源来源从地下化石资源向地表二次资源转型。资源循环能够有效减少初次生产过程中的碳排放，并在达到同样经济目标的情况下，将化石能源需求降到最低。资源领域减碳主要通过零碳原料/燃料替代、工业流程再造、回收与循环利用、碳捕集转化等技术实现，包括生物质制大宗材料燃料化学品，如高分子、汽柴油、航煤、醇类等，替代部分化石资源。以 CO_2 作为碳资源制备燃料技术是化石能源产业低碳绿色发展的重要选择，应积极开展大规模 CO_2 制备燃料全链条集成工程示范，跨越经济性障碍。以资源循环为核心，通过工业流程再造推动减污降碳协同增效，实现从传统"碳－氢"化石原料体系向"碳－氢－氧"可再生原料体系的跨越发展。

　　信息领域是带动未来科技创新的重要引擎和推动经济社会数字化转型的关键支撑。信息领域可利用互联网＋、大数据、人工智能等前沿技术耦合先进节能、用能技术减碳，同时可通过信息通信技术优化或重塑各领域行业技术环节，从源头减少能源、资源领域消耗带来的碳排放。信息通信领域减碳主要通过效率提升、运行节能/用能结构优化、供需平衡、能源互联、产业系统协同等技术来实现。信息通信技术可与资源、能源系统耦合，建立"智慧能源体系"与"智慧资源体系"，全面提升各领域经济环境效益以实现低碳发展。

思考题

1. 气候变化可能带来哪些正面影响?
2. 温室气体包括哪些?
3. 气候变化的影响因素有哪些?
4. 如何理解应对气候变化是各国"共同但有区别的责任"?
5. 如何看待我国人均碳排放比较低?
6. 碳中和、气候中性的定义是什么?
7. 简述《巴黎协定》的内容。
8. 简述碳交易在促进碳减排中的作用。
9. 我国实现碳中和目标面临哪些挑战与机遇?

参考文献

[1] 麦克尔罗伊. 能源与气候: 前景展望 [M]. 鲁玺，王书肖，郝吉明，译. 北京: 科学出版社，2018.

[2] 方精云. 中国及全球碳排放——兼论碳排放与社会发展的关系 [M]. 北京: 科学出版社，2018.

[3] 全球能源互联网发展合作组织. 中国碳中和之路 [M]. 北京: 中国电力出版社，2021.

[4] 邓旭，谢俊，滕飞. 何谓"碳中和" [J/OL] ? 气候变化研究进展，2021，17 (1): 107−113.

[5] Hong C P, Zhang Q, Zhang Y, et al. Weakening aerosol direct radiative effects mitigate climate penalty on Chinese air quality[J]. Nature Climate Change, 2020, 10(9): 845−850.

[6] IPCC. Global warming of 1.5 ℃ [EB/OL]. 2018.

[7] Hong C P, Zhang Q, Zhang Y, et al. Impacts of climate change on future air quality and human health in China[J]. Proceedings of the National Academy of Sciences, 2019, 116(35): 17193−17200.

[8] Haug G H, Tiedemann R, Keigwin L D. How the isthmus of Panama put ice in the Arctic[EB/OL]. Oceanus, 2004, 42(2): 1−4.

[9] England M H, McGregor S, Spence P, et al. Recent intensification of wind-driven circulation in the Pacific and the ongoing warming hiatus[J]. Nature Climate Change, 2014(4): 222−227.

[10] Barnett T P, Adam J C, Lettenmaier D P. Potential impacts of a warming climate on water availability in snow-dominated regions[J]. Nature, 2005(438): 303−309.

[11] Fischer E, Knutti R. Anthropogenic contribution to global occurrence of heavy-precipitation and high-temperature extremes[J]. Nature Climate Change, 2015(5): 560−564.

[12] Root T L, Price J T, Hall K R, et al. Fingerprints of global warming on wild animals and

plants[J]. Nature, 2003(421): 57−60.

[13] Watts N, Amann M, Arnell N, et al. The 2019 report of *The Lancet* Countdown on health and climate change: ensuring that the health of a child born today is not defined by a changing climate[J]. The Lancet, 2019, 394(10211): 1836−1878.

[14] World Health Organization. Calls for urgent action to protect health from climate change—sign the call[R]. Geneva: WHO, 2015.

[15] Kabir M I, Rahman M B, Smith W, et al. Climate change and health in Bangladesh: a baseline cross-sectional survey[J]. Global Health Action, 2016, 9(1): 29609.

[16] Intergovernmental Panel on Climate Change. Climate change 2013: the physical science basis. [R]. New York: Cambridge University Press, 2013: 1029−1136.

[17] Intergovernmental Panel on Climate Change. Climate change 2021: the physical science basis. [R].New York: Cambridge University Press, 2021.

[18] Netherlands Environmental Assessment Agency. China now No.1 in CO_2 emissions; USA in second position[R/OL]. 2007.

[19] International Energy Agency.Global CO_2 emissions in 2019 [EB/OL]. 2020.

[20] Crippa M, Muntean M, Guizzardi D, et al. Fossil CO_2 emissions of all world countries—2020 Report[M]. Luxembourg: Publications Office of the European Union, 2020.

[21] Lindsey R. Climate change: atmospheric carbon dioxide[EB/OL].NOAA, 2020.

[22] 李俊峰. 做好碳达峰、碳中和工作，迎接低排放发展的新时代 [J]. 世界环境，2021（1）：16−19.

[23] 北京市市场监督管理局. 企事业单位碳中和实施指南：DB11/T 1861−2021 [S]. 2021.

[24] 李全生. 碳中和目标下我国能源转型路径探讨 [J]. 中国煤炭, 2021, 47 (8): 1−7.

[25] International Carbon Action Partnership. Emissions trading worldwide[R]. Berlin: ICAP, 2021.

能源篇 1

2020年，我国能源消费总量为49.8亿t标准煤，位居世界第一，其中，非化石能源消费量占能源消费总量的比重仅为15.5%，能源领域减碳是我国实现碳中和的关键。能源利用的主要行业包括电力和热力生产、工业、交通运输、制造及建筑等，其中，电力和热力生产业是最大贡献源。中国能源基金会提出中国实现碳中和路径中多部门、多举措并举的一揽子解决方案，指出未来零碳电力减碳约27%，非电燃料如氢能减碳约14%，二氧化碳捕集与封存减碳约7%。本篇第二章、第三章和第四章分别介绍零碳电力技术、氢能技术以及CO_2捕集封存技术。工业、建筑、交通运输、农业领域的节能提效将在产业篇介绍。

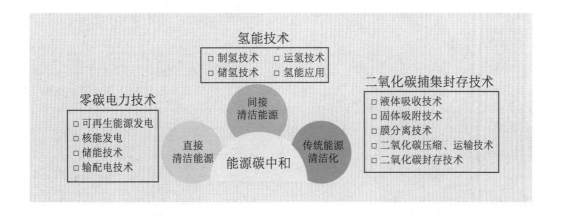

第二章
零碳电力技术

电力脱碳是碳中和的第一要务。具有"零碳"属性的可再生能源电力和核能电力将逐渐成为能源电力的供应主体，进而实现电力零碳化。可再生能源发电的波动性增加了电网的调度难度和运营成本，需加快发展储能，同时利用先进的输配电技术支撑新能源发电、多元化储能、新型负荷大规模友好接入，构建"新能源发电—规模化储能—先进输配电"的能源供应模式。本章主要介绍传统发电节能提效技术、可再生能源及核能发电技术、储能技术和输配电技术。

第一节
传统发电节能提效技术

如图2-1所示，我国2020年的发电量仍以火电为主，高达69%。因此，传统发电节能提效技术尤其重要。本节主要介绍燃煤热电联产、超超临界燃煤发电及燃煤耦合生物质发电技术。

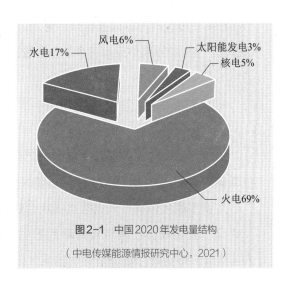

图2-1 中国2020年发电量结构
（中电传媒能源情报研究中心，2021）

一、燃煤热电联产

燃煤热电联产系统是一种供热和发电同时进行的燃煤能源利用系统。热电联产可提高能源利用率、节约能源，还具有便于综合利用、改善环境等优点，因此近年来得到了迅速发展。图2-2为基于汽轮机的热电联产机组流程的示意图。我国热电联产机组主要以燃煤机组为主。截至2020年，装机容量接近5亿kW。

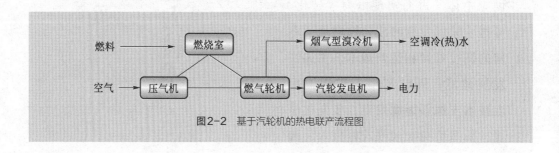

图2-2　基于汽轮机的热电联产流程图

二、超超临界燃煤发电

超超临界（ultra super-critical，USC）燃煤发电技术是指燃煤电厂将蒸汽压力、温度提高到超临界参数以上，实现大幅提高机组热效率、降低煤耗和污染物排放的技术。目前，USC发电机组的发电效率在45%以上，远高于亚临界机组的37.5%。与传统煤粉锅炉相比，USC发电厂的CO_2排放量可减少约22.0%。2015年国电台州电厂成功示范首台1 000 MW的USC发电机组，发电效率达到47.8%。

USC主要流程为原煤被粉碎后燃烧，释放的热能通过传导和对流传递到热交换器内部的水，使用给水泵供应到各个加热阶段，并将蒸汽参数提高到超超临界状态进行发电。

三、燃煤耦合生物质发电

用生物质燃料替代部分煤作为锅炉燃料的耦合燃烧发电技术是一种快速可靠的煤电低碳发展优化方案（图2-3），是燃煤电厂实现温室气体减排最经济的技术选择。

生物质耦合燃烧方式包括直接耦合燃烧、间接耦合燃烧和并联耦合燃烧。直接耦合燃烧（直燃耦合）是将预处理后的生物质与煤粉输送至锅炉内直接混合燃烧［图2-4（a）］；间接耦合燃烧是将生物质气化产生的生物质燃气输送至锅炉并与煤粉混合燃烧［图2-4 (b)］；并联耦合燃烧是生物质在独立的锅炉内燃烧，并将产生的蒸汽并入煤粉炉的蒸汽管网，与燃煤蒸汽共用汽轮机耦合发电［图2-4 (c)］。

间接耦合和并联耦合可避免生物质燃料带来的积灰、腐蚀等问题，燃料适应性更广，但由于新增设施多，建设和运维成本远高于直燃耦合方式。

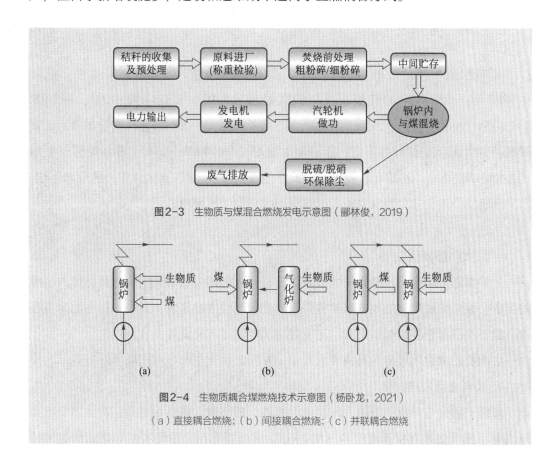

图2-3　生物质与煤混合燃烧发电示意图（郦林俊，2019）

图2-4　生物质耦合煤燃烧技术示意图（杨卧龙，2021）

（a）直接耦合燃烧；（b）间接耦合燃烧；（c）并联耦合燃烧

第二节
可再生能源发电技术

可再生能源是指在自然界中可以不断得到补充或能在较短周期内再产生的能源，

如太阳能、风能、水能、生物质能、地热能、海洋能等。可再生能源的主要开发利用方式是发电，可再生能源发电在能源供应、温室气体减排方面发挥着至关重要的作用。

一、太阳能发电

太阳能是一种洁净的可再生能源，具有可持续性、普遍性、安全性、广泛性等特点。我国太阳能资源丰富，年辐射总量为 $928 \sim 2\,333\ \mathrm{kW \cdot h/m^2}$，中值为 $1\,626\ \mathrm{kW \cdot h/m^2}$，总体呈高原大于平原、西部干燥区大于东部湿润区的分布特点。青藏高原的太阳能资源最为丰富，年总辐射量超过 $1\,800\ \mathrm{kW \cdot h/m^2}$，部分地区甚至超过 $2\,000\ \mathrm{kW \cdot h/m^2}$。2020年，我国太阳能发电累计装机容量2.53亿kW，居全球首位。

太阳能发电主要分为太阳能光伏发电和太阳能光热发电。

（一）太阳能光伏发电

太阳能光伏发电是根据光生伏打效应，利用太阳能电池将太阳能直接转化为电能的技术。太阳能和电能之间的转换需要依靠光伏组件才能实现，其中，蓄电池能够存储电能并在没有光照时提供电能，逆变器的功能为直流交流转变。

太阳能光伏发电可分为离网光伏发电、并网光伏发电和分布式光伏发电等。

1. 离网光伏发电

离网光伏发电系统主要由太阳能电池组件、控制器、蓄电池组成，若要为交流负载供电，还需要配置交流逆变器（图2-5）。日照强度和电池温度是影响光伏电池特性的因素，在特定的电池温度和日照强度下有唯一的最大输出功率点。

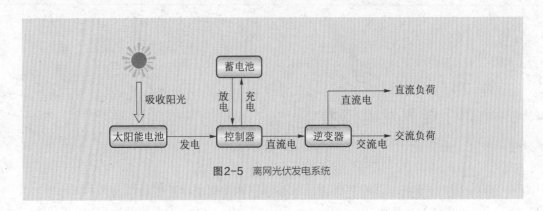

图2-5　离网光伏发电系统

太阳能电池按使用材料的不同，可分为硅系半导体太阳能电池、化合物半导体太阳能电池、有机半导体太阳能电池等。晶硅太阳能电池技术是目前市场上最为常见的太阳能电池技术，转换效率大约为22%，使用年限在20年左右，最长可达25年。

2. 并网光伏发电

并网光伏发电系统是将太阳能电池组件产生的直流电经过并网逆变器转换成符合市电电网要求的交流电之后直接接入公共电网的技术系统（图2-6）。

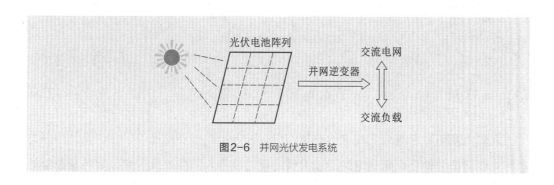

图2-6　并网光伏发电系统

并网光伏发电系统中的集中式大型并网光伏电站一般都是国家级电站，主要特点是将所发电能直接输送到电网，由电网统一调配向用户供电。但这种电站投资大、建设周期长、占地面积广，发展难度相对较大。而分散式小型并网光伏系统，特别是光伏建筑一体化发电系统，由于投资小、建设快、占地面积小、政策支持力度大等优点，发展速度较快。

太阳能并网发电技术应用在很多方面，如公共电网、自动化通信等。设置组件位置可在建筑物上部等特定区域，利用能量转换原理建设相关的光伏发电系统。太阳能光伏并网发电技术的更新通常首先是电池储备系统的更新，即提高电池储备系统储存电能的能力。

3. 分布式光伏发电

分布式光伏发电系统，又称分散式发电或分布式供能，是指在用户现场或靠近用电现场配置较小的光伏发电供电系统，以满足特定用户的需求，支持现存配电网的经济运行。

分布式光伏发电系统的基本设备包括光伏电池组件、光伏方阵支架、直流汇流箱、直流配电柜、并网逆变器、交流配电柜等设备（图2-7）。在有太阳辐射的条件下，光伏发电系统的太阳能电池组件阵列将太阳能转换为电能输出，经过直流汇流箱集中送入直流配电柜，由并网逆变器逆变成交流电供给建筑自身负载，多余或不足的电力通过连接公共电网来调节。

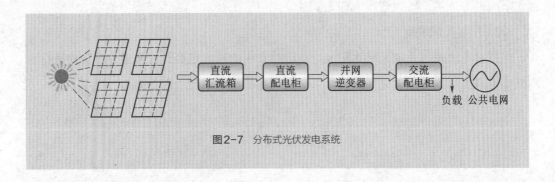

图2-7 分布式光伏发电系统

（二）太阳能光热发电

太阳能光热发电与火力发电的原理相似。光热电站主要由光场、储热系统和热力循环系统三部分构成。光热电站通过大量的反射镜将太阳能聚集起来，其热量在集热器中被传热流体吸收并传递给储热系统进行储存，或传递给热力循环系统产生过热蒸汽进行发电。

太阳能光热发电是间接的太阳能热发电，主要采用聚光技术，按照集热器类型的不同可分为塔式光热发电、槽式光热发电和碟（盘）式光热发电。

1. 塔式光热发电

塔式光热发电通过定日镜将太阳辐射汇聚到聚光镜阵列中央高塔顶部的吸热器上，吸热器中的传热工质吸收大量热能，并通过热交换将热量传递给蒸汽发生器驱动汽轮机发电。

塔式光热发电系统主要包括集热系统、吸热与传热系统、蒸汽发生器、发电系统和蓄热系统。图2-8为塔式太阳能光热发电站流程示意图。

2. 槽式光热发电

槽式光热发电系统利用槽式抛物面聚光反射器聚集太阳辐射，实现光热转换后加热传热流体并借助热力循环系统进行发电。

槽式光热发电系统主要由聚光集热、换热、发电、蓄热、辅助能源等子系统构成。图2-9为槽式太阳能光热发电系统结构示意图。

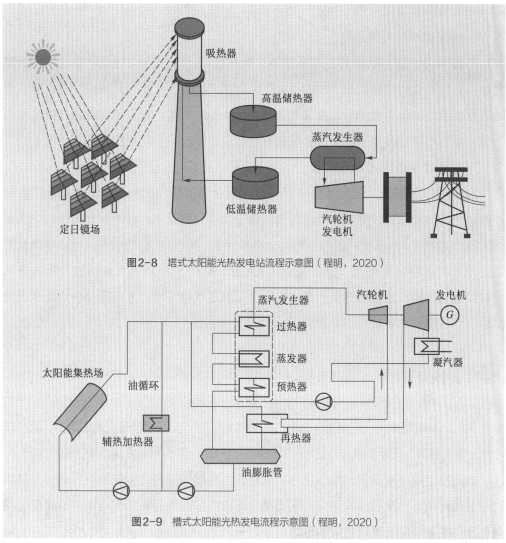

图2-8 塔式太阳能光热发电站流程示意图（程明，2020）

图2-9 槽式太阳能光热发电流程示意图（程明，2020）

3. 碟（盘）式光热发电

碟（盘）式光热发电系统利用碟状抛物面聚光镜进行点聚焦，采用斯特林发电机吸收太阳辐射能加热工质驱动发电机发电，实现由热能到机械能到电能的转化。

碟（盘）式太阳能光热发电系统主要由聚光集热、发电、蓄热、辅助能源等子系统构成（图2-10）。

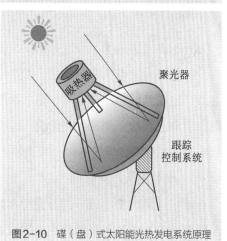

图2-10 碟（盘）式太阳能光热发电系统原理

（三）太阳能发电应用

1. 腾格里沙漠光伏发电

2012年，宁夏中卫市开工建设沙漠光伏产业园，分为光伏制造产业区、光伏发电区、光伏农业大棚区和观光旅游区4个规划区。该园区把发展光伏和沙漠治理、节水农业相结合。该项目光伏发电装机容量约为1 547 MW，对于中卫市域内沙漠生态治理、旅游产业发展和宁夏"西电东送"电源点建设都具有积极的推动作用。

2. 巴彦淖尔市槽式光热发电

2020年，国家首批光热示范项目——内蒙古乌拉特中旗100 MW槽式导热油10小时储能光热发电项目实现满负荷发电，建设地点为内蒙古巴彦淖尔市乌拉特中旗海流图镇，共安装375条槽式集热回路，一套满足10小时发电储能装置，一套蒸汽发生系统和一台汽轮发电机组，年发电量约3.92亿kW·h。该项目技术路线为槽式导热油加熔融盐储热，通过配套储热系统实现全天稳定持续发电，并可通过余热回收进行集中清洁供暖，部分替代燃煤锅炉。

二、风力发电

风能具有蕴藏量大、可再生、分布广、无污染等特点。我国位于亚洲东南部，太平洋西岸，季风强盛。同时具有3.93亿hm^2草原和1.8万km大陆海岸线，风能资源储备丰富。

风力发电的原理是把风能转化为机械能，再将机械能转化为电能进行输出。具体过程是通过风带动风机叶片转动，从而使发电机内部线圈旋转切割磁场，最终产生感应电流，并被储能装置以电能的形式储存起来。

（一）风力发电机

一般风力发电机是由机舱、风轮叶片、轴心、低速轴、齿轮箱、发电机、电子控制器、液压系统、冷却元件、塔、风速计及风向标等元件构成。风轮根据风向的变化调节方向，可以最大限度地利用风能。发电机是将风轮的机械能转化为电能的装置，以下介绍4种不同类型的风力发电机。

1. 水平轴风力发电机

水平轴风力发电机分为升力型和阻力型两类。风力发电大多采用升力型水平轴风力发电机。大多数水平轴风力发电机具有对风装置，能随风向改变而转动。水平轴风力发电机技术发展得比较快，应用技术也趋于成熟。但是现有的小型水平轴风力发电机存在转速高、噪声大的缺点，而且在运行的过程中容易发生故障，对人产生危险，所以不适宜安装在有人居住的地方。

2. 垂直轴风力发电机

垂直轴风力发电机在风向改变的时候无需对风，简化了结构设计，减少了风轮对风时的陀螺力，但叶尖速比低，提供的功率输出低。一些小型垂直轴风力发电机降低了转速，有效地提高了风机的稳定性，同时具有启动风速较低、噪声小的优点，所以相对更适合在接近人类活动范围内安装，大大提高了风力发电机的使用范围。

3. 达里厄型风力发电机

达里厄型风力发电机的弯曲叶片的剖面为翼形，是一种升力装置，其启动力矩低，但叶尖速比可以很高，对于给定的风轮质量和成本，有较高功率输出。

4. 双馈异步风力发电机

双馈异步风力发电机是目前应用最为广泛的风力发电机，由定子绕组直连的绕线型异步发电机和安装在转子绕组上的双向晶体管电压源变流器组成。

（二）海上风力发电

随着陆地优质风能资源的逐步开发，陆上风力发电已趋近饱和，海上风力发电行业发展迅猛。海上风电主要是指近海风电，与陆地风电相比，它具有不占用土地、风速高、湍流强度小、风电机组发电量大、噪声和视觉的影响可以忽略等优点。

据国家气象部门数据统计，我国近海可开发和利用的风能储量就有7.5亿kW，远海风能储量更加庞大，因此海上风电在我国有着广阔的发展空间。我国海上风能资源主要分布在东南沿海地区，地区能源需求巨大，因此开发丰富的海上风能资源将有效改善我国当前的能源供应结构。国家能源局发布的数据显示：截至2021年4月底，我国海上风电并网容量达到1042万kW。

海上风电虽然起步较晚，但凭借海风资源的稳定性和大发电功率的特点，海上风电近年来正在世界各地飞速发展。海上风电发展主要包括持续改善叶片制造技术及传动系统性能、简化机组吊装、发展漂浮式基座和创新输电环节等。

（三）风力发电应用

2018年，国家电力投资集团有限公司与哈萨克斯坦签署札纳塔斯100 MW风电项目合作开发协议。2020年9月，首批风机实现并网发电；2021年6月，完成全部40台风机吊装，所有风机运行参数显示正常，札纳塔斯风电实现全容量成功并网。该项目缓解了哈萨克斯坦南部地区缺电的问题，同时每年可节约标准煤10.95万t，减少排放28.9万t CO_2、1 031 t SO_2、934 t NO_x、322 t烟尘和3.29万t灰渣。

三、水力发电

水能资源作为一种清洁无污染的可再生资源，在利用的过程中还可多次循环重复利用。我国蕴藏的水能资源量居世界第一位，目前已开发的水能资源主要集中在长江、黄河和珠江的上游。早在2004年9月，我国水电总装机容量就已突破1亿kW，成为世界上最大的水力发电国家。

水力发电是利用河流、湖泊等位于高处具有位能（动能、势能、静压能）的水流至低处时，将其中所含的位能转换成动能，再借发电机转换成电能的过程。因此水流流量越大，水位落差越大，可利用的水能资源就越多。

（一）水力发电站分类

水力发电站主要可通过水源性质、开发水头手段、利用水头的大小及发电规模的大小进行分类。① 按水源性质可分为常规水电站、抽水蓄能电站；② 按开发水头手段可分为坝式水电站、引水式水电站和混合式水电站；③ 按利用水头的大小可分为高水头（>70 m）、中水头（15~70 m）和低水头（<15 m）水电站；④ 按发电规模可以分为大型水电站（>25万kW）、中型水电站（2.5万~25万kW）和小型水电站（<2.5万kW）。

（二）水轮机发电装置

水轮机及辅机是水力发电行业必不可少的组成部分，按工作原理可分为冲击式水轮机和反击式水轮机两大类。

1. 冲击式水轮机

冲击式水轮机的转轮受到水流的冲击而旋转，工作过程中水流的压力不变。冲击式水轮机按水流的流向可分为切击式（又称水斗式）和斜击式两类。斜击式水轮机的射流方向有一个倾角，仅用于小型机组。

2. 反击式水轮机

反击式水轮机的转轮在水中受到水流的反作用力而旋转，工作过程中水流的压力能和动能均有改变。

反击式水轮机可分为混流式、轴流式、斜流式和贯流式。① 在混流式水轮机中，水流径向进入导水机构，轴向流出转轮；② 在轴流式水轮机中，水流径向进入导叶，轴向进入和流出转轮；③ 在斜流式水轮机中，水流径向进入导叶而以倾斜于主轴某一角度的方向流进转轮，或以倾斜于主轴的方向流进导叶和转轮；④ 在贯流式水轮机中，水流沿轴向流进导叶和转轮。

（三）水力发电应用

1. 三峡水电站

三峡水电站，即长江三峡水利枢纽工程。2012年7月，三峡水电站已成为全世界最大的水力发电站和清洁能源生产基地。2018年12月，三峡水电站累计生产1 000亿kW·h绿色电能。三峡水电站的机组布置在大坝的后侧，共安装32台70万kW水轮发电机组，另外还有2台5万kW的电源机组，总装机容量2 250万kW。

2. 葛洲坝水电站

葛洲坝水利枢纽工程是长江上第一座大型水电站，也是世界上最大的低水头大流量、径流式水电站。葛洲坝水电站发电量巨大，年发电量达157亿kW·h。相当于每年节约原煤1 020万t，对改变华中地区能源结构，减轻煤炭、石油供应压力，提高华中、华东电网安全运行保证度均起了重要作用。

3. 白鹤滩水电站

白鹤滩水电站是金沙江下游干流河段梯级开发的第二个梯级电站，建成后装机规模仅次于三峡电站，将成为世界第二大水电站，初拟装机容量1 600万kW，多年平均发电量602.4亿kW·h。2021年6月，白鹤滩水电站首批机组正式投产发电，电站首次全部采用我国国产的百万千瓦级水轮发电机组。全面建成后的白鹤滩水电站，将与金沙江上乌东德、溪洛渡、向家坝，以及三峡、葛洲坝水电站共同构成一条世界最大的清洁能源走廊。

四、水风光多能互补

鉴于"风光"的随机性和间歇性,大规模上马项目对电网安全稳定、电能质量提出巨大挑战,"水风光"一体化电源基地建设是应对大比例新能源接入的一个有效途径。

(一) 水风光多能互补技术

"水风光互补"指以水电基地为基础,对周边风电、光伏等新能源发电的一体化建设运营,将水电和光伏就近打捆上网。我国水风光互补在实践层面尚处在探索阶段,且以水光互补为主。

水风光的互补利用是有效挖掘水电基地潜在电力资源,进一步提升可再生能源消费比例的一大举措。运营过程中,"水风光互补"的实质协同主要体现在水电能够改善风光消纳,枯水期、丰水期电源互补,能够明显优化造价成本、运营支出。

(二) 水风光多能互补应用

龙羊峡水电站布置4台单机容量32万kW的水轮发电机组,总装机容量128万kW。电站于1989年6月全部建成投产,以330 kV电压等级接入系统。龙羊峡水光互补发电项目以长达54 km的330 kV架空线路接入龙羊峡水电站备用进线间隔,通过水轮发电机组调节,将调节后的电力利用龙羊峡水电站的送出通道送入电网。光伏电站位于青海省海南州共和县的塔拉滩上,占地面积24 km²,距离龙羊峡水电站50 km;一期320 MW,安装单晶组件和多晶组件共134.4万块,设计年均发电量4.98亿kW·h,于2013年12月投产发电;二期530 MW,设计年均发电量9.36亿kW·h,于2015年9月初全部投产。

五、生物质能发电

生物质主要组成元素为碳、氢、氧,且几乎不含硫。生物质替代或耦合煤炭发电可显著减少CO_2和SO_2的排放,产生巨大的环境效益。中国生物质资源丰富,2020年,我国生物质能发电装机容量2 952万kW,年发电量1 326亿kW·h。

我国生物质能发电主要技术有3种:生物质与燃煤混合燃烧发电、生物质直燃发电、生物质气化间接发电。生物质与燃煤混合燃烧发电在本章第一节已介绍。

（一）生物质直燃发电技术

生物质直燃发电以农林剩余生物质作为燃料，直接燃烧发电。其本质与化石能源发电技术相同，生物质燃料进入生物质锅炉后与过量空气直接燃烧，利用其燃烧热能产生蒸汽，蒸汽进入汽轮机做功后带动发电机进行发电（图2-11）。

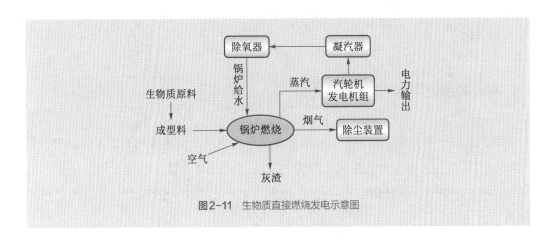

图2-11 生物质直接燃烧发电示意图

（二）生物质气化间接发电

生物质气化发电技术是指将生物质燃料在合适热力学条件下，在气化床中进行燃烧，分解为以CO、H_2及低分子烃类为主的可燃气体（也称为生物质燃气），并通过旋风分离器去除固体杂质；再除尘并通过水洗、吸附等方式进一步净化燃气中含有的焦炭、焦油等有害物质后，将可燃气体送入锅炉或压缩后喷入内燃机及燃气轮机中进行燃烧，产生蒸汽后带动汽轮发电机组发电（图2-12）。

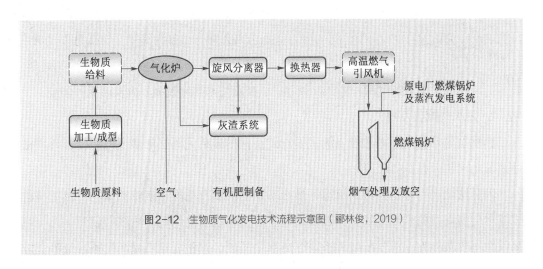

图2-12 生物质气化发电技术流程示意图（郦林俊，2019）

（三）生物质发电应用

我国某热电厂660 MW超临界煤粉锅炉，采用生物质气化耦合燃煤发电技术。其工作原理是将秸秆颗粒在高温高压条件下热解产生的CO、CH_4等可燃气体，输送至燃煤机组气化炉炉膛，产生清洁电力，达到替代部分燃煤目的。气化炉折合发电功率为20 MW，气化产生燃气热值为5.551 MJ/kg，气化炉产气率为1.85 m^3/kg，气化效率为76.14%。

六、地热能发电

地热能是一种储量丰富、稳定可靠的零碳清洁能源，也是唯一不受天气、季节变化影响的可再生能源。地热能发电与火力发电过程类似，首先将地下热能转变为机械能，然后再把机械能转变为电能。但地热发电不需要庞大的锅炉，也不需要消耗燃料。

（一）地热发电技术

根据可利用地热资源的特点及采用技术方案的不同，地热发电主要分为蒸汽型地热发电、热水型地热发电、全流地热发电和地下干热岩发电四种方式。

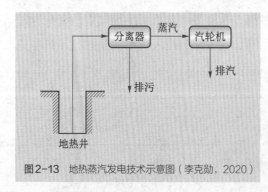

图2-13　地热蒸汽发电技术示意图（李克勋，2020）

1. 蒸汽型地热发电

蒸汽型地热发电就是把蒸汽中的干蒸汽直接引入汽轮发电机组发电（图2-13），主要适用于高温蒸汽地热田。该方法发电方式最为简单，但高温蒸汽地热资源十分有限，且多存在于较深的地层，开发技术难度较大，故发展受到限制。

2. 热水型地热发电

热水型地热发电是地热发电的主要方式，目前包括闪蒸法地热发电和中间介质法地热发电两种（图2-14）。

闪蒸法地热发电是直接利用地下热水所产生的蒸汽来推动汽轮机做功，然后将机械能转化为电能的发电方式。其设备尺寸大，且容易腐蚀结垢，热效率较低。由于直接以地下热蒸汽为工质，所以对于地下热水的温度、矿化度及不凝结气体含量等有较

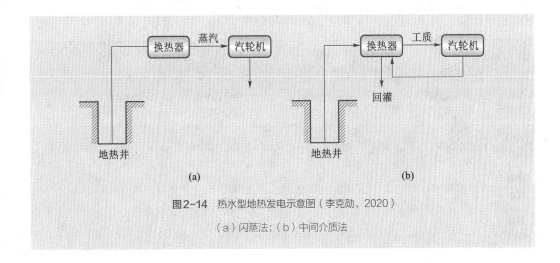

图2-14　热水型地热发电示意图（李克勋，2020）

（a）闪蒸法；（b）中间介质法

高的要求。

中间介质法地热发电是利用地下热水间接加热某些低沸点物质来推动汽轮机做功的发电方式，因此既可以利用100 ℃以上的地下热蒸汽，也可以利用100 ℃以下的地下热水。

3. 全流地热发电

全流地热发电系统是把地热井口的全部流体，包括蒸汽、热水、不凝结气体及化学物质等不经处理直接送进全流动力机械中膨胀做功，而后排放或收集到凝结器中，从而可以充分利用地热流体的全部能量。

4. 地下干热岩发电

干热岩是地下不存在热水和蒸汽，埋藏较浅、温度较高且具有较大经济开发价值的热储岩体，是比蒸汽、热水和低压热资源更为巨大的资源。地下干热岩发电技术如图2-15所示。

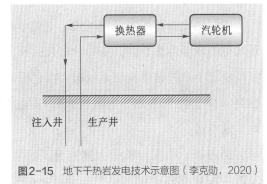

图2-15　地下干热岩发电技术示意图（李克勋，2020）

干热岩能量的储量较大，能稳定供给发电系统热量，且使用寿命较长。从地表注入地下的清洁水被干热岩加热后，热水温度高，停留时间短，来不及溶解岩石中大量的矿物质，所以热水所带的杂质较少。

地热蒸汽发电、地热水发电及干热岩发电技术在适用范围、发电效率、装机容量等方面存在一定差异，如表2-1所示。为最大程度地实现对地热能的利用，多采用两种及以上技术相结合的方法，即联合循环地热发电技术。

表2-1 地热发电技术特性对比

项目	地热蒸汽发电	减压扩容发电	中间工质发电	干热岩发电
温度范围	高温热田（>250℃）	中高温热田（130~250℃）	中低温热田（90~130℃）	高温热田（150~650℃）
发电效率	>20%	15%~20%	35%~50%	—
发电成本	较低	较低	较高	—
开采难度	较大	较小	较小	较大
环境影响程度	若保证回灌，影响较小	若保证回灌，影响较小	有机工质存在污染隐患	环境影响小
优势	系统结构简单，技术成熟	设备简单，易于制造	充分利用热水热量，降低发电的热水消耗率	热量高，不存在废水、废气等污染
局限	地热资源参数（温度、地压等）要求较高	设备尺寸大，易腐蚀结垢，对热水温度、矿化度要求高	增加投资和运行的复杂度	开发利用技术不成熟

来源：李克勋，2020

（二）地热发电应用

中国地热资源多为低温地热，主要分布在西藏、四川、华北、松辽和苏北。有利于发电的高温地热资源，主要分布在云南、西藏、川西和台湾。

西藏羊八井镇蒸汽田是我国目前已探明的最大高温地热湿蒸汽田，这里的地热水温度保持在47℃左右，是我国大陆开发的第一个湿蒸汽田，也是世界上海拔最高的地热发电站。

2019年，中国目前最大规模无干扰地热供热系统项目已在陕西西咸新区沣西新城的中国西部科技创新港投入使用。6座无干扰地热供热系统综合能源供应站，正在为159万 m^2 的建筑供热、供冷及供应生活热水。该项目主要采用无干扰地热供热技术，通过金属导管和热交换介质，利用地下2~3 km、温度为70~120℃的中深层地热能，"取热不取水"，提供清洁热源。以该项目为例，与传统燃煤锅炉相比，使用该技术进行供暖，一个取暖季可减少 CO_2 排放量6.8万 t，减少 SO_2、NO_x 等排放量850 t，可替代标准煤2.54万 t。

七、海洋能发电

海洋能蕴藏丰富、分布广、清洁无污染,但能量密度低、地域性强。海洋能主要包括潮汐能、波浪能、潮流能、温差能、盐差能等(表2-2)。

表2-2 海洋能分类

种类	介绍
潮汐能	近岸海水面在昼夜间涨落过程中所蕴藏的势能称为潮汐能,通过筑坝的形式可以对潮汐能进行利用
波浪能	海洋表面波浪所具有的动能与势能称为波浪能,波浪能也是由风将能量传递给海洋所产生的
潮流能	海底水道和海峡中较为稳定的流动称为潮流能,风是形成海流的主要动力,在水流作用下潮流能机组叶片旋转发电
温差能	海洋表层海水和深层海水之间的温差储存的热能称为温差能,利用这种热能可以实现热力循环并发电。南北回归线间海域表层海水与深层海水间温差可达20 ℃以上,温差能比较丰富
盐差能	海水和淡水之间或两种含盐浓度不同的海水之间的化学电位差称为盐差能,是以化学能形态出现的海洋能

海洋能转换利用是利用海洋温差,即被太阳照射变热的海洋表层与较寒冷的较深层海域之间的温差。当热流从一层流向另一层时,两层中的热力引擎获取了一些热量,并将其转化为可用能源。

海洋能开发利用的方式主要是发电,其中潮汐发电和小型波浪发电技术已经实用化。

(一)潮汐发电

潮汐发电技术与水力发电的原理相似。在涨潮时,将海水储存在水库中,此时潮汐能就以势能的形式储存下来。在海水退潮时,水库中的水位就高于海水水位,此时将水库中的海水放出。由于其水位高低不同,水库中的海水在流出时就带有一定的能量,可以带动水轮机旋转,作为发电机的原动力供给能量,使发电机组进行发电。

(二)波浪能发电

波浪能发电主要是利用海面波浪上下运动的动能,将波浪能转换为压缩空气能来驱动空气透平发电机发电。

根据发电装置种类和规模不同,波浪能发电主要包括振荡水柱式、点头鸭式、收缩水道式等。

（1）振荡水柱式：用一个容积固定的、与海水相通的容器装置，通过波浪产生的水面位置变化引起容器内的空气容积发生变化，压缩容器内的空气，用压缩空气驱动叶轮，带动发电装置发电。

（2）点头鸭式：利用波浪的运动推动装置的活动部分——鸭体、筏体、浮子、压缩油、水等中间介质，通过中间介质推动发电装置发电。

（3）收缩水道式：利用收缩水道将波浪引入高位水库形成水位差，利用水头直接驱动水轮发电机组发电。

（三）海洋能发电应用

浙江江厦潮汐电站是我国已建成的最大的潮汐发电站，也是全球第四大潮汐发电站。2017年，安装6台双向灯泡贯流式潮汐发电机组，电站总装机容量为4 100 kW，年发电量约720万kW·h。江厦潮汐电站每年可为温岭、黄岩电网提供1 000多万度的电能，同时还可以在库内围垦造田4 000亩（1亩≈667 m^2），以及进行水产养殖等。

江厦潮汐电站也是我国第一座双向潮汐发电站：在涨潮、落潮两个方向均能发电。涨潮过程中，当海、库水位差大于起始发电水头时，水轮发电机开始发电，水库进水。当水库进了一定的水量后，海、库水位差降至起始发电水头时停止发电，让水轮机空放进水，同时打开泄水闸进水。到海、库水位平潮时，关闭水闸。落潮时，则从相反的方向进行。每天两次涨潮、落潮，共可发电十四五个小时，比单向潮汐发电站可增加发电量30%～40%。

第三节
储能技术

风能、太阳能等可再生能源发电方式受自然因素影响较大，具有明显的间歇性和波动性，大规模随机波动新能源并网给电网运行带来挑战。储能技术可在提高可再生能源消纳比例、保障电力系统安全稳定运行、提高发输配电设施利用率、促进多网融合等方面发挥重要作用，是支撑我国大规模发展新能源、保障能源安全的关键技术。

储能与可再生能源发电的结合应用主要有以下三种模式。

（1）负荷管理：用于在可再生能源发电过剩时存储无法及时消纳的电力，在用电高峰时对储存的电力进行分配。当电网负荷低时，利用可再生能源发电对储能装置进行充电，当电网负荷高时，由储能装置向电网供电。

（2）输出管理：用于平抑可再生能源输出波动性，在可再生能源发电存在富余时进行储存，在可再生能源发电不足时发电使用。在可再生能源发电系统中加入储能装置，可以在一定程度上使电力输出更加稳定，提升可再生能源系统的发电可靠性。

（3）电源质量管理：为终端用户提供持续的高质量供电服务。鉴于可再生能源电力极易受到外界环境的影响，将储能装置作为备用电源与可再生能源电力系统联合使用，可以应对因突发情况而导致的电力中断问题，确保在可再生能源无法发电的期间仍然可以向用户提供电力。

本节主要介绍四种储能技术：机械储能、电化学储能、热储能和电气储能。

一、机械储能

机械储能是指将电能转换为机械能存储，在需要使用时再重新转换为电能，主要包括三种：抽水储能、压缩空气储能和飞轮储能。

（一）抽水储能

抽水储能是目前最具大规模开发条件的电力系统灵活调节电源，并具有技术成熟、全生命周期碳减排效益显著、经济性好的特点，与风、光、核等新能源配合效果较好。

1. 抽水储能原理

抽水储能是指在电力负荷低谷时段通过水泵把下库的水抽到上库内，将电能转化为水的势能储存起来，其储能总量与水库的落差和容积成正比；在电网负荷高峰时段，再从上库排水至下库，驱动水轮机转动，带动发电机发电，将水力势能转换为电能。

2. 抽水储能电站

抽水储能电站通常由上库、下库、输水及发电系统组成，上下库之间存在一定

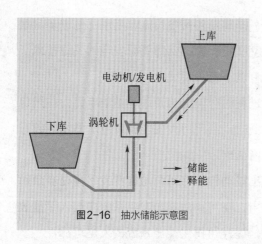

图2-16 抽水储能示意图

落差（图2-16）。抽水储能电站的关键技术主要包括电站主要参数选择、工程选址、施工技术、高水头大容量水泵水轮机和电动机/发电机的装置、智能调度与运行控制技术等。

抽水储能系统具有技术成熟、循环效率高、额定功率大、容量大、寿命长等优点，但其建设费用较高、建设周期较长，对储能电站的选址有较高要求。目前，抽水储能系统主要是发展采用高水头、大容量机组的大型纯抽水储能电站；今后，随着优良站址的减少，中水头、中小容量的抽水储能电站及混合式抽水储能电站将得到发展。

（二）压缩空气储能

1. 压缩空气储能原理

压缩空气储能的原理如图2-17所示，分为储能和释能两个过程：① 在用电低谷时段，风电机组输出功率较大，富余风电注入压缩空气储能电站，通过电动机驱动压缩机将空气压缩并降温后存储到储气室（报废矿井、沉降的海底储气罐、山洞、过期

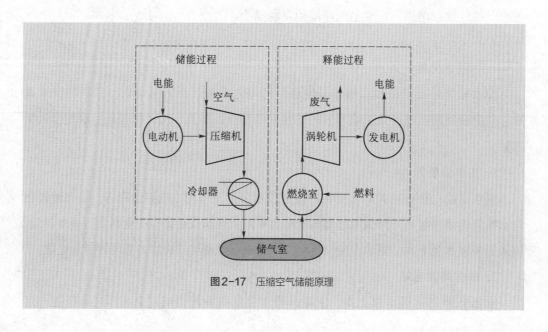

图2-17 压缩空气储能原理

油气井或新建储气井等），使电能转化为空气的内能存储起来；② 在用电高峰时段，风电机组输出功率不能满足负荷需求，将高压空气升温后，推入燃烧室助燃，燃气膨胀驱动燃气轮机，驱动涡轮机发电。

2. 压缩空气储能设备

一套完整的压缩空气储能系统由以下关键设备组成：压缩机、冷却器、压力容器、回热器、涡轮机及发电机。

（1）压缩机：将空气压缩，将电能转化为空气内能，空气压力可达 $7 \times 10^6 \sim 10 \times 10^6$ Pa，温度可达 1 000 ℃；

（2）冷却器：热交换设备，用于压缩空气存入压力容器前的冷却，防止空气在压力容器或洞穴中压力减少；

（3）压力容器：存储冷却后的空气，若采用洞穴存储，则需要满足耐压程度较高、密封性较好的地质条件；

（4）回热器：热交换设备或燃烧室，将空气温度提高至 1 000 ℃左右，使涡轮机持续长时间稳定运行，以便于提高涡轮机效率；

（5）涡轮机：空气通过涡轮机降压，内能转化为动能；

（6）发电机：多为同步发电机，将动能转化为电能。

压缩空气储能具有储能容量大、燃料消耗少、成本较低、安全系数高、寿命长的优势，但仍受地理条件约束。建造压缩空气系统，需要特殊的地理条件作为大型储气室，如高气密性的岩石洞穴、盐洞、废弃矿井等。此外，传统空气压缩系统的效率仅为40%～55%，相比抽水蓄能的80%，效率较低。

3. 压缩空气储能应用

压缩空气储能特别适用于解决大规模集中风力发电的平滑输出问题。压缩空气储能电站能调节波动功率，使风电注入电网的有功功率波动减小，从而达到平抑风电场功率波动的目的。

（三）飞轮储能

1. 飞轮储能原理

飞轮储能系统可实现电能的输入、储存和输出过程，其基本原理包括三部分。

（1）能量输入：利用电动机带动飞轮高速旋转，通过加速飞轮转子至极高速度的方式，将能量以旋转动能的形式储存于高速旋转的飞轮系统中，完成电能到机械能转换；

（2）能量储存：电机维持一个恒定的转速，直到接收到一个能量释放的控制信号；

（3）能量输出：高速旋转的飞轮拖动电机发电，经电力转换器输出适用于负载的电流与电压，完成机械能到电能转换。

2. 飞轮储能关键技术

飞轮储能系统包括转子、轴承和能量转换部分，另外还有一些支持系统，如真空、深冷、外壳和控制系统。飞轮本体是飞轮储能系统中的核心部件，作用是提高转子的极限角速度，减轻转子质量，最大限度地增加飞轮储能系统的储能量，目前多采用碳素纤维材料制作。

根据能量守恒定律，当释放能量时，飞轮的旋转速度会降低；而向系统中贮存能量时，飞轮的旋转速度则会相应地升高。飞轮高速运转时转动惯量不断增大，储存能力也越来越大。在真空条件下运行可以减小运行阻力，实现储能效率最大，具有寿命长、维护少的优点。

3. 飞轮储能应用

飞轮储能具有能量密度高、瞬时功率大、无充放电次数限制、充放电速率快、清洁高效等优点，但是一次性购置成本较高。飞轮储能技术除在铁路应用之外，还可广泛应用于城市轨道交通、航空航天、国防军工、医疗等领域。

2021年8月，我国兆瓦级飞轮储能技术应用取得重大突破，成功实现在邯长铁路上应用，首次将飞轮储能技术应用到电气化铁路领域。该项目每年大概可以利用110万 $kW \cdot h$ 的再生制动能量，减少 CO_2 排放110 t。

二、电化学储能

电化学储能的主要媒介是电池储能系统，通过电池正负极的氧化还原反应充放电，实现电能和化学能的相互转化。电池储能系统具有快速功率吞吐能力，是目前比较成熟可靠的储能技术。电池种类繁多，应用于储能的主要有锂电池、铅酸电池、钠硫电池、液流电池和金属空气电池。

（一）锂电池

锂电池是一种高能源效率、高能量密度的储能电池。锂电池储能具有能量密度高、充放电效率高、安全性高等优点，可以串联或并联来获得高电压或高容量，但成本也相对较高。目前锂电池储能电站额定容量较小，对于配合新能源应用或提供应急电源、旋转备用等对储能功率要求较高的应用很有效。

锂电池储能系统主要由单体电池、充放电系统、电池管理系统等组成，综合效率约为85%。锂电池材料体系丰富多样，其中适合用于电力储能的主要有磷酸铁锂、镍钴锰酸锂（三元）、钛酸锂等。

1. 磷酸铁锂电池

磷酸铁锂电池在充放电过程中，锂离子在正负极之间穿梭，其氧化还原过程主要通过磷酸铁锂中铁的变价实现。由于磷酸铁锂材料结构稳定，因此其循环性能和热稳定性较好，在长期使用过程中性能衰退较为平缓，安全性能相比其他锂离子电池优势明显。同时，材料价格低，电池成本较低。但由于磷酸铁锂导电性不高，因此不适宜在长期高功率场景应用，适用于绝大多数能量型及功率型应用场景。

目前磷酸铁锂电池总体技术和产业已较为成熟，未来主要发展趋势是通过材料改性和工艺改进一步降低成本，提升安全性能和寿命。

2. 三元电池

镍钴锰酸锂材料中包含镍、钴、锰3种金属元素，因此称为"三元电池"。三元电池的核心是镍钴锰酸锂正极材料，其本质是一种与传统钴酸锂相似的层状结构材料，具有较高的能量密度、电导率和功率特性。但由于层状材料的结构稳定性较差，因此在长期循环中容易产生结构塌陷造成性能快速下降，甚至在过充条件下可能发生热失控现象。

三元电池目前总体技术和产业已较为成熟，主要应用于对能量密度和功率特性要求较高的电动汽车动力电池，未来主要发展趋势是通过材料改性进一步提升寿命和安全性能。

（二）其他电池

其他几种电池在储能方面也得到了广泛的关注和研究，如铅酸蓄电池、液流电池、钠硫电池和钠-氯化镍电池、液态金属电池和固态电池等。

在目前主流的固态电池体系中，硫化物固态电池由于其本身制作工艺及成本问题，对生产环境要求极为苛刻，同时易产生有害气体，有严重的安全隐患，因此虽然性能最佳，但工业化难度较大。聚合物固态电池充电倍率较差，能量密度极低，只有在60 ℃以上才能正常工作，因此同样难以作为动力电池使用。而氧化物固态电池的性能与成本较为综合，技术难度相对较低。

表2-3比较了不同电池的成本及储能规模。

表2-3　不同电池储能规模比较

储能技术	寿命周期/次	能量成本/[美元·(kW·h)⁻¹]	能量密度/(W·h·kg⁻¹)	储能规模
锂电池	4 500	500~1 420	75~200	MW级
铅酸蓄电池	≈1 000	200~400	30~50	MW级
全钒液流电池	>10 000	750~830	10~30	MW级
镍氢电池	2 000		50~70	MW级
钠硫电池	4 500	400~555	150~240	MW级
钠–氯化镍电池	3 000	400~900	90~120	MW级
液态金属电池	>10 000	<150	50~200	—

来源：蒋凯，2017

三、热储能

热储能技术以储热材料为介质将太阳能光热、地热、工业余热、低品位废热等热能储存起来，在需要的时候释放，解决由于时间、空间或强度上的热能供给与需求间不匹配所带来的问题，最大限度地提高整个系统的能源利用率。

热储能技术按照储热材料的储热方式不同，主要分为三种类型：显热储能、潜热储能和化学反应热储能。

（一）显热储能

显热储能的储热材料利用自身比热容的特性，通过温度变化进行蓄热与放热，具有单位质量或体积的储热量大、物理及化学性质稳定、导热性好等优点。液体显热储能材料如水，固体显热储热材料如碎石、土壤等，广泛应用在储热温度要求不高的领域。目前，显热储热技术主要应用领域包含工业窑炉和电采暖、居民采暖、光热发电等。

由于显热储能材料自身的温度是不断变化的，需要在周围环境的诱导下进行能量的释放，所以无法控制环境的温度。此外显热储能材料有着较低的储能密度，装置的体积较大，规模化使用困难。

（二）潜热储能

潜热储能也即相变储能，通过固-固、固-液、固-气或者液-气相变将材料本身吸热或放热的能力发挥出来，有效储存和释放能量，这种相变储能材料的储能密度较大，效率较高，环境温度的变化不会对吸热、放热产生影响。

潜热储能的基本原理是材料的两相处于平衡共存状态，当一相转变为另一相时，热量被吸收或者释放。在相变过程中每单位质量材料吸收/释放的热量称为潜热。

根据材料的相变温度，潜热储能材料可分为低温相变材料和高温相变材料。常用的相变储能材料分无机和有机两大类。潜热储能材料的储能密度明显大于显热储能材料，具有很好的实际研发前景。理想的潜热储能材料应满足所需的热物理性质及化学性质，如合适的相变温度、较高的储能密度、导热性能好、无泄漏、化学及循环稳定性好等特点。

目前，潜热储能技术主要用于民用清洁供暖、电力调峰、余热利用和太阳能低温光热利用等领域。

（三）化学反应热储能

化学反应热储能也称为热化学储能，是一种利用化学反应过程将化学能转化为热能的储热方式。这种类型储热方式的特点在于高能量密度，并且其储能密度高于显热储能和潜热储能。通过催化剂作用或者产物分离的方法，热化学储能能够实现热量的长期储存。

热化学储能主要用于中低温储热。可逆性良好、储热密度高、反应速率快、产物易分离的反应，可以更好地被用作化学反应热储能。常用的反应体系主要有多孔材料、氢氧化物、结晶水合物和复合材料。

热化学储能包括热化学反应储能和热化学吸附储能。热化学反应储能基于化学可逆反应原理，通过化学反应过程中的热量变化实现储能，如碳酸钙的分解反应等。化学吸附储能是指通过吸附材料对吸附质在解吸和吸附过程中的热效应进行储热或放热，如金属氢化物 $-H_2$、氯盐 $-NH_3$ 和无机盐 $-H_2O$ 等。

热化学储能技术具有储热密度高、储热体积小和热损失小等特点，且易实现长周期热能存储，其适用的温度范围比较宽，理论上也可以适用在中高温储能领域。热化学储能技术目前尚处于小试研究阶段，主要在太阳能领域中应用。

实际应用中需考虑具体的储热温度、占地面积与可接受的经济成本等，表2-4所示为不同热储能系统特点比较。

表2-4　不同热储能系统特点比较

热储能系统	显热储能系统	潜热储能系统	热化学储能系统
体积储热密度	50 kW·h/m³	100 kW·h/m³	500 kW·h/m³
质量储热密度	0.02~0.03 kW·h/kg	0.05~0.1 kW·h/kg	0.5~1 kW·h/kg
储存时间	受限制	受限制	长期
传输距离	短距离	短距离	理论无限远
成熟度	工业应用	中试	实验室研究
技术难度	简单	简单	复杂

来源：汪德良，2019

四、电气储能

电气储能主要包括两种：超级电容器储能和超导储能。

（一）超级电容器储能

1. 超级电容器储能原理

超级电容器主要由阴阳两电极、电解质溶液、分离器和集流器组成，其中浸在电解液中的分离器使阴阳电极保持分离。装置的性能由各单一组成部分性质及其相互间协同作用效果共同决定，其中，电极材料作为其直接储能部分，对超级电容器电化学储能性能具有决定性影响。

超级电容器基于电极/电解液界面的充放电过程进行储能，其储能原理与传统电容器相同，但更适合于能量的快速释放和存储。与传统电容器相比，超级电容器具有更大的有效表面积，可使其电容量比传统电容器提高一万倍，同时还可保持较低的等效串联内阻和高的比功率。

2. 超级电容器储能类型

根据电荷储存原理的不同，超级电容器可以分为三类：双电层电容器、准电容器及混合超级电容器。

（1）双电层电容器：通过电极材料表面或近表面对电解质离子的静电吸引作用形成双电层储存能量，由于其电荷存储过程不发生法拉第反应，在不考虑扩散控制的情况下，电解质离子在电极材料/电解质界面的吸附/解吸过程几乎是瞬时的，因此双电层电容器具有较高的功率密度和循环使用寿命。

（2）准电容器：主要通过在电极材料表面或近表面发生快速可逆的法拉第氧化还原反应进行储能，其电极材料主要为金属氧化物、掺杂金属的炭和具有导电性的聚合物。准电容器的电容产生过程中发生了电子转移，虽然该电化学行为不同于纯静电双电层电容器，但它也不同于电池。

（3）混合型超级电容器：是一类非对称型超级电容器，以电容型和电池型储能机制电极材料分别作为正、负极材料组装的超级电容器储能装置。通过利用电容型电极材料的高功率特性和循环特性，以及电池型电极材料的高储能密度，并构筑非对称结构扩大工作电位窗口，提高储能装置的功率密度、能量密度和循环使用寿命，实现理想的电能存储与释放。混合型超级电容器结合了超级电容器和电池的储能优势。

3. 超级电容器应用

相比传统电容器和蓄电池，超级电容器储存能量更大，可反复循环充电，具有充电时间短、清洁环保、功率密度高、使用寿命长等优点，可有效针对分布式电源输出波动性随机性特征进行储能，尤其是风力发电变桨系统。

目前，超级电容器广泛应用于新能源汽车电池，改善了以往锂电池充放电时间长、寿命短的缺点，延长了电动汽车电池使用寿命。目前，上海已建成超级电容器供电公交车专线，未来基于纳米技术可实现超级电容器更加快速的高能量充放电。

（二）超导储能

超导储能主要用于解决电网瞬间断电和电压暂降等电能质量问题对用电设备的影响和提高电网暂态稳定性。

1. 超导储能原理

超导储能是利用超导线圈将电网过剩的能量以电磁能形式直接储存起来，需要时再将电磁能回馈电网或其他负载，并对电网的电压凹陷、谐波等进行灵活治理，或提供瞬态大功率有功支撑的一种电力设施。

正常运行时，电网电流通过整流向超导电感充电，然后保持恒流运行（由于采用超导线圈储能，所储存的能量几乎可以无损耗地永久储存下去，直到需要释放时为止）。当电网发生瞬态电压跌落或骤升、瞬态有功不平衡时，可从超导电感提取能量，经逆变器转换为交流电，并向电网输出可灵活调节的有功或无功功率，从而保障电网的瞬态电压稳定和有功平衡。

2. 超导储能基本结构

超导储能主要包括四部分：超导储能线圈、功率变换系统、低温制冷系统和快速测量控制系统。其中，超导储能线圈和功率变换系统为超导电磁储能的核心关键部件（图2-18）。

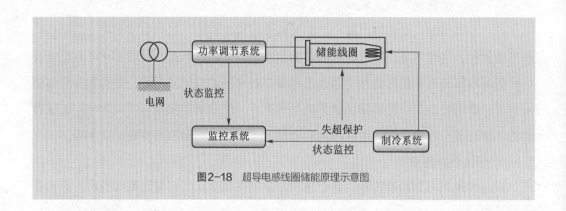

图2-18 超导电感线圈储能原理示意图

（1）超导储能线圈：需要在低温杜瓦瓶中维持低温状态，是超导电磁储能的能量存储单元，由于在恒定温度下运行，其寿命可达30年以上。

（2）功率变换系统：是电网与超导电磁储能进行能量交换的装置，它主要将电网的能量缓存到超导储能线圈中，并在需要时加以释放，同时还可发出电网所需的无功功率，实现与电网的四象限功率交换，进而达到提高电网的稳定性或改善电能质量的作用。

（3）低温制冷系统：包括制冷机及相关配套设施，为超导电磁储能的正常运行提供所需冷量，可以实现"零挥发模式"运行。

（4）快速测量控制系统：主要用来检测电网的主要运行参数，对电网当前的电能质量进行分析，进而对超导电磁储能提出运行控制目标，同时还具有自检和保护功能，保障超导电磁储能的安全运行。

3. 超导储能装置工作状态

超导储能装置的工作状态有四个阶段：储能状态、交换状态、保持状态、释能状态。

（1）储能状态：为了使储能装置能够正常工作，当启动储能装置时，需要先对其进行充电储能，使装置中的能量达到额定值，若储能装置存储的能量小于其下限值时，储能装置也将会进入储能状态，以保证其能够在正常范围内工作。

（2）交换状态：由控制器向储能装置发出指令，实现系统和储能装置的功率交换。

（3）保持状态：在该状态下，储能装置与系统不发生功率交换，初始储能结束即会进入保持状态。

（4）释能状态：当系统需要吸收能量且当储能装置存储的能量大于上限值时，储能装置将处于释能状态。

4. 超导储能的优点

目前超导储能被广泛应用于提高电力系统暂态稳定性方面。与其他储能技术相比，超导储能具有的优点包括：

（1）转换效率高：超导储能通过变流器控制超导磁体与电网直接以电磁能的形式进行能量交换，转换效率稳定在97%~98%。

（2）响应速度快：超导储能通过变流器与电网连接，响应速度最快可达到毫秒级。

（3）大功率、大容量、低损耗：与常规的电感线圈相比，超导线圈有更高的平均电流密度，可以有很高的能量密度，运行在超导状态下没有直流的焦耳损耗。

（4）可持续发展条件容易满足：建造地点可以任意选择，维护成本低，对环境的污染很小。

第四节
核能发电技术

核能像水能、风能、太阳能等可再生能源一样，在发电过程中几乎不产生温室气体。根据世界核协会（World Nuclear Association，WNA）公布的数据，截至2021

年1月，全球有32个国家在使用核能发电，共有441台在运核电机组，总装机容量约392.4 GW。

核能是原子核通过核反应，改变了原有的核结构，由一种原子核变成了另外一种新的原子核，即由一种元素变成另外一种元素或者同位素，由此所释放出的能量。

核能的利用包括核裂变能和核聚变能两种，核裂变和核聚变是两个相反的核反应过程（图2-19）。在核裂变反应和核聚变反应中，都有质量减少，减少的质量转化为核能。

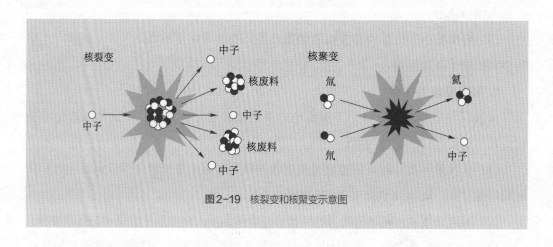

图2-19　核裂变和核聚变示意图

一、核裂变发电

（一）核裂变原理

核裂变是指由重的原子核（主要是指铀核或钚核）分裂成两个或多个质量较小的原子核的一种核反应形式。核裂变发电过程与火力发电过程相似，是利用核反应堆中核裂变所释放出的热能进行发电的方式（图2-20）。

目前已经发现的天然可裂变元素只有铀，在天然铀金属中，有^{238}U、^{235}U和^{234}U，其所占比例分别是99.28%、0.71%和0.01%。^{235}U含量虽少，但是在普通的热中子反应堆中它是唯一的天然可裂变元素。

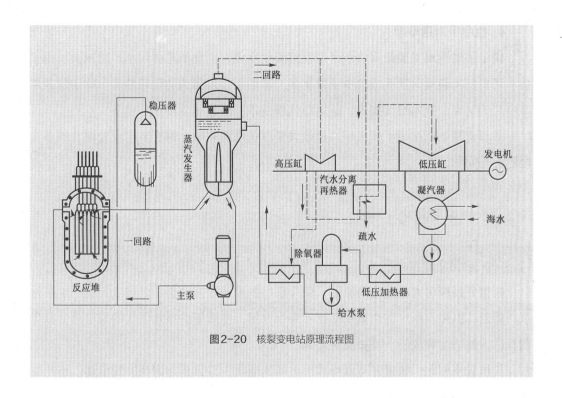

图2-20 核裂变电站原理流程图

（二）核裂变反应堆

根据核反应堆类型的不同，核裂变能电站可分为轻水堆型、重水堆型、石墨气冷堆型、快中子增殖堆型等。

1. **轻水堆型**

轻水堆采用的是轻水（H_2O），即普通的水作为慢化剂和冷却剂。目前世界上的核电站大多数采用轻水堆型。据统计，目前已建的核电站中，轻水堆型大约占88%。轻水堆又有压水堆和沸水堆之分。

2. **重水堆型**

重水堆采用重水（D_2O）作为中子慢化剂，重水或轻水作冷却剂。重水堆的特点是可采用天然铀作为燃料，不需浓缩，燃料循环简单，但建造成本比轻水堆要高。

3. **石墨气冷堆型**

石墨气冷堆采用石墨作为中子慢化剂，用气体作冷却剂。由于气冷堆的冷却温度可以较高，因而提高了热力循环的热效率。目前，气冷堆核电机组的热效率可以达到40%，相比之下水冷堆核电机组的热效率只有33%。

4. 快中子增殖堆型

快中子增殖堆主要使用快中子引发核裂变反应，因此堆芯体积小、功率大。由于快中子引发核裂变时新生成的中子数较多，可用于核燃料的转化和增殖。特别是采用氦冷却的快堆，其增殖比更大，是第四代核技术发展的重点堆型。

核裂变发电已被用于核电厂。但核裂变存在燃料有限、裂变废物难处理及很多安全隐患等问题。

二、核聚变发电

（一）核聚变原理

核聚变是模仿太阳发光的原理，使质量小的原子（主要是指氕或氘）在一定条件下（如超高温和高压）发生原子核互相聚合作用，生成新的质量更大的原子核，并伴随着巨大的能量释放的一种核反应形式。

与核裂变相比，核聚变可以释放出更高的能量，并且具有固有的安全性，不产生大量需要长期储存的放射性废物。

（二）核聚变产生方式

实现聚变反应必须将聚变燃料加热至极高温度并予以有效约束。核聚变通常由三种方式来产生，分别是引力约束、惯性约束和磁约束。

（1）引力约束聚变：太阳就是典型的引力约束聚变产物。在太阳中心的高温高压条件下，氢原子核聚变成氦原子核，并放出大量能量，犹如一个巨大的核聚变反应装置。

（2）惯性约束聚变：是利用粒子的惯性作用来约束粒子本身，从而实现核聚变反应的一种方法。氢弹采用惯性约束聚变，是一种人工实现的、不可控制的热核反应。

（3）磁约束聚变：是利用特殊形态的磁场把氘、氚等轻原子核和自由电子组成的，处于热核反应状态的超高温等离子体约束在有限的体积内，使它受控制地发生大量的原子核聚变反应，释放出热量。磁约束热核聚变是当前开发聚变能源中最有希望的途径。

（三）核聚变燃料

已经实现的第一代可控核聚变的燃料还只限于氘和氚，不会产生环境污染和温室效应气体，是最具开发应用前景的清洁能源。

氘是天然存在的一种非放射性氢同位素，其资源是非常丰富的，地球上仅海水中就含有45万t氘，因此氘的储量不会对聚变能源技术的需求形成任何限制。

氚在自然界中几乎不存在，地球上天然氚的总量仅约为3.6 kg，又由于它是一种非天然存在的放射性氢同位素，半衰期仅为12.33年，所以必须人为地通过其他技术来生产。氚在普通反应堆中可以通过用中子照射锂陶瓷材料而得到或在将来的热核反应堆中生产出来，并且地球上的锂储量足以保障人类对聚变能源的应用。

（四）核聚变反应堆应用

1. 国际热核聚变实验堆计划

国际热核聚变实验堆（International Thermonuclear Experimental Reactor，ITER）是目前世界上最大的实验性托卡马克核聚变反应堆。2007年，由欧盟、印度、日本、中国、俄罗斯、韩国和美国七个成员实体资助和运行，该计划预期将持续30年，其中10年用于建设，20年用于运行，耗资超过百亿美元。ITER是各国建实用聚变堆前最重要的共担风险的堆工程技术和堆物理技术的集成发展研究，为建造未来具有实用意义的聚变堆奠定基础。

2. 中国环流器二号A装置

2002年，核工业西南物理研究院建成中国环流器二号A装置（HL-2A），该装置是我国第一个具有先进偏滤器位形的非圆截面的托卡马克核聚变实验研究装置，其主要目标是开展高参数等离子体条件下的改善约束实验，并利用其独特的大体积封闭偏滤器结构，开展核聚变领域许多前沿物理课题以及相关工程技术的研究，为我国下一步聚变堆研究与发展提供技术基础。

3. 中国"东方超环"

东方超环（EAST）是中国科学院等离子体物理研究所研制的磁约束核聚变实验装置，是世界上第一个非圆截面全超导托卡马克，位于安徽省合肥市科学岛。2017年，EAST核聚变实验堆在全球首次实现了超过100 s的稳态长脉冲高约束等离子体运行，创造了新的高约束模等离子体运行的世界纪录。2018年，EAST核聚变实验堆在10 MW加热功率下实现了1亿℃高温。

第五节
输配电技术

从我国整体来看，清洁能源资源集中分布在西部，用能主体集中分布在中东部，能源的大规模清洁传输和利用需要强大的输配电技术支撑。电力从产生到利用，一般经过发电、升压变电、超特高压传输、降压变电、配电、用电等环节。本节主要介绍输电、配电、电网、装备四方面。

一、特高压输电

(一) 特高压交流输电

特高压交流输电是指 1 000 kV 及以上电压的输电工程及相关技术，具有远距离、大容量、低损耗和经济性等特点。特高压输电还能实现联网效应，将位于不同位置的火力、风力、水力发电站发出的电集约统筹、统一输送，极大提高新能源并网和消纳能力。

特高压输电是世界上最先进的输电技术。我国研制成功了全套关键设备，建成了世界上电压等级最高、输电能力最强的交直流输电网络。通过电线输出电力，要想使电功率达到最大，需加大电流或电压，但如果加大电流的话会造成电线过热或大量电力损耗，所以通常只是采用升级电压的方法来保证远程输电。电压越高，输电距离就越远，电网覆盖面就越大。去除能量损耗，一条 1 150 kV 的特高压线路的效能相当于 5~6 条 550 kV 的超高压线路或 3 条 750 kV 的超高压电路的效能总和。特高压输电能降低电网工程成本，减少传输走廊用地面积。

(二) 特高压直流输电

特高压直流输电是指 ±800 kV 及以上电压等级的直流输电及相关技术。直流输电是在送端将交流电经整流器变换成直流电输送至受端，再在受端用逆变器将直流电变换成交流电送到受端的交流电网的一种输电方式 (图 2-21)。

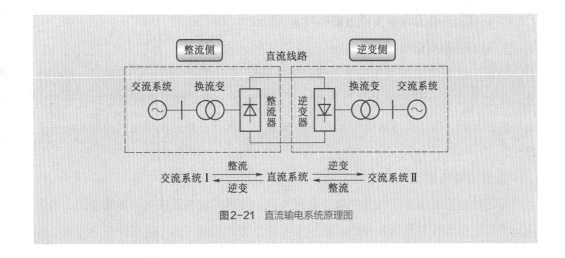

图2-21 直流输电系统原理图

特高压直流输电系统主要包含特高压换流站和特高压直流输电线路，其中特高压换流是特高压直流输电工程的关键技术，其核心设备为换流阀。日前中国投运及在建的 ±800 kV 特高压直流输电工程所使用的换流阀主要有 5 000 A/±800 kV 和 6 250 A/±800 kV 两种类型，其中后者的输送性能相对于前者有大幅度的提升。

特高压直流输电定位于西部水电基地和大煤电基地远距离、大容量外送。2019年，我国自主设计建设的世界首个 ±1 100 kV 高压直流输电工程（昌吉—古泉）成功启动双极全压送电。

特高压直流输电待解决问题包括以下几方面。

（1）电磁环境问题：在特高压输电工程中，电压的传输导致输电线路周围空间产生磁场，对设备附近的环境和人体都会产生不良影响。

（2）过电压与绝缘问题：未来若要进一步提高特高压直流输电电压等级，则换流站和输电线路的绝缘设备等电力配套设施也需要随之升级，对避雷器的选择也要更加慎重，否则一旦出现过电压或绝缘故障，将给电力系统造成巨大危害。

（3）控制保护问题：通过硬件平台化保证硬件可以持续优化，增强控制系统的稳定性，大大降低维护成本，同时模块化设计控制软件，方便工作人员对程序进行开发与升级，再采用现场总线技术提高控制保护系统的抗干扰性，最终提高计算机控制保护系统的稳定性，保障特高压直流输电安全可靠地持续运行。

（4）设备可靠性问题：与超高压直流输电相比，特高压直流输电的电压等级更高，若在输电过程中发生电力故障将造成不可估量的损失，严重影响国民生产生活秩序，所以必须提高特高压直流输电设备的可靠性。

（三）特高压海底电缆及管道输电技术

1. 特高压海底电缆

当前超高压直流海缆在技术上已经很难满足未来需求，因此亟须发展 $\pm 800 \, kV$ 及以上特高压直流海缆技术。为实现特高压级海缆，未来需要在绝缘材料、导体形式、生产工艺、施工技术和运维技术等方面进一步提升，确保海缆电气性能和运行可靠性。

2. 管道输电系统

管道输电系统是采用气体绝缘、金属外壳与导体同轴布置的电力传输系统，具有高安全性、可靠性和环境兼容性，适用于复杂多变的地理环境，可保持环境原貌、减小土地占用，例如从高海拔山地到河谷、江河等大跨越。基于管道输电技术应用场合的特殊性，其进一步发展的主要技术难点包括特高压管道、断路器等气体绝缘输电线路核心设备可靠性的进一步提高，更环保的绝缘气体的研发，以及相关施工技术的完善。

二、交直流混联电网配电

一般情况下，要求对电力系统的电流输出方式在每一个时刻都和电力系统的实际运行情况进行对称处理。具体来说，就是电力系统所拥有的功率的影响比较小的时候，由于交流配电网有着较强的功率适应性能，对于交流配电网的影响程度就比较小。

（一）新型直流配电网

采用直流配电系统能够提高配电利用率，支撑多源多荷的高效灵活接入，实现各分区电流潮流灵活可控、负载率均衡。

1. 直流配电网的关键设备

（1）直流变压器（直流－直流变换器）：相较于已有的直流－直流变换器，在配网场景中应用的直流变压器需要有高变比、大容量、具备功率双向流动能力等特点，且需要有多机并联运行能力。

（2）大功率双向交流－直流变换器：交流－直流变换器可实现交流系统与直流系统的连接。考虑到配电网的应用场景，同样要求交流－直流变换器具有高变比、大容量，具备功率双向流动能力和多机并联运行能力。

（3）直流断路器：直流断路器对直流配电网的保护至关重要，会直接影响到直流配电网保护技术的可靠性，进而影响到直流配电技术的推广与应用。

（4）直流开关接插件：在低压直流配电网中，直流电的直接开合会产生较大的电弧，因此研发安全可靠的直流开关接插件对安全用电十分重要。

（5）即插即用接口：随着分布式电源、电动汽车的快速发展，开发出支持即插即用的智能接口，对于推进清洁能源发展和节能减排、构建智能配电网有着重要的意义。

（6）直流配电网智能分析和控制系统：直流配电网中渗透了大量电力电子变换器、新能源、储能、新型负荷等，这些元件多具有不同的运行方式、控制方式且通过网络构成一个复杂整体。面对这样的复杂系统，开发出能够准确分析、有效控制智能系统既是直流配电网正常运行的前提，也是最大化系统性能的保证。

2. 直流配电网的特点

（1）直流配电网的线路损耗小：考虑交流电缆金属护套涡流造成的有功损耗和交流系统的无功损耗，当直流系统线电压为交流系统的2倍时，直流配电网的线损仅为交流网络的15%～50%。虽然交流系统可通过无功补偿等措施来降低线损，但这将增加系统的建设成本和复杂性。

（2）直流配电网供电可靠性高：交流配电一般采用三相四线或五线制，而直流配电只有正负两极，两根输电线路即可，线路的可靠性比相同电压等级的交流线路要高。当直流配电系统一极发生故障时，另一极可与大地构成回路，不会影响整个系统的功率传输。

（3）不涉及相位、频率控制、无功功率及交流充电电流等问题：交流系统运行时需要控制电压幅值、频率和相位，而直流系统则只需要控制电压幅值，不用涉及频率稳定性问题，没有因无功功率引起的网络损耗，也没有因趋肤效应产生的损耗等问题。

（4）便于分布式电源、储能装置等接入：未来的配电网应能够兼容风能、太阳能等大规模的分布式电源并网。光伏电池等发出的是一种随机波动的直流电，需要直流–直流换压器和直流–交流换流器，并配置适当的储能装置和复杂的控制系统等才能实现交流并网；各种储能装置，如蓄电池、超级电容器、作为分布式储能单元的电动汽车充电站等，是以直流电形式工作，需要双向换流器接入交流电网。而对于直流配电网，实现分布式电源并网发电及储能等接口设备与控制技术要相对简单。

（5）分析和控制算法大幅简化：由于直流配电网没有稳态电抗、无功功率，其分析和控制算法可以得到大幅简化。考虑到直流配电网当中没有频率、功角问题，其稳定性也将有更大的提升。

（6）具有环保优势：直流线路的"空间电荷效应"使电晕损耗和无线电干扰都比交流线路小，产生的电磁辐射也小，具有环保优势。

（二）交直流混联电网

交直流混联输电系统是送、受端交流系统之间既有交流线路连接又有直流系统连接的一种输电方式。直流输电只具有输电功能，不能形成网络，类似于"直达航班"，中间不能落点，定位于超远距离、超大容量"点对点"输电。而交流输电具有输电和构建网络双重功能，类似于"公路交通网"，电力的接入、传输和消纳十分灵活。

随着"西电东送"和全国联网的全面运行，我国密集的直流输电规模不断扩大，加上坚强的交流电网配合，我国已进入特高压交直流混联大电网运行时代。

1. 交直流混联电网的特点

（1）电压稳定：交直流系统稳定性关键是电压稳定，电压不稳定是因为无法满足负荷需求。系统正常运行时，无源补偿元件主要提供直流系统消耗的无功功率。但系统发生故障时，会产生电压波动。当交流系统不能支持直流系统的无功功率变化和向交流通道的功率传输时，交流系统会出现电压不稳定的现象。

（2）频率稳定：当特高压直流系统输电功率较大、换相失败等故障出现时，发送端的功率无法送出，短时间出现功率盈余的情况，潮流大范围转移，受端交流系统会产生比较大的冲击，会影响系统频率稳定性。

（3）谐波问题：谐波问题是衡量电能质量的指标之一，其中换流器是重要的谐波来源。换流器是交直流混联系统交接的重要元件，整流侧会产生谐波电压源，交流侧会产生谐波电流源，谐波的产生会对电网的稳定运行产生影响。

2. 交直流混联电网的优化运行

相比于传统交流配电网，交直流混联电网可以利用原有线路和空间提高线路的功率传输能力，并实现功率的灵活转移。因此交直流混联电网的优化运行需要全面考虑线路间的功率调控能力，通过综合调控电力电子装置、新型源荷及储能的充放，实现网络的经济安全运行，交直流混联电网"源—网—荷—储"协调优化已成为目前的趋势。

三、高比例可再生能源并网

可再生能源发电基地分布不均衡，大多远离电力负荷中心，相距数百到数千千米，大量间歇性、波动性的可再生能源并网将为电网的安全稳定运行带来巨大影响，导致电力系统灵活性不足、调节能力不够等短板和问题突出，制约更高比例和更大规模可再生能源发展。因此，高比例可再生能源并网及运行控制问题是零碳电力技术发展的关键。

（一）光伏发电并网技术

光伏发电并网对电网的影响包括以下几方面。

（1）孤岛效应：当系统供电因事故、故障或者停电维修而停止时，各用户端的光伏并网发电系统有可能与周围的负荷构成一个电力公司没办法掌握的自供给供电孤岛，会给检测人员带来危险，即所谓的孤岛效应。孤岛效应会对整个电网造成许多危害，为了防止孤岛危害的出现，防孤岛效应保护必不可少，主动式或被动式保护各有优缺点，因此光伏系统里应设置至少一种防孤岛效应保护。当电网失压时，要求防孤岛效应保护应在2 s内动作，断开与电网的连接。

（2）谐波污染：在光伏并网过程中运用了大量的电力电子设备，特别是逆变器，会产生大量谐波。谐波电流可能造成线路过载过热，损害绝缘导体，同时高频谐波可能造成趋肤效应降低电缆的载流能力，严重危害电力系统。

（3）无功补偿问题：光伏并网逆变器存在一定的无功消耗，所以应配备一定的无功补偿装置以具备无功调节能力，来保证电站功率因数和高压侧母线电压保持在合理的范围内。特别是对于功率因数比较高（不小于0.98）的光伏并网发电系统，更需要进行有效的无功补偿，从而实现无功的分层分区及就地平衡，以减少光伏发电接入时对电压的影响，另外还可以降低线损，保证逆变器的正常运行。

（4）电压闪变：电压闪变是电能质量的重要指标之一，辐照度恒定时比变化时对电网电压闪变的影响小；辐照度越大，光伏阵列输出功率越大，对电网电压闪变的影响越大；辐照度变化程度越大，输出功率的波动越大，对电网电压闪变的影响越大。

未来，光伏发电并网技术的发展方向包括提高太阳能资源的利用率、避免谐波干扰和动态干扰、提高供电稳定性、提高电网适应能力、融入互联网技术，以及丰富组件级产品等。

（二）风电并网技术

风电并网技术主要分为风电交流并网、风电直流并网和风电柔性直流并网技术。

1. 风电交流并网技术

该技术应用时间已相当长，目前仍然占据主要地位。主要优点是传输系统结构简单，当传输距离比较近时，其成本比较低。但需解决线路的容性功率、同步运行系统的稳定性、潮流控制等问题。

2. 风电直流并网技术

该技术具有经济性高、互联性强、对于电力潮流的控制迅速而精确的优点，主要适用于海底电缆输电、长架空线输电、交流系统互连以及作为限制短路电流的领域。

3. 风电柔性直流并网技术

由于风电并网连接在各机组母线电压受到风机本身发电的影响，电压通常达不到稳定的要求，采用风电柔性直流并网技术，可以动态地补偿风机公共连接点的无功缺额，达到稳定机端母线电压的作用。

高比例可再生能源并网技术发展方向包括增强电力调频手段、扩建输电网络、耦合储能装置等。

四、先进电力装备

电力装备产业不仅要为电力工业绿色低碳发展提供装备支撑，还要满足其他工业领域化石能源替代的装备需求，亟须发展新型电力装备和升级传统电力装备。先进电力装备需要科技攻关。

（1）发电设备：① 煤电设备，化解严重过剩产能、发展重点为存量机组灵活性改造。② 水电设备，平稳发展、优化成本。③ 燃气轮机，突破高温热部件及材料瓶颈，避免受制于人；攻克维修维护市场。④ 风电机组，优化产品结构和产能布局，避免产能无序扩张；加快大容量海上风电机组研制。⑤ 太阳能发电，提升转换效率，合理优化产品价格。⑥ 核电设备，平稳发展、提升产业链供应链自主可控能力。

（2）输配电领域输变电设备：化解传统输变电设备产能，加快适应"双高"电网需求的输变电设备研制。

（3）储能设备：加快新型储能电池及飞轮储能、压缩空气储能产业化。

（4）氢能设备：加快氢制备、存储设备产业化，加快氢燃料电池研发，加快可再生能源制氢、高耗能行业氢能替代技术研究。

（5）再电气化设备：加快工业电热设备、港口岸电设备、可再生能源供热设备、电动汽车充电桩等再电气化设备研制和产业化。

思考题

1. 举例说明可再生能源的优缺点，并阐述与碳中和目标的关系。
2. 可再生能源发电目前存在哪些限制？
3. 简述我国太阳能资源分布特点，利用的主要方式有哪些。
4. 简述陆上风电和海上风电的优缺点，预测未来风电发展趋势。
5. 什么是海洋能？海洋能可分为哪些种类？开发海洋能具有什么重要意义？
6. 什么是生物质气化技术？生物质气化发电的原理是什么？
7. 简述地热能的概念和地热发电的类型。
8. 简述储能技术在碳中和目标中的地位及发展面临的机遇与挑战。
9. 简述未来电网的发展趋势及面临的挑战。
10. 简述高比例可再生能源并网在碳中和目标中的重要性。

参考文献

［1］李全林. 新能源与可再生能源［M］. 南京：东南大学出版社，2008.

［2］程明，张建忠，王念春. 可再生能源发电技术［M］. 北京：机械工业出版社，2020.

［3］水利水电规划设计总院. 中国可再生能源发展报告［M］. 北京：中国水利水电出版社，2020.

［4］宋海辉. 风力发电技术及工程［M］. 北京：中国水利水电出版社，2009.

［5］田宜水. 生物质发电［M］. 北京：化学工业出版社，2010.

［6］朱家玲. 地热能开发与应用技术［M］. 北京：化学工业出版社，2006.

［7］钱伯章. 水力能、海洋能和地热能技术与应用［M］. 北京：科学出版社，2010.

［8］陈兴国. 核能发电原理导论［M］. 长沙：湖南科学技术出版社，2010.

［9］周乃君，乔旭斌. 核能发电原理与技术［M］. 北京：中国电力出版社，2014.

［10］殷桂梁，杨丽君，王珺. 分布式发电技术［M］. 北京：机械工业出版社，2008.

［11］侯赛因，马哈茂德. 大规模可再生能源发电：发电、输电和存储先进技术［M］. 连晓峰，金学波，等译. 北京：机械工业出版社，2016.

［12］马斯特斯. 高效可再生能源发电系统及并网技术［M］. 王宾，杨尚霖，龚立娇，译. 北京：机械工业出版社，2019.

［13］吴鸣. 可再生能源发电并网技术与装备［M］. 北京：科学出版社，2020.

［14］李慧，赵芳琦，焦傲，等. 太阳能光热与火电机组互补发电研究综述［J］. 东北电力大学学报，2019，39（6）：8-14.

［15］郦林俊，王双童，汪建平. 生物质能发电技术现状解析［J］. 电力科技与环保，2019（4）：46-48.

［16］李克勋，宗明珠，魏高升. 地热能及与其他新能源联合发电综述［J］. 发电技术，2020，41（1）：69-77.

［17］杨卧龙，倪煜，雷鸿. 燃煤电站生物质连接耦合燃烧发电技术研究综述［J］. 热力发电，2021，50（2）：18-25.

第三章
氢能技术

氢能是一种清洁能源。氢元素主要以化合物形式存在于地球中，需要将化合态氢元素还原成氢单质再加以利用。由于氢气（H_2）易燃易爆、燃烧范围宽（4%~75%）、点火能量低、扩散系数大且易对材料力学性能产生劣化影响，提纯后 H_2 的高密度储存和运输也是目前氢能布局的瓶颈所在。氢能利用有三个主要环节：制取、储运和应用，本章主要介绍制氢、储氢、运氢以及氢能应用技术。

第一节
制氢技术

制氢的方法很多，包括化石能源制氢、电解水制氢（包括可再生能源发电后电解水制氢）、生物质制氢、化工原料制氢等。利用化石能源制得的 H_2 称为"灰氢"；在制备灰氢基础上增加 CO_2 捕集、利用和封存技术（CCUS）制得的 H_2 称为"蓝氢"；利用可再生能源制得的 H_2 称为"绿氢"。

一、化石能源制氢

(一) 煤制氢

煤制氢的方法主要有两种，一是煤的气化制氢，指煤在高温、常压或加压下，与水蒸气或O_2（空气）反应，全部转化成为以H_2和CO为主的合成气，再经变换反应得到H_2和CO_2。二是煤的焦化（或称高温干馏），即煤焦化制氢，属于副产氢。

传统煤制氢技术主要是煤气化制氢，包括造气反应、水煤气变换反应、H_2的提纯与压缩。制氢过程会发生如下气化反应：

$$C + H_2O \longrightarrow CO + H_2 \tag{3-1}$$

$$CO + H_2O \longrightarrow CO_2 + H_2 \tag{3-2}$$

图3-1所示为煤气化制氢技术工艺流程，先将煤（干法为煤粉，湿法为水煤浆）送入气化炉，与空气分离后得到的O_2发生气化反应，生成以CO为主的合成煤气；随后经过煤气净化，进入CO变换反应器；再与水蒸气反应，产生H_2和CO_2。产品气体经分离CO_2、变压吸附后得到副产品CO_2和较纯净H_2。

由图3-1可以发现，煤气化制氢不仅会排放灰分、含硫物质，而且生产过程繁琐、装置复杂、投资大，还会排放大量CO_2。

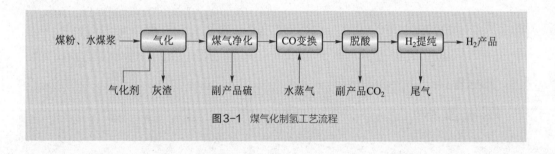

图3-1 煤气化制氢工艺流程

(二) 天然气制氢

天然气制氢是H_2的主要来源之一。天然气制氢技术包括水蒸气重整、部分氧化、CH_4自热重整、CH_4/CO_2重整以及催化裂解等。

1. 水蒸气重整制氢

水蒸气重整是目前工业上应用最广泛、最成熟的天然气制氢工艺，一般将含有CH_4、低碳饱和烃以及CO_2等的天然气配入一定比例的H_2，先将混合气预热到一定温度，再经催化加氢、脱硫、再进入蒸汽转化炉进行水蒸气重整制氢反应，如图3-2所示。

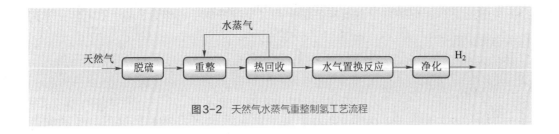

图3-2　天然气水蒸气重整制氢工艺流程

发生的主要反应如下：

$$CH_4 + H_2O \longrightarrow CO + 3H_2 \tag{3-3}$$

$$CO + H_2O \longrightarrow CO_2 + H_2 \tag{3-4}$$

天然气水蒸气重整反应为强吸热反应，反应过程需要吸收大量的热量，具有能耗高的缺点。另外，天然气水蒸气重整反应较慢，需要使用耐高温不锈钢管反应器，价格昂贵。同时仅用一段转化无法将天然气完全转化，通常反应后的气体还残余3%~4% CH_4，有时甚至会达到8%~10%，因此还需增加二段转化炉进行氧化反应，装置规模大、投资高。

2. 部分氧化制氢

部分氧化工艺包括非催化部分氧化和催化部分氧化两种工艺。

（1）非催化部分氧化：在高温、高压、无催化剂的条件下，天然气直接氧化生成 H_2 和 CO 的过程。非催化部分氧化需要将天然气和纯氧通过喷嘴喷到转化炉中，在射流区发生氧化燃烧反应，为转化反应提供热量，反应平均温度>1 200 ℃。这种方法存在转化炉顶温度高，有效气成分低等问题，对转化炉耐温材料和热量回收设备也存在较高要求。

（2）催化部分氧化：在催化剂的作用下，将天然气部分氧化生成 H_2 和 CO。反应温度在750~900 ℃，为放热反应。生成的转化气中 H_2/CO 接近2，然而催化剂易积炭，从而造成催化剂失活。

3. CH_4 自热重整制氢

CH_4 自热重整工艺结合了部分氧化和蒸汽重整工艺，通过调整 CH_4、H_2O、O_2 的进料比例，即可实现 CH_4 自热重整，氧化反应放出的热量提供给吸热的蒸汽重整反应，无需外部热源。

自热重整可以通过调节反应体系得到较为理想产物浓度，目前的研究主要集中在抗积炭催化剂、反应条件对反应动力学影响和 H_2 纯化方面。此外，H_2O/CH_4、O_2/CH_4

作为关键的反应影响条件，对反应热量平衡、反应产物中各组分含量、CH_4 转化率和积碳情况影响很大。

4. CH_4/CO_2 重整制氢

（1）CH_4/CO_2 干重整

CH_4/CO_2 干重整以 CH_4 和 CO_2 为原料，干重整反应为强吸热反应，它只能在 >640 ℃的条件下才能进行。随着温度的升高，平衡反应向前推进，从而增加了 CH_4 和 CO_2 的转化率。催化剂因积炭失活也是干转化的主要问题，积炭主要来自 CH_4 的热解和 CO_2 的歧化。

（2）CH_4/CO_2 自热重整

CH_4/CO_2 自热重整解决了热源供应问题。反应材料中引入 O_2、CH_4，氧化放热供给 CH_4/CO_2 重整吸热，实现自热重整。中国科学院上海高等研究院研究了自重整催化剂和反应器，取得了具有自主知识产权的 CH_4/CO_2 自重整制合成气技术的突破。在山西潞安集团进行了万方/小时的中试试验，建成了国际首套万方级工业侧线装备。

5. 催化裂化制氢

CH_4 催化裂化制氢纯度高，可获得高附加值的碳纤维或碳纳米管材料副产物，能耗比蒸汽重整低。但裂化反应生成的碳会在催化剂表面富集，导致催化剂积炭失活，需要通过物理或化学方法剥离。物理方法只能延缓催化剂的失活，更换催化剂会增加制氢成本，阻碍装置的长期运行。化学方法除碳，通常采用空气或纯氧燃烧再生催化剂，会造成 CO 的引入。

（三）石油制氢

通常所说的石油制氢是指利用石油炼制后得到的烃类产物如石脑油、重油、石油焦等进行制氢。

1. 石脑油制氢

石脑油是石油经蒸馏得到的产物，利用石脑油制氢的基本原理是石脑油在高温下与水蒸气发生反应生成 H_2 与 CO，

$$C_nH_m + nH_2O \longrightarrow nCO + (n+m/2)\,H_2 \quad (n = 4 \sim 7, \quad m = 10 \sim 16) \qquad (3\text{-}5)$$

生成的 CO 能够与水蒸气进一步反应生成 CO_2 和 H_2，

$$CO + H_2O \longrightarrow CO_2 + H_2 \qquad (3\text{-}6)$$

传统的工艺流程是：先将石脑油进行脱硫以及杂质去除处理（原料气处理单元），

然后以水蒸气作为氧化剂，经过高温蒸馏转化反应后生成H_2和CO的混合气体（蒸汽转化单元），随后对所生成混合气体中的CO与水蒸气反应转化为CO_2与H_2（CO变换单元），最后利用变压吸附对尾气进行分离以及H_2的提纯、吸附工序，最终即可得到高纯度H_2，流程示意图如图3-3所示。

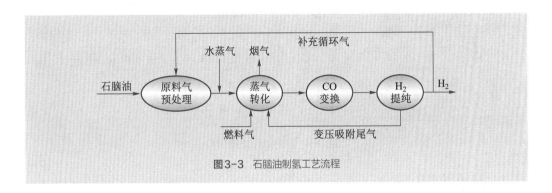

图3-3　石脑油制氢工艺流程

当前工业发展对石脑油需求量加大，其价格不断上升，导致以石脑油为原料的制氢过程成本不断提高。同时，石脑油中所含杂质过多，需要采用多种催化剂及除杂工序进行预处理。制氢过程在高温下进行，工艺复杂且能耗较大。

2. 重油制氢

重油即我国油田所称的稠油，是原油在提取汽油、柴油后的剩余重质油。重油的主要组成元素为C、H，还含有部分S、N、O等杂质。

重油制氢的工艺通常是指部分氧化法制氢。反应过程主要可分为以下三个阶段。

（1）预热和气化阶段：重油与O_2、水蒸气一起通过气化炉喷嘴喷入高温炉内，在高温环境中被加热发生气化。

（2）反应阶段：重油在炉中加热至其着火点，与O_2进行反应，但由于O_2量不足伴随有部分烃类与水蒸气发生反应，生成CO与H_2，小部分烃类分解生成CH_4、H_2以及炭黑。这一阶段反应式如反应（3-7）~反应（3-10）。

$$C_nH_m + n/2O_2 \longrightarrow nCO + m/2H_2 \tag{3-7}$$

$$C_nH_m + nH_2O \longrightarrow nCO + (n + m/2)\,H_2 \tag{3-8}$$

$$C_nH_m + (2n + m/4)\,O_2 \longrightarrow nCO + m/2H_2O \tag{3-9}$$

$$C_nH_m \longrightarrow \alpha CH_4 + \beta C + \gamma H_2 \tag{3-10}$$

（3）均热阶段：反应阶段的产物会在炉内与水蒸气、CO_2以及CH_4反应生成CO与H_2。

在反应过程中，重油中的含硫杂质会被转化为H_2S，需要与CO_2一起进行酸性脱除，最后通过提纯装置得到纯净的H_2，流程图如图3-4所示。

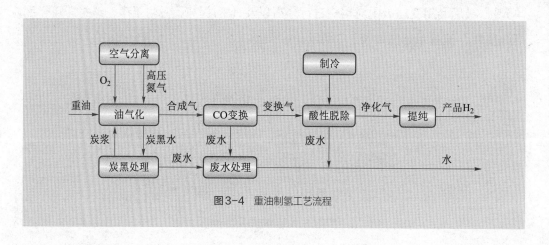

图3-4　重油制氢工艺流程

重油价格相对较低，使得制氢成本较低，同时重油制氢会产生一定的炭黑副产物，能够提高重油制氢的经济效益。但重油制氢工艺流程复杂、操作条件严苛、能耗大以及过程中对环境的污染问题限制了重油制氢的发展。

3. 石油焦制氢

石油焦是炼油厂焦化过程的固态副产物，是原油经蒸馏将轻质油分离后，重质油再经热裂转化而成的产物。石油焦外观与煤炭类似，是一种有金属光泽、质地坚硬、呈不规则状的固体。

石油焦制氢与煤制氢非常相似，是在煤制氢的基础上发展起来的。由于原油中含硫量高，所以高硫石油焦很常见。高硫石油焦制氢的主要工艺是将石油焦与O_2在高温下气化，生成的混合物经转换反应后低温甲醇清洗，并可回收副产物硫。最后将生成的混合气体进行尾气分离提纯H_2，制得高纯度的H_2。流程如图3-5所示。

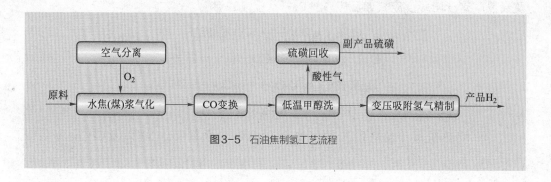

图3-5　石油焦制氢工艺流程

二、电解水制氢

纯水导电能力较差，难以实现电解水过程，通常采用在水中加入强电解质的方法来增加溶液的导电能力，使水能够顺利地被分解。目前，主要的3种电解水方式为碱性电解水、质子交换膜电解水及固体氧化物电解水，如表3-1所示。

表3-1 电解水技术对比

指标	单位	碱性电解水技术			质子交换膜电解水技术			固体氧化物电解水技术		
		2018	2030	长期	2018	2030	长期	2018	2030	长期
电效率	%，低位发热值	63~70	65~71	70~80	56~60	63~68	67~74	74~81	77~84	77~90
工作压力	10^5 Pa	1~30			30~80			1		
工作温度	℃	60~80			50~80			650~1 000		
运行时间	10^4 h	6~9	9~10	10~15	3~9	6~9	10~15	1~3	4~6	7.5~10
工厂占地面积	m²/kW	0.095			0.048					
资本支出	100 $/kW	5~14	4~8.5	2~7	11~18	6. 5~15	2~9	28~56	8~28	5~10

数据来源：International Energy Agency，2019

（一）碱性电解水制氢技术

碱性电解水制氢技术是一种很成熟的电解水制氢技术。1927年，挪威海德鲁（HYDRO）公司研制出第一台常压碱性电解水制氢装置，此后碱性电解水制氢技术快速发展。

1. 碱性电解水制氢电解槽

电解槽是碱性电解水制氢技术的核心设备，由端压板、密封垫、极板、电极、渗透隔膜等零部件组装而成。电解质主要是30%（质量分数）KOH溶液或者25%（质量分数）NaOH溶液，隔膜主要为石棉材料用于分隔正负极和分离气体，电极通常为两种或两种以上金属合金材料。

2. 碱性电解水制氢工作原理

碱性电解水制氢电解槽单个小室电解反应原理如图3-6所示。碱性电解液分别进入阳极区和阴极区，水分子能够渗透过隔膜到达另一侧。通常，电解槽的工作电流密

度约为 $0.25\ A/cm^2$，通电后，电解液中的水分子在阴极区与电子结合生成 H_2 和 OH^-，在阳极区氢氧根离子失去电子生成 O_2 和 H_2O，在隔膜的阻碍作用下，产生的 O_2 和 H_2 分别从阳极区和阴极区流出。

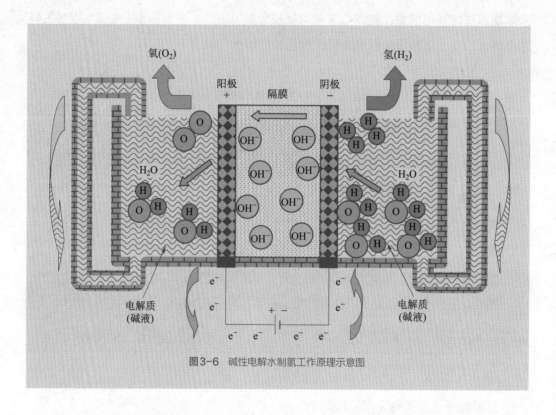

图3-6　碱性电解水制氢工作原理示意图

　　碱性电解水制氢技术的特点是技术成熟度高、设备制造成本低、单体设备产氢量大，但也存在一些缺点，如碱性电解液（如KOH）会与空气中的 CO_2 反应，形成碳酸盐降低电解槽性能，其制氢的速度也难以迅速被调节，H_2 和 O_2 若穿过多孔的石棉膜混合，容易引起爆炸。

（二）质子交换膜电解水制氢技术

　　在质子交换膜（PEM）制氢技术中，选用的全氟磺酸质子交换膜具有良好的质子传导性、化学稳定性以及气体分离性。作为一种替代石棉膜的新型固体电解质，全氟磺酸质子交换膜可有效防止电子转移，从而提高电解槽的安全性。

1. 质子交换膜电解槽

　　PEM电解槽由阴阳极板、阴阳极气体扩散层、阴阳极催化层和质子交换膜组成。

其中端板固定在电解槽中，引导电、水传递与煤气的配气等；扩散层、催化层与质子交换膜组成的膜电极是物料传输以及电化学反应的主场所，其特性与结构影响质子交换膜电解槽的性能和寿命。扩散层能够集流，促进气液的传递；质子交换膜作为固体电解质，隔绝阴阳极生成气，传递质子同时阻止电子的传递。

2. 质子交换膜电解水制氢工作原理

水经过进水通道到达电解池阳极，在外加直流电源的情况下与阳极催化剂反应、分解，生产 O_2、H^+ 和电子。H^+ 以水合质子形式通过质子交换膜定向迁移至阴极，实现质子的传导，同时也将部分水带入阴极。到达阴极的氢质子与经外电路流进的电子结合释放出 H_2。质子交换膜也代替了隔膜，把电池分隔成两个室，阻止电解产生 H_2 与 O_2 的混合，以防爆炸，如图3-7所示。

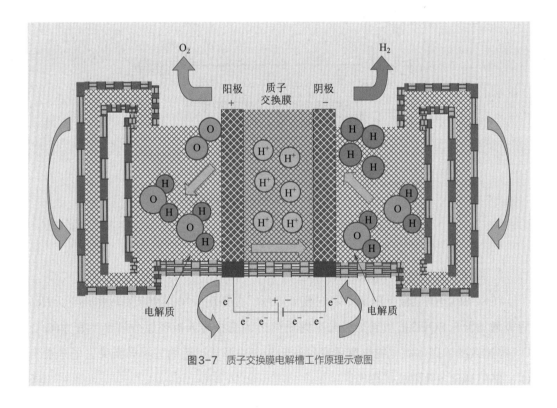

图3-7 质子交换膜电解槽工作原理示意图

PEM电解水制氢只需要纯水，无需外加电解质，更加安全。其工作电流密度大于 1 A/cm^2，总体效率在74%~87%，具有较快的动态响应速度。目前PEM电解水制氢技术已在加氢站现场制氢、可再生能源电解水制氢、储能等领域进行了示范和应用。然而，目前只有贵金属可用作析氢催化剂，投资和运行成本较高。

（三）固体氧化物电解水制氢技术

固体氧化物（SOEC）制氢是一种新型高效能量转换装置，它在高温下通过电化学反应过程将H_2O转化为H_2和O_2，实现电能、热能向化学能的高效转换。

1. 固体氧化物电解槽

固体氧化物电解槽核心组成包括：电解质、多孔阳极和多孔阴极。如图3-8所示，阴极与阳极之间是致密的电解质层，它的作用很大程度上是隔开空气（O_2）和燃料气体以及传导氧离子，因此需要电解质具有高离子电导率和低电子电导率。采用多孔电极增加电化学反应的三相界面。阴极材料一般为Ni/YSZ多孔金属陶瓷，阳极材料主要为钙钛矿氧化物材料，避免了材料腐蚀问题，有利于气体的扩散和传输。

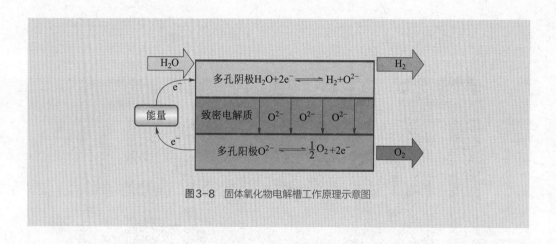

图3-8　固体氧化物电解槽工作原理示意图

2. 固体氧化物电解水制氢工作原理

在SOEC两侧电极上施加一定的直流电压，在高温（$700 \sim 900$ ℃）作用下，H_2O阴极通道流入SOEC扩散到阴极与电解质附近的三相界面被还原分解产生H_2和O^{2-}。O^{2-}穿过致密的固体氧化物电解质层到达阳极与电解质附近的三相界面失去电子析出O_2，然后通过多孔阳极扩散出。

固体氧化物电解水制氢技术能够采用核反应堆或可再生能源作为能量来源，既可实现H_2的高效、清洁、大规模制备，又可有效地消纳风电、光电、水电等可再生能源富余电力。但目前该技术仍在实验室阶段，主要聚焦于电解池电极、电解质、连接体等关键材料与部件，以及电堆结构设计与集成研究。

三、可再生能源制氢

可再生能源如风能、海洋能、水力能、地热能均不可以直接获得H_2，只有先发电，再电解水制氢；而太阳能、生物质能既可以发电，也可以直接制氢，如图3-9所示。

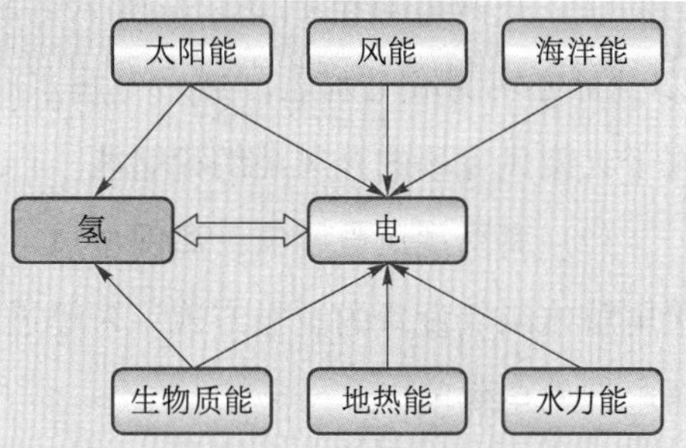

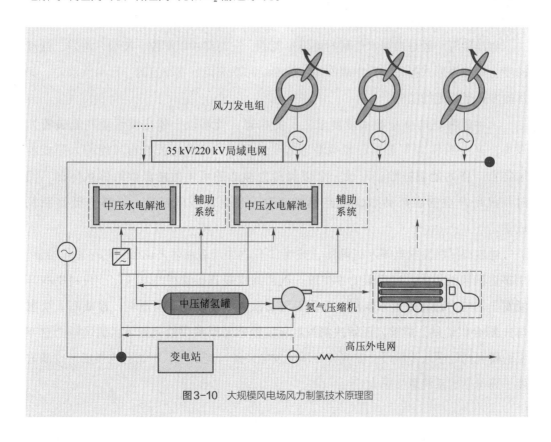

图3-9　可再生能源制氢途径

（一）风电制氢

风电制氢技术是将风资源通过风力发电机转化成电能，电能供给电解水制氢设备产生H_2，再将H_2压缩、存储，实现风电制氢。

图3-10为大型风电场风电制氢技术原理图。整个技术模块包括风电机组和电网、电解水制氢系统、储氢系统和H_2输送系统。

图3-10　大规模风电场风力制氢技术原理图

根据风电与网电连接形式的不同，可以将风电制氢技术分为并网型风电制氢、离网型风电制氢以及并网不上网型风电制氢。

(1) 并网型风电制氢：并网风电制氢是将风电机组接入电网，从风场35 kV或220 kV电网侧取电制氢，然后电解水制氢的一种方法。目前，并网风电制氢主要应用于大型风电场的弃风消纳和储能。

(2) 离网型风电制氢：离网型风电制氢是将单台或多台风机所发的电能直接提供给电解水制氢设备的制氢方式，未经过电网，主要应用于分布式制氢或局部应用于燃料电池发电供能。

(3) 并网不上网型风电制氢：并网不上网型风电制氢是将风电与电网相连，但是风电不上网，仅用于生产H_2的制氢方式。

风力发电随机性强、时效性强、波动性大，而电解水制氢设备对电能质量的稳定性要求高，电能波动会影响设备运行寿命和H_2纯度。为了更好地实现风力发电制氢，需要进行有效的能量匹配，提高风力发电制氢设备的利用率。

(二) 海洋能发电制氢

海洋能源一般是指海水蕴藏的可再生能源，在海洋中以潮汐、波浪、温差、盐度梯度、海流等形式存在。其中潮汐能、波浪能和海流能是不稳定的，而海水温差、海水盐度差是稳定的能源。

一种近海岛屿小型波浪能制氢工厂的构想，能够以一体化波浪能制氢装置为源头，产生的H_2以氢燃料和氢电池形式供给居民。环岛还配套有风能和太阳能利用装置，作为能源补给。形成一个以氢能为核心的可再生能源供给体系环岛。同时制氢所产生的副产品如O_2输送给加氧站，作为经济副产品，能够降低其制氢成本。

通过海洋能发电电解水制得H_2，并用H_2作为中间载能体来调节、贮存转化能量，能够达到储能目的，实现碳的零排放。利用海洋能直接进行海水淡化，并利用海洋能发出的电力进行电解水制氢，在获得宝贵淡水的同时制取氢燃料，建成海上淡水与H_2综合供给站，能够同时解决沿海地区的淡水和燃料供给问题。目前国际上这方面的研究尚处于起步阶段，如何将海洋能发电装备与制淡水、制氢有效集成形成高效能、高可靠的系统意义重大。

（三）水电制氢

水电制氢是指通过水力发电产生的电力驱动电解水制氢，该技术具有较强的地域性，需要依赖于丰富的水力资源。对于水电资源丰富的地区发展水电制氢，提供规模、稳定、绿色的氢源，是因地制宜地发展氢能产业的最有潜力的突破口。

目前，清洁低碳化水电的大规模开发和利用过程中，由于水电供需侧不均衡、电网系统安全稳定限制等因素，导致了水电的严重浪费。通过发展水电制氢，能够充分利用水电富余的发电量，实现规模化消纳，缓解水电弃水难题，综合提升水电产业经济效益。

富余水电制氢的优势在于全生命周期碳排放很低，H_2 利用效率较高，且富余水电制氢成本相比于常规电网制氢成本会有大幅度的降低。

（四）太阳能制氢

太阳能制氢技术多种多样，表3-2归纳了太阳能制氢的途径。

表3-2　太阳能制氢途径

太阳能种类	制氢技术	制氢途径
太阳光	太阳能电解水制氢	太阳光伏电池
	太阳能光化学制氢	光解乙醇
	太阳能光解水制氢	太阳光直接分解水
太阳热	太阳能热化学制氢	热化学分解
	太阳能热解水制氢	光热发电

1. 太阳能电解水制氢

太阳能电解水制氢方法首先通过太阳能电池将太阳能转化为电能，再将电能转化为氢，形成太阳能光伏制氢系统。太阳能转化氢的效率较低，很难与传统的电解水法在经济上竞争。

2. 太阳能热化学制氢

热化学循环法可在727℃温度以下产氢，其产氢效率约为50%，热化学过程所需的热量主要来自核能和太阳能。太阳热化学制氢技术是成熟的太阳能制氢技术之一。其优点是产量大，成本低，大部分副产品也是有用的工业原料。然而，这种方法的生产过程需要复杂的机电设备和强大的电力支撑。

3. 太阳能光化学制氢

太阳能光化学制氢的主要光解物是乙醇。在一定条件下，阳光可使乙醇分解成H_2和乙醛。这种分解反应需要乙醇吸收大量的光能才会发生。然而乙醇是透明的，很难直接吸收光能，必须加入光敏剂。

目前，科学家们常用的光敏剂主要是二苯（甲）酮。二苯（甲）酮能吸收可见光，并通过一种催化物（胶状铂）使乙醇分解成为氢。然而，二苯（甲）酮也是无色的，只能吸收少部分可见光谱中的能量，因此科学家正在探寻能提高二苯（甲）酮吸光率的新催化物。

4. 太阳能光解水制氢

太阳辐射的波长范围为$0.2 \sim 2.6 \, \mu m$，而且水不能直接吸收光能，因此在自然条件下无法产生H_2。因此，科学家们正在考虑向水中添加一些吸光物质，试图吸收光能，并将其有效地传递给水分子，使其光解。

5. 太阳能热解水制氢

热解水制氢要求温度高于$2\,000\,℃$，用常规能源不具有经济性。若采用高反射高聚焦的实验太阳能炉可以实现$3\,000\,℃$左右的高温，能使水产生分解，得到O_2和H_2。

热解水制氢装置的造价很高，效率较低，不具备普遍的实用意义。如果将此方法与热化学循环结合起来，形成"混合循环"，能够制造高效、实用的太阳能产氢装置。

四、生物质制氢

生物质制氢是以光合作用产出的生物质为基础的制氢方法，包括利用一切有生命的可以生长的有机物质为原料进行制氢，具有节能、清洁的优点。目前生物质制氢技术可分为化学法与生物法制氢（图3-11）。

（一）化学法制氢

生物质化学法制氢是指通过热化学处理，将生物质转化为富氢可燃气，随后通过分离得到纯氢的方法。可以直接由生物质制得H_2，又可以通过生物质解聚得到的中间产物（如甲醇、乙醇）制得H_2。化学法又可分为气化制氢、热解重整法制氢、超临界水转化法制氢等。

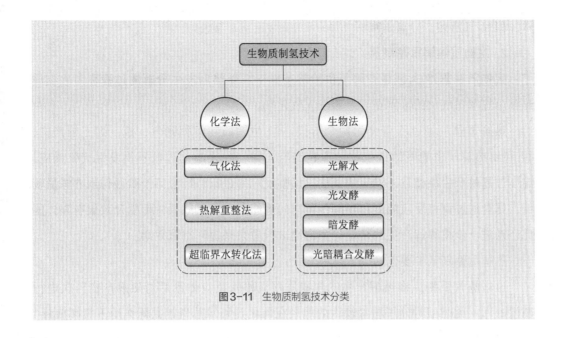

图3-11 生物质制氢技术分类

1. 生物质气化制氢

生物质气化制氢是指碳氢化合物在气化剂（如空气、水蒸气等）中转化为含氢可燃气体的过程，该方法会产生焦油，难以控制。目前生物质气化制氢需要借助催化剂来加速中低温反应。

生物质气化制氢工艺如图3-12所示。预处理后的生物质在气化炉中加热干燥，蒸发水分（100~200 ℃）。随着温度的升高，物料开始分解并产生碳氢化合物气体。随后，焦炭和热解产物与进入的气化剂反应。随着温度的持续升高（800~1 000 ℃），系统中的 O_2 消耗殆尽，产物开始还原。

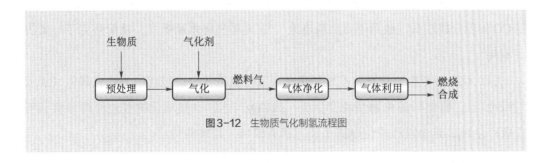

图3-12 生物质气化制氢流程图

气化过程中常用的气化剂有空气、水蒸气、O_2 等。以 O_2 作为气化剂可以获得最高的产氢率，但制备纯氧的过程会消耗大量的能量。采用空气作为气化剂可降低成本，但N_2气量大，分离困难。

2. 生物质热解重整制氢

生物质在隔绝O_2或是有限氧供给的条件下，受热后发生分解的过程称为生物质热解。热解与气化的区别在于是否加入气化剂。

热解重整制氢过程可分为两个阶段：① 生物质热解得到气、液、固三相产物；② 利用热解产生的气体或生物油重整制氢。第一阶段温度过低不易发生气化反应，温度过高易产生黏稠且不稳定的焦油，影响反应的进行。经过第一阶段得到的氢量较低，尽管通过调整反应温度和热解停留时间等能提高制氢效果，但提升效果有限，因此还需进一步将热解产生的烷烃、生物油进行重整来提升制氢效果。

热解重整制氢主要包括以下几种方式：

(1) 蒸气重整：将热解产生的生物质残炭移除反应体系后对热解产物再次进行高温处理，此时相对分子质量较大的重烃在催化剂和水蒸气的共同作用下裂解成H_2、CH_4、CO等，增加混合气体中的H_2含量。随后对二次裂解产生的气体（CH_4、CO等）进行催化，将其转换为H_2。最后，采用气体提纯技术（变压吸附或膜分离）得到高纯度H_2。

(2) 自热重整：在蒸气重整的基础上往反应系统中通入适量O_2来氧化吸附于催化剂表面的半焦前驱物质，以防止积炭或结焦。可通过调节O_2和物料的比例来调整系统热量，从而形成完全无外部热能供应的自热系统。自热重整耦合了放热反应和吸热反应，降低了能耗。目前自热重整主要集中在甲醇、乙醇和CH_4制氢。

(3) 水相重整：指在液相中利用催化剂将热解产物转化为H_2、CO以及烷烃的过程。与传统蒸汽重整比较，水相重整有如下优势：① 反应温度和压强比较容易达到，有利于水煤气化学反应的开展，并能减少碳水化合物的分解和碳化；② 产物中的CO体积分数较低，适用于做燃料电池；③ 无需气化水和糖类，从而避免了能量的高消耗。

(4) 化学链重整：化学链重整利用金属氧化物取代传统过程所需的氧载体（水蒸气或纯氧），将燃料转化为高纯度合成气或CO_2与水，金属氧化物被还原再与水蒸气反应产生H_2，这个过程原位分离了H_2，具有绿色、高效的特点。

(5) 光催化重整：光催化重整是在光照条件下用催化剂重整生物质获得H_2的过程。在无氧条件下光催化重整制备的H_2混合物通常只有少量惰性气体，没有其他气体需要分离，可以直接用作气体燃料。但该方法制氢效果并不好，因此需要提高催化

剂的活性来提高 H_2 的产率。

3. 超临界水气化制氢

超临界水气化制氢利用超临界水的强溶解能力溶解生物质中的各种有机物，生成高密度、低黏度的液体，然后在高温高压反应条件下快速气化，生成富氢混合气。这种方法用的超临界水是指在一定气压和温度条件下，在高温下膨胀的水的密度与在高压下压缩的水蒸气的密度完全相同。在这一条件下，水无法区分为液体或气体状态，它们完全混合在一起，成为一种新的高温高压流体。

生物质在超临界水中催化气化，生物质产气率可达100%，并且气化产物中 H_2 的体积百分比可超过50%，反应过程清洁，不产生焦油、木炭等副产物。对于水分含量高的湿生物质，可以直接气化，避免了高能耗干燥过程。由于超临界水气化所要求的反应温度和压力较高，对设备和材料要求也就更高，因此目前还不能实现生物质超临界水气化制氢的大规模应用。

（二）生物法制氢

生物法制氢是利用微生物将有机物通过生物降解来制氢的方法。目前常用的生物制氢方法可分为4类：光解水、光发酵、暗发酵与光暗耦合发酵制氢。

1. 光解水制氢

光解水生物法制氢是以太阳光为能量，水为原料，在光合微生物（如光合细菌、蓝绿藻）自身产氢酶作用下分解水产生 H_2。

光解水生物法制氢与植物光合作用机理类似，以蓝绿藻为例，它们在厌氧条件下通过光合作用分解水产生 O_2 和 H_2，其过程如图3-13所示。在一个光合系统中存在着两个相互独立又协调作用的中心：即用来产生还原剂固定 CO_2 的光合中心 PS I 以及用来接收太阳能分解水产生 H^+、电子及 O_2 的光合中心 PS II。其中，制氢酶能够将 H^+ 转化为 H_2，起着至关紧要的作用。

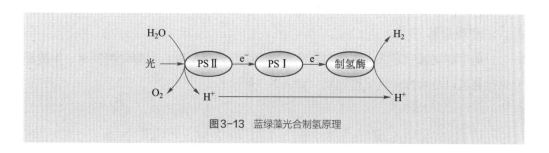

图3-13　蓝绿藻光合制氢原理

2. 光发酵制氢

光发酵生物制氢是在厌氧光照条件下，光发酵产氢菌通过代谢作用从小分子有机物（如有机酸、醇类）中还原出 H_2 的过程。

目前，光发酵产氢研究尚处于实验室水平，研究主要围绕着培育产氢速率快、底物转化效率高、应用范围广的高效产氢菌种，以及光发酵制氢反应器的开发和应用等方面展开。

3. 暗发酵制氢

暗发酵制氢是指在厌氧无光照的条件下，异养型的厌氧菌或固氮菌在氢化酶或氮化酶作用下分解有机小分子制氢。暗发酵制氢的微生物主要包括专性厌氧菌和兼性厌氧菌。厌氧发酵底物利用范围很广泛，此外暗发酵制氢通常有较高的 H_2 得率且无需光源。

4. 光暗耦合发酵制氢

将厌氧暗发酵产氢细菌和光发酵产氢细菌进行优势互补，将二者组合起来协同产氢的方法称为光－暗发酵耦合生物制氢技术，包括混合培养产氢和暗－光发酵细菌两步法两种方法。

（1）暗－光发酵细菌混合培养：将厌氧暗发酵产氢细菌和光发酵产氢细菌置于同一个系统中，通过不同细菌间的互补功能特性，提高 H_2 产量、底物转化范围和产氢效率，构建高效混合培养产氢体系。

（2）两步法产氢：指厌氧暗发酵产氢细菌和光发酵产氢细菌两种菌在各自的环境中发挥作用。首先是暗发酵细菌发酵产生 H_2，同时产生可溶性小分子有机代谢物，随后是光发酵细菌依赖光能进一步利用这些小分子代谢物，产生 H_2。

五、其他制氢方法

（一）化工原料制氢

1. 甲醇制氢

目前甲醇制氢的方法大致分为四类：甲醇蒸汽重整制氢、甲醇分解制氢、甲醇部分氧化制氢以及甲醇自热重整制氢，如表3-3所示。

表3-3 甲醇制氢方法比较

制氢方法	反应式	ΔH_{298}/ (K/mol^{-1})	优点	缺点
甲醇蒸汽重整	$CH_3OH + H_2O \longrightarrow 3H_2 + CO_2$	49.4	H_2含量高，反应温度低	吸热反应，反应动态响应慢，催化剂床层易存在"冷点"
甲醇分解	$CH_3OH \longrightarrow 2H_2 + CO$	90.5	高温下反应迅速	反应温度高，CO含量高，吸热反应
甲醇部分氧化	$CH_3OH + 1/2\,O_2 \longrightarrow 2H_2 + CO_2$	-192.3	条件温和，易于启动	H_2含量低，强放热反应，反应器内部温度不易控制
甲醇自热重整	$CH_3OH + \beta O_2 + (1-2\beta)H_2O \longrightarrow (3-2\beta)H_2 + CO_2$ ($0 \le \beta \le 0.5$)	50.19-483.64β	反应温度适中，反应吸放热耦合，可达到热平衡	H_2含量低，控制难，反应器入口催化剂易烧结或积炭

来源：毛宗强、毛志明，2015

（1）甲醇蒸汽重整制氢：甲醇蒸汽重整制氢产氢量最高，也是最常用的，已经实现工业化应用。

理论上，甲醇蒸汽重整制得的H_2浓度为5%左右，其反应式如下：

$$CH_3OH\,(g) + H_2O\,(g) \longrightarrow 3H_2 + CO_2 \qquad (3-11)$$

常用的甲醇蒸汽重整催化剂，根据其活性组成可以分为3类：Cu系、CrZn系、贵金属（例如Pd、Pt）。Cu-ZnO-Al$_2$O$_3$（CuO质量分数约50%）是应用于工业中的一类典型的甲醇蒸汽重整催化剂，其对氧化环境较为敏感，活性难以保证，需要筛选出活性更高、选择性更好的催化剂。

（2）甲醇分解制氢：甲醇分解制氢过程中，将原料甲醇与脱盐水混匀后，经由计量泵打入系统中，通过由高压蒸汽加热后的高温导热油，控制温度在240 ℃，甲醇和脱盐水的混合液被加热气化，形成混合气进入反应器进行裂解及变换。反应器为列管式反应床，Cu系催化剂被装至管中，甲醇和水通过催化剂床层发生裂解反应，生成含H_2（74.5%）、CO_2（23%~24.5%）、CO（1%）与极少量CH_4的分解气，最后经过冷却分离等步骤，得到氢产品，如图3-14。

（3）甲醇部分氧化制氢：相比于甲醇蒸汽重整反应，甲醇部分氧化反应由于其本身为放热反应，只需外界提供少量的热量即可维持反应，具有减少外界能量损耗、加快自身反应的启动、反应效率更高等优点。

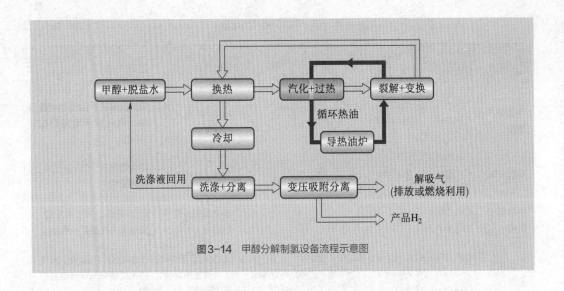

图3-14 甲醇分解制氢设备流程示意图

(4) 甲醇自热重整制氢：20世纪80年代，提出了一种甲醇自热重整制氢反应路径。在特定条件下，无需外部供热，O_2、H_2O和CH_3OH共同参与的反应可达到热量平衡。目前，甲醇部分氧化反应与甲醇自热重整制氢的反应机理尚未研究透彻。

2. 乙醇制氢

同甲醇制氢类似，乙醇也可以通过水蒸气重整、直接裂解等方式制氢。

乙醇作为制氢工艺原料具有以下优势：① 能够由可再生资源生物质（木屑、秸秆等）发酵获得乙醇；② 乙醇重整制氢过程中产生的CO_2可通过植物光合作用被吸收，能够实现"生物质到乙醇再到生物质"的CO_2闭循环转化过程，减少碳排放。

(1) 乙醇重整制氢：乙醇重整制氢是一个复杂的反应体系，包括重整、分解、水汽变换、甲基化等一系列反应过程。其主要的反应过程如式（3-12）、式（3-13）所示，总反应如式（3-14）：

$$C_2H_5OH\ (g) + H_2O\ (g) \longrightarrow 4H_2 + 2CO \tag{3-12}$$

$$CO + H_2O\ (g) \longrightarrow CO_2 + 2H_2 \tag{3-13}$$

$$C_2H_5OH\ (g) + 3H_2O\ (g) \longrightarrow 6H_2 + 2CO_2 \tag{3-14}$$

从热力学角度分析，理论上，乙醇蒸汽重整制氢与其他乙醇制氢工艺相比，能够得到最高的H_2气体浓度（70%~80%）。

(2) 乙醇裂解制氢：乙醇裂解制氢是指乙醇在高温及催化剂作用下分解产氢的技术，乙醇催化裂解反应的气体副产物有四种，分别是CH_4、CO_2、C和乙醛，可能发生了如下反应：

$$C_2H_5OH \longrightarrow H_2 + CO + CH_4 \tag{3-15}$$

$$C_2H_5OH \longrightarrow CO + C + 3H_2 \tag{3-16}$$

催化过程是一个复杂表面化学反应过程，在一个反应过程中可能会包含多个平行或串联的基元反应。上述两种反应，可能会同时发生在同一个过程中。

3. 硫化氢分解制氢

H_2S 分解方法多样，包括热分解法、电化学法，以及特殊能量（X射线、γ射线、紫外线、电场、光能、微波、等离子体能）法等。

（1）热分解法：通常需要满足反应温度达到 1 000 ℃。以 γ-Al_2O_3，Ni-Mo 或 Co-Mo 的硫化物作催化剂能够一定程度上降低反应温度，在温度不高于 800 ℃、停留时间小于 0.3 s 的条件下制得 H_2，但 H_2S 转化率仅达到 13%～14%，处于较低水平。

（2）电化学法：可分为直接或间接的 H_2S 分解。直接电解 H_2S，反应中产生的硫磺会发生沉积，造成阳极钝化，无法采用物理方式解决。间接电解 H_2S 利用氧化剂氧化 H_2S，被还原的氧化剂在阳极再生，同时在阴极析出 H_2。该过程的硫是经氧化反应产生的，可以避免阳极钝化，但需要进一步处理硫且电耗过高。

（3）电场法：可直接利用电场分解 H_2S，已有研究表明，在电场放电区添加聚三氯氟乙烯油可降低分解 H_2S 所需的单位能耗；同时，H_2S 分解转化率会随着电压的升高而增大，随着温度上升而减小。若再向反应体系中通入 He、Ar、N_2 等惰性气体，H_2S 分解转化率随电压变化的趋势更加明显。

（二）核电制氢

核能制氢就是利用核反应堆产生的热作为制氢的能源，耦合制氢工艺，是高效、大规模的制氢方式。

目前，核能制氢主要有传统电解水制氢与热化学制氢两种方式。传统电解水工艺是利用核电厂产生的电供给电解水制氢的电力消耗。热化学制氢是将核反应堆与热化学循环制氢装置耦合，利用核反应堆提供的高温作为热源，使水在高温下（800～1 000 ℃）催化热分解，从而制取 H_2 和 O_2。

硫碘循环法是利用核能进行热化学制氢的一种工艺，通过硫循环从水中分离出 O_2 与 H_2。该流程需要使用硫酸、氢碘酸、碘等原料，对材料抗腐蚀性能要求很高，目前日本、法国、韩国和中国等国都在开展硫碘循环的研究。

(三) 工业副产气制氢

许多化工过程如焦炭生产、电解食盐水制碱、工业生产丙烯等均有大量副产 H_2，如能采取适当的措施分离回收 H_2，每年可得到数百亿立方米的 H_2。

1. 炼焦行业副产气制氢

炼焦是煤炭在炼焦炉中经过高温干馏形成焦炭的工业生产过程，这个过程中会释放一定量气体即焦炉煤气。焦炉煤气中的 H_2 是伴随焦炭制备过程同时产生的。从生产过程看，H_2 是煤炭炼焦的副产品。从清洁低碳角度而言，利用焦炉煤气提取其中附加值较高的 H_2，与化石原料制氢相比环境效益更高，同时可以减少温室气体排放。

2020年，中国焦炭产量达4.71亿t，是世界上最大的焦炭生产国，占全球总产量60%左右。焦炉煤气中 H_2 占据了一半比重，是提纯氢潜力最大的工业尾气。炼焦的熄焦方式会影响焦炉煤气中的 H_2 比例，主要可分为湿法熄焦和干法熄焦两种。

(1) 湿法熄焦：湿法熄焦是通过向高温焦炭喷淋水的方式给焦炭降温，高温焦炭与水发生水煤气反应，从而释放大量 H_2。湿法焦炉煤气主要成分为 H_2（55%～60%）和 CH_4（23%～27%），还含有少量 CO（5%～8%）、N_2（3%～7%）、C_2 以上不饱和烃（2%～4%）、CO_2（1.5%～3%）和 O_2（0.3%～0.8%）。

(2) 干法熄焦：干法熄焦通过循环输入 N_2 给高温焦炭降温。由于没有大量的水与高温焦炭发生水煤气反应，产生的焦炉煤气中 H_2 比例较低。干法焦炉煤气中 N_2 比例最高，一般不低于66%，其次是 CO_2（8%～12%）、CO（6%～8%）、H_2（2%～4%）。

焦炉煤气提纯前需要先将混合气中的萘、硫等杂质去除，再通过变压吸附装置提纯 H_2，制备工艺流程复杂、投资较大、能耗较高。

2. 氯碱行业副产气制氢

氯碱行业电解食盐水溶液生产烧碱、氯气过程中会伴有副产氢的产生，工艺流程如图3-15。

中国作为世界上烧碱产能最大的国家，占世界市场比例的40%以上。目前大部分氯碱工厂在销售主产品时，会将部分副产 H_2 用于制备盐酸、生产化工产品或作燃料使用。

典型的工业氯碱生产是基于以下的电化学反应式：

阳极：
$$2NaCl \longrightarrow 2Na^+ + 2Cl^- \tag{3-17}$$

$$2Cl^- \longrightarrow Cl_2 + 2e^- \tag{3-18}$$

阴极：
$$2H_2O + 2e^- \longrightarrow H_2 + 2OH^- \tag{3-19}$$

$$2Na^+ + 2OH^- \longrightarrow 2NaOH \tag{3-20}$$

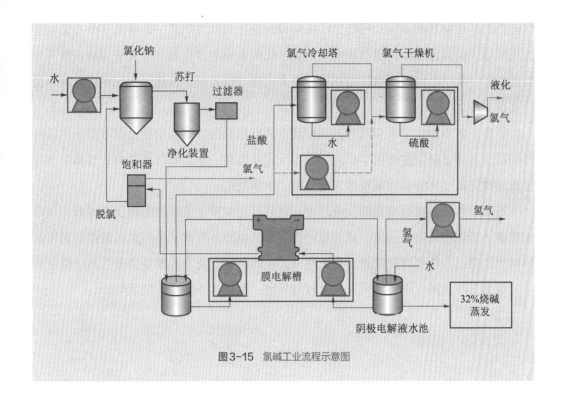

图3-15 氯碱工业流程示意图

氯碱法每生产1 kg氯，可伴随生产1.13 kg烧碱和0.028 5 kg H_2。我国氯碱工业每年副产H_2稳定在70万～80万t。氯碱工业副产H_2最大的优势在于节能环保，并且产出的H_2纯度高，不包含硫、碳、氨等杂质，与氢燃料电池的匹配度高，可以有效实现应用。同时，这种工艺的制氢成本适中。

3. 乙烷/丙烷制丙烯副产氢

丙烷脱氢制丙烯的工业化方法包括催化脱氢法和氧化脱氢法。在高温和催化剂的作用下，丙烷的碳-氢键会断裂，氢原子脱离丙烷，从而形成丙烯和H_2。氧化脱氢法由于有氧的存在，脱下来的氢会与氧结合生成水，而得不到H_2。

丙烷脱氢不需要额外的设备和生产流程，直接生成的H_2含量高、杂质少，具有一定的经济价值。与丙烷脱氢类似的是乙烷高温裂解脱氢制乙烯，同样也会得到副产H_2。

（四）等离子体制氢

等离子体是由自由电子和带电离子为主要成分的一种物质形态，被称为是继固态、液态、气态之后物质第四态。等离子体制氢是一种有前景的制氢方法。

用等离子体激发的制氢化学反应原理与传统制氢的原理区别在于两者用于激发化

学反应的活性物质的不同：传统方法采用催化剂作为活性物质，而等离子体方法则是以高能电子和自由基作为活性物质，避免了使用非均相催化剂。等离子体法依靠高活性的粒子（电子、离子、激发态物质）能大大提高制氢反应速度，同时还能为吸热反应提供能源。

等离子体中的化学反应可分为同相反应和异相反应。同相反应是指等离子体区域气相活性基团之间发生的化学反应。异相反应是等离子体区域气相中的活性基团与浸没或接触等离子体的基团或液体表面发生的化学反应。

等离子体制氢具有快速的反应过程，并且其高能量密度能够缩短反应时间，从而能够进一步减小反应器尺寸、减轻反应器重量。此外，等离子体转化制氢能够利用的原料更加宽泛，任何含氢物质，如天然气、生物燃料以及水等都能用于等离子体法制氢。等离子体法适合于各种规模甚至布局分散、生产条件多变的制氢场合。

六、氢气提纯

制氢过程中，特别是利用碳氢化合物制得 H_2 中会携带许多杂质，需要进行提纯处理。提纯 H_2 的方法可大致分为：变压吸附（PSA）法、低温分离法、金属氢化物分离法、催化纯化法以及膜分离法，如表3-4所示。

（一）变压吸附法

PSA技术是近年来发展最为迅速的气体分离技术，能够针对十几种气体进行分离提纯。目前PSA提纯 H_2 已发展至五床和多床流程，提纯 H_2 纯度能达99.999%，氢回收率在86%左右。

1. PSA工艺原理

PSA工艺基本原理是根据吸附材料对混合气体的选择性吸附以及吸附量会随着压力改变而变化的特点，周期性改变压力来实现吸附和解吸，从而完成气体的分离和提纯。

PSA法的装置和工艺较为简单，且能够一步获得纯度为99.99%的 H_2 ；原料气压力要求范围达 $0.8 \sim 3$ MPa，能够避免向大部分原料气（如精炼气）加压，减少能耗；同时，PSA法对原料气中杂质组分要求低，能够减少部分预处理装置，降低成本。

表 3-4 不同 H_2 纯化方法比较

方法	原理	典型原料气	H_2 纯度 /%	回收率 /%	使用规模	备注
变压吸附法	选择性吸附气流中的杂质	任何富氢原料气	99.999	70~85	大规模	清洗过程中损失 H_2 气，回收率低
低温分离法	低温条件下，气体混合物中部分气体冷凝	石油化工和油厂废气	90~98	95	大规模	为除去 CO_2、H_2S 和 H_2O，需要预先纯化
金属氢化物分离法	氢同金属生成金属氢化物的可逆反应	氨吹扫气	>99.999 9	75~95	小至中等规模	氧、氮、CO 和 H_2S 吸附中毒
催化纯化法	与 H_2 进行化学反应除去氧	含氧的 H_2 流	99.999	99	小至大规模	一般用于提高电解制氢法 H_2 的纯度，有机物及含有铝、汞、碳和硫的化合物，能使催化剂中毒
聚合物薄膜扩散法	气体通过薄膜的扩散速率不同	—	92~98	85	小至大规模	氨、CO_2 和 H_2O 也可能渗透过薄膜
无机物薄膜扩散法	氢通过钯薄膜的选择性扩散	任何含 H_2 气体	99.999 9	99	小至中等规模	硫化物和不饱和烃可降低渗透性

来源：毛宗强、毛志明，2015

2. PSA 工艺流程

PSA 制氢工艺主要由四个工序组成：原料气压缩工序、预处理工序、变压吸附工序、脱氧干燥工序。变压吸附焦炉煤气提纯 H_2 工艺流程如图 3-16 所示。

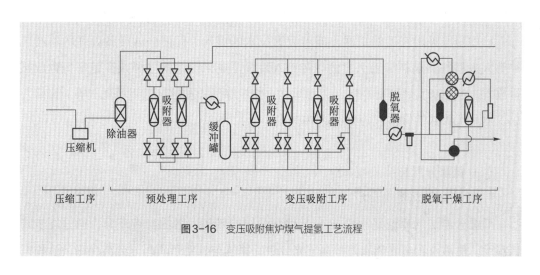

图 3-16　变压吸附焦炉煤气提氢工艺流程

3. PSA 工艺吸附剂

变压吸附制氢中常用的吸附剂有硅胶类、活性氧化铝类、活性炭类和沸石分子筛类等。① 硅胶类吸附剂对气体中的 CO_2、H_2O 以及烃类组分具有较强的吸附能力；② 活性氧化铝类吸附剂对水有较强亲和力，故多用于气体干燥处理；③ 活性炭类吸附剂对多种弱极性和非极性有机分子均具有良好的吸附性，而且市面上的活性炭比表面积大，能够吸附更多的物质；④ 沸石分子筛具有强极性，并且拥有均匀的孔径结构和优异的吸附选择性，是当前广泛应用的一类材料。

目前变压吸附制氢可选用的吸附剂都表现出了较好的提纯效果，且能满足大部分工业要求。

4. PSA 工艺的改进

（1）真空解吸工艺：在 PSA 工艺中即使将吸附剂床层压力降至常压，部分吸附杂质无法完全实现解吸，为使吸附剂完全再生可采用两种方法：① 利用产品气将床层进行"冲洗"，可将较难解吸的杂质冲洗出来，这种方法能够在常压下完成，无需添加额外的设备，但产品气的收率会降低；② 通过抽真空进行再生，使较难解吸的杂质在负压条件下被强行脱附，即通常所称的真空变压吸附。

真空变压吸附工艺具有再生效果好、产品收率高等优点。但必须增加真空泵，加大了能耗，且会增大维修成本。通常，在原料气压力低、回收率要求高时才会选用真空解吸工艺。

（2）快速变压吸附工艺：快速 PSA 工艺与传统 PSA 工艺有很大不同。该工艺通过规整化结构的低负载型吸附物和多通道螺旋阀，可使循环速率较常规 PSA 技术提高约两个数量级，同时装置尺寸也将缩小 10%，装置投入成本可减少 20%~50%。

（3）变压吸附应用的扩展：随着吸附技术的提升，促使 PSA 设备处理的原料气种类大大增加。以制氢工艺为例，在 PSA 装置工业化初期的气源大多是来自合成氨排放气，但后来发展到变换气、半水煤气、焦炉煤气、发酵气、甲醇尾气等。目前为止，适用于 PSA 的原料气种类已达 70 多个。

（二）低温分离法

1. 低温分离原理

低温分离法的原理是利用 H_2 与其他组分在同等压力下的沸点差异，通过逐步降低温度，使沸点较高的杂质先冷凝下来，进而将氢与其他杂质组分分离出来，这种方法可能得到纯度在90%~98%的H_2。

2. 低温分离技术

低温分离法在进行气体分离前需要首先将CO_2、H_2S和H_2O去除，随后冷却气体进行剩余的杂质气体的去除，这种方法适用于含氢量较低的工业废气，例如石化废气，具有较高的H_2回收率。但由于需要使用气体压缩机及冷却设备来控制气体温度，能耗增加，更加适用于大规模提纯H_2过程中。

20世纪上半叶，工业上常采用低温分离法提纯的H_2用于合成氨和煤的加氢液化。

（三）金属氢化物分离法

金属氢化物分离法提纯H_2技术早在20世纪80年代就被提出，属于变温吸附法，即金属氢化物能够在升温减压条件下脱附H_2，在降温加压时吸附H_2。该方法具有工艺简单、设备成熟、温度和压力适中、产品氢纯度高以及能耗较低等优势。同时金属氢化物可存储大于自身体积数百倍的H_2，其氢密度达到标准态气态氢的1 000倍，且无爆炸风险，能够更好地实现H_2的贮存与运输。

金属氢化物分离法在吸放氢的过程中若存在CO会破坏其脱氢能力，O_2和H_2O的存在会影响分离效果，并且抗中毒性较差。因此，目前金属氢化物法分离主要应用于含氢量高，气体组分简单的混合气体中。

（四）催化纯化法

催化纯化是指利用氧化剂或CH_4使氢与氧生成H_2O或CO除去氧，这种方法适用于相对氢浓度较高的富H_2再纯化，如电解氢的纯化升级。

（五）膜分离法

膜分离法又可分为聚合物薄膜扩散法和无机薄膜扩散法。

1. 聚合物薄膜分离法

聚合物薄膜分离法是利用气体分子在聚合物薄膜上的渗透速率的不同从而达到气体分离的目的。目前使用较多材料有醋酸纤维、聚砜、聚醚砜、聚酰亚胺、聚醚酰亚胺等。

聚合物膜分离装置相较于低温吸附法和变压吸附法操作更简单、能耗降低、占地面积减小，且能连续运行。但薄膜组件在有冷凝液的情况下，其分离效果会变差，因此该技术不适合用于直接处理已达到饱和的气体原材料。

2. 无机薄膜扩散法

无机膜包括陶瓷、无机化合物、无机聚合物、金属以及金属合金等材料制得的薄膜。钯膜是 H_2 提纯中最常用的无机膜之一。

钯膜提纯是利用膜两侧 H_2 的分压差驱动，具有优良的 H_2 渗透性和选择性。但在 300 ℃以下使用纯钯膜时会发生氢脆，导致膜变脆甚至断裂，稳定性差，不适合长期的工业操作。为了改善钯膜易氢脆的缺点，可以采取将钯金属与银、铜、铁等制成合金。

在非钯金属膜方面，与同组其他金属相比，金属钒由于其金属元素的面心立方结构，表现出良好的氢渗透率。但与纯钯膜一样，纯钒膜也会在 H_2 渗透过程受到 H_2 的侵蚀，导致开裂或延迟性的脆性破坏。钒金属膜在使用过程中力学性能下降，增加了膜组件的维护成本。

第二节
储氢技术

储氢技术在 H_2 生产到利用过程中起到桥梁作用，是实现氢经济十分重要的一个环节。H_2 为易燃、易爆气体，当 H_2 浓度为 4.1%～74.2% 时，遇火即爆。因此开发经济、高效、安全的储氢技术是氢能发展的关键之一。目前，储氢方法可分为物理储氢、固态储氢、有机物液体储氢以及其他储存方式，如图 3-17 所示。

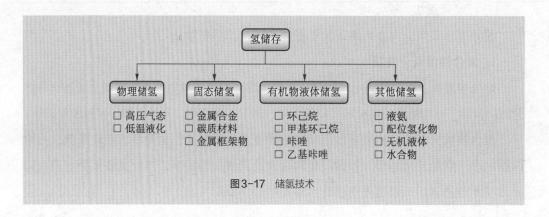

图3-17 储氢技术

一、物理储氢

物理储氢是指改变储氢条件增加 H_2 密度，从而达到储氢的目的。该技术仅包含纯物理过程，由于无需添加储氢介质，成本相对较低，同时还具有易放氢，H_2 浓度高等优点。该技术又可分为高压气态储氢与低温液化储氢。

（一）高压气态储氢

在一定温度下，氢的密度随储存压力的增加而增加。高压气态储氢通过提高压力来实现更高的高压气体存储密度。高压气态储氢技术对基础设施要求最低且具有充放速度快的优点。

高压气态储氢瓶按照材质可分为四类：纯钢制金属瓶（Ⅰ型）、钢制内胆纤维缠绕瓶（Ⅱ型）、铝内胆纤维缠绕瓶（Ⅲ型）以及塑料内胆纤维缠绕瓶（Ⅳ型）。又根据生产和使用的不同应用方式可将高压储氢容器分为三种类型，即固定式、车载和散货运输。

1. 固定式

固定式高压气态储氢容器主要用于加氢站的大规模、低成本的储氢。目前，固定式储存容器主要有两种：无缝储氢容器和多功能分层式固定储氢容器。

（1）无缝储氢容器：无缝储氢容器在生产过程中无需再连接整体储罐而成为统一的无缝整体，其最大的好处就在于减少了因焊缝而产生的裂缝、气洞、夹渣等问题。无缝储氢容器允许的最大工作压力为65 MPa，容器体积很小，只有0.411 m^3，这意味着大型加氢站需要装配许多容器。

由于无缝压缩 H_2 储罐没有抑爆抗爆功能，因此需要利用高强度无缝管材。增强材料的抗拉强度和屈服强度可以减少储罐壁厚、减轻比重，但韧性会下降。无缝储罐还可能会发生氢脆而突然破裂，导致所储存的 H_2 迅速进入周围环境，引起人员中毒、死亡或燃烧爆炸等严重伤害。

（2）多功能层状固定储氢容器：多功能层状固定储氢容器包括容器内衬、容器外壳和容器盖，由尼龙、碳纤维等多种材料构成，能耐高温、耐撞击，使用寿命大幅度延长。

目前，世界上第一台体积为2.5 m^3、压力为77 MPa的多功能层状固定储氢容器已在加氢示范站投入运行。这种大型容器需要的阀门和配件较少，从而提高了系统可靠性，降低了系统成本。容器内径为700 mm，壁厚为200 mm，使容器更加坚固和耐损伤。同时，还配备了一种在线安全监测系统，能够实时检测H_2浓度。

2. 车载式

车载式轻量化高压气态氢储罐是专门针对汽车供氢系统的特点而设计，所用的储氢瓶一般由金属内胆纤维缠绕复合材料编织而成。目前，35 MPa高压储氢罐已经是成熟产品，丰田公司的70 MPa高压储氢罐被应用于商用燃料电池车型上，如图3-18所示。

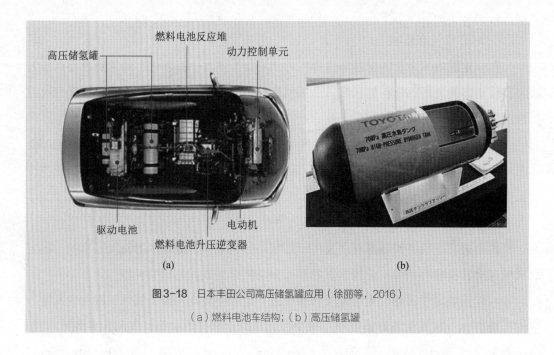

图3-18　日本丰田公司高压储氢罐应用（徐丽等，2016）

（a）燃料电池车结构；（b）高压储氢罐

3. 散装式

散装式高压储氢罐常用于运输H_2至最终用户或加氢站。目前，散装气态氢是用管拖车运输的，管拖车主要由几个无缝高压气体容器组成。压力一般在16~20 MPa之间，单趟送氢量不超过280 kg。这些管道拖车的低载氢能力导致了高运输成本。

（二）低温液化储氢

低温液化储氢技术，也称液态储氢技术，具有储氢密度高的优点。其原理是先将纯氢冷却到−253 ℃以下使其液化，再置于低温储罐中进行储存。液态储氢罐必须采用真空绝热的双层壁不锈钢容器来避免或降低蒸发损失，此外，双层壁之间还需放置薄铝箔来避免辐射。

氢的液化过程十分困难，一方面需要满足较高的绝热要求，使得液氢低温储罐体积要达到液氢的2倍左右，另一方面液化成本较高。目前，液化储氢技术主要应用在航空航天领域。

二、固态储氢

固态储氢通常包括金属合金储氢、碳质材料储氢和金属有机骨架储氢。

（一）金属合金储氢

金属合金储氢是指利用两种对氢的吸附效果具有巨大差异的金属制成合金晶体，储氢时利用吸氢金属对氢的强吸附能力将氢储存于合金晶体中，形成金属氢化物，放氢时则改变条件削弱吸氢金属作用，实现氢分子的释放。

金属合金储氢的优点在于氢以原子状态储存于合金中，安全性好。但合金氢化物过于稳定，很难实现热交换，只能在较高温度下完成加/脱氢过程。

（二）碳质材料储氢

在特定条件下，许多碳质材料（活性炭、石墨纳米纤维、碳纳米管）表现出来较强的氢吸附能力，可以用于H_2储存。碳质材料因有较大的比表面积而吸附能力强，因此储存的H_2质量密度普遍较高。同时，碳质材料还具有质量轻、易脱氢、抗毒性强、安全性高等特点。

然而，碳质材料的储氢机理较为复杂，同时具有优异吸氢能力的碳质材料存在制备过程复杂、成本高等问题。

（三）金属有机骨架储氢

金属有机骨架（MOF）又称为金属有机配位聚合物，是一种由有机配体与金属离子形成的超分子微孔网络结构类沸石材料。由于MOF中的金属能够增强对氢的吸附能力，同时利用改性有机成分能够进一步加强金属与H_2的相互作用，因此，MOF具有较大储氢密度。此外，金属有机骨架本身具有的产率高、结构可调、功能多变等特性有利于储氢。

但这类材料的储氢密度受操作条件影响较大，需提升常温、中高压条件下的H_2质量密度，主要方法包括金属掺杂和骨架功能化。

三、有机液体储氢

有机液体储氢技术是一种化学反应储氢技术,利用不饱和液体有机物能在催化剂作用下实现加氢反应得到稳定化合物的特点来储存H_2,用氢时再进行脱氢反应。

有机液体储氢技术的优点在于具有较高储氢密度,利用加氢-脱氢循环过程可完成有机液体再利用,降低原料成本。此外,一些有机液体(如环己烷和甲基环己烷等)能够在常温常压下完成储氢,具有较高的安全性。

有机液体储氢也存在许多弊端,即需配备加氢、脱氢装置,会增加设备与维修成本;脱氢反应效率低,易发生副反应降低H_2纯度;脱氢反应需要较高的温度,易发生催化剂结焦失活等。

四、其他储氢

(一)液氨储氢

液氨储氢技术利用H_2与NO_2反应生成液氨的原理,将液氨作为氢载体加以使用。液氨脱氢在常压、400 ℃的条件下就能完成,但过程中需要用到钌系、铁系、钴系与镍系催化剂,其中钌系的催化活性最高。

液氨燃烧产生的物质为N_2和H_2O,具有较好的环境友好性,能够直接作为燃料。同时液氨的储存条件没有液氢储存那么严苛,且与丙烷类似,因此能够直接使用储丙烷的基础设备,可以降低设备投入成本。

(二)甲醇储氢

甲醇储氢技术是利用CO与H_2在特定条件下反应生成液体甲醇,将液体甲醇作为氢载体进行利用,再改变储氢条件使甲醇分解释放H_2,用于燃料电池。与液氨一样,甲醇也可以直接用作燃料燃烧。

(三)配位氢化物储氢

配位氢化物储氢原理是碱金属能与H_2发生反应生成离子型氢化物,在特定条件下又能分解出H_2。

最初使用的配位氢化物是由日本研发出来的氢化硼钠($NaBH_4$)和氢化硼钾

（KBH_4）等，但这两类氢化物需要在较高的温度下实现脱氢，能耗大。后来开发了以氢化铝络合物为代表的新型配合物储氢材料，其储氢质量密度较高，投加少量Ti^{4+}或Fe^{3+}能降低脱氢温度到100 ℃左右，以$LiAlH_4$、$KAlH_4$、$Mg(AlH_4)_2$等为代表，储氢质量密度可达10.6%。

（四）碳酸氢盐储氢

碳酸氢盐储氢通过碳酸氢盐和甲酸盐中间的相互转换作用，达到储氢－放氢循环。这种方法利用活性炭作载体，Pd或PdO作催化剂。以$KHCO_3$或$NaHCO_3$为例，其储氢质量密度在2%左右，能够用于大量的储存和运输氢，具有较好的安全性，但储氢量和可逆性较差。

（五）水合物储氢

水合物法储氢技术是指将H_2在低温、高压的条件下，转化成固体水合物并加以储存的技术。水合物能够在常温、常压条件发生分解，具有脱氢速度快、能耗低等优点，因其储存介质成分为水，还具有成本低、安全性高等特点。

第三节
运氢技术

H_2的运输方式通常随着储氢状态和运输量的不同而不同，主要有气氢运输、液氢运输和固氢运输3种方式。目前，运氢方式还是以气氢运输、液氢运输为主。此外，还可以利用液氨或有机液体作为氢载体间接完成运输。

一、气氢运输

气氢运输分为拖车和管道运输两种，需要配备H_2压缩和气氢储存设备。

（一）气氢拖车运输

气氢拖车体系主要由发动机车头、整车拖盘和管状储存容器三部分构成，其中的管状储存容器通常由10多根长管形金属容器焊接组成，主要用于高压H_2贮存。目前应用的气氢拖车的单车载氢能力较低，但未来通过更高压力的储能方式将增强单车载氢能力。

气氢拖车系统的基本工作流程包括：将空载气氢拖车从集中制氢厂加氢至满载，随后拖车行驶到加氢站，再将车上的管状储存容器卸下用作加氢站的贮存装置，同时更换为加氢站的"空载"管状容器，运回制氢厂进行下一轮的工作。

（二）气氢管道运输

气体管道主要应用于大规模、远距离气体运输，例如中国天然气西气东输。但由于H_2的体积能量密度小且易发生管材"氢脆"现象，气氢管道运输的成本往往高于目前常见的天然气运输。管道运输的成本主要体现在管道建设阶段，运行和维护阶段成本占比很小，实际运用过程中需要根据运输距离和管道压力来设计管道加压设备。

二、液氢运输

液氢运输方式需要配备将气态氢转化为液态氢的设备和液氢储存工具满足后续需要。液氢罐车运输的运行特性与气氢拖车类似，液氢运输系统由动力车头、整车拖盘和液氢储罐3部分构成，其中液氢储罐是液氢运输的关键，需要由特殊材料和工艺制备，以确保液氢储存过程的密封性和隔热性。

液氢罐车运输方式的单车载氢能力较高，为气氢拖车单车运量的10倍以上，能达到4 t，因此在满足相同氢运输需求时，液氢罐车方式较气氢运输在消耗的卡车燃料、数量以及运输时间等方面更有优势。

液氢罐车运输H_2至加氢站时直接将储罐中的液氢释放至加氢站的贮存设备中，而不会卸下车载液氢储罐最后空载返回。

三、固氢运输

固氢运输是指将气态氢储存于固体材料（目前常用储氢合金）中再进行输送。通过金属氢化物存储可采取更丰富的运输手段，驳船、大型槽车等运输工具均可运输固态氢。固氢具有体积储氢密度高、容器工作条件温和、无需外加高压容器和隔热容器，以及系统安全性好、没有爆炸危险等优点。但固氢运输效率太低（不到1%），同时由于储氢合金价格昂贵（约几十万元/吨），放氢速度慢，还要加热，所以用固氢输送的情形并不多见。

四、液氨或者有机液态运输

（一）液氨运输

氨是一种比氢更易液化、储存和运输的气体。在标准大气压下，液氨能够在 $-33\ ℃$ 实现液化进行运输，然而同样条件下，需要将温度降至 $-253\ ℃$ 左右才能完成液氢的运输。同时，液氨储氢体积密度比液氢高1.7倍。因此，液氨运输具有液化难度小和体积储存密度高两大优势。

（二）有机液态运输

有机液态运输是指利用液态芳香碳氢化合物作为储氢载体，将氢以液态化学品的形式进行稳定地存储，理论上有机液态运输的储氢量很高。除此之外，氢是以稳定的氢化物液体形式被贮存起来，因此有利于进行长时间、远距离运氢。此外，这种稳定的氢化物液体与石油较为类似，可直接利用现有的能源结构进行大规模储存与运输，很大程度上降低应用成本。

第四节
氢能应用

近年来，氢能应用领域主要是车用氢燃料电池、氢原料工业应用、家庭/楼宇氢利用系统以及作为备用电源使用。

一、氢燃料电池

氢燃料电池以氢和氧作为原料，将化学能转化为电能，具有清洁、高效等优点。随着氢能技术的快速发展，氢燃料电池技术有望在汽车、便携式发电和固定发电站等领域实现大规模应用，同时也是航空航天飞行器、船舶推进等系统的重要技术备选方案。

（一）氢燃料电池原理

氢燃料电池一般由阴阳极、电解液和外围电路组成，通过氢和氧的电化学反应转化电能同时伴随热能以及水等清洁副产物的产生。氢燃料电池的基本构造如图3-19所示。

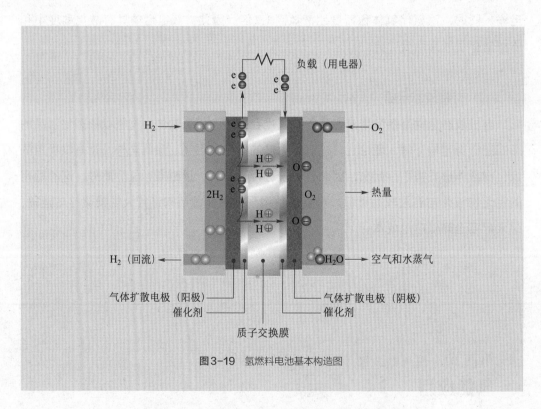

图3-19　氢燃料电池基本构造图

（二）氢燃料电池分类

按照工作原理可将氢燃料电池分为直接氢燃料电池以及间接氢燃料电池两种。直接氢燃料电池又因其电解质的不同可以分为质子交换膜燃料电池、碱性燃料电池、磷酸燃料电池、熔融碳酸盐燃料电池、固体氧化物燃料电池。间接氢燃料电池又称直接甲醇燃料电池,是以甲醇为原料的燃料电池。

直接氢燃料电池的特点如表3-5所示。

表3-5 各燃料电池技术的对比

电池类型	工作温度/℃	导电离子	电效率/%	功率范围/kW	寿命/(10^3 h)	成本/(美元·kW^{-1})	应用领域
质子交换膜燃料电池	25~100	H^+	40~50	0.001~1 000	10~100	50~2 000	电动车、潜艇、电源
碱性燃料电池	50~200	OH^-	65	1~100	3~10	1 000	航天、空间站
磷酸燃料电池	100~200	H^+	40~45	50~1 000	30~40	200~3 000	现场集成能量
熔融碳酸盐燃料电池	650~700	CO_3^{2-}	50~55	100~1 000	10~40	1 250	电站、区域性供电
固体氧化物燃料电池	800~1 000	O^{2-}	50~60	10~100	8~40	1 500	电站、联合循环放电

数据来源: 孙克宁,2019

1. 质子交换膜燃料电池

质子交换膜燃料电池具有无腐蚀性、工作温度低、能量转化率高、维修简单、工作噪音低等优点,是目前在汽车领域应用最广泛的一类电池。

质子交换膜燃料电池主要由膜电极、密封环以及带有导气通道的流场板构成。其核心部分是膜电极中间的一层很薄的聚合物电解质膜,这种膜不传导电子,是H^+的优良导体,能够为电解质提供H^+的通道,又可以作为隔膜用来隔离两极的反应气体。膜的两侧为气体阴阳电极,由碳和催化剂组成,其中阳极为氢电极,阴极为氧电极。流场板一般为石墨或金属材料。

质子交换膜燃料电池电极反应如下:

总反应 $\qquad\qquad\qquad H_2 + 1/2O_2 \longrightarrow H_2O \qquad\qquad\qquad (3-21)$

阴极 $\qquad\qquad\qquad 1/2O_2 + 2H^+ + 2e^- \longrightarrow H_2O \qquad\qquad (3-22)$

阳极 $\qquad\qquad\qquad H_2 \longrightarrow 2H^+ + 2e^- \qquad\qquad\qquad (3-23)$

为满足不同应用场景的需要,常将多个电池单体进行串联或并联,组成不同功率的电池组。电池组需要按照要求严格密封起来,使用过程中常需要增加自紧装置来确保良好的密封性。此外，电池组中生成的水过多会影响氧传质速率，需要将水以气态形式去除。

2. 碱性燃料电池

碱性燃料电池以强碱为电解质，H_2 作为燃料，以 O_2 或去除 CO_2 的空气作为氧化剂，Pt/C、Ag 为氧电极，Pt-Pd/C、Ni 为氢电极。隔膜为饱浸碱液的多孔石棉，双极板为无孔碳板、镍板等。其工作温度为 20~70 ℃，发生的反应如下：

总反应 $$H_2 + 1/2O_2 \longrightarrow H_2O \tag{3-24}$$

阴极 $$1/2O_2 + H_2O + 2e^- \longrightarrow 2OH^- \tag{3-25}$$

阳极 $$H_2 + 2OH^- \longrightarrow 2H_2O + 2e^- \tag{3-26}$$

碱性燃料电池具有较高的能量转换效率、工作温度低、成本低，但对燃料纯度要求很高，容易发生 CO_2 中毒，且电解液为强碱，具有高腐蚀性。

3. 磷酸燃料电池

磷酸燃料电池是实用性最高的中低温电池，主要由隔板、阳极气室、阴极气室、电解质层、冷却板等构成。磷酸燃料电池的气室为双极板，气体燃料与氧化剂均匀分布，两级气室分隔不相通。磷酸为电解质固定在多孔隔膜材料中，H_2 为燃料，空气为氧化剂。H_2 在阳极气室发生氧化反应，产生 H^+ 和电子，O_2 在阴极气室发生还原反应生成水。

其工作压力在 0.7~0.8 MPa，工作温度在 180~210 ℃，发生的电极反应与质子交换膜燃料电池类似。磷酸燃料电池的 CO_2 耐受能力强、稳定性好、噪音小，但其发电效率低（40%~50%）、使用的催化剂价格高、启动时间长且应用范围受限。

4. 熔融碳酸盐燃料电池

熔融碳酸盐燃料电池是目前单机容量最大的燃料电池，也是最接近商业化的高温燃料电池。熔融碳酸盐燃料电池的电解质是碱金属碳酸盐，隔膜材料一般是铝酸锂，正极和负极分别为添加锂的氧化镍和多孔镍。其工作温度为 599~699 ℃，但这种材料在 650 ℃会相变，产生 CO_3^{2-}，与 H_2 结合生成 H_2O、CO_2 和电子，电子则通过外部回路返回到阴极。其电化学反应式如下：

总反应 $$1/2O_2 + H_2 + CO_2 \longrightarrow H_2O + CO_2 \tag{3-27}$$

阴极 $$1/2O_2 + CO_2 + 2e^- \longrightarrow CO_3^{2-} \tag{3-28}$$

阳极 $$H_2 + CO_3^{2-} \longrightarrow CO_2 + H_2O + 2e^- \tag{3-29}$$

熔融碳酸盐燃料电池的热效率能达到 80%，还能利用 CO 作为燃料，但电解液具有较强的腐蚀性，电池密封难度大，目前主要应用于分布式电站中。

5. 固体氧化物燃料电池

固体氧化物燃料电池是一种中高温区的燃料电池，属于全固态化学发电装置。其电解质为固体氧化物，能够在高温下传递O^{2-}，同时能够分隔氧化剂和燃料。O_2分子在阴极侧发生还原反应生成O^{2-}。在氧浓度差与隔膜两侧电势差的双重作用下，O^{2-}定向跃迁至阳极侧与燃料发生氧化反应。具体的反应式如下：

$$总反应 \qquad\qquad O_2 + 2H_2 \longrightarrow 2H_2O \qquad\qquad (3-30)$$

$$阴极 \qquad\qquad O_2 + 4e^- \longrightarrow 2O^{2-} \qquad\qquad (3-31)$$

$$阳极 \qquad\qquad 2O^{2-} + 2H_2 \longrightarrow 2H_2O + 4e^- \qquad\qquad (3-32)$$

6. 甲醇燃料电池

甲醇燃料电池指的是直接利用甲醇作为阳极活性物质的燃料电池，其工作原理与质子交换膜燃料电池的工作原理基本相同，区别在于燃料由H_2变为甲醇，氧化剂仍为空气和纯氧。甲醇燃料电池将制氢的过程从工厂移到燃料汽车上，实现移动式制氢再提供给燃料电池汽车，同时只需将原有的加油站进行改造，增加甲醇加注功能就能实现燃料的补给，具有设备更换成本低、操作方便等优势。

（三）氢气加注站

氢气加注站是用来存储氢并及时给氢燃料汽车补充H_2，是氢能汽车推向市场化进程中不可或缺的关键环节。根据制氢地点的不同将氢气加注站分为站外制氢加注站和站内制氢加注站。

1. 站外制氢加注站

站外制氢加注站是指H_2通过各种运输途径被送至氢气加注站，在站内进行压缩、储存、加注等步骤。站外制氢加注站H_2来源广泛，可以是天然气重整制氢、工业副产氢以及电解水制氢等。站外制氢加注站主要包括氢气长管拖车供氢加注站、液氢槽车供氢加注站、管道输送供氢加注站（图3-20）。

（1）氢气长管拖车供氢加注站：工艺流程如图3-20（a）。首先将H_2运输至氢气加注站，然后将装有H_2的半挂车与牵引车分离，同时连接卸气柱。随后通过压缩机实现H_2压缩，再有序输送至高压、中压、低压储氢罐中进行分级储存。在汽车加注环节，利用加氢机先后从低压储氢罐、中压储氢罐、高压储氢罐中抽出H_2完成加注。

（2）液氢槽车供氢加注站：工艺流程见图3-20（b）。与长管拖车不同，液氢槽车将液氢运输至氢气加注站后注入液氢储罐中。随后需要将氢通过气化器进行气化，完成气化后还需先通入缓冲罐中再进入压缩机内被压缩，最后输送至储氢罐中被分级储存。汽车加注环节与氢气长管拖车的流程相同。

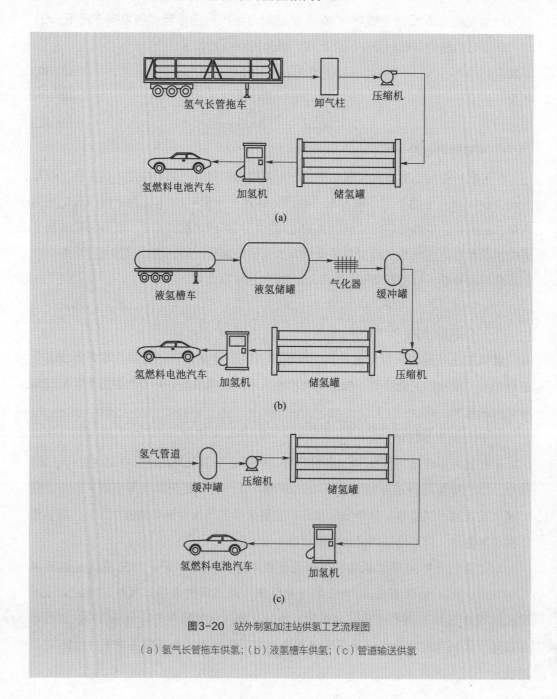

图3-20 站外制氢加注站供氢工艺流程图

（a）氢气长管拖车供氢；（b）液氢槽车供氢；（c）管道输送供氢

（3）管道输送供氢加注站：工艺流程见图3-20（c），首先将H_2从管道中通入缓冲罐，再利用压缩机进行压缩，最后一样进行分级储存。由于管网系统建设还存在许多问题亟待解决，目前采用管道输送方式的氢气加注站较少。

2. 站内制氢加注站

站内制氢加注站指能够在加注站内完成制氢，从制氢系统获得的H_2需进一步进行纯化和压缩处理再进行储存。小型站内制氢加注站通常主要采用电解水制氢。此外还有一些加注站利用天然气重整制氢、甲醇重整制氢、太阳能或风能制氢等。

（1）站内电解水制氢加注站：工艺流程见图3-21（a）。原料水在电解装置的作用下产生H_2和O_2。随后H_2进入气水分离器进行干燥处理，干燥后的H_2通过纯化器去除混合在H_2中的O_2和杂质，从纯化器中出来的H_2体积分数应大于99.999 9%，满足燃料电池汽车要求。纯化后的H_2通过缓冲罐后进入压缩机内被压缩，最后进行分级储存和使用。

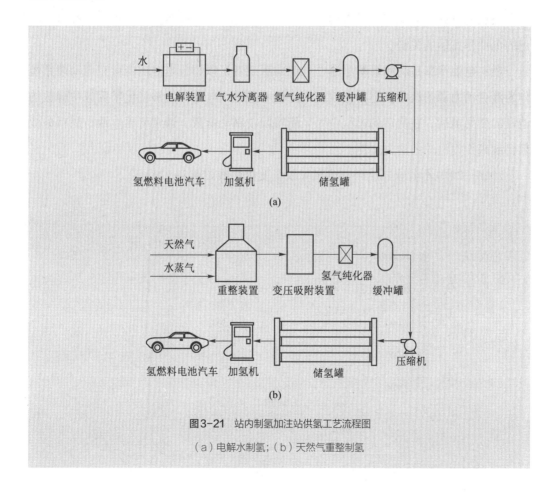

图3-21 站内制氢加注站供氢工艺流程图

（a）电解水制氢；（b）天然气重整制氢

（2）站内天然气重整制氢加注站：工艺流程见图3-21（b）。整个系统主要包括重整装置、变压吸附装置、氢气纯化器、缓冲罐、压缩机、储氢罐以及加氢机。脱硫后的天然气和水蒸气在高温、催化剂作用下于重整装置中生成H_2、CO以及CO_2等混合气。随后混合气通过变压吸附装置将H_2分离出来。分离出的H_2又通过纯化器、缓冲器、压缩机最后进入储氢罐进行储存。

站内制氢加注站避免了运氢过程中产生的资源能源浪费，降低了运输成本，但站内制氢使得氢气加注站系统变得更加复杂。

（四）氢燃料电池汽车

目前，汽车行业正在由传统燃油汽车向纯电动汽车转变，归根究底是汽车动力来源的改变。电动汽车最早问世于1840年，此后的180多年来也在不断地发展，在1958年发明的蓄电池也沿用至今。但传统燃油汽车具有性能好、动力足等优势，得到了快速的发展，因此减缓了电动汽车的发展。对电动汽车而言，寻找一种高效、耐用的电池是发展的关键。

燃料电池汽车是利用燃料电池作为动力源或者是以燃料电池耦合可充电储能系统作为混合动力源的汽车。燃料电池汽车的核心是燃料电池，能够将化学反应中释放的能量转变为电能。在使用的过程中为了能够回收制动能量，通常将蓄电池与燃料电池组合起来作为汽车的动力电池。

2016—2019年全球氢燃料电池汽车数量变化曲线如图3-22所示。

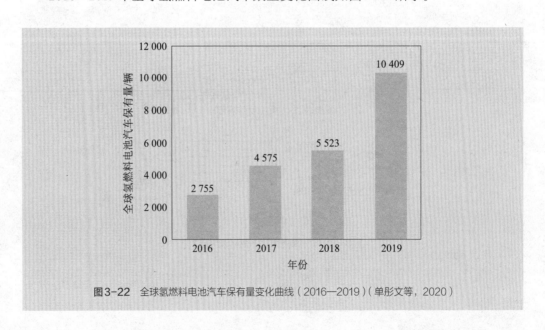

图3-22　全球氢燃料电池汽车保有量变化曲线（2016—2019）（单肜文等，2020）

二、氢原料工业应用

(一) 化工生产

H_2 在化工生产领域的应用很广泛，耗用 H_2 量最大的是合成氨，每年约有60%的 H_2 用于合成氨，其次是经合成气制甲醇。氢与氯可合成 HCl 而制得盐酸。此外，H_2 在电子工业、冶金工业、食品工业、浮法玻璃、精细有机合成、航空航天工业等领域也有应用。

1. 合成氨

工业中氨的合成是以 H_2 为原料，在高温高压催化条件下合成氨。氨的电化学合成在电能的加持下使该过程能够在温和的条件下进行，而且合成氨的氢源选择面更加广泛。目前，电化学合成氨的氢源主要分为三类：含氢气体、水和其他氢源。

2. 制备甲醇

甲醇作为一种重要的化工原料，在全球范围内需求量很高，目前中国成为了世界上甲醇生产和消费均第一的国家。面对如此巨大的甲醇需求量，寻找一种绿色可持续的生产方式变得尤为重要。

利用 CO_2 催化加氢的方式，不仅可以切实有效地减少大气中温室气体 CO_2 的含量，还可以高效地生产出高价值工业原料甲醇。从原理和技术上来说，采用 CO_2 直接加氢制备甲醇具有可行性，但目前限制其大规模生产的主要原因在于 H_2 的成本高。

(二) 氢气炼钢

氢气炼钢是气基直接还原工艺的革新，利用 H_2 部分替代焦炭，作为还原剂用于钢铁冶炼过程。

1. 氢气炼钢原理

用氢还原铁氧化物的顺序与 CO 还原顺序相同，温度高于570 ℃还原反应分三步进行：

$$3Fe_2O_3 + H_2 \longrightarrow 2Fe_3O_4 + H_2O \qquad (3-33)$$

$$Fe_3O_4 + H_2 \longrightarrow 3FeO + H_2O \qquad (3-34)$$

$$FeO + H_2 \longrightarrow Fe + H_2O \qquad (3-35)$$

低于570 ℃时反应分两步进行：

$$3Fe_2O_3 + H_2 \longrightarrow 2Fe_3O_4 + H_2O \qquad (3-36)$$

$$Fe_3O_4 + 4H_2 \longrightarrow 3Fe + 4H_2O \qquad\qquad (3-37)$$

2. 氢气炼钢优势

与目前常用的焦炭高炉炼钢技术相比，氢气炼钢有明显的优势：① 氢气炼钢流程短，省去焦化、烧结两个高耗能、高污染的工艺过程；② 因为流程短，比高炉炼钢节能30%以上，占地面积可减少50%以上；③ 污染物排放减少，CO_2、NO_x、SO_x 及$PM_{2.5}$等造成大气雾霾的污染物排放量可减少90%以上；④ 用氢气炼钢可利用我国绝大部分的铁矿资源，铁精矿以及钒钛矿、红土镍矿、高磷矿等各类铁矿，经济效益好；⑤ 氢气炼钢投资省、维修费用低、可靠性高；⑥ 我国H_2来源广泛，利用可再生能源制氢，可以带动可再生能源的发展。

3. 氢气炼钢的难点

氢气炼钢的难点也很明显，主要为：① H_2的利用率低，目前H_2利用率约为30%~40%；② 炼钢炉由目前主导的高炉、平炉逐渐发展到流态化炉，需要更复杂的操作与更细化的管理经验；③ H_2的来源——焦炉煤气的组成中，通常含55%的H_2，对氢气炼钢并不合适。

三、其他

(一) 家庭/楼宇氢利用系统

随着智能化生活的普及，居民的用能需求日益增加，家庭能源消费占比必将越来越大。因此，让氢能利用走进居民家庭对实现节能减排意义重大。目前家用氢燃料电池热电联供系统的产业化水平较低，但从理论上其技术性能达到传统供热锅炉之上。

德国提出了一种家用氢燃料电池热电联供系统，适用于利用100%"绿氢"提供完整的家庭能源供应（电、热、冷能源）。该项目旨在建立一个模块化工厂概念的氢燃料电池热电联产器，该概念工厂配有一个氢燃烧器，并为"绿氢"的高效利用提供可能的建筑集成。此外，该系统是基于低温PEM燃料电池和氢热发生器模块与冷凝技术的应用，外围设备将包括一个热存储器和一个电存储器。这一概念的示意图如图3-23所示。

我国氢燃料电池热电联供系统的产业发展整体上与国外相比还存在一定差距，目前我国建立了一些千瓦级示范项目。

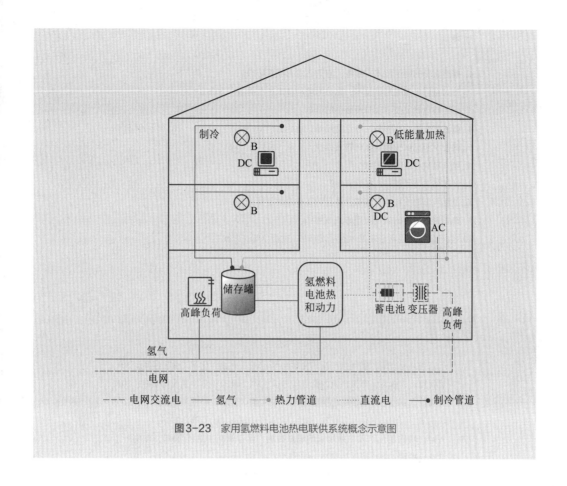

制冷

B

DC

低能量加热

B

DC

B

B

DC

AC

高峰负荷

储存罐

氢燃料电池热和动力

蓄电池 变压器

高峰负荷

氢气

电网

----- 电网交流电 —— 氢气 ••••• 热力管道 ······ 直流电 —•— 制冷管道

图3-23 家用氢燃料电池热电联供系统概念示意图

(二) 备用/应急电源

备用电源是供电系统中不可缺少的一个产品,传统采用柴油发电机、锂电池或铅酸蓄电池作为备用电源。然而柴油发电机运营成本高、噪音大、环境污染大,锂电池和铅酸蓄电池寿命短、能量密度低、续航能力差。氢燃料备用电源替代传统备用电源具有清洁环保、无噪音、长续航等优势。

英国智能能源公司引进了燃料电池技术作为印度通信塔的备用电源,覆盖了27 400座通信塔。这项合作采用印度石油公司生产氢的最佳燃料电池,其中包括探测应用,如材料处理、电信塔和机动应用,直接满足了印度对低碳电力系统技术日益增长的需求。

思考题

1. 概述主要的制氢技术有哪些，它们各具有哪些特点？
2. 针对可再生能源制氢技术，你认为哪种技术更有前景，为什么？
3. 论述核电制氢技术现阶段面临的困难。
4. 概述储氢技术有哪些，各自适用场景是什么？
5. 简要说明目前吸附储氢材料有哪些。
6. 氢气运输存在哪些困难？
7. 你如何看待氢燃料汽车的应用？
8. 氢燃料电池的种类有哪些，各自的工作原理是什么？
9. 简要论述可能的氢气利用方式有哪些。
10. 浅析氢能实现家庭应用中的瓶颈问题，试提出解决方案。

参考文献

［1］毛宗强，毛志明．氢气生产及热化学利用［M］．北京：化学工业出版社，2015．

［2］吴朝玲，李永涛，李媛．氢的储存与输运［M］．北京：化学工业出版社，2021．

［3］郝树仁，童世达．烃类转化制氢工艺技术［M］．北京：石油工业出版社，2009．

［4］瞿国华．石油焦气化制氢技术［M］．北京：中国石化出版社，2014．

［5］齐尼，塔塔里尼．太阳能制氢的能量转换、储存及利用系统［M］．李朝升，译．北京：机械工业出版社，2016．

［6］乔春珍．化石能源走向零排放的关键：制氢与CO_2捕捉［M］．北京：冶金工业出版社，2011．

［7］丁福臣，易玉峰．制氢储氢技术［M］．北京：化学工业出版社，2006．

［8］Pinaud B A, Benck J D, Seitz L C, et al. Technical and economic feasibility of centralized facilities for solar hydrogen production via photocatalysis and photoelectrochemistry[J]. Energy & Environmental Science, 2013, 6(7): 1983−2002.

［9］殷卓成，马青，郝军，等．制氢关键技术及前景分析［J］．辽宁化工，2021（5）：634−636，640．

［10］张晖，刘昕昕，付时雨．生物质制氢技术及其研究进展［J］．中国造纸，2019（7）：68−74．

［11］谢士辉．大气压微波等离子体炬在硫化氢分解制氢应用的研究［D］．大连：大连理工大学，2021．

［12］李明．过渡金属表面乙醇脱氢机理理论研究［D］．中国石油大学（华东），2012．

［13］陈瑞．高压储氢风险控制技术研究［D］．浙江：浙江大学，2008．

第四章
二氧化碳捕集封存技术

二氧化碳（CO_2）捕集和封存（CCS）是指 CO_2 从工业或相关能源分离出来，输送到一个封存地点，并且长期与大气隔绝的一个过程。本章主要介绍 CO_2 捕集、压缩、运输以及封存技术。

CO_2 的捕集主要分为燃烧后捕集、燃烧前捕集以及富氧燃烧捕集等（表4-1）。CO_2 的燃烧前捕集技术是指在碳基燃料燃烧前，首先将其化学能从碳中转移出来，然后再将碳和携带能量的其他物质进行分离，从而实现碳在燃烧利用前进行捕集。富氧燃烧技术在改造后的锅炉中用纯氧或富氧气体混合物代替助燃空气，再经过简易的压缩纯化过程即可获得较高纯度的 CO_2。燃烧后捕集技术是从烟气中分离 CO_2，即烟气 CO_2 捕集，适合所有的燃烧过程。本章主要介绍烟气 CO_2 捕集。根据分离原理的不同，烟气 CO_2 捕集技术包括液体吸收、固体吸附、膜分离等。

表4-1 三种CO_2捕集方式比较

捕集方式	优势	缺点
燃烧后捕集	● 适用性强，不影响上游燃烧工艺过程 ● 适合所有的燃烧过程	● 烟气流量大、CO_2分压低 ● 捕集系统庞大，捕集能耗高
燃烧前捕集	● 气体压力高，CO_2浓度高 ● 捕集体系小，能耗低 ● 有极高效率和污染物控制潜力	● 需要全新系统，系统复杂，投资成本高 ● 可靠性有待提高
富氧燃烧	● 烟气中CO_2浓度高，可直接进行转化或封存	● 制氧投资高 ● 能耗高

第一节
液体吸收技术

液体吸收是目前应用最为广泛的CO_2捕集方法。当采用某种液体处理气体混合物时，在气–液相的接触过程中，气体混合物中的不同组分在同一种液体中的溶解度不同，气体中的一种或数种溶解度大的组分将进入液相中，从而使气相中各组分相对浓度发生了改变，即混合气体得到分离净化，这个过程称为吸收。

一、液体吸收二氧化碳工艺

液体吸收CO_2捕集技术的工艺流程如图4-1所示，主要包含吸收塔和再生塔两个操作单元。其基本过程为：脱硫脱硝后的烟气预处理后，经增压风机从底部进入吸收塔，同时吸收液从吸收塔的顶部喷淋而下，烟气和吸收液在吸收塔内逆流接触后，吸收液吸收烟气中的CO_2变成含有大量CO_2的富液，富液经过液体泵进入再生塔塔顶，在再生塔由再沸器加热释放出CO_2，实现CO_2的分离与回收及吸收液的再生。再生后的吸收液贫液经过热交换器降温后，通过液体泵循环进入吸收塔吸收CO_2。

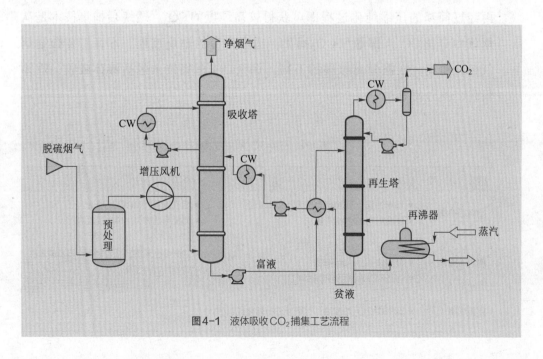

图4-1 液体吸收CO_2捕集工艺流程

在CO_2捕集过程采用的液体吸收过程中，按照CO_2吸收原理不同，液体吸收CO_2捕集技术主要分物理吸收法、化学吸收法和物理化学联合吸收法，其中化学吸收法应用最为广泛。

二、物理吸收法

物理吸收法是指吸收剂不与CO_2发生化学反应，仅通过CO_2在吸收剂中的物理溶解实现CO_2吸收的方法。

相比其他吸收法，物理吸收法有着明显的优势。首先，物理吸收剂没有腐蚀性，管道和设备不需要铺设合金钢，设备成本较低；其次，吸收过程不需要外部热量，能耗集中在溶剂循环泵和循环气体压缩机，因此运营成本较低。

物理吸收法也存在局限性，当CO_2分压较低时，物理吸收法的选择性较差。另外，由于CO_2在吸收剂中服从亨利定律，即气体溶解性会随着压力升高和温度降低而增加，因此实际应用中CO_2分压通常大于350 kPa，且气流初始温度不高时才考虑选择物理吸收法。

许多物理溶剂可用于CO_2等酸性气体的吸收过程，这里详细介绍四种常用的物理吸收剂：甲醇（MeOH）、碳酸丙烯酯（PC）、聚乙二醇二甲醚（DEPG）和N-甲基-2-吡咯烷酮（NMP）。表4-2比较了四种物理溶剂的物理性质。

表4-2　四种物理吸收剂物化性质

	甲醇	碳酸丙烯酯	聚乙二醇二甲醚	N-甲基-2-吡咯烷酮
黏度（25 ℃）/（$\times 10^{-3}$ Pa·s）	0.6	3.0	5.8	1.65
密度（25 ℃）/（kg·m^{-3}）	785	1 195	1 030	1 027
分子量	32	102	280	99
蒸汽压（25 ℃）/kPa	16.67	0.011	9.73×10^{-6}	0.053
冰点/℃	−92	−48	−28	−24
沸点（101.325 kPa）/℃	65	240	275	202
导热系数/（W·m^{-1}·K）	0.117	0.115	0.106	0.091
最高工作温度/℃	—	65	175	—

（一）甲醇法

甲醇法中最典型的是低温甲醇洗工艺（rectisol）由德国林德（Linde）和鲁奇（Lurgi）公司联合开发，低温甲醇洗是最早的基于有机物理溶剂的商业工艺，广泛用于合成气。低温甲醇洗主要是利用甲醇在低温下对酸性气体溶解度高的特性，对原料气中的各酸性组分实现选择性分段吸收。

但是该工艺吸收容量大，需要在非常低的温度下运行，并且操作流程与其他物理溶剂工艺相比非常复杂。在正常工艺条件下，甲醇的蒸汽压较高，因此需要采用深度制冷或特殊的回收方法来防止溶剂损失，同时需要搭配循环水洗用于回收甲醇。低温甲醇洗工艺的操作温度通常为 $-40 \sim -62\ ℃$，低温制冷需要大量的电力。同时，捕集系统对设备的材料要求比较严格，造成设备投资费用偏高。此外，甲醇溶剂毒性较大，且需额外制冷设备来冷却溶剂，因此成本比较高。

（二）碳酸丙烯酯法

碳酸丙烯酯法，也称 Flour 或 PC 法，由福陆（Fluor Daniel）公司开发，自 20 世纪 50 年代末开始使用，是一种以碳酸丙烯酯为吸收剂的脱碳方法。碳酸丙烯酯溶剂对混合气中的 CO_2 具有很好的选择性，而对其他组分气体溶解性能极差，故当 CO_2 被充分吸收后，吸收塔顶出来的脱碳气体压强变化较小，无需大量压缩功就可循环利用脱碳气，溶剂再生后也能获得较为纯净的 CO_2 气体。碳酸丙烯酯可以在较低的温度下运行，而不会因黏度过大而影响传质。

为满足不同的脱碳要求，同时保证经济性，需对现有流程进行改进，如改造塔设备、降低溶剂温度都能提高气体的净化度。目前已有部分工艺得到了改进，比如添加一个中压吸收器可以大大减少要重新压缩的气体体积，从而降低了操作成本和产品损失。此外，工艺改进还涉及进料冷却，将进料冷却至 $-18\ ℃$ 可冷凝大部分碳氢化合物，以减少碳氢化合物的吸收。

（三）聚乙二醇二甲醚法

聚乙二醇二甲醚法，也称 Selexol 或 DEPG 法，是以聚乙二醇二甲醚 $[CH_3O(C_2H_4O)_nCH_3, n=2 \sim 9]$ 混合物为吸收剂的一种气体净化工艺，用于物理吸收气流中的 H_2S、CO_2 和硫醇。CO_2 的深度脱除和 H_2S 的选择性脱除通常需要经过两个阶段，包括两个吸收塔和再生塔。通常第一个塔用于选择性彻底脱除 H_2S，而 CO_2 将在第二个吸收塔中进行深度去除。如果需要进行大量CO$_2$的去除，则可使用一系列闪蒸。

聚乙二醇二甲醚对设备腐蚀性小，但流程复杂，溶剂成本也比较高。与其他溶剂相比，聚乙二醇二甲醚具有更高的黏度，会降低传质速率和塔板效率。有时还需要降低温度以增加CO$_2$溶解度并降低循环速率，因此在使用过程中需增加填料或塔板，并加大溶剂循环量，这也将增加操作费用。此外，由于蒸汽压非常低，聚乙二醇二甲醚不需要水洗来回收溶剂。聚乙二醇二甲醚最高工作温度可达175 ℃，最低工作温度通常为−18 ℃。

（四）N−甲基−2−吡咯烷酮法

N−甲基−2−吡咯烷酮法，简称purisol或NMP法，是以N−甲基−2−吡咯烷酮作为物理吸收溶剂，从混合气中脱除酸性气体的方法。NMP法与DEPG法流程相似，可以在环境温度下运行，也可以在制冷温度降至约−15 ℃的情况下运行。

与聚乙二醇二甲醚和碳酸丙烯酯相比，N−甲基−2−吡咯烷酮的蒸汽压相对较高，需要对处理后的气体和废弃的酸性气体进行水洗以回收溶剂，因此NMP法不能同时用于气体脱水。N−甲基−2−吡咯烷酮溶剂沸点较高，溶剂损失极少、再生系统简单，对CO$_2$和H$_2$S的溶解能力极强，特别适合于高压混合气中H$_2$S和CO$_2$等酸性组分的脱除。但N−甲基−2−吡咯烷酮溶剂价格昂贵，工艺的大规模应用受到限制。

上述几种CO$_2$捕集方式的比较参见表4−3，可以看出：① 具有较高传质传热性能的低温甲醇洗工艺，溶剂毒性较大，操作温度也较低（通常为−40～−62 ℃），导致吸收过程制冷能耗过大；② 具有较高CO$_2$选择性的聚乙二醇二醚工艺，溶剂黏度较大，传质传热性能较差，且沸点较高，导致溶剂再生能耗过大；③ 具有较低再生能耗的碳酸丙烯酯工艺，腐蚀问题较为严重，且溶剂沸点较低，导致溶剂再生过程损失较大。

表4−3　几种物理吸收剂比较

吸附剂类型	低温甲醇	聚乙二醇二甲醚	碳酸丙烯酯	N−甲基−2−吡咯烷酮
操作温度/℃	−40	0	10	−15
溶剂循环量	适中	大	大	大
CO$_2$脱除率	高	高	较高	较高

吸附剂类型	低温甲醇	聚乙二醇二甲醚	碳酸丙烯酯	N-甲基-2-吡咯烷酮
设备要求	高	一般	一般	一般
溶剂损失	严重	严重	一般	一般
热公用工程	中	高	高	高
冷公用工程	高	中	低	中

来源：桂霞，2014

三、化学吸收法

化学吸收法是指碱性吸收剂有选择性地与混合烟气中的CO_2发生化学反应，生成不稳定的盐类如：碳酸盐、碳酸氢盐、氨基甲酸盐等。当外部条件（温度、压力）发生改变时，该盐类可逆向解吸出CO_2，从而实现CO_2的脱除和吸收剂的再生。

化学吸收法一般分为有机胺法、热钾碱法、氨法、离子液体法、相变吸收剂法和酶促法等。

（一）有机胺法

有机胺法捕集CO_2已经有近一百年的发展历史，是CO_2捕集方法中最为常见的工艺。

1. 有机胺吸收机理

有机胺法捕集CO_2的反应原理是有机胺中的氨基基团与CO_2发生酸碱中和反应，进而实现CO_2的分离与吸收。

有机胺按氮原子上活泼氢原子的个数可分为3类：伯胺（RNH_2）、仲胺（R_2NH）和叔胺（R_3N）（R为烷基）。目前对不同有机胺体系吸收CO_2的机理还存在争议，但"穿梭"机理及"两性离子"机理普适性更强。

根据"两性离子"机理理论，伯胺和仲胺与CO_2反应形成两性离子，然后两性离子再与胺反应生成氨基甲酸盐（见式（4-1）~式（4-3），R_1、R_2为烷基或氢原子）：

$$CO_2 + R_1R_2NH \longleftrightarrow R_1R_2NH^+COO^- \tag{4-1}$$

$$R_1R_2NH + R_1R_2NH^+COO^- \longleftrightarrow R_1R_2NH_2^+ + R_1R_2NCOO^- \tag{4-2}$$

总反应如下：

$$2R_1R_2NH + CO_2 \longleftrightarrow R_1R_2NH_2^+ + R_1R_2NCOO^- \tag{4-3}$$

叔胺氮原子没有连接多余的 H 原子，因而在与 CO_2 反应时不会形成氨基甲酸盐，在吸收过程中 CO_2 水解催化，被吸收的 CO_2 形成碳酸氢根离子（见式（4-4），R_1、R_2、R_3 为烷基）：

$$CO_2 + R_1R_2R_3N + H_2O \longleftrightarrow R_1R_2R_3NH^+ + HCO_3^- \tag{4-4}$$

由式（4-4）可见，1 mol 伯胺或仲胺的最大吸收能力为 0.5 mol CO_2，而 1 mol 叔胺的最大吸收能力为 1 mol CO_2。因此，伯胺和仲胺作为 CO_2 吸收剂时反应速率较快，但 CO_2 吸收容量较低；叔胺作为 CO_2 吸收剂时反应速率相对较慢，但 CO_2 吸收容量较高。

2. 有机胺吸收剂

常用的有机胺主要包括醇胺、烷基胺、位阻胺和多氮胺等，如表4-4所示。其中，以一乙醇胺（MEA）为代表的醇胺法捕集技术较为成熟，在国内外工业生产中被广泛应用。

表4-4　几种常用于 CO_2 捕集的有机胺吸收剂

类别	特点	代表物质及结构式	
醇胺	分子结构中同时含有羟基和氨基基团	一乙醇胺（MEA）	
		二乙醇胺（DEA）	
		N-甲基二乙醇胺（MDEA）	
烷基胺	分子结构中仅含有氨基基团	叔丁胺（tBA）	
		二正丁胺（DBA）	
		乙二胺（EDA）	
位阻胺	氨基基团与叔碳或仲碳原子相连，空间位阻效应大	哌嗪（PZ）	
		2-氨基-2-甲基-1-丙醇（AMP）	
		叔丁胺基乙氧基乙醇胺（TBEE）	

类别	特点	代表物质及结构式
多氮胺	分子结构中含有三个及以上氨基基团	二乙烯三胺（DETA） $H_2N{\sim}\overset{H}{N}{\sim}NH_2$
		三乙烯四胺（TETA） $H_2N{\sim}\overset{H}{N}{\sim}\overset{H}{N}{\sim}NH_2$
		四乙烯五胺（TEPA） $H_2N{\sim}\overset{H}{N}{\sim}\overset{H}{N}{\sim}\overset{H}{N}{\sim}NH_2$

混合胺吸收剂是将不同类型的有机胺按照一定比例进行混合后所得的溶液，混合胺吸收剂可弥补单一有机胺的缺陷，在吸收过程中发挥不同有机胺的优势，从而提升整体吸收 CO_2 的性能。其反应机理与伯胺、仲胺和叔胺相一致，但溶液中不同类型的有机胺会按照活性大小同时进行或先后进行反应，且反应过程中还可能存在交互作用。

3. 有机胺法捕集 CO_2 应用

2021年6月，我国15万 t/年碳捕集、利用与封存（CCUS）示范项目通过168小时试运行。该项目吸收剂以新型复合胺为主，兼容相变吸收剂、离子液体的化学吸收法等 CO_2 捕集核心技术，集成了"级间冷却 + 分流解吸 + 机械式蒸汽再压缩（mechanical vapor recompression，MVR）闪蒸"的新一代节能工艺。试运期间，该项目能够连续生产 $-20\ ℃$、压力 2.0 MPa、纯度 99.5% 的工业级合格液态 CO_2 产品。

（二）热钾碱法

热钾碱法是以碳酸钾溶液为吸收剂，在制氨、天然气和制氢等化工类行业中广泛用于脱碳工艺，具有成本低、稳定性高、再生能耗低、毒性小等优点。

1. 热钾碱法吸收原理

该方法捕集 CO_2 的原理为：高浓度的碳酸钾水溶液与 CO_2 发生化学反应生成碳酸氢钾，然后再对生成的碳酸氢钾进行高温加热或减压处理，解吸出 CO_2，并同时生成碳酸钾，使吸收剂实现再生循环利用，反应方程如式（4-5）所示。

$$K_2CO_3 + CO_2 + H_2O \longleftrightarrow 2KHCO_3 \tag{4-5}$$

2. 热钾碱法工艺改进

利用碳酸钾溶液捕集 CO_2 的吸收速率较慢，在实际应用中需要庞大的运行设备。

为解决这一难题，可通过在碳酸钾溶液中添加高效催化剂或活化剂以强化其吸收能力。常用的活化剂有砷酸、硼酸或磷酸、呱嗪、有机胺和生物酶等。此外，针对热钾碱溶液对于设备的腐蚀问题，还可在吸收液中加入一定量的缓蚀剂以延缓溶液对设备的腐蚀。

3. 热钾碱法应用

目前，改进的热钾碱法已在全世界超过700家工厂得到应用，其中常见的改进工艺包括：本菲尔德（Benfield）工艺、改良砷碱（G–V）工艺、卡他卡勃（Catacard）工艺、卡索尔（Carsol）工艺等，所采用的活化剂如表4-5所示。

表4-5　改进热钾碱吸收CO_2工艺及活化剂

工艺名称	所属开发公司	使用活化剂名称
Benfield工艺	美国UOP	二乙醇胺、ACT-1
G-V工艺	意大利贾马尔科－维特罗科克（Giammarco-Vetrocoke）	氧化砷、氨基乙酸
Catacard工艺	美国艾克梅尔联合有限公司（Eickmeyer & Associates）	烷基醇胺、硼酸
Carsol工艺	美国卡博基姆（Carbochim SA）	烷基醇胺

（三）氨法

氨法也是烟气脱碳的手段之一。早在1958年，侯德榜提出的碳化法制备碳酸氢铵化肥设想就涉及了氨水吸收CO_2的技术概念。

1. 氨法捕集原理

氨法与有机胺法有着相似的CO_2捕集原理，氨与CO_2、水在一定温度下反应生成碳酸铵，当有过量的CO_2存在时，会继续发生反应生成碳酸氢铵。氨水与CO_2的反应如式（4-6）~式（4-10）所示：

$$CO_2 + NH_3 \longrightarrow NH_2COOH \tag{4-6}$$

$$NH_2COOH + NH_3 \longrightarrow NH_2COONH_4 \tag{4-7}$$

$$NH_2COONH_4 + H_2O \longrightarrow NH_4HCO_3 + NH_3 \tag{4-8}$$

$$NH_4HCO_3 + NH_3 \longrightarrow (NH_4)_2CO_3 \tag{4-9}$$

$$NH_2COONH_4 + 2H_2O + CO_2 \longrightarrow 2NH_4HCO_3 \tag{4-10}$$

2. 氨法捕集CO_2技术

在我国合成氨生产工艺中，多利用氨水进行合成气脱碳并副产碳酸氢铵化肥，该技术相对成熟。但基于我国电厂烟气量巨大，碳酸氢铵市场相对固定且略有缩小趋势的基本情况，大量合成化肥在市场上供过于求，易造成资源浪费。

CO_2 与氨溶液反应形成的产物受热可分解，所以可采用加热的方式使氨水吸收的 CO_2 释放，使吸收剂得到循环利用。

氨法捕集烟气中的 CO_2 最高可实现99%以上的脱碳效率。相比于MEA溶液，氨法可获得更高的 CO_2 脱除率和吸收能力，同时氨法也具有成本低、再生能耗低、腐蚀性低和抗氧化降解性强等优点。但氨水的挥发性强，大量的氨逃逸将增加分离难度和运行成本，同时对环境造成二次污染。

（四）离子液体法

离子液体（ILs）是由特定阳、阴离子构成的，在室温或近于室温下呈液态的盐类。离子液体因结构可调节、化学稳定强、热稳定性高、蒸气压低、不易挥发，且对 CO_2 吸收具有极高选择性，能有效降低其在吸收过程中的损耗从而降低运行成本，被认为是比较具有应用前景的新型绿色吸收剂。

用于 CO_2 捕集的离子液体主要包括常规离子液体、功能化离子液体和聚离子液体。

1. 常规离子液体

根据阴阳离子的类型划分，常规离子液体可分为咪唑盐类、吡咯盐类、吡啶盐类、铵盐类、磺酸盐类、氨基酸类等。咪唑盐类碱性较强，在碱性环境中易烷基化，是用于 CO_2 捕集较为常见的一类离子液体。

图4-2介绍了常见的用于合成常规离子液体的阴、阳离子。

常规离子液体捕集 CO_2 通常以物理吸收为主，存在吸收速率慢、吸收容量低等缺陷，不利于气量大、CO_2 分压低的混合烟气中 CO_2 的分离与吸收。

2. 功能化离子液体

为了引入特定的化学反应，一些特殊基团被设计引入常规离子液体中，从而开发出具有强抗氧化性、低蒸汽压、低再生能耗、高吸收容量等特性的功能化离子液体，如图4-3所示。

其中，氨基酸类功能化离子液体由于氨基酸盐广泛存在于自然界，具有易于获得、无毒且易于生物降解的优点。氨基酸类功能化离子液体不仅具有常规离子液体独特的理化特性，也具有氨基酸盐的 CO_2 化学吸收能力。

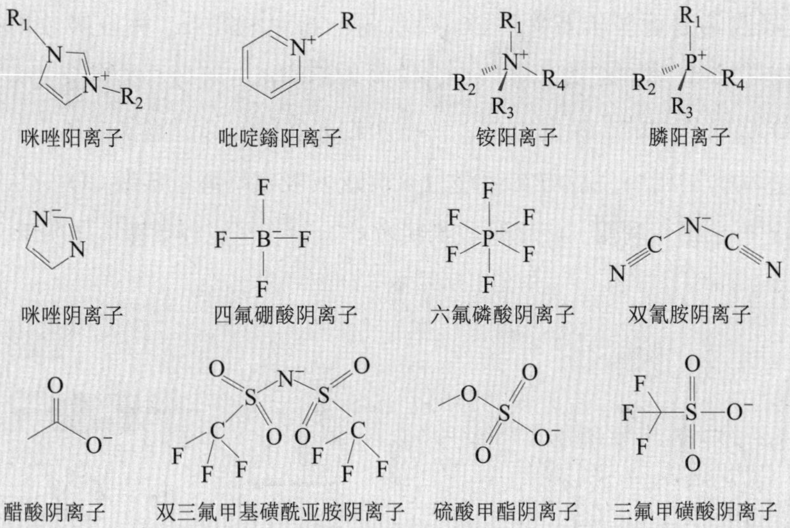

咪唑阳离子　　吡啶鎓阳离子　　铵阳离子　　膦阳离子

咪唑阴离子　　四氟硼酸阴离子　　六氟磷酸阴离子　　双氰胺阴离子

醋酸阴离子　　双三氟甲基磺酰亚胺阴离子　　硫酸甲酯阴离子　　三氟甲磺酸阴离子

图4-2　常规离子液体中几种常见的阴、阳离子

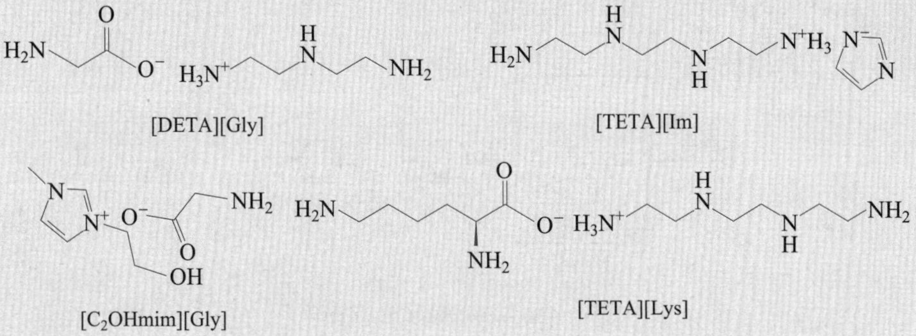

[DETA][Gly]　　　　　　　　　[TETA][Im]

[C₂OHmim][Gly]　　　　　　　[TETA][Lys]

图4-3　几种功能化离子液体

3. 聚离子液体

聚离子液体是由离子液体单体聚合生成，具有重复阴、阳离子基团的大分子，它可以是单纯一种物质，也可以是混合物。在低温下可以变为液态，它不仅具有离子液体与聚合物的共同优点，还有其独特的优势。

聚离子液体通常具有优异的离子导电性、化学稳定性、不易燃烧等特性，聚离子液体性质稳定不易挥发，可循环使用；结构可控，吸收过程中可不使用水，可有效防止设备腐蚀。但聚合离子液体目前价格较高，尚无应用。

（五）相变吸收剂法

相变吸收剂是近些年新兴的CO_2吸收剂，再生能耗低。相变吸收剂由主吸收剂、分相促进剂和溶剂组成，吸收CO_2前为均相溶液，吸收CO_2后分成两相，含有大部分CO_2吸收产物的一相为富相，另一相则为贫相。通过将富相再生，即可解吸出大部分CO_2。富相再生后与贫相混合，再送回吸收塔继续吸收CO_2，从而实现相变吸收剂的再生循环利用。相变吸收剂吸收CO_2的工艺流程如图4-4所示。

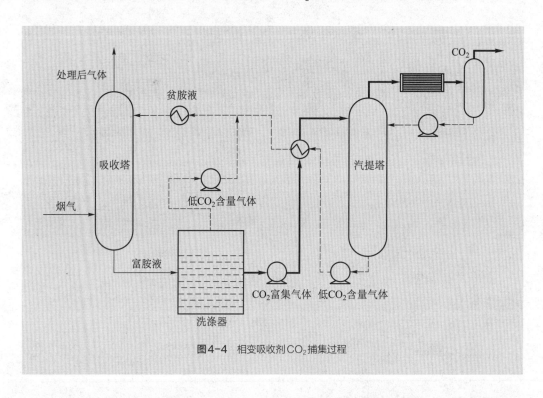

图4-4 相变吸收剂CO_2捕集过程

相变吸收剂中的主吸收剂一般是有机胺或离子液体，分相促进剂通常采用叔胺或醇等有机溶剂。根据吸收后两相的状态，相变吸收剂可分为液-固相变吸收剂和液-液相变吸收剂。

1. 液-固相变吸收剂

液-固相变吸收剂，吸收CO_2后产物与溶剂无法互溶进而析出沉淀，CO_2产物富集在固相中。再生时仅需再生固相，因此可显著降低再生能耗。

但液-固相变吸收剂在再生前需要使用离心或者过滤的方法分离固体沉淀，部分液-固相变吸收剂还需使用微波加热法进行解吸。此外，固体沉淀易堵塞设备及管道，运输难度也较大，这些问题都限制了其进一步大规模应用。

2. 液–液相变吸收剂

液–液相变吸收剂按照相变机理可分为CO_2触发式相变和温控式相变。

（1）CO_2触发式相变吸收剂：其分相原理为吸收剂吸收CO_2后，溶液的性质发生改变。通常会由低极性转化为高极性，由低离子强度转化为高离子强度。此时CO_2产物在溶剂中的溶解度发生改变，出现液–液分相的现象。

（2）温控式相变吸收剂：受温度的影响而发生相变现象。该类相变吸收剂的主吸收剂通常为亲脂性有机胺，低温时依靠氨基与水之间的氢键，溶解在水中，不发生相变；高温时分子间氢键逐渐被破坏，使其与水不互溶，进而发生液–液相变，其相变原理如图4-5所示。

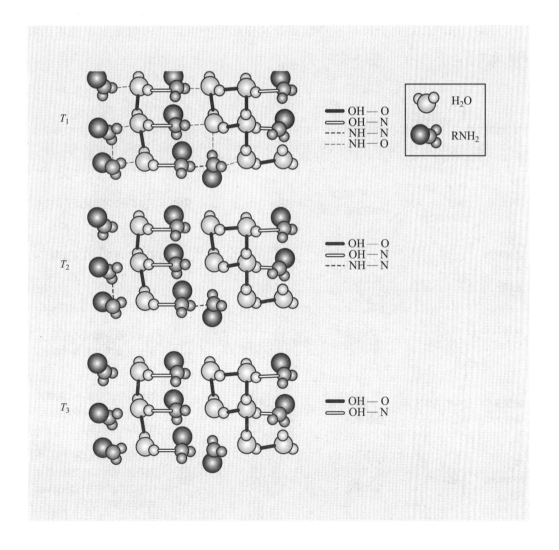

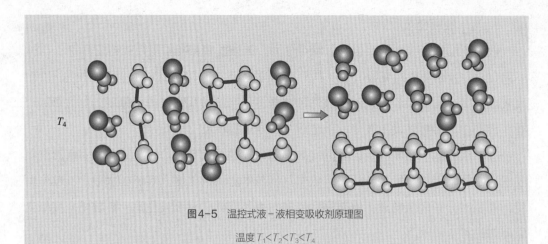

图4-5　温控式液－液相变吸收剂原理图

温度 $T_1<T_2<T_3<T_4$

目前，国内外已有一些研究小组或公司提出了不同类型的相变吸收技术，如表4-6所示。

表4-6　几种相变吸收技术

开发单位	吸收剂	相变条件	溶液再生条件/℃	再生能耗 (GJ·t⁻¹)	规模	优缺点
3H公司	MEA，DEA/1-庚醇，1-辛醇，异辛醇和水	35 ℃，CO_2负载增加	115~125	—	概念	吸收剂再生能耗降低了72.3%
挪威科技大学	DEEA/MAPA	51~63 ℃，CO_2负载增加	107~117	2.2~2.4	中试	吸收剂再生能耗显著降低，但挥发性很大
法国石油研究所	DMX-A™	升温	~90	2.3	小试	减少了再生能耗及运营成本
法国石油研究所	DMX™		80	<2.5	小试	更高的循环容量和稳定性，更低的腐蚀性和再生能耗，成本更可控
德国多特蒙德大学	DMCA/MCA/AMP	40 ℃，CO_2负载增加	80	3.5	中试	再生设备尺寸减小，略微降低再生能耗，挥发性较大，CO_2富相黏度较高
荷兰Monkey公司	牛磺酸钾	40 ℃，CO_2负载增加	120~130	2.4	概念	更低的再生能耗，液－固分相，需要额外消耗约0.96 GJ/t CO_2的能耗使得沉淀在吸收剂中再溶解

开发单位	吸收剂	相变条件	溶液再生条件/℃	再生能耗[1]（GJ·t⁻¹）	规模	优缺点
浙江工业大学	TETA/DEEA/分相调控剂	40 ℃，CO_2负载增加	100~110	<2.2	中试	吸收剂再生能耗降低了40%以上，富相黏度仅为0.01~0.02 Pa·s

注：① 再生能耗以吸收CO_2计

来源：Zhang，2019

（六）酶促吸收法

碳酸酐酶（carbonic anhydrase，CA）是于1940年发现的第一种锌酶，也是最重要的锌酶，主要功能为催化CO_2的可逆水合反应。以碳酸酐酶Ⅱ为例，它可将CO_2的水合反应的一级反应速率常数从5×10^{-2} s⁻¹提升至1.6×10^{6} s⁻¹。

1. 酶促吸收原理

碳酸酐酶Ⅱ催化CO_2水合反应的过程主要可分为两个步骤：① CO_2水合生成H_2CO_3；② H_2CO_3电离生成HCO_3^-和CO_3^{2-}。其中①是整个水合反应的限速步骤。当引入碳酸酐酶作为催化剂后，其反应机理发生变化（图4-6），吸收速率得到显著提升。

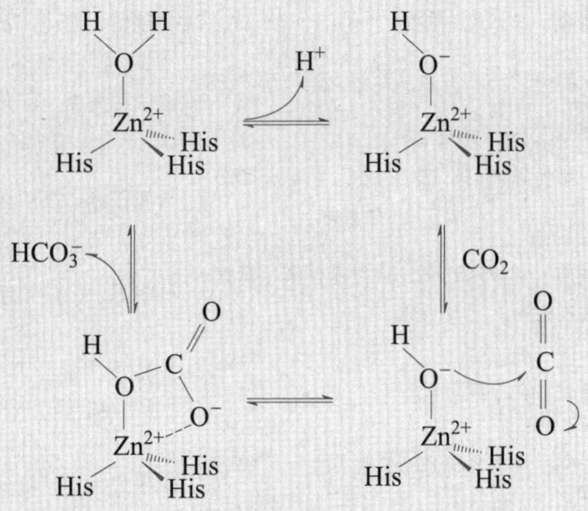

图4-6　碳酸酐酶催化CO_2水合反应机理

2. 酶促吸收工艺

基于碳酸酐酶的酶促反应，多种碳捕集技术也被开发出来，如真空碳酸盐吸收工艺（integrated vacuum carbonate absorption process，IVCAP）和三级胺酶促强化吸收法。

真空碳酸盐吸收工艺使用碳酸钾溶液作为吸收剂，并往其中添加碳酸酐酶作为催化剂，可将碳酸钾溶液吸收CO_2的速率提高$5\sim6$倍，同时降低再生能耗，且无二次污染。

三级胺酶促强化吸收法使用添加了碳酸酐酶的三级胺溶液作为吸收剂，该方法既利用了三级胺再生能耗低、吸收容量大的优点，又弥补了其吸收速率较慢的缺点。另外，针对碳酸酐酶在碱性条件下易失活的问题，还可以将碳酸酐酶固定于多孔材料（如金属有机骨架等）来提升其稳定性和活性。

表4-7总结了各类化学吸收法的优缺点。目前，化学吸收法捕集CO_2仍存在以下问题：① 捕集工艺能耗大。在捕集系统中，高温的烟气必须通过降温后才能进入吸收塔，浪费了烟气初始的余热，增大了操作工艺的能耗。② 吸收剂循环效率低，运行过程会造成氧化损耗，在捕集过程中需不断补充，同时会产生腐蚀设备以及发泡等不良影响。③ CO_2捕集设备庞大，操作的弹性小。④ CO_2回收成本高。

表4-7　化学吸收法中各类技术优缺点

技术名称	优势	缺陷
有机胺法	吸收容量高、技术相对成熟	易降解、氧化、发泡、腐蚀性强
热钾碱法	成本低、稳定性高、再生能耗低、毒性小、降解速率慢	吸收速率慢、部分活化剂易造成二次污染
氨法	成本低、再生能耗低、腐蚀性低、抗氧化降解性强	挥发性强、易对环境造成二次污染
离子液体法	结构可调节、化学稳定强、热稳定性高、蒸气压低、挥发性低、选择性强	成本高、合成工艺复杂、黏度大
相变吸收剂法	吸收容量高、再生能耗低	固体沉淀难分离（液-固相变）、富相黏度大（液-液相变）、再生效率低
酶促吸收法	再生能耗低，无二次污染，吸收容量大，吸收速率快	易受温度、pH等条件影响，可控性低

四、物理化学联合吸收法

物理化学联合吸收法兼有物理吸收法和化学吸收法两者的特点，通过物理吸收剂和化学吸收剂按比例混合吸收CO_2。常用的工艺有环丁砜法（sulfinol）和常温甲醇法（amisol）。

环丁砜法采用环丁砜、二异丙醇胺和水的混合溶液作为吸收剂，用于同时脱除H_2S和CO_2。但环丁砜法对设备的腐蚀性较大，目前实际工业应用较为少见。常温甲醇法采用甲醇、烷醇胺（MEA、DEA等）以及少量缓蚀剂组成的低沸点混合溶液作为吸收剂。该法适用于以油为原料制氨、甲醇合成气或纯氢的气体净化，也适用于羰基合成原料气的净化。

第二节
固体吸附技术

固体吸附技术在近几十年来获得了巨大的发展，开发出了一系列具有高CO_2吸附量、快速吸附动力学、良好的选择性和稳定性的吸附剂；碳捕集的吸附循环过程也得到了显著的发展，开发了变温、变压、变湿、真空、蒸汽吹扫等多种再生手段。相比于液体吸收，固体吸附技术的工作条件覆盖了较宽的温度和压力范围，可以应用于更多捕集工况，同时还避免了胺类溶剂在使用过程中产生的有毒和腐蚀性物质。

按照CO_2吸附活性温度区间分类，CO_2固体吸附材料可以分为低温吸附剂（< 200 ℃）和中高温吸附剂（>200 ℃）。在低温固体吸附剂主要有碳材料以及分子筛等多孔材料；中温固体吸附剂主要有水滑石类吸附剂；高温固体吸附剂主要有钙基吸附剂及锂基吸附剂。

一、中高温吸附二氧化碳

中高温吸附材料主要有水滑石类化合物、锂基陶瓷材料、氧化钙及碱金属类化合物等。该类材料一般在200 ℃以上进行吸附/解吸行为。

1. 水滑石类化合物

水滑石类化合物（LDHs）是一类新型的无机功能材料，是由层间具有可交换的阴离子及带正电荷层板堆积而成的层状材料（如图4-7所示）。这类材料属于化学吸附，已被证明适合作为CO_2吸附剂，用于CO_2预燃烧过程中，其吸附/解吸温度一般在200～400 ℃，LDHs对CO_2良好的吸附能力和稳定的吸附行为，归因于其稳定的离子交换能力、较高的比表面积、较好的骨架稳定性，以及材料中阴离子和水分子的高迁移率。

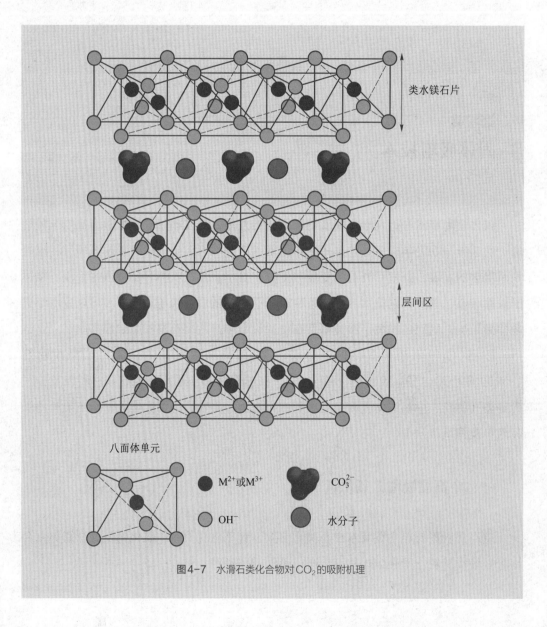

类水镁石片

层间区

八面体单元

● M^{2+}或M^{3+}　　　 CO_3^{2-}

○ OH^-　　　 水分子

图4-7　水滑石类化合物对CO_2的吸附机理

2. 锂基材料

锂基材料也是一种新型CO_2吸附剂。其高温下吸附性能优越，相比氧化铝和水滑石等吸附材料，对CO_2的吸附性能明显提高。

锂基聚合物包括锆酸锂（Li_2ZrO_3）、正硅酸锂（Li_4SiO_4），以及一系列的含锂氧化物，它们能立即与周围的CO_2发生反应，反应温度最高可达700 ℃，并且可可逆地还原为氧化物（式（4-11），（4-12），（4-13））。

$$Li_4SiO_4 + CO_2 \Longleftrightarrow Li_2CO_3 + Li_2SiO_3 \tag{4-11}$$

$$Li_2ZrO_3 \longrightarrow ZrO_2 + 2Li^+ + O^{2-} \tag{4-12}$$

$$CO_2 + 2Li^+ + O^{2-} \longrightarrow Li_2CO_3 \tag{4-13}$$

但该类材料存在合成条件苛刻、能耗高、成本高、反应过程难以控制等问题。

3. 金属氧化物化学吸附剂

金属氧化物化学吸附剂主要包括碱金属和碱土金属类的氧化物。利用金属氧化物的碱性吸收CO_2生成碳酸盐，反应在高温条件下具有可逆性，使金属氧化物再生利用，常用的金属氧化物吸附剂有氧化锂和氧化钙等。

氧化钙由于成本低、原料分布广泛和对CO_2的吸收容量大等特点而成为较有工业应用前景的吸附剂之一。氧化钙在高温下循环煅烧/碳酸化反应吸附CO_2，尽管其对CO_2的吸附容量大，但是随着循环次数的增加，吸附剂颗粒有团聚、烧结等现象，使得氧化钙的活性下降，对CO_2吸附转化率也急剧下降。通常采用溶液改性和掺杂添加剂等方法来提高氧化钙吸附CO_2的能力。

二、低温吸附二氧化碳

低温吸附法捕集CO_2通过改变温度和压力等条件对吸附剂进行再生，常用的吸附法有变温吸附法（temperature swing adsorption，TSA）和变压吸附法（pressure swing adsorption，PSA）等。

1. 变温吸附法

TSA利用在不同温度下气体组分的吸附容量或吸附速率不同而实现气体分离，该方法采用升降温度的循环操作，循环过程中的热量由水蒸气直接或间接地提供。单独依靠TSA进行吸附剂的再生循环周期较长，因而通常采用多种方法相结合进行CO_2捕集。

2. 变压吸附法

PSA利用吸附剂在不同压力下对不同气体的吸附容量或吸附速率不同而实现气体分离。通常吸附压力高于大气压,解吸压力为大气压,采用升降压力的循环操作。

为了实现操作的连续性,工业上装置设备采用多个吸附床共同完成。变压吸附双塔循环工艺在1960年被提出。目前工业上应用的PSA是以此循环工艺为基础而发展的,PSA是目前工业应用中较成熟的气体分离技术。要想使得变压吸附法在CO_2捕集上大规模应用,还需要开发价格低廉,具有高选择性和高吸附容量、强解吸能力的吸附剂。

3. 低温CO_2吸附剂

低温CO_2吸附剂需要具备以下3个条件: ① 吸附剂优先选择吸附CO_2; ② 吸附剂有较高的CO_2吸附容量; ③ 吸附剂的使用寿命较长,有较高的商业价值。

低温吸附材料主要有碳质吸附材料、沸石分子筛、金属有机骨架(MOF)、共价有机骨架(COFs)、多孔炭等,该类材料的主要特点是能在相对低温(通常在200 ℃以下)下吸附CO_2。常见低温固体吸附剂如图4-8。

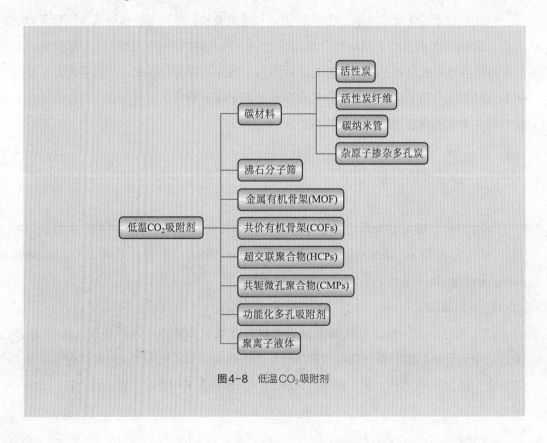

图4-8 低温CO_2吸附剂

根据吸附剂与CO_2之间的作用，低温吸附剂可以分为低温物理吸附剂和低温化学吸附剂。低温物理吸附剂主要利用多孔结构吸附CO_2分子，而低温化学吸附剂一般由多孔材料负载固态胺或者离子液体等，通过与CO_2反应增加吸附量，能在常压下吸附数量可观的CO_2。

（1）碳质吸附材料：碳质吸附材料是以煤或有机物制成的高比表面的多孔含碳物质，包括活性炭及活性炭纤维、碳纳米管等纯碳结构的吸附剂。

活性炭主要以高含碳物质如煤炭或生物质为原料，经炭化和活化制备而成的碳质吸附材料，具有孔隙结构发达、比表面积大、化学性质稳定、耐酸耐碱、选择性吸附能力强、失效后容易再生等特点。活性炭具有微孔、中孔和大孔结构，是很好的潜在吸附材料。

研究表明，活性炭对CO_2的储存能力较好，主要是由于其存在大量的窄微孔。此外，这些多孔炭具有快速的CO_2吸附速率，对CO_2/N_2的分离具有良好的选择性，并且容易再生。不同的前驱体通过特定的改性方法可制备高CO_2吸附性能的活性炭。如以富硅生物质稻壳为前驱体，同步利用生物质中碳源及硅源原位合成多孔炭-沸石复合材料，可实现CO_2高效吸附（图4-9）。

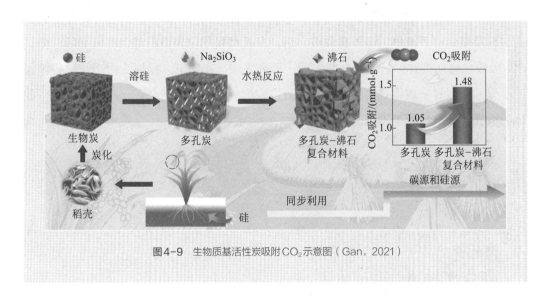

图4-9　生物质基活性炭吸附CO_2示意图（Gan，2021）

（2）沸石分子筛：沸石分子筛是含碱金属和碱土金属氧化物的结晶硅铝酸盐的水合物，是一类由硅铝氧桥连接组成的空旷骨架结构的微孔晶体材料（孔道尺寸为$0.5\sim1.2$ nm），对CO_2具有较强的吸附能力。

结果表明，其对N_2和CO_2的混合物可选择性吸收，再生循环吸附性能良好，可作为一种高效、经济的CO_2捕集吸附剂。

（3）金属有机骨架化合物：金属有机骨架化合物（MOFs）是另一类多孔材料，MOFs是由含氧、氮等的多齿有机配体（大多是芳香多酸或多碱）与过渡金属离子自组装而成的配位聚合物。由于超高的比表面积，MOFs对CO_2具有极高吸附能力。特别是压力小于1 000 kPa时，沸石的最大存储容量只有MOFs的三分之一，表明MOFs材料是更优良的CO_2的低压吸附材料。

但MOFs材料的合成对设备和材料的要求高、且合成条件不易控制，现阶段还不能大规模生产。

（4）其他吸附剂：共价键有机骨架（COFs）、超交联聚合物（HCPs）、共轭微孔聚合物（CMPs）等新型多孔聚合物也都具有非常有序且稳定的孔结构、较高的比表面积和较大的微孔体积。多孔聚合物具有可调的孔径、高的表面积和稳定的化学结构，其中含氮多孔聚合物为CO_2分子提供了丰富的结合位点，作为潜在的多孔固体吸附剂常被应用于CO_2吸附。与MOFs材料相比，该材料的热稳定性更好，表现出良好的CO_2吸附性能及高选择性。

低温吸附剂多数由多孔吸附材料负载功能基团得到，一般包括负载了各种胺的多孔材料及聚合离子液体。一般负载胺之后，多孔材料的比表面积都会有所下降，但其CO_2吸收量有所提升，且循环性能较好。研究表明，高温下，浸渍法固态胺材料表面的小分子胺容易从载体表面脱离，从而造成胺的损失；大分子会在一定程度上堵塞载体的微孔，导致吸附量不高。

第三节
膜分离技术

膜分离法是利用膜的选择透过性分离气体混合物，在分离膜的两侧利用压差为推动力使气体分离或者富集。膜法分离CO_2包括膜分离法和膜吸收法（膜接触器法）。

一、膜分离过程

（一）气体膜分离

气体膜分离法是基于膜材料对不同气体渗透选择性的差异分离混合气体的过程。膜分离法分离烟气中的 CO_2 是基于 CO_2 与膜材料之间的化学或者物理作用，以 CO_2 气体在膜两侧的分压和浓度的差异作为驱动力，使得 CO_2 分子快速穿过分离膜，在膜的另一侧富集。气体膜分离法对 CO_2 的分离能力主要取决于膜材料对 CO_2 的选择性（如图 4-10 所示）。

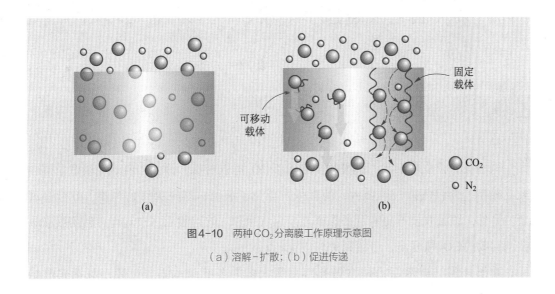

图 4-10　两种 CO_2 分离膜工作原理示意图

（a）溶解-扩散；（b）促进传递

气体膜分离法分离烟气中 CO_2 的重点是 CO_2 和 N_2 的分离。一方面 CO_2 和 N_2 是烟气中含量最大的 2 个气体组分；另一方面 CO_2 与 N_2 分子大小接近，不易通过筛分等手段分离。

（二）膜吸收

膜吸收法是在传统化学吸收法的基础上演变而来的，其原理是以微孔疏水膜作为分隔界面，将混合气体和吸收液隔开。利用疏水膜透气但不透水的特性，使混合气中的 CO_2 穿过疏水膜的膜孔进入吸收液中，实现 CO_2 分离。膜吸收技术是膜分离与液体吸收技术相结合的膜过程。膜吸收工作机理如图 4-11 所示。

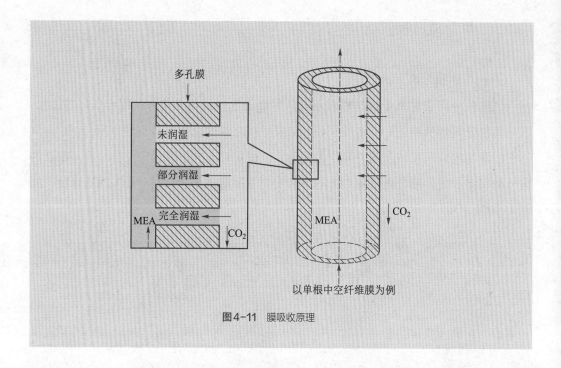

多孔膜

未润湿

部分润湿

完全润湿

MEA

CO_2

MEA

CO_2

以单根中空纤维膜为例

图4-11 膜吸收原理

与传统的吸收塔相比，膜吸收技术捕集CO_2可以对气、液两相流速在较宽范围内独立控制，而且气液接触面大，能耗低，避免了液泛、雾沫夹带、沟流、鼓泡等现象。另外，膜吸收技术更有利于燃煤电厂尾气中CO_2的回收后再次利用，利用膜吸收技术回收的CO_2纯度高，可达到95%以上。

用于分隔气液两相的疏水微孔膜目前大多为多孔疏水高分子膜，包括聚丙烯（PP）、聚偏氟乙烯（PVDF）和聚四氟乙烯（PTFE）等。PP和PVDF具有较好的疏水性，且微孔膜制备技术成熟。

膜吸收法CO_2捕集过程中，膜起着分隔气相和吸收剂液相的作用，而吸收剂则是脱碳过程的关键所在。用于膜吸收法中的CO_2吸收剂与液体吸收部分基本相同，可参见本章第二节。

目前，膜分离法捕集CO_2的研究大多仍处于实验室阶段。燃煤电厂烟气的复杂性影响了膜组件的长期稳定性，需进一步改进膜材料和优化膜分离过程。

二、膜分离材料

用于烟气CO_2分离的膜材料理论上应该具有全部或部分以下性质：① 较高的

CO_2渗透率；② 较好的CO_2/N_2选择性；③ 抗化学腐蚀；④ 耐高温；⑤ 抗塑化；
⑥ 抗老化；⑦ 制造成本低廉；⑧ 在不同膜组件制备过程中，有较好的通用性。

CO_2/N_2分离的膜材料主要包括：高分子膜、促进传递膜、无机膜、有机-无机
杂化膜。

（一）高分子膜

高分子膜一般通过溶解-扩散机理传递气体分子，渗透率和选择性通常被用于表
征气体分离膜的性能，同时在渗透率和选择性之间存在平衡（trade-off）现象（如图
4-12所示）。气体分子倾向于通过自由体积，即高分子结构之间的间隙扩散。由于聚
合物链的移动，在间隙之间可以形成一个通道，使得气体分子从一个间隙移动到另一
个间隙，这样气体分子可以有效地通过膜结构扩散。通道大的高分子膜，气体的扩散
速度比较快，但是选择性比较低。

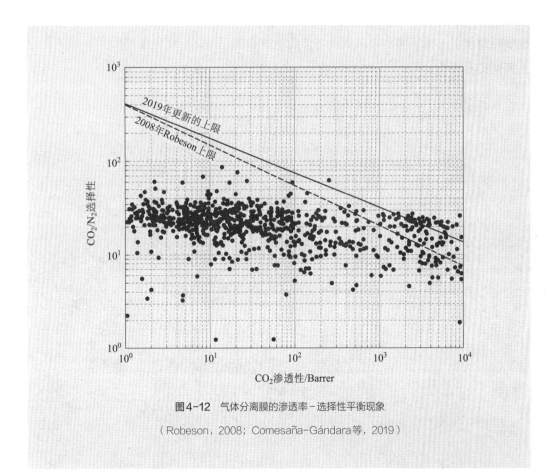

图4-12　气体分离膜的渗透率-选择性平衡现象

（Robeson，2008；Comesaña-Gándara等，2019）

用于气体分离的常用聚合物膜材料有醋酸纤维素、聚酰亚胺、聚砜和聚醚酰亚胺，它们均具有良好的气体选择性，但其气体渗透率均较低，而聚二甲基硅氧烷、聚三亚甲基硅烷丙炔等具有高气体渗透率，但是选择性较低。

为提高高分子膜的分离性能，可对其进行改性。有机高分子膜改性方法主要包括表面改性、共混改性和支撑层改性。引入功能材料或改变聚合物膜表面官能团的组成，可以使改性膜获得一些新的功能。目前，接枝、交联、涂布沉积等是聚合物膜表面改性的主要方法。表面接枝是在膜表面的基体上生成接枝聚合物，具有特定性质的基团或聚合物支链通过物理和化学反应与膜相连。

（二）促进传递膜

促进传递膜是受到生物膜内传递现象的启发，在高分子膜中引入活性载体，通过待分离组分与载体之间发生的可逆化学反应（图4-13所示），实现待分离组分传递过程的强化。促进传递膜依据载体的不同可分为移动载体膜和固定载体膜。由于促进传递膜把载体引入膜结构当中，所以与传统的聚合物膜相比，促进传递膜具有相当高的选择性和渗透性。

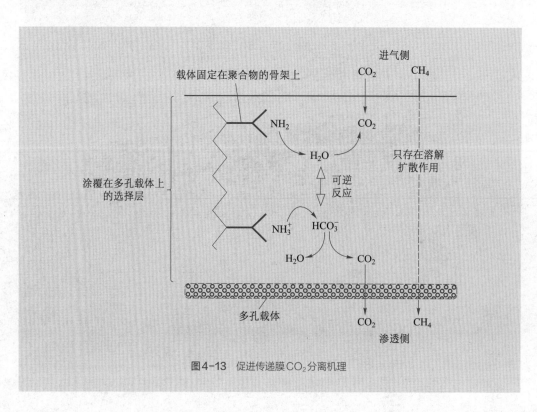

图4-13 促进传递膜CO_2分离机理

常见的促进传递膜包括支撑液膜和固定载体膜。

（1）支撑液膜：由膜液通过界面张力和毛细管力的作用附着在聚合物支撑体上制成。CO_2会溶于膜液中，从高势能侧向低势能侧扩散，穿过聚合物膜，在膜的另一侧释放出来。

（2）固定载体膜：通过接枝或聚合等方式将活性基团或载体直接固定在膜材料中或膜表面上，能够克服移动载体膜面临的载体流失问题。

（三）无机膜

无机膜分离CO_2主要基于分子筛分机理，因此气体渗透率和选择性通常比聚合物膜更高，并且能够应用于高温和高压下的气体分离。按照膜的结构，无机膜可分为多孔无机膜和无孔无机膜。多孔的无机膜大多是一层薄的多孔选择层涂在多孔的金属或陶瓷支撑体上，这些多孔的金属或陶瓷用于提供机械支撑，而且传质阻力比较小。多孔无机膜能避免CO_2诱导的塑化，因此，它更适合从高压混合气体中分离CO_2。

常见的无机膜包括碳膜、二氧化硅膜、沸石膜等。

（1）碳膜：用于气体分离的碳膜通常是由热硬化性的聚合物高温分解制成，分解温度一般为500～1 000 ℃。聚合物的高温分解可以生成碳材料，使其具有小于分子直径（<1 nm）的孔径分布，这样便可用于气体分离。大部分碳膜的传递机理为分子筛效应，聚合物材料的选择、膜制备方法及碳化过程决定了碳分子筛膜的分离性能。

（2）二氧化硅膜：二氧化硅是一种可用于制备CO_2选择性分离膜的材料，主要是由于其固有的稳定性和结构的易修饰性。在氧化和还原气氛下，二氧化硅均具有优越的热、化学及结构稳定性。溶胶法和化学气相沉积技术（CVD）常被用于二氧化硅膜的制备。

（3）沸石膜：沸石具有尺寸稳定性好、分离系数高、热稳定性好、最小通道直径范围窄（0.3～1.0 nm）、化学稳定性强等优点。沸石膜的分离机理主要为分子筛分。

（四）混合基质膜

在高分子聚合物（高分子相）中填充无机材料（分散的粒子相），通过无机填料和高分子聚合物之间的相互作用制得的分离膜称为混合基质膜（MMMs），如图4-14所示。

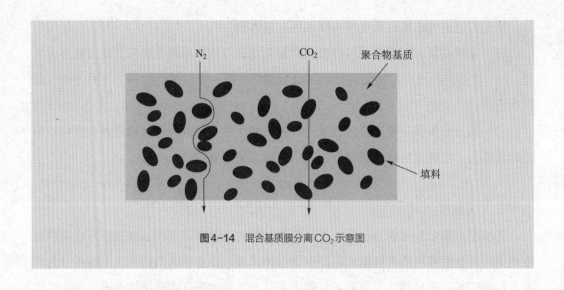

图4-14　混合基质膜分离CO_2示意图

混合基质膜既有高分子膜的成膜性高、不易破碎等优点，又因在高分子基质中引入了无机材料而优化了高分子链的排布。在理想情况下，混合基质膜结合了高分子相和分散的粒子相的优点，既有聚合物膜的加工性能和机械性能，也有无机填料的特殊传质性能。

用于填充的无机粒子包括碳纳米管、分子筛、二氧化硅、金属有机骨架、二维材料等。其中，研究最多的填料有沸石、介孔二氧化硅和金属有机骨架（MOF）。因为MOF与聚合物的兼容性，使其具有特别的吸引力。

有机填料可在一定程度上避免无机填料中存在的一些问题。有机填料结构的优点是可控且有较好的柔韧性，与聚合物基体相容性极好，但耐溶剂性和耐腐蚀性差，在苛刻的操作条件下不能保持良好的气体分离性能。常见的有机填料包括多孔有机聚合物（POPs）、共价有机框架（COFs）等。

表4-8总结了不同CO_2捕集方法的优缺点和各自减少二次污染的方法。由表可知，在不同烟气CO_2捕集方法中，物理吸收法能耗较低，一般适用于具有较高CO_2分压的工业尾气，但对于低CO_2分压的情况下分离效果并不理想；另一方面化学吸收法的捕集效果更好，可以处理更多的CO_2，而且技术稳定可靠，可以实现在电厂原有的基础上进行尾端改造，如采用高效的吸收剂，并以具有高通量、低压以及溶剂再生耗能低的紧凑吸收解吸设备和优化的工艺条件，可望对烟道气中CO_2进行比较经济地回收，这使其在CO_2捕集领域被广泛地应用。

表4-8 不同CO$_2$捕集方法比较

方法		优点	缺点	减少二次污染的方法
吸附法	物理吸附法	1. 适用性广 2. 吸附剂廉价易得 3. 吸附剂热稳定性能好 4. 吸附剂的孔尺寸可调节 5. 对设备无腐蚀现象 6. 无环境污染问题	1. 吸附剂吸附容量较低 2. 对CO$_2$气体的选择性低 3. 吸收速率慢	无二次污染问题
	化学吸附法	1. 吸附剂吸附容量高 2. 吸附剂成本较低	1. 气体选择性低 2. 吸附剂失活明显 3. 吸附速率慢	吸附CO$_2$前先除去混合气体中的SO$_x$，增加吸附剂的使用寿命，减少二次污染
吸收法	物理吸收法	1. 对设备腐蚀性小 2. 蒸汽压较低 3. 能耗小	1. 成本昂贵 2. 吸收容量低 3. CO$_2$回收率低	预洗塔可以吸收部分酸性气体，确保排出的气体符合国家标准，不会造成二次污染
	化学吸收法	1. 吸收剂吸收容量高 2. 低温高压操作，操作条件温和 3. 工艺成熟	1. 腐蚀性高 2. 再生能耗大 3. CO$_2$回收率高	减少吸收液挥发/分解
膜分离法		1. 能耗低 2. 工艺简单，操作方便 3. 分离气体的同时脱除水分，便于气体运输 4. 易保养、无污染	1. 膜不耐高温和腐蚀 2. 分离气体能耗大 3. 原料气体要求过高 4. 投资大、工业化不成熟	无二次污染问题

第四节
二氧化碳压缩、运输技术

一、二氧化碳压缩

捕集后的CO$_2$需要被运输到封存地点。运输前CO$_2$首先需要被压缩。

在CO$_2$压缩的过程中需要使用CO$_2$压缩机。传统的CO$_2$压缩机主要用于尿素合成装置。在 CO_2 压缩过程中，有几点需要注意：① 由于 CO_2 临界温度高，在 31.3 ℃、7.14 MPa 下即可液化，所以 CO_2 压缩机的级间冷却温度不能过低，尤其是冬季使用时不能过低；② 由于 CO_2 气体相对密度较大，不宜采用过大的活塞平均速度，否则气阀阻力大；③ CO_2 气体中含有少量水分，具有较强的腐蚀性，故气阀、冷却器及缓冲罐等都需用不锈钢制造。

一般来讲，传统粉煤电厂的 CCS 系统 CO_2 压缩机所需功率为电厂额定输出功率的 8%~12%；对于整体煤气化联合循环发电系统（IGCC），其比例为 5%。对于一个 600 MW 的 IGCC 来讲，CO_2 压缩机将消耗 30 MW 的压缩功，仅压缩机设备估计成本将超过 4 千万美元。因此开发新型 CO_2 压缩机，提高压缩机性能、减小压缩 CO_2 气体巨大的成本和能耗，将是提高 CCS 系统效率、降低成本的主要途径。

如果选用管道运输，CO_2 大约被压缩到 110 atm[①]，该压力能保证环境温度下 CO_2 在管道中呈稠态（dense phase），使得管道尺寸大大减小。如果使用轮船运输，CO_2 需压缩到 6 atm 以上，温度保持在 −52 ℃左右，CO_2 在此条件下呈液态。此种方式多应用于小规模的 CO_2 运输，CO_2 的液化耗能较大。

以后，需发展基于 CFD 三维流场分析的离心压缩机部件的气动优化设计，开发和设计高负荷、轻量化的 CO_2 离心压缩机，开发等温气体压缩与低温液体压缩技术，旋转冲压（ramgen）激波压缩技术等提高压缩效率，降低压缩能耗。

二、二氧化碳运输

CO_2 的输送是 CCS 的中间环节，承担着将捕集到的 CO_2 运输到封存点的任务，是连接捕集与封存的纽带。

CO_2 运输的方式主要有管道运输、轮船运输和罐车运输。如果大规模运输 CO_2，采用气态输送和液态输送是比较可行的。CO_2 的输送方式的选择是由不同的工程项目目的、地理环境、输送距离、经济成本等因素决定的。一般来讲，管道运输适用于大容量、长距离运输；罐车运输主要是通过公路或者铁路进行运输，适用于小批量、非连续运输；轮船运输适用于大规模、超长距离海上运输。

----

①   1 atm = 101 325 Pa，非国际单位制单位，但工程中常用。

（一）管道运输技术

管道运输对CO_2中的H_2O、O_2、H_2S等杂质有特殊的限制要求，以避免对管道的腐蚀作用。管道运输具有连续、稳定、经济、环保等多方面优点，而且技术成熟。

要实现管道输送，需要铺设合适的长距离管道，而且后期对于输送管道的维护保养、检测检修等都需要一定费用支持，这使得管道建设成本较高。在使用管路输送时，输送的压力是重要的技术参数，当输送液态CO_2时，输送压力过低会使得液态CO_2气化，因此对管道的耐高压程度提出更高要求。由于海上管道建设难度较大，建设成本较高，因此目前还没有用于CO_2运输的海上管道。

国外已有40多年用管道输送CO_2的实践，积累了丰富的输送经验。国外管道输送的主要做法是将捕集到的气态CO_2加压至8 MPa以上，提升CO_2密度，使其成为超临界状态，避免二相流，便于运输和降低成本。目前，全球约有6 000 km CO_2运输管线，每年运输大约5×10^7 t CO_2，其中美国有超过5 000 km的CO_2运输管线。

表4-9为国外部分国家输送CO_2的管道相关数据。

表4-9　国外部分国家输送CO_2管道数据

铺设地点	管道长度/km	CO_2运输量/（$Mt \cdot a^{-1}$）	完成时间
土耳其	90	1.1	1983
美国	130	2.5	1998
美国	225	5.2	1972
美国与加拿大	328	5	2000
美国与墨西哥	660	9.5	1983
美国	808	19.3	1984

我国CO_2输送以陆路低温储罐运输为主，尚无商业运营的CO_2输送管道，只有一些万吨级的CO_2管道输送示范性项目（如表4-10所示）。如大庆油田在萨南东部过渡带进行的CO_2-EOR先导性试验中所建的6.5 km的CO_2输送管道，用于将大庆炼油厂加氢车间的副产品CO_2低压输送至试验场地。与国外相比，我国有关CO_2运输技术的差距主要体现在CO_2源汇匹配的管网规划与优化设计技术、大排量压缩机等管道输送

关键设备、安全控制与监测技术等方面。

表4-10　中国已建成或运营的万吨级CO_2管道运输示范项目

项目	运输距离	封存/利用	规模/（$\times10^4\,t\cdot a^{-1}$）
中国华能集团天津绿色煤电项目	50～100 km	天津大港油田EOR	10
中石化胜利油田CO_2捕集和驱油示范	80 km	胜利油田EOR	4（一阶段） 100（二阶段）
中石化齐鲁石油化工CCS项目	75 km	胜利油田EOR	35（一阶段） 30（二阶段）
中石油吉林油田EOR研究示范	35 km	吉林油田EOR	15（一阶段） 50（二阶段）
华能绿色煤电IGCC项目三期	50～100 km	EOR或咸水层封存	200
神华鄂尔多斯煤制油项目二期	200～250 km	咸水层封存	100
华润电力碳捕集与封存集成示范项目	150 km	EOR或咸水层封存	100
中海油大同煤制气	300 km	EOR或咸水层封存	100
中海油鄂尔多斯煤制气	300 km	EOR或咸水层封存	100
中电投道达尔鄂尔多斯煤制烯烃	300 km	EOR或咸水层封存	100

注：EOR，enhanced oil recovery，提高石油采收率
来源：中国二氧化碳捕集、利用与封存报告，2019

（二）罐车运输技术

罐车运输CO_2的技术目前已经成熟，而且我国也具备了制造该类罐车和相关设备的能力。

罐车分为公路罐车和铁路罐车两种。公路罐车具有灵活、适应性强和方便可靠的优点，但是运量小、运费高且连续性差。铁路罐车可以长距离运输大量CO_2，但是除考虑到当前铁路的现实条件，还需在铁路沿线配备CO_2装载、卸载以及临时储存等相关设施，势必大大提高运输成本，因此目前国际上还没有用铁路运输的先例。

（三）船舶运输技术

当海上运输距离超过1 000 km时，船舶运输被认为是较为经济有效的CO_2运输方式，运输成本将会下降到0.1元/（t·km）以下。

在实际使用中，船舶运输一般应用于少量CO_2运输。但船舶运输也涉及两方面的风险：

一是CO_2的自然泄漏。欧洲经济区（EEA）的一份报告中提及CO_2在船舶运输过程中存在自然泄漏的危险，该泄漏一般难以测量，因此风险较大。同时由于该泄漏持续时间长，但泄漏强度不大，在初期难以察觉，因此对运输船舶的工作状态也存在挑战和考验。

二是CO_2的意外泄漏。意外泄漏主要包括碰撞、火灾、沉没和搁浅事故。有统计指出，在1978到2000年间，全球共发生了41 086起不同程度的船只事故，其中有2 129起被认定为严重。相比于一般油品和LNG运输，由于CO_2不易燃，其引起火灾的风险较小，需要注意对船只搁浅、沉没、碰撞等事故的预防和应急措施。

由于在船舶运输过程中，CO_2被加压、液化以便于转运，一旦发生泄漏事故，气化的CO_2将会形成覆盖在海面上空的薄层，从而带来两方面危害：① CO_2溶解进入海洋，从而降低海面表层的pH，严重危害到表层鱼类以及珊瑚等生物的生存；② CO_2薄层能隔绝海洋与大气之间的O_2交换，造成局部缺氧，破坏海洋表层生态，也可能造成船员窒息。

CO_2船舶运输还处于起步阶段，目前只有几艘小型的轮船投入运行，还没有大型的专门用于运输CO_2的船舶。日本等国家已经在积极研究大型CO_2运输船。

第五节

二氧化碳封存技术

CO_2大规模储存与固定仍然是减排的主要途径，主要包括地质储存、海洋储存及矿物碳酸化固定。

一、地质储存

（一）地质储存原理

地质封存是将CO_2注入地下深部的油气层、煤层、盐水层、碳酸盐岩，甚至玄武岩中进行储存。较为适合的封存地点为枯竭油气田、不可开采的煤层和深部咸水层。

将CO_2注到油气层实现储存的同时，还能提高石油采收率，即CO_2-EOR，如图4-15所示。封存在地下油层中的CO_2有驱油的作用，油层可以是现阶段废弃油藏，也可以是现有油藏。

CO_2提高天然气采收率（CO_2-EGR）技术是将CO_2高压注入地层并恢复地层压力。在地层条件下，CO_2一般处于超临界状态，黏度和密度远大于甲烷。随着注入量的增加，CO_2向下运移，取代甲烷，并恢复地层压力。随着天然气的大量采出，一部分CO_2将会滞留在地层中，永久埋存。

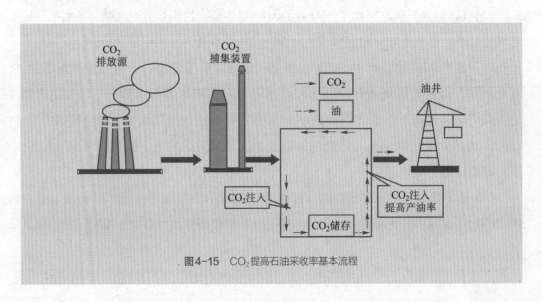

图4-15　CO_2提高石油采收率基本流程

（二）地质储存类型

1. 盐渍地层

盐渍地层是充满盐水或卤水的多孔地层，并且跨越地下深处的大量地层。CCS侧重于含有总溶解固体（TDS）水平大于 1 000 mg/L 的盐水地层。

这种地质结构全世界到处都有，包括一些没有油气开采潜力的地方。这种结构符合所有能够长期储存CO_2的条件。CO_2注入这些已经被圈闭住的流体之中，最终溶解于这些盐水之中，并与周围的岩石进行化学反应而进一步结合。深层盐水结构被认为是世界上能存储CO_2容量最大的地质结构。

2. 石油和天然气储层

在世界各地的许多地方都可以找到石油和天然气储层。一旦从地下地层中提取石油和天然气，它就会留下可渗透的多孔体积，可用于CO_2储存。同时，注入CO_2还可以提高原油或天然气的采收率。

3. 不可开采的煤层

深度不可开采煤层也是可能的存储结构。用于CO_2封存的理想的煤层必须具有足够的渗透性并且被认为是不可开采的。在煤层中，注入的CO_2可以通过吸附（或黏附）到煤的表面而被化学捕获，同时产生CH_4。这种捕集机制允许永久存储CO_2。

4. 玄武岩地层

玄武岩是一种由火山喷出的熔岩流冷却后凝固而成的地层。注入的CO_2可以与玄武岩中的铁和钙反应，形成方解石或白云石这样的稳定碳酸盐矿物。实现永久地将碳锁定在固体矿物结构中，使其成为CO_2封存系统的理想选择。

5. 有机页岩地层

有机页岩地层通常是低孔隙度和低渗透率地层。一些有机页岩具有与煤相似的性质，都是通过吸附捕集CO_2（黏附到表面），随后反应释放CH_4，具有潜在的储存价值。

（三）CO_2地质埋存潜力

实际上，注入CO_2提高油气采收率的过程，也是CO_2进行地质埋存的过程。由于目前技术不成熟和成本较高等问题，实施CO_2-EOR、CO_2-EGR和CO_2提高煤层气采收率（ECBM）等技术时，油气田和煤田更多关注其采收率，因此CO_2的埋存量就相对有限。

近10年来，全球相继开展了一系列CO_2地质埋存项目，多数以实施EOR、EGR和ECBM项目为主（表4-11）。从加拿大韦本（Weybum）油田实施CO_2-EOR技术以及阿尔及利亚因萨拉赫（In Salah）地区实施CO_2-EGR技术研究情况来看，以每天大约3 000~5 000 t CO_2的注入量，10年内两者累积最终可埋存CO_2量估计可达到3 700万t。

表4-11　EOR（或EGR）与ECBM地质埋存CO_2能力比较

	填埋能力的低估值/Gt	埋存能力的高估值/Gt
油气田（EOR或EGR）	675	900
不可开采的煤层（ECBM）	3~15	200

注：如果评估中包括"未被发现的油气田"，则填埋能力的低估值增加25%
来源：Bert，2005

数据表明（表4-11），现有油气藏可埋存CO_2量可达到675~900 Gt。因此油气藏具备较大的埋存潜力，为未来地下地质埋存CO_2最主要的埋存场所。中国、日本、加拿大、波兰等国家也相继开展了CO_2-ECBM项目的研究，尽管CO_2注入速度和埋存能力都相对有限，但伴随着全球煤矿大量开采，其地下潜在的埋存空间仍具有相当的潜力（表4-12）。

表4-12　注入提高油气藏和煤田采收率特征表

评价标准	EOR	EGR	ECBM
技术应用情况	证实	推测	推测
费用（CO_2）/（美元·t^{-1}）	5~20	5~20	10~75
收入（CO_2）/（美元·t^{-1}）	25~55	1~8	0.5~3
限制条件	原油重度>25 API、油田无"气顶"、原油储层深度>600 m、附近有CO_2点源	附近有CO_2点源	煤层深度>200 m、附近有CO_2点源
储存潜力	废弃的油藏	废弃的气藏	不可开采煤层

评价标准		EOR	EGR	ECBM
累积储存量/ （×10^8 t）	2010—2020	359	80	20
	2030—2050	100~120	700~800	20

注：收入不包括钻井（注CO_2井和提高采收率的生产井）费用、CO_2循环使用费用以及气体埋存的费用；燃料价格为出井后的价格

来源：IEA, 2004

目前，CO_2-EOR、CO_2-EGR和CO_2-ECBM技术尚未得到广泛应用，主要原因有三点：一是对CO_2在地下的俘获机理以及CO_2对原始地层压力和构造的影响的认知不够；二是目前捕集、压缩、运输、注入CO_2的成本都很高；三是对注入CO_2后的监测（防止泄漏）、管理、风险评估等方面需要更进一步的分析和研究。

（四）地质储蓄的影响因素

虽然注入储层后的CO_2与油气或其他气体可能会共同埋存于一个储层，但由于CO_2比较特殊的物理和化学性质，会使原有的储层、盖层以及水文地质情况产生一些变化，如储盖结构、流体性质、压力场以及流体和储层之间的联系等方面的影响。另外，地质储层中涉及CO_2埋存渗漏所引发的风险和环境等问题，尤其值得关注。因此在选取CO_2的地下地质埋存地点时，一些比较重要的条件是需要保证的，如图4-16所示。

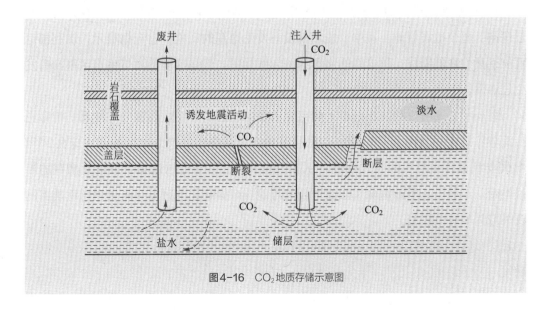

图4-16　CO_2地质存储示意图

1. 静水压力和温度对地质储存的影响

CO_2 埋存地点的静水压力和温度必须达到或超过 CO_2 临界流体的压力和温度，即 CO_2 地质埋藏深度必须达到 800 m 以上，在这种条件下，CO_2 就会以与水密度相当的超临界流体存在。当埋深超过 3 500 m 时，CO_2 的密度可与海水相当。

2. 火山对地质储存的影响

地质储存应该避免火山活动地区。火山地质系统会排出大量气体，包括 CO_2，其自然断层也为气体提供了更多的逸出到地面的通道。在火山活动地区，当封闭松动时就会有 CO_2 自然逸出。大多数逸出情况是无害而且难以发觉的，当然也有一些是有害的。

非洲喀麦隆的尼奥斯（Nyos）湖，就处于一个火山口。热岩浆位于湖底，逸漏的 CO_2 在湖中积聚。在 1986 年，这些 CO_2 进行了一次大规模的喷发，导致了 1 700 人的死亡。从此，这里安装上了用于缓慢地将逸出的 CO_2 排放到大气的设备，以避免 CO_2 进一步的积聚。类似地，加利福尼亚州猛犸山附近的火山活动区也发生了 CO_2 的喷发，摧毁了附近 40 km^2 的松树林。

3. 地震对地质储存的影响

CO_2 储存地点的选址要求自然稳固、绝对封闭、远离地震这样的不稳定地区。目前对于如何评价地震对 CO_2 地质储存的影响还在研究中。

地震的大部分能量会在 CO_2 储层的上部进行扩散。2004 年 10 月，一场里氏 6.8 级的地震发生在日本长冈，离 CO_2 地质储藏只有 20 km。这个地区的 CO_2 储藏在地下 1 100 m 的盐水层中。地震发生后 CO_2 注射活动马上停止，但是震后又很快恢复。经过探测，整个地震震前、震中、震后都没有发生逸漏的现象。有证据显示，加利福尼亚靠近活性地震断层，和这里的圈闭结构大致相同，但是这里的油气生产区都没有发生过逸漏。

另一种必须考虑的情况是 CO_2 储存会诱发地震活动可能性。在一些地质结构中进行流体注射会引发断裂并沿着断层进行移动，会引发小规模的微型地震。这在 20 世纪 60 年代储存天然气时就发现过。从那时起，天然气储存的选址就要远离潜在的断层地带，这种防范措施消除了微型地震的可能。在储存选址时要对断层进行地震监测及采取其他防范措施。

二、海洋储存

与固体材料相比，富含Mg^{2+}、Ca^{2+}的水溶液可以节约Mg^{2+}和Ca^{2+}浸出过程的操作成本。因此通过富含Mg^{2+}、Ca^{2+}的水溶液进行矿化可能成为解决CO_2问题的另一种有前途的方法，如图4-17所示。尤其是海水或浓海水对CO_2的储存非常具有吸引力，因为它能够同时解决两个问题，一方面能解决CO_2的固定，另一方面还能解决来自海水淡化厂的海水预处理或卤水废弃物问题。

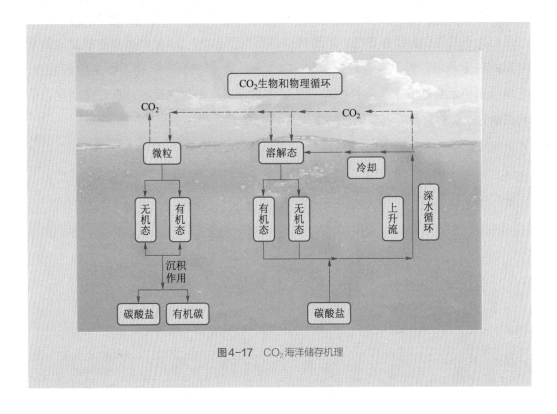

图4-17 CO_2海洋储存机理

CO_2注到盐碱湖、咸水层是CO_2海洋存储的另一种方式。CO_2可与盐碱湖里的一些碱性物质反应生成矿物质盐，从而达到固碳的目的。咸水层一般在地下深处，富含不适合农业或饮用的咸水，这类地质结构较为常见，同时拥有巨大的封存潜力。另外，CO_2可以与一些硅酸盐物质反应生成二氧化硅和碳酸盐物质，从而达到固碳的目的。

三、矿物封存

传统的地质储存有泄露的风险，甚至会破坏贮藏带的矿物质，改变地层结构。海洋储存运输成本高昂，还会对海洋生态系统带来影响。

矿物封存即矿物碳酸化，是模仿自然界中钙（镁）硅酸盐矿物的风化过程，利用存在于天然硅酸盐矿石（如橄榄石）中的碱性氧化物与CO_2在一定条件下反应生成稳定的无机碳酸盐，以此实现CO_2的永久储存的过程。矿物封存的主要机理如下：

$$(Ca, Mg)_x Si_y O_{x+2y+z} H_{2z} + xCO_2 \longrightarrow x(Ca, Mg)CO_3 + ySiO_2 + zH_2O, \Delta H < 0$$

相比于其他CO_2储存方法，矿物封存具有以下优点：① 天然碱基硅酸盐岩储量丰富，易于开采，可以实现大规模的CO_2处理；② 矿物封存产物为稳定的碳酸盐，环境污染小而且能够永久封存CO_2；③ 矿物封存反应为放热反应，具有商业应用价值的潜力。矿物封存的主要工艺路线如图4-18所示。

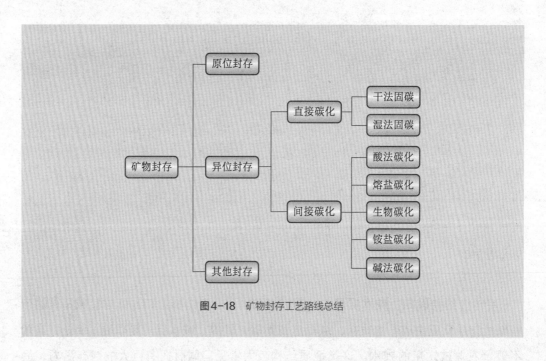

图4-18　矿物封存工艺路线总结

原位封存的目标是加速自然过程。这种方法是将捕获的碳注入镁铁质或超镁铁质等活性岩石，由于这些岩石含有高浓度的二价阳离子，如Ca^{2+}、Mg^{2+}和Fe^{2+}，从而快速矿化成方解石（$CaCO_3$）、白云石（$CaMg(CO_3)_2$）或菱镁矿（$MgCO_3$）。在CO_2注入前或注入过程中，将CO_2溶解到水中，可进一步促进矿物碳酸化，在20~50 ℃下，可以立即实现CO_2溶解捕获，并在2年内实现矿物碳酸化。

在自然界中矿物封存所使用的矿物储量丰富，如蛇纹石 $[Mg_3Si_2O_5(OH)_4]$、滑石 $[Mg_3Si_4O_{10}(OH)_2]$ 或橄榄石（Mg_2SiO_4）等，可供CO_2的大量储存，但是大气中CO_2浓度相对较低，因此这一反应在自然界中十分缓慢。为了增加反应速率，提高矿物碳酸化程度，需要人为地改变反应条件以加快碳酸化反应，即加速碳酸化。

加速碳酸化最早由Seifritz于1990年提出，主要利用碱性金属离子与高浓度的CO_2在一定温度湿度和压强下进行反应。现阶段有关加速碳酸化的研究主要通过优化反应条件（如压力、温度、固液比、气体湿度、气体及液体流量、固体颗粒大小等）以及改进预处理技术（如热处理、机械活化）等方式增加矿物的碳酸化程度、提升反应速度、降低运营成本。

利用富含钙、镁的大宗固体废弃物进行矿物封存，不但固碳能力强、操作成本低、产物可以长时间稳定存在，而且在实现CO_2减排的同时能够得到具有一定价值的化工产物。

思考题

1. CO_2 捕集技术可以分为几类?

2. 液体吸收法 CO_2 捕集的基本原理是什么? 如何选择化学吸收与物理吸收?

3. 简述 CO_2 相变吸收剂的工作原理及优势。

4. CO_2 运输的方法有哪些? 优缺点分别是什么?

5. CO_2 固体吸附的优缺点是什么? 常见固体吸附剂有哪些?

6. 简述膜分离的基本分离机理, 初步比较有机膜和无机膜的优劣。

7. 思考如何提高固体吸附剂对 CO_2 的捕集量。

8. 比较三种 CO_2 运输技术的难点与优势。

9. 比较 CO_2 地质存储、海洋存储及矿物存储三种存储方式的优势及限制。

10. 尝试简述几种 CO_2 储存可能存在的安全问题。

参考文献

[1] Robeson L M. Correlation of separation factor versus permeability for polymeric membranes [J]. Journal of Membrane Science, 1991, 62(2): 165−185.

[2] Dong G Y, Zhang X K, Zhang Y T, et al. Enhanced permeation through CO_2-stable dual-inorganic composite membranes with tunable nanoarchitectured channels [J]. ACS Sustainable Chemistry & Engineering, 2018, 6(7): 8515−8524.

[3] 裴晓辉. 煤粉加压富氧燃烧特性及系统能耗分析 [D]. 北京: 北京交通大学, 2017.

[4] 刘洋. 煤焦反应动力学控制区富氧燃烧机理研究 [D]. 武汉: 华中科技大学, 2019.

[5] 武永健. 化学链燃烧的特性及应用研究 [D]. 北京: 北京科技大学, 2019.

[6] Mendiara T, García-Labiano F. Abad A, et al. Negative CO_2 emissions through the use of biofuels in chemical looping technology: a review [J]. Applied Energy, 2018, 232(C): 657−684.

[7] Fan J M, Zhu L, Hong H, et al. A thermodynamic and environmental performance of in-situ gasification of chemical looping combustion for power generation using ilmenite with different coals and comparison with other coal-driven power technologies for CO_2 capture [J]. Energy, 2017, 119(C): 1171−1180.

[8] 蒋博. 化学链重整制氢镍基高性能载氧体合成及性能研究 [D]. 大连: 大连理工大学, 2019.

[9] Sanjay W A, Hassan M A. Chemical looping combustion with nanosize oxygen carrier: a review [J]. International Journal of Environmental Science and Technology, 2021, 18(3): 787−798.

[10] Song T, Shen L H. Review of reactor for chemical looping combustion of solid fuels [J]. International Journal of Greenhouse Gas Control, 2018, 76: 92−110.

［11］ Onyebuchi V E, Kolios A, Hanak D P, et al. A systematic review of key challenges of CO_2 transport via pipelines [J]. Renewable and Sustainable Energy Reviews, 2018, 81: 2563−2583.

［12］ Śliwińska A, Burchart-Korol D, Smoliński A. Environmental life cycle assessment of methanol and electricity co-production system based on coal gasification technology [J]. Science of the Total Environment, 2017, 574: 1571−1579.

［13］ Lu H F, Ma X, Huang K, et al. Carbon dioxide transport via pipelines: a systematic review [J]. Journal of Cleaner Production, 2020, 266: 121994.

［14］ 韩思杰. 深部无烟煤储层CO_2-ECBM的CO_2封存机制与存储潜力评价方法［D］. 北京: 中国矿业大学, 2020.

［15］ Song Z J, Song Y L, Li Y Z, et al. A critical review of CO_2 enhanced oil recovery in tight oil reservoirs of North America and China [J]. Fuel, 2020, 276(5): 118006.

［16］ 桂霞, 王陈魏, 云志, 等. 燃烧前CO_2捕集技术研究进展[J]. 化工进展, 2014, 33(7): 1895−1901.

［17］ Zhang S H, Shen Y, Wang L D, et al. Phase change solvents for post-combustion CO_2 capture: Principle, advances, and challenges [J]. Applied Energy, 2019, 239 (C): 876−897.

［18］ Gan F L, Wang B D, Jin Z H, et al. From typical silicon-rich biomass to porous carbon-zeolite composite: A sustainable approach for efficient adsorption of CO_2 [J]. Science of the Total Environment, 2021, 768: 144529.

［19］ IEA. Energy technology analysis prospects for CO_2 capture and storage [R]. France: Paris, 2004.

资源篇

2

资源领域可从化石资源减量化、二次资源规模化、多种资源综合化角度出发，实现资源来源从地下化石资源向地表二次资源转型。能源基金会提出中国实现碳中和路径中多部门、多举措并举的一揽子解决方案，指出未来资源增效领域减碳约25%。资源领域减碳主要通过燃料/原料替代、回收与循环利用、二氧化碳利用（CCU）、碳负排及生态系统固碳等技术实现。本篇在第五到八章分别介绍生物质燃料/原料替代、工业原料替代与循环利用、二氧化碳资源化技术、碳负排及生态碳汇强化技术。

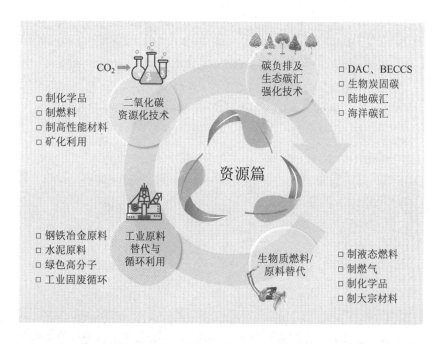

05

第五章
生物质燃料\原料替代

生物质是碳中性的，将生物质作为燃料/原料替代部分化石资源，是资源领域重要的碳中和技术。目前，生物质燃料/原料替代技术主要包括生物质发电、生物质制备液体燃料、生物质制备燃气、生物质制备化学品以及生物质制备大宗材料等。生物质发电技术已经在第二章介绍，本章主要介绍生物质制备液体燃料、燃气、化学品以及大宗材料技术。

第一节
生物质制备液体燃料

生物质是唯一可再生、可转化成液体燃料的碳资源，有潜力替代石油。2020年我国石油进口依存度高达73%，利用生物质制备燃油市场需求量大、产品价值高，可保障能源安全。生物质液体燃料主要有生物柴油、生物质燃油及航空煤油等，这几种燃料都可以替代石油及其衍生产品，作为发动机、锅炉等设备燃料。

一、生物柴油

（一）生物柴油的性质

动植物油脂基柴油（简称生物柴油）的原料主要是动、植物油脂。通常选择当地特色作物作为生物柴油原料，如欧洲选用菜籽油，美国选用豆油，东南亚国家选用棕榈油，而中国以废弃油脂为主。

生物柴油的成分为脂肪酸酯，由各种动、植物油脂经酯化或转酯化工艺而得。生物柴油的动力、效率、托力、爬坡能力以及十六烷值、黏度、燃烧热、倾点等性能均与普通柴油相当，表5-1给出了生物柴油与0号柴油的性能比较。

表5-1　生物柴油与0号柴油的性能比较（陈冠益等，2015）

项目名称	生物柴油	0号柴油
元素组成	C，H，O	C，H
相对分子质量	~300	190~220
密度（20℃）/（kg·L^{-1}）	0.88	0.815
闪点/℃	>105	>60
低位热值/（MJ·kg^{-1}）	37.5	44.95
十六烷值	>49	45
排放	碳氢化物、微粒子以及SO$_2$、CO排放量少	有黑烟

与石油基柴油相比，生物柴油具有以下明显的优势：① 污染物排放量少，生物柴油含硫量低，产生的废气量小；② 润滑性能较好，降低了喷油泵、发动机缸和连杆的磨损程度，延长其使用寿命；③ 闪点高，运输及储存安全；④ 使用方便，对发动机要求低；⑤ 具有可再生性。

以油菜或棕榈油等植物油脂为原料时，生物柴油全生命周期碳排放量高于以废食用油或动物油为原料。因此，选择废弃生物油做原料不仅可以减缓原料与粮争地的困境，还可以进一步减少碳排放。

（二）生物柴油的制备方法

生物柴油的制备方法主要包括物理法、化学法和生物法。

1. 物理法

物理法是指在机械的作用下，将动植物油脂与石化柴油按一定比例混合，得到生物柴油的方法。根据混合方式的不同，又分为直接使用法、稀释混合法和微乳化法三种：

（1）直接混合法：直接将动植物油脂与石化柴油搅拌混合。长期使用后常发生植物油变质、聚合和燃烧不完全现象。

（2）稀释混合法：将动植物油脂与柴油、乙醇等混合以降低其黏度，提高挥发度，但长期使用后也同样会发生植物油变质、聚合和燃烧不完全等问题。

（3）微乳化法：动植物油脂在表面活性剂和（或）助表面活性剂（通常是醇类）的作用下分散到黏度较低的溶剂中，形成稳定的微乳化生物柴油系统，使得动植物油黏度降低，符合作为燃料使用的要求。由于微乳化生物柴油系统中加入了如醇类和表面活性剂类的含氧化合物，降低了微乳化生物柴油的燃烧温度，可减少 NO_x 和炭烟的排放。

2. 化学法

化学法包括高温裂解法和酸、碱催化酯交换法。

（1）高温裂解法：在无空气或无氧的环境下，通过加热或催化剂辅助加热使大分子反应物分解为小分子的方法。

（2）酸、碱催化酯交换法：产业化中常见的生产方式，也是目前生产生物柴油最普遍的方法。油脂和短链醇在催化剂作用下生成长链脂肪酸单酯（图5-1），余下的短链醇可回收后循环使用，作为副产物。目前，实际应用的工业催化剂多为酸、碱和脂肪酶，其中 NaOH 由于价格低廉、催化活性高，因而被广泛使用。

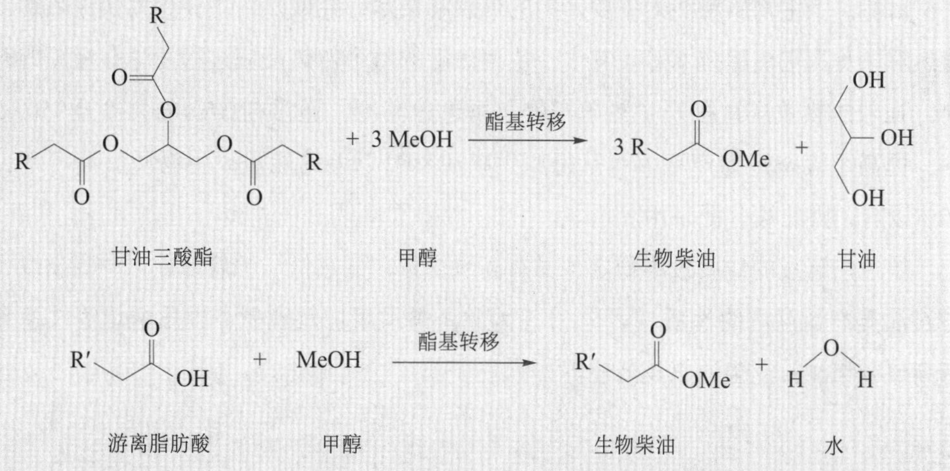

图5-1 酯交换法生产生物柴油机理

3. 生物法

与物化法相比，生物法具有原料普适性强、反应条件温和、醇用量少、无污染物排放、副产物甘油较易分离等优点。用发酵法（酶）制造生物柴油，混在反应物中的游离脂肪酸和水对酶催化剂无影响，反应液静置后，可轻易分离脂肪酸甲酯。

目前，天然的脂肪酶对短链醇的转化率较低，以致脂肪酶需要大量添加、反应周期较长。并且，短链醇特别是甲醇对脂肪酶有一定的毒性，酶的使用寿命缩短，生产成本提高。

生物柴油生产技术的研究始于20世纪50年代末60年代初。20世纪80年代中后期，美国、德国、法国、意大利等国陆续成立了相应的生物柴油研究机构。欧洲是全球最核心的生物柴油消费市场。2019年，全球生物柴油产量达409亿L，中国的产量仅为6亿L，中国生物柴油的产业发展还有极大空间。

二、生物质燃油

（一）生物质燃油的性质

生物质燃油指生物质经热裂解反应生成的液体燃料。生物质在隔绝空气或缺氧条件下加热，控制反应温度和时间，在中间液态产物分子进一步断裂生成小分子产物之前，将产物快速冷却降温，从而得到生物质液态油，还会产生生物炭与不凝气体。

目前，以生物质燃油为主要产物的热裂解技术已经成熟，主要分为快速热解、慢速热解以及真空热解技术等。其中，快速热解的整个传热反应过程发生在极短的时间内，强烈的热效应直接产生热解产物，再迅速淬冷，通常在0.5 s内急冷至350 ℃以下，提高了液态产物产率，可获得原生物质80%以上的能量，生物质燃油产率可达70%以上，因此被广泛采用。

快速热解液的性质极不稳定，具有高氧含量、低热值、强腐蚀性、中高黏度、难与石油类产品互溶的性质（表5-2）。因此，需采用加氢脱氧、提质精炼等技术来制备高值调和油、汽柴油以及芳烃等。

表5-2　生物质快速热解油的典型性质

特性	数值范围	典型值
水分/%	15~31	23
相对密度	1.15~1.25	1.20
HHV/（MJ·kg^{-1}）	15~19	17.5
LHV/（MJ·kg^{-1}）	—	16.2
黏度（40 ℃）/（mm^2·s^{-1}）	35~53	40
pH	2.8~3.8	3.2
C/%	54.0~58.3	54.5
H/%	5.5~6.8	6.4
N/%	0.07~0.20	0.2
S/%	0.00~0.17	0.000 5
O/%	34.4~42.9	38.9
灰分/%	0.13~0.21	0.16

来源：陈冠益等，2015

（二）生物质燃油精制技术

1. 物理方法

物理方法主要采用乳化或分离等手段来克服生物热解油的缺点，一般都在比较温和的条件下进行，所采用的设备和操作成本也比较低。生物油通过处理可以得到一定的质量提升，甚至可以部分应用于发动机。但由于生物质本身具有复杂的化学结构和物理组成，生物油的成分也较为复杂，大多的物理处理很难从根源上解决生物油的问题。

2. 化学精制法

生物油组成复杂，热稳定性差。先对生物油进行提质，可以得到较稳定或者酸性改善的油品，然后再进一步加工精制油品，从而获取更高品质的燃油。

生物油的化学精制主要采用催化加氢、催化裂化以及乳化等技术。

（1）催化加氢：催化加氢是在高压（10~20 MPa）和供氢溶剂（如甲醇、甲酸等）存在的条件下，通过催化剂催化作用对生物油进行加氢处理的技术，氧元素主要以H$_2$O的形式脱除，其转化路径如图5-2所示。

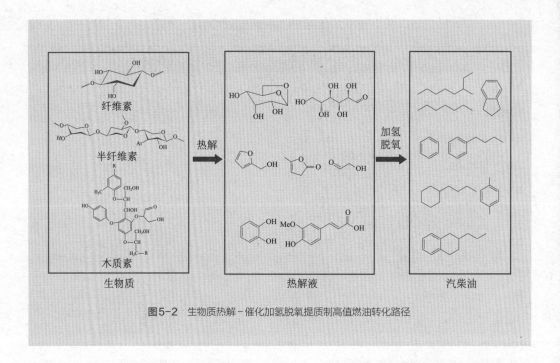

图5-2　生物质热解-催化加氢脱氧提质制高值燃油转化路径

　　与石油不同，生物油中氧含量远高于硫和氮含量，因此生物油催化加氢的主要目的为脱氧，而不是脱硫，生物油在催化加氢精制后能够有效降低生物油中的氧含量，提高生物油的燃烧性能和稳定性，增加生物油的热值。生物质原料C—H—O体系经过脱氧到C—H体系后，可进入C—H体系炼油厂，实现与石油炼制产业同址共炼。

　　催化加氢脱氧过程通常使用经过硫处理后的过渡金属或贵金属催化剂（图5-3），催化反应需要在高压下进行，反应条件苛刻，同时加氢脱氧过程会产生相当量的焦炭和类似焦炭的聚合物沉积在催化剂表面，覆盖催化剂的活性位点，导致催化剂失活。所以研究低温高活性、抗结焦的催化剂是生物油加氢提质产业化的关键。

　　催化加氢反应器一般有固定床、沸腾床、移动床、浆态床和悬浮床等。由于加氢脱氧过程生物油含氧官能团易结焦，生成焦炭类物质易堵塞反应装置，尤其是固定床反应器，使催化加氢过程难以稳定进行。相比固定床反应器，沸腾床和浆态床反应器具有优良的传热传质性能和高分散性，适用于加氢脱氧。

　　沸腾床反应器是一种在催化剂存在的条件下，气液固三相高效接触并发生化学反应的先进反应器装备，具有床层压降低、气液传质效率高、内构件少的优点，已广泛用于渣油的加氢裂化和加氢脱硫、碳氢化合物裂解制烯烃等领域。在沸腾床反应器的

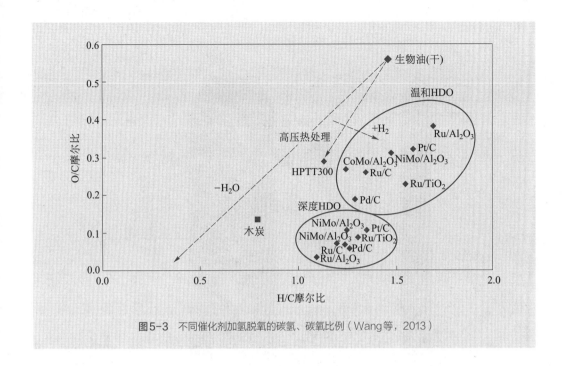

图5-3 不同催化剂加氢脱氧的碳氢、碳氧比例（Wang等，2013）

操作过程中，通过控制气液两相在反应器中的流速，可以实现对催化剂床层膨胀高度的控制。因此，这种控制催化剂床层膨胀高度的沸腾床反应器也被形象地称为"膨胀床反应器"。

采用沸腾床反应器能有效缓解生物油加氢过程中结焦问题。为了进一步延长催化剂寿命，可以在沸腾床反应器内部设置催化剂原位再生器，实现催化剂积炭前驱体等附着物的在线去除，恢复催化剂活性。

催化剂原位再生器原理如图5-4所示：在沸腾床反应器顶部安装微旋流器，微旋流器在实现气液固三相分离的同时，通过三维液相旋流场将反应器中宏观无序运动的催化剂颗粒调控为有序自转和公转耦合运动；颗粒自公转耦合运动对催化剂上附着积炭前驱体微界面施加周期性的交变作用力，使得积炭前驱体界面受到连续的拉压变化，诱导发生微界面振荡；持续振荡的微界面引发界面表层中的流体湍流流动，强化相际界面的传质过程，脱除催化剂表面及孔道中的积炭前驱体，实现催化剂原位再生并返回反应器中。

20世纪90年代，美国开始开展生物油加氢提质制备高值燃油研究。法国石油研究院（IFP）和加拿大达茂能源公司（Dynamotive）开展合作，研发生物质热解液加氢重整为瓦斯油，再加氢处理提质为运输级液体烃类。德国联邦林业和森林产品研究

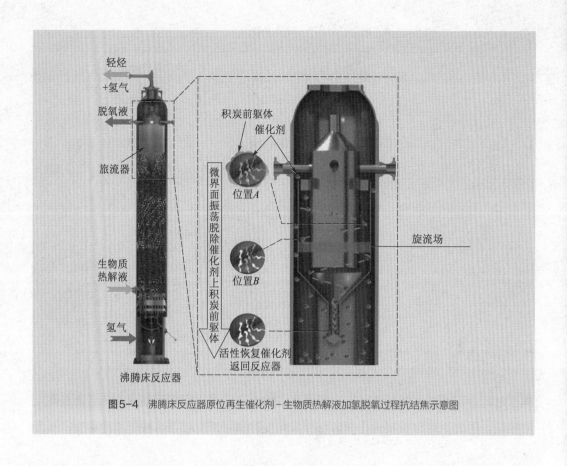

图5-4 沸腾床反应器原位再生催化剂－生物质热解液加氢脱氧过程抗结焦示意图

中心（BFH）、荷兰皇家壳牌集团（Shell）等研究机构也开展了生物质液化制备汽柴油的相关研究。近年来，四川大学联合华东理工大学、中国石油化工集团有限公司等，已建成吨级秸秆快速热解—热解液加氢脱氧—脱氧液加氢提质制备汽柴油成套中试装置（图5-5），热解液脱氧率大于99%，汽柴油收率大于15%。

（2）催化裂化：催化裂化方法主要是在中温、常压条件下通过加入催化剂对生物油进行精制处理，使生物油中所含的大分子催化裂化为小分子，将氧元素以CO_2、CO和H_2O的形式脱除（图5-6）。催化裂化方法无需还原性气体，在常压下操作，温度适中，简易方便。

相比于催化加氢，反应所需设备及运行操作成本都更低，但是催化裂化效果劣于催化加氢，其获得的精制油的产率一般比催化加氢低。

近些年，催化裂解技术的发展主要围绕在两个方面：一是由生物油液相加热催化裂化发展为生物质热裂气在线催化裂化，优点是减少能耗，避免生物油加热时聚合而导致催化剂结焦，提高催化剂使用寿命；二是催化剂的选择由传统的沸石分子筛向介孔分子筛发展，介孔有助于提高反应物和产物的扩散速率，能够一定程度上改善结焦，但催化裂化得到的产品收率较低。

图5-5 秸秆制备汽柴油中试装置及燃油产品

（a）吨级生物油沸腾床加氢脱氧装置；（b）脱氧液固定床加氢提质制汽柴油装置；
（c）~（e）秸秆热解液、脱氧液、汽柴油

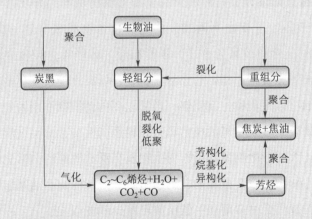

图5-6 生物油在酸性沸石催化剂上催化裂化的反应途径

(3) 乳化: 向生物油中加入表面活性剂（乳化剂）后，可有效地降低生物油表面张力、抑制凝聚，可与柴油形成乳化液，提升稳定性、降低腐蚀性，更重要的是只需将现有柴油机的喷嘴与输油泵更换为不锈钢制品，即可将乳化生物油作为车用燃油使用。

乳化机制是生物油水相溶液中水、醛、酸、酮等极性组分稳定地被乳化剂包裹在油包水（W/O）型乳化液液滴中，生物油水相溶液中少量的乙酸乙酯、芳香类化合物等则溶于非离子乳化剂胶束的亲水基中。

乳化方法操作简单，但乳化剂的成本较高，乳化过程中需要投入的能量较大，同时乳化油对内燃机有较大的腐蚀性。目前，已经报道的生物油乳化技术均未能对生物油中的木质素、水分以及酸类化合物进行处理，使得制备得到的乳化油热值较低、燃烧不完全、易产生积炭（木质素低聚物燃烧不充分），同时有机酸的存在会导致内燃机被腐蚀。

三、生物航空煤油

（一）航空煤油的性质

飞机燃油大致分为航空汽油、航空煤油、航空柴油三种。绝大多数民用客机使用航空煤油，而航空煤油要求有较好的低温性、安定性、润滑性、蒸发性以及无腐蚀性，不易起静电和着火危险性小等特点。

航空煤油是由直馏馏分、石油加氢裂化和加氢精制等组分及必要的添加剂调和而成的一种透明液体，主要由不同馏分的烃类化合物组成，分子式 $CH_3(CH_2)_nCH_3$（n 为 8~16）。同时还含有少量芳香烃、不饱和烃、环烃等，纯度很高，杂质含量微乎其微。航空煤油的主要判断指标有热值、密度、低温性能、馏程范围和黏度。

生物航空煤油（以下简称生物航煤）通常以多种动植物油脂为原料，采用加氢催化生产。利用生物质制取航空煤油技术具有原料适应性广、产品纯度和洁净度高、清洁无污染等特点。大部分生物质都可作为生物航空煤油的原料，常见的包括餐饮废油和椰子油等植物性油脂，以及微藻油、动物脂肪等，与传统石油基航空煤油相比，利用生物质进行原料替代全生命周期中碳排放可减少50%以上。

（二）生物航煤的制备技术

目前，生物质制备航空煤油的方法主要有油脂加氢、费托合成、快速热解-加氢脱氧和微生物转化法等，图5-7展示了从生物质预处理到航空煤油的合成技术路线，前三种技术相较于微生物转化法效率更高，目标产品收率更高。

1. 油脂加氢技术

油脂加氢技术包括酯类的分解、游离脂肪酸加氢、链状烃类加氢裂化和加氢异构等过程，但油脂加氢产品需与芳烃或传统航油混燃以满足性能。利用生物质快速热解液为原料，经过加氢精制，可提取芳烃组分，与油脂加氢技术制备的烷烃混合共同作为航空煤油组分。

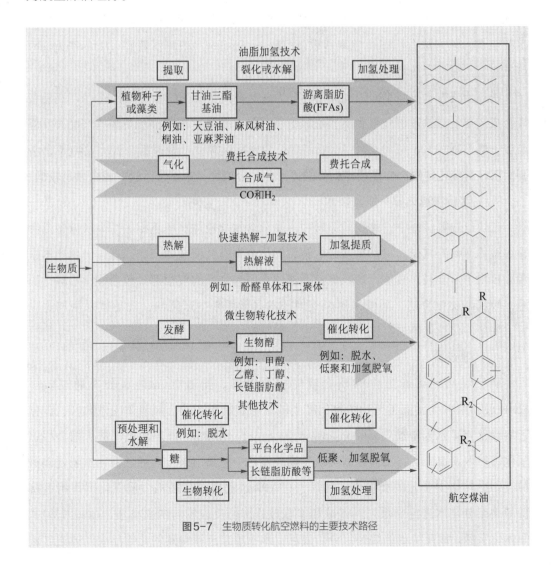

图5-7　生物质转化航空燃料的主要技术路径

（1）美国霍尼韦尔公司UOP™工艺：主要包括加氢脱氧和加氢裂化/异构化两个部分。首先通过加氢脱除动植物油中的氧，该部分是强放热过程，再通过加氢进行选择性裂化和异构化反应获得石蜡基航空油组分。

（2）美国艾默生Bio-Synfining™工艺：脂肪酸和脂肪酸甘油酯通过3个工艺过程转化为生物航煤。首先，除去原料油中的杂质、水、98%的金属杂质和磷脂组分。然后，处理后的脂肪酸通过加氢催化转化成长碳链饱和烷烃，最后再通过加氢裂化/异构化过程制得含有支链的短链饱和烷烃。

2. 费托合成技术

生物质费托合成是先将生物质气化制成粗合成气，粗合成气经过水煤气调整后，将其压缩进行费托合成反应，再将产物经过加氢裂化、加氢异构和分馏过程，得到生物航煤。该方法由德国科学家费歇尔（Frans Fischer）和托罗普施（Hans Tropsch）首先提出，简称费托合成。

费托合成技术按照不同的操作条件分为高温费托合成和低温费托合成：① 高温费托合成主要使用铁基催化剂得到性能较好的汽油、柴油、溶剂油和烯烃等产品，反应温度一般控制在300~350 ℃；② 低温费托合成反应温度一般控制在200~240 ℃，主要使用钴基催化剂生产性能稳定的煤油等产品，合成产品中不含芳烃，硫含量也较低。

3. 生物质快速热解-加氢技术

在快速热解过程中，生物质原料中挥发分含量与液体产率正相关，高灰分含量会导致液体产物的减少，特别是灰分中钾和钙化合物高会使液体产物降低，因此非木质素原料由于灰分高，液体产物较低。高木质素原料生产的液相部分包括酸、乙醇、乙醛、酮和酚类化合物，后续采用酯交换技术只能用来生产柴油，而后续采用加氢脱氧、加氢催化裂化等加氢技术可用来生产航空煤油。

4. 其他技术

航空煤油还可通过生物质合成烃技术制备。美国Virent能源公司通过Bio-Forming新型催化反应工艺用植物的糖类或纤维素制取了非含氧液体喷气燃料，该工艺组合优化了水相重整（aqueous-phase reforming，APR）、催化加氢、催化缩合和烷基化等技术。首先，将水溶性糖类从生物质原料中分离出来，再通过催化加氢处理将糖类组分转化为多元醇类物质。然后，在APR过程中，在多相金属催化剂作用下将糖醇类组分与水进行一系列的并联和串联过程降低反应物料的氧含量，生成H_2和中间体化学品，以及少量的烷烃组分。最后，水相重整过程得到的化学品中间体通过碱催化的缩合途径就可以转化为航空煤油组分。利用该技术，通过改变催化剂的类型以及转化途径，也可以产出汽油、柴油等其他液体燃料。

生物质合成烃技术得到的烃类液体燃料在组成、性能和功能方面完全可以替代现有的石油产品。与发酵法不同，通过水相重整过程可以直接提供该工艺所需的H_2，而且生物质原料中的非水溶性组分经过分离后燃烧产生的能量，可以为该工艺提供所需的热量和电力，因此该工艺仅需要很少的外部能源。

目前，上述技术已建成生物航煤生产装置和示范装置，实现商业化应用，其中霍尼韦尔UOP公司的可再生燃料工艺如图5-8所示。2011年，中国石化石油化工科学研究院采用植物加氢法生产生物航空煤油，成功建成2万t/a的装置，生产出1号2011生物航空燃料。2015年，中国石油化工股份有限公司以棕榈油和菜籽油为原料，利用加氢工艺生产出生物航煤，成功应用于波音737-800客机商业飞行。然而，目前商业应用多以动物油脂、植物油等作为原料，成本较高。

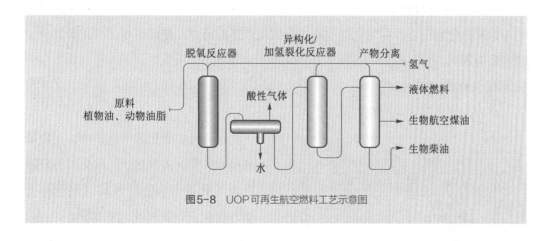

图5-8 UOP可再生航空燃料工艺示意图

第二节
生物质制备燃气

生物质燃气是利用生物质资源作为原料转换为可燃性气体能源，用于供气、供热、发电、工业等，可以替代燃油、天然气，减少化石资源的消耗。同时，结合农业、木制加工业、养殖业，能够将废弃生物质转化为生物燃气，因此受到广泛关注。生物质燃气主要包括H_2、CO、沼气，其中生物质制H_2已在第三章介绍。本节主要介绍生物质气化和生物质制沼气。

一、生物质气化

生物质气化属于生物质热化学转化技术中的一种，在高温下生物质单独或与空气、水蒸气、O_2、H_2等气化剂发生反应，进行不完全燃烧，使大分子量烃类化合物发生裂解转化为小分子量的CO、H_2、CH_4等可燃气体。

（一）生物质气化技术

生物质的气化反应分别在燃料准备区和气化区进行，生物质在燃料准备区通常进行干燥和热分解反应，在气化区主要进行氧化和还原反应，使用不同的气化炉其反应过程略有不同。

1. 气化炉

（1）上吸式固定床气化炉

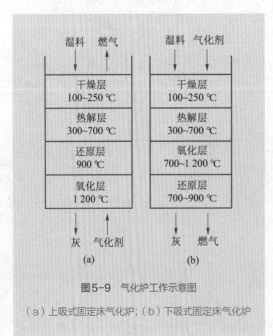

图5-9 气化炉工作示意图

（a）上吸式固定床气化炉；（b）下吸式固定床气化炉

在上吸式固定床气化炉中，生物质原料由顶部进入气化炉，气化剂由底部进入气化炉，生物质原料与气化剂流动方向相向，其气化过程如图5-9（a）所示。

① 干燥层：首先生物质原料中的自由水和结合水在干燥区进行干燥蒸发，干燥物料向下流动进入热解层，水蒸气则随着气体流动排出气化炉。

② 热解层：氧化层和还原层的热气体首先将生物质原料进行预加热，接着原料在热解区受热发生裂解反应，产生可燃气（H_2、CO、CH_4等）、热解炭

和热解液等烃类物质。气体产物及焦油向上流动进入干燥层，热解炭则向下流动进入还原层。

③ 还原层：热解炭在该层主要发生吸热的还原反应，其具体反应方程如下：

$$C + H_2O \longrightarrow CO + H_2 \tag{5-1}$$

$$CO + H_2O \longrightarrow CO_2 + H_2 \tag{5-2}$$

$$C + CO_2 \longrightarrow 2CO \tag{5-3}$$

$$C + 2H_2 \longrightarrow CH_4 \tag{5-4}$$

$$CO_2 + H_2 \longrightarrow CO + H_2O \tag{5-5}$$

该层生成的热气体和氧化层生成的部分热气体同样上升进入热解层，未反应完全的炭则进入下方氧化层。

④ 氧化层：气化剂由气化炉底部进入，与还原层未完全反应的炭发生燃烧反应，同时由于气化剂供氧不足，该层同时发生不完全燃烧反应，该层为放热反应，热气体进入还原层，生物质灰分则掉落底部的灰室中，具体反应方程式如下：

$$C + O_2 \longrightarrow CO_2 \tag{5-6}$$

$$2C + O_2 \longrightarrow 2CO \tag{5-7}$$

上吸式气化炉在运行过程中，热解产生的焦油会随着气体向上流动混入生物燃气，生产的生物燃气焦油含量高且不易净化，在冷却后易堵塞管道，影响气化装置的正常运行，同时焦油为酸性会腐蚀装置。因此上吸式气化炉中的焦油脱除净化的难易程度，直接决定着上吸式气化炉的推广和使用。

（2）下吸式固定床气化炉

下吸式固定气化炉同样分为燃料准备区和气化区，但生物质原料与气化剂均从气化炉上方进入反应器，原料及气化剂在经过干燥区、热解区后，热解产物先经过氧化区进行放热的氧化反应，再进行吸热的还原反应，具体气化过程如图5-9（b）所示。

在下吸式固定床气化炉，热解产生的焦油会经过氧化层和还原层，大分子烃类物质被氧化和裂解成小分子烃类化合物，因此该种气化炉产生的燃气较为洁净，但由于气化炉内的工作环境是微负压，气体流动依靠气化机组下游的风机或真空泵将气化剂吸入气化炉。同时炉排靠近高温区，灰渣容易熔融粘连，出灰困难。因此下吸式固定床气化炉运行稳定性较差。

（3）其他气化炉

此外，还包括横吸式固定床气化炉、开心式固定床气化炉、单流化床气化炉、双流化床气化炉等。其中，横吸式固定床气化炉在南美洲已进入商业化运行阶段。

2. 气化介质

生物质气化形式多样，可以分为使用气化介质和不使用气化介质两种，可使用的气化介质又包括空气、O_2、水蒸气、混合气体、H_2等。

(1) 空气：使用空气作为气化剂是目前我国使用最多的气化方式，以获得CO为主的低热值燃气，在燃气中惰性N_2被全部保留，燃气的热值较低，在5 MJ/m^3左右，适用于近距离燃烧或发电。其优点在于对设备的要求较低，能源自给自足。缺点在于燃气热值低，储存和运输成本高。

(2) 氧气：使用O_2作为气化剂与空气气化在相同的当量比下，反应温度提高，反应速率加快，设备需要的容积减小，同时由于没有惰性N_2的存在，生物燃气热值提高一倍以上（约10 MJ/m^3），与城市煤气相当。

(3) 水蒸气：以水蒸气作气化剂不仅包括水蒸气和碳的还原反应，同时也有CO和水蒸气的变换反应，因此需要外供热源，生产的生物燃气热值在17～21 MJ/m^3。

(4) 混合气体：混合气体气化剂指水蒸气与空气或O_2混合的气化剂，其优点在于是自供热系统，不需要外供热源，同时气化所需要的O_2可由水蒸气提供，减少了空气或者O_2的消耗量，生成更多的H_2及碳氢化合物，气体CO向CO_2转化的过程中生成了更多的CH_4和H_2，使生产的生物燃气更适合用于城市燃气，燃气的热值在11.5 MJ/m^3左右。

(5) 氢气：使用H_2作为气化剂，可以使H_2同碳及水发生反应生成大量的甲烷，形成热值在22.3～26 MJ/m^3的高热值燃气。但该反应要在高温高压的条件下进行，条件较为苛刻，因此实际应用较少。

(二) 生物燃气的应用

1. 生物燃气供热技术

生物燃气供热指生物质气化生成的生物燃气进入燃烧器中燃烧以释放热量，根据气化供热方式，可分为集中供热和分散供热。其中分散供热指每家每户都有独立的热源、热网和热用户，热源主要为燃气壁挂炉。集中供热则是指将热源生产的蒸汽或水蒸气通过管网给整个区域用户供热的方式，在该模式下，生物燃气直接进入锅炉燃烧，不需要对燃气进行净化和冷却，生物燃气中所含焦油可以直接成为原料进行燃烧，因此整个热源系统相对简单，热利用率高。

2. 生物燃气供气技术

生物燃气供气指以生物质为原料进行气化生成生物燃气，利用管网直接输送到各个用户点，生物燃气起着取代薪柴、液化石油气、天然气等传统化石燃料的作用。

3. 生物燃气发电技术

生物燃气发电是指生物质在气化制备得到生物燃气后，首先经过净化去除其中的焦油，再作为燃料驱动内燃机或小型燃气轮机发电。由于生物燃气中的焦油难以处理，导致燃气轮机的使用和改造较为困难，仅有美国、英国和芬兰等国有一些生物质气化发电示范工程。

但生物燃气发电作为一种可再生清洁能源发电技术，能够有效利用废弃生物质如秸秆、稻壳等，同时生物质发电还可和碳捕集与封存技术相结合（BECCS），实现碳负排（第八章介绍该技术）。

二、生物质沼气

沼气是一种混合气体，主要由 CH_4 和 CO_2 组成，其中 CH_4 占比 50%～70%，CO_2 占比 30%～40%，此外还有少量的 H_2S、N_2 等其他成分。沼气的主要成分 CH_4 是一种理想的气体燃料，它无色无味，可与适量空气混合后燃烧。如表5-3所示，纯甲烷的发热量为 35 822 kJ/m^3，沼气的发热量约为 20 800～23 600 kJ/m^3。1 m^3 沼气完全燃烧后，能产生相当于 0.7 kg 无烟煤提供的热量。与其他燃气相比，其抗爆性能较好，是一种很好的清洁燃料。

表5-3 不同燃料燃烧热值比较（任学勇等，2017）

燃料名称	热值/（$kJ \cdot m^{-3}$）	燃料名称	热值/（$kJ \cdot kg^{-1}$）
甲烷	35 822	汽油	43 681～47 025
煤气	16 720	柴油	39 170
沼气（70%）	25 075	原煤	22 990

（一）生物质沼气制备技术

1. 沼气制备原理

沼气发酵工艺主要采用厌氧处理，利用厌氧微生物对生物质等废弃有机物进行分解。经过水解、产酸等多种不同的微生物降解过程，最终由产甲烷菌的作用而生成CH_4和CO_2。

废弃生物质等有机物通过厌氧分解生成CH_4的步骤是：大分子有机物首先在发酵性细菌产生的胞外酶的作用下分解成小分子溶解性有机物，并进入细胞由胞内酶分解为乙酸、丙酸、丁酸、乳酸等脂肪酸和乙醇等醇类，同时还会生成H_2和CO_2。第二类微生物会把上述脂肪酸和乙醇等转化为乙酸。第三类微生物是产甲烷菌，它们通过H_2和CO_2生成CH_4或者利用乙酸生成CH_4。

沼气发酵微生物主要包括发酵细菌、产H_2产乙酸菌和产甲烷菌。其中产甲烷菌在厌氧水系生态链中的最底层，是自然界中最古老、分布最广的微生物。H_2是多数甲烷菌种可共同利用的基质，是厌氧条件下最普遍的能源物质。工程中乙酸则是产甲烷菌的主要基质。

2. 沼气制备工艺

沼气制备工艺可以按照规模不同分为农村户用沼气生产工艺和沼气工程。

（1）农村户用沼气生产工艺：农村户用沼气生产工艺主要采用不同的沼气池型进行区分，包括底层出料水压式沼气池、分离浮罩式沼气池和强旋流液搅拌沼气池等。沼气池是生产和存储沼气的装置，必须有较好抗渗漏性和气密性，达到结构安全、不漏水、不漏气、寿命长的目的。此外，在操作的过程中，需注意进料和出料、搅拌、频繁监测pH、保温以及合理添加促进剂等。

（2）沼气工程：沼气工程是以规模化厌氧消化为主要技术，集污水处理、沼气生产和资源化利用为一体的系统工程。根据沼气工程的发酵容积和日产沼气量可以将其分为大型、中型和小型。下面重点介绍发酵容积较大和自动化水平较高的大中型沼气工程技术。

大中型沼气工程主要采用以下几种反应器：常规式、全混合式以及塞流式（图5-10）。

（1）常规式反应器：结构较为简单，无搅拌装置，原料在反应器内呈自然沉降状态，一般可形成4层，从上到下依次为浮渣层、上清液层、活性层以及沉渣层，由于厌氧消化一般只限于活性层内，效率较低。

（2）全混合式反应器：在上述常规反应器中安装了搅拌装置，使发酵原料和微生物处于完全混合状态。与常规反应相比，全混合反应器的活性区遍布整个反应器，效率会明显提高。全混合式反应器可以进入高悬浮固体含量的原料，且反应器内物料均匀分布，避免了分层状态，增加了接触效率和反应效率。但由于该反应器无法做到使

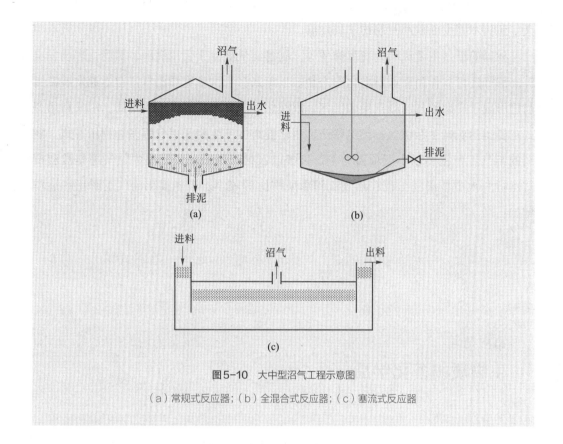

图5-10 大中型沼气工程示意图

（a）常规式反应器；（b）全混合式反应器；（c）塞流式反应器

固体滞留期和微生物滞留期在大于水力滞留期的情况下运行，所以需要反应器体积较大；由于体积较大，生产用的大型反应器难以充分混合物料。

（3）塞流式反应器：常用于进行牛粪、酒糟等质轻、浓度高、本身含有较多产甲烷菌的高固体悬浮物生物质的厌氧消化。塞流式反应器不需要搅拌装置、结构简单、能耗低，可以减少故障。然而，由于固体物可能沉淀于底部，会影响反应器的有效体积，使水力滞留期和固体滞留期缩短，需要固体和微生物的回流作为接种物，且由于难以保持一致的温度，效率较低，易产生结壳。

（二）生物质沼气的应用

欧洲沼气工程技术发展成熟，尤其是德国、瑞典、丹麦等国家是当前世界上沼气工程技术最为成熟的地区。沼气在德国可再生能源中的占比约为16.84%。美国沼气工程规模居欧美前列，其沼气工程的主要原料是城市生活垃圾和废水。日本主要将沼气工程应用于畜禽粪便、食品废弃物以及生活垃圾的处理，但由于沼气生产占地面积大，而日本国土面积小，制约了其发展。

我国的沼气主要原料为畜禽粪便等，制备沼气被用于民用燃料、照明、燃烧发电等，沼气还可以作为原料制取化工产品。近年来，我国生物质沼气产业迅速发展，目前已形成了户用沼气、联户集中供气、规模化沼气工程共同发展的格局。沼气利用方式主要包括农村生活供气、热电联产、净化提纯生产生物天然气等多种利用方式。我国的沼气工程主要以小型项目为主，且多以农村户用或小规模集中供气等非盈利模式运行。大中型沼气工程在沼气工程中所占比例较小，但规模化沼气工程正在逐年增加。

第三节
生物质制备化学品

生物质生产高附加值化工产品可替代化石资源，减少石油炼化过程中产生的污染物和排放的CO_2。生物质基化学品主要包括芳烃、烯烃等大宗化学品，以及生物乙醇、丁醇、有机酸等糖基化学品，这些化学品可作为合成其他化学品的基础原料。

一、生物质制备芳烃、烯烃化学品

芳烃和烯烃是基础化工原料，烯烃在我国的石化产业链和石化工业发展中占有重要地位，芳烃代表着一个国家的石油化工技术水平，其市场规模仅次于乙烯和丙烯。

（一）芳烃、烯烃的性质
芳烃是含苯环结构的碳氢化合物的总称，是有机化工的重要原料。低分子量单芳烃苯、甲苯和二甲苯（BTX），对二甲苯（PX）是生产各种产品的重要中间体，包括液体燃料、溶剂和聚合物。BTX通常通过原油精炼工艺过程如蒸汽裂解、蒸汽改造和催化改造生产。

乙烯、丙烯、丁烯和丁二烯等低碳烯烃是重要的基础化工原料。在工业生产中，低碳烯烃依赖于炼油厂馏分油裂解。图5-11展现了典型的芳烃和烯烃化学结构。

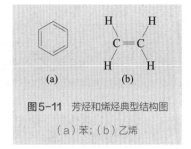

图5-11 芳烃和烯烃典型结构图

（a）苯；（b）乙烯

（二）生物质基芳烃、烯烃的制备方法

生物质可以通过热化学过程（如热解、气化）或水解、发酵等工艺转化为化学工业的中间化合物（图5-12）。热化学过程有利于加氢脱氧过程的发生，因此更广泛地应用于生物质制备芳烃、烯烃。

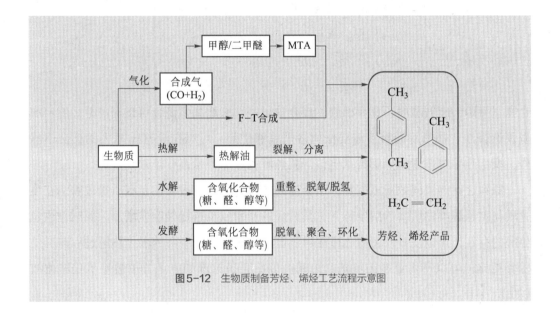

图5-12 生物质制备芳烃、烯烃工艺流程示意图

1. 热解

（1）催化裂化：生物质催化裂化是制备芳烃、烯烃常用的路径。

制备芳烃最常见的催化剂是Y型和ZSM-5型分子筛，芳烃的产率主要受催化剂的孔径尺寸、Si/Al等性质影响。Y型分子筛具有更丰富的孔径和更高的表面活性对芳香烃的催化效果更好，苯、甲苯、间/对二甲苯和邻二甲苯可在无催化工况下增加产率。另一方面，沸石ZSM-5型分子筛对苯系物（BTEX）的选择性更好。图5-13展示了模型化合物到BTEX的反应路径。

（2）共热解：在生产芳烃、烯烃等高氢碳比大宗化学品时，通过添加高氢碳比化

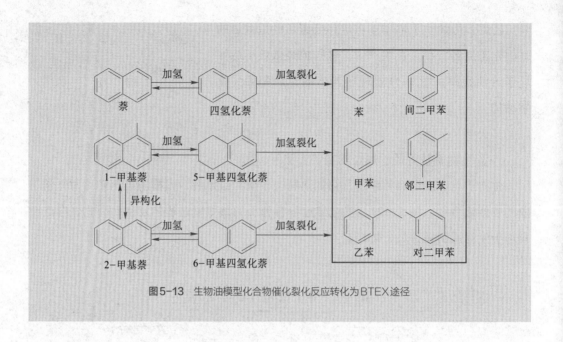

图5-13 生物油模型化合物催化裂化反应转化为BTEX途径

合物（甲醇、废旧塑料、废弃橡胶、废弃油脂等）来增加氢源，可以提高芳烃的产率以及选择性。共热解通常不需要任何溶剂或催化剂，可以在没有H_2压力的情况下操作，操作几乎与普通的热解技术相似，共热解的液体产量高于正常热解。

原料之间的协同效应或相互作用会使共热解产生的芳香类油量和质量改善。在生物质与供氢醇类物质共热解条件下，其芳烃的产率以及选择性明显增加。同时，供氢甲醇的存在，可以使BTEX的选择性明显增加，这主要是甲醇的催化热解过程与其他醇类相比，可以产生更多的甲基自由基，因此更多的苯和甲苯分子被甲基化转化成BTEX。

2. 气化

生物质气化的产品（即合成气）可以用来生产甲醇、合成油等各种化工产品。目前，利用合成气制芳烃的途径主要有两种：合成气经费托合成制芳烃、合成气经甲醇制芳烃。

（1）合成气经费托合成制芳烃：费托合成是目前应用最广泛的合成气制燃料、化学品的生产工艺。目前费托合成的原料大多来自煤气化生成的合成气，以生物质作为气化原料生成合成气与费托合成相结合，将合成气转化为燃料及其他化学品也是生物质利用路线之一。

以沙索集团（Sasol）开发的费托合成技术为例，低温费托合成反应温度约

250 ℃，绝大部分产品为烷烃，不含芳烃；高温费托合成反应温度约350 ℃，产品中烯烃和烷烃含量超过80%，芳烃含量约6%。可见，虽然费托合成可作为生物质气化的一种转化方式，但其主要产品是烷烃和烯烃，芳烃仅占很小的一部分。

（2）合成气经甲醇/二甲醚制芳烃：目前，合成气制甲醇/二甲醚技术成熟，且国内甲醇产能过剩，可将甲醇作为高附加值化学品的生产原料进行综合利用。

生物质无论通过费托合成还是经甲醇制芳烃，都需要经过生物质向合成气的转化。生物质的挥发分高、固定碳含量低，其灰分和热值都明显低于煤炭。另外，生物质的能量密度低，存在气化时温度过低、过程不易控制、设备易腐蚀、生成焦油多等诸多问题。

3. 其他

采用糖基生物质原料（葡萄糖或多糖）合成二甲基甲酰胺（DMF），并与乙烯通过催化环加成反应（Diels-Alder）生成DMF的呋喃环，随后与氧杂双环庚烯衍生物开环并脱水得到PX。

此外，采用生物质原料与传统蒸气裂解工艺相结合也是实现生物基芳烃生产的有效途径。巴斯夫集团（BASF）以生物质热解油或木质素作为热解原料，经临氢催化裂解反应转化为烯烃和芳烃，提纯后产品与石油炼制产品类似，且不需要改变生产装置基础设施的配置。

美国Anellotech公司开发了将生物质（植物秸秆、废木材等）转化为芳烃的快速催化热解工艺（Bio-TCat™）。2011年，该工艺在得克萨斯州西尔斯比市以松木原料建成中试装置，已完成5 000 h连续运转，芳烃产率达到22%。美国Virent公司与威斯康星大学麦迪逊分校合作，开发了生物质原料水相催化制芳烃工艺（BioForming™），可从植物基糖类中成功制得PX产品，目前已建成37 854 L/a生物质制芳烃示范装置。

二、生物质制备醇类化学品

生物质富含纤维素、半纤维素以及木质素，其中纤维素是由葡萄糖组成的大分子多糖，分子式为 $(C_6H_{10}O_5)_n$，其中 n 为聚合度。纤维素不溶于水及一般有机溶剂，是植物细胞壁的主要成分。催化剂可以使纤维素发生水解，反应过程中，氧桥断裂，水分子加入，纤维素由长链变为短链，直到氧桥全部断裂，最终水解为葡萄糖。因此，生物质可以作为原料替代糖基醇类的生产，如乙醇、丁醇等。

（一）生物乙醇的制备技术

1. 生物乙醇的性质

生物乙醇是一种无色、易燃、极性溶剂。第一代燃料乙醇的原料主要是糖质原料，存在"与人争粮、与粮争地"的问题，由于原料种植和生产过程能源的投入较大，净能源产生量并不高（仅为乙醇所含能量的约20%），存在环境影响和碳平衡的问题。美国和巴西的燃料乙醇生产使用的主要原料分别是玉米和甘蔗糖，而中国主要以陈化粮、木薯等作为非粮原料。

使用农业废弃物秸秆为原料生产燃料乙醇（第二代燃料乙醇）一般属于碳中性或者碳负性。第二代燃料乙醇也已走上规模化生产，特别是美国和欧盟国家。

此外，也可以用微藻作原料生产燃料乙醇（第三代燃料乙醇）。

2. 生物乙醇的预处理技术

一般来说，预处理、酶化糖化和发酵是生物乙醇生产的三个主要步骤。

在第二代生物乙醇生产中，预处理是提高糖化效率和可发酵糖产量的重要步骤。预处理可破坏原料结构，使纤维素暴露，便于酶解，提升后续酶解的效率。但在预处理过程中，需要尽量减少糖的损失、控制由于糖和木质素的降解产生的有毒有害物质的量和种类、减少能源和化学试剂投入以控制预处理成本等。

预处理技术包括物理、化学、物理化学和生物处理技术。

（1）物理预处理技术：生物质的外表面积取决于其形状和大小，其面积可以通过物理预处理来增加，而内表面面积取决于孔隙的大小和分布。生物质的内表面面积在干燥以后会减少，尤其会减小毛孔的直径（毛孔直径小于纤维素酶的直径会阻碍纤维素水解），而增大毛孔可以通过促进纤维素酶传递来促进水解。物理预处理可提高物料的比表面积、毛孔孔径，降低纤维素的结晶度及其聚合程度。

木质纤维素生物质的主要物理预处理法包括机械粉碎、蒸汽爆破、挤压、辐射等。

机械粉碎可以降低原料的粒径和聚合度，增加比表面积，有助于加强酶对木质纤维素的水解。相较于切割磨削，采用螺旋压力机处理的基质具有较大弹性的比表面积和更多细胞结构的破坏。螺旋压力机处理还有加工时间短和对原料适应性强的优点，但电力需求相对较高，经济性不佳。

蒸汽爆破是应用蒸汽弹射原理，通过爆炸过程对生物质进行预处理的一种技术。该技术将充满压力蒸汽的物料骤然减压时，渗进生物质内部的蒸汽急剧膨胀，蒸汽内能转化为机械能并作用于生物质组织，产生"爆破"效果，将原料撕裂为细小纤维。

该预处理既避免了化学处理的二次污染问题，又解决了目前生物处理效率低的问题。蒸汽爆破可与酸处理结合，提高后续酶解效率。

挤压法是将木质纤维素生物质经过加热、混合和剪切后，其在经过挤压机时发生物理和化学变化，导致纤维素酶可达性显著增加，从而提高酶解效率，获得高的糖回收率。

伽马射线、电子束和微波可以破坏木质纤维素的高级结构，生物质可被分解为非晶/脆弱纤维、低聚糖等。生物量的结晶度指数会随着照射剂量的增加而迅速下降。然而，辐照成本相对比较高，而且在规模化工业化生产上应用困难。

（2）化学预处理法：化学预处理方法包括酸处理法、碱处理法、酸碱处理法、有机溶剂法、臭氧溶剂法、离子液体法等，而最常用的化学预处理法是酸或碱处理法。

酸处理方法包括使用浓酸或稀酸来打破木质纤维素的顽固特性。浓酸法通常使用浓盐酸或浓硫酸等，使生物质中纤维素和半纤维素可溶化，一般酸浓度比较高，对设备要求高，同时要考虑浓酸的回收及循环使用问题。和浓酸预处理相比，稀酸预处理具有一定的优势，如毒性和腐蚀性较小，但需要更高的处理温度和压力，有毒有害物质的产生量比较大，对后续的发酵过程产生不利影响。

碱处理主要采用NaOH溶液，破坏木质素结构，使木质素被溶解，纤维素膨胀和部分解构，提高酶对纤维素的可及性。碱预处理通常会导致半纤维素的损失，在糖回收率上有一定劣势。碱、酸处理法通常结合起来，以提高物料的预处理效率。

有机溶剂通过溶解木质素和半纤维素，可以实现纤维素、半纤维素和木质素三大组分的分离。许多有机溶剂可用于有机溶剂预处理过程，包括甲醇、乙醇、丙酮、小分子有机酸等。与其他预处理技术相比，该方法的主要优点是回收的木质素纯度较高，可以进行高值化利用，提高生物炼制的经济性。但有机溶剂预处理目前还存在着成本高、木质素回收率低等问题。

臭氧是一种强氧化剂，可用来溶解去除木质素。这种处理通常是在常温常压下进行，因此不会产生抑制性化合物影响后续的水解和糖化反应，但臭氧使用量大，经济性不佳。

离子液体（ILs）的特征是具有低熔点（低于100 ℃）和高热（300 ℃及以上）稳定性。作为一种新型介质，离子液体具有良好的溶解性和稳定性，近年来逐渐被应用到生物质预处理中。ILs削弱生物质葡萄糖链间的内部氢键网络，使微纤维溶胀进而溶解，引起细胞壁溶胀和溶解，同时打破纤维素结晶区，使纤维素的结晶度降低，从而提高后续酶解效率。

（3）生物预处理法：生物预处理包括利用真菌，如白色、棕色、软腐真菌和细菌来改变木质纤维素生物质的化学组成和结构。白腐真菌等可分泌过氧化物酶、松弛酶和其他氧化酶，降解木质素，使纤维素暴露，便于后续酶解。和物理化学预处理相比，生物预处理过程无抑制物产生，但通常处理周期较长。

3. 生物乙醇的酶解糖化技术

不同糖分、木质素含量的生物质所采用的生物乙醇制备工艺差别较大。糖质和淀粉质生物质原料制备生物乙醇步骤较为简单，在预处理后即可进行发酵。木质纤维素生物质中木质素的存在使其能够抵抗水解酶的攻击，阻碍糖的释放。除了木质素的顽固性，纤维素的结晶度、表面积可及性和聚合度都会阻碍水解过程。木质纤维素生物质中的糖主要是六碳糖（葡萄糖），同时还含有传统酿酒酵母不能利用的五碳糖（木糖、阿拉伯糖），占比可达总糖的1/3。

因此，相较于糖类和淀粉类生物质原料，木质纤维素生物质的乙醇生产过程更为复杂，在预处理之后还需水解以提升木质素的糖化效率，最后再进入发酵工艺（图5-14）。

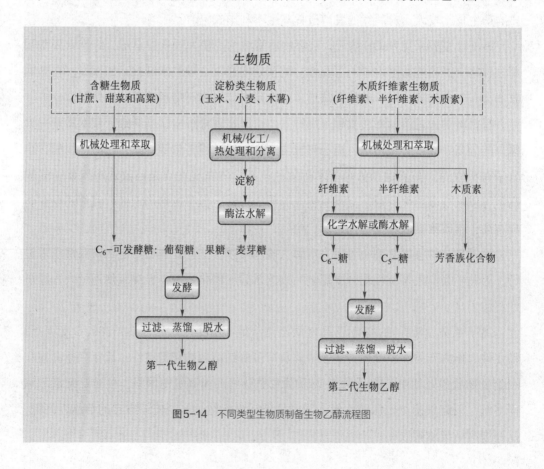

图5-14 不同类型生物质制备生物乙醇流程图

4. 生物乙醇的发酵工艺

在生物乙醇的工业生产中，采用了各种发酵工艺以降低生产成本达到最高乙醇产率（图5-15）。分步水解和发酵（SHF）与同步糖化和发酵（SSF）是常采用的两种发酵工艺，相比SHF工艺，SSF工艺可以减轻预处理物料的抑制效应，糖化和发酵同步进行，减少工作单元。但由于酶解和发酵过程的最佳温度条件不同，因此选择具有较好耐温性的

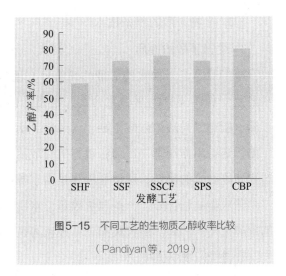

图5-15 不同工艺的生物质乙醇收率比较

（Pandiyan等，2019）

酿酒酵母或使用耐热酵母如马克斯克鲁维酵母，可以提升SSF工艺的优势。

近年来，在SHF和SSF工艺的基础上，发展出联合生物加工（CBP）、同步糖化和共发酵（SSCF）、同步预处理和糖化处理（SPS）等工艺。

（1）联合生物加工：CBP是在单一或组合微生物作用下，将（半）纤维素酶生产、纤维素水解和乙醇发酵过程组合，在一个反应器中进行。相比传统的SHF和SSF，不需要使用商业酶，产酶、酶解和发酵同步进行，可以降低燃料乙醇的生产成本。例如有研究使用两种微生物毛孢菌和热纤梭菌进行CBP过程，可将木质纤维素生物质直接转化为纤维素乙醇。

（2）同步糖化和共发酵：SSCF是指预处理物料在纤维素酶和微生物的作用下同步酶解和发酵五碳糖（木糖等）和六碳糖（葡萄糖等），要求乙醇生产菌株能够同时利用葡萄糖和木糖生产乙醇。传统的乙醇生产微生物酿酒酵母只能利用六碳糖生产乙醇，不能利用木糖，因此需要利用基因工程手段导入外源的木糖代谢途径，赋予它利用木糖生产乙醇的能力，目前已有一些基因工程菌株具有优良的葡萄糖和木糖同步发酵能力。

美国燃料乙醇主要以玉米为原料，也是目前纤维素乙醇产量最大的国家。从2013年开始，美国开始建设数个万吨级大型纤维素乙醇生产厂。我国的燃料乙醇目前仍然以淀粉质和糖质原料生产，由于存在与人争粮和与粮争地的问题，因此生产规模一直难以扩大。近二十年来，我国开展了纤维素乙醇生产技术的研发，建立了数个中试生产线。

（二）生物丁醇的制备技术

1. 生物丁醇的性质

丁醇除了是一种优质的液体燃料外，还是一种重要的化工原料，用途十分广泛。丁醇是一种重要的C_4平台化合物，也是一种战略性产品，可用于合成邻苯二甲酸正丁酯、脂肪二元酸和磷酸丁酯、丙烯酸丁酯及醋酸丁酯等，也可经过氧化生产丁醛或丁酸，还可用作油脂、医药和香料的提取溶剂及醇酸树脂的添加剂等。此外，有机染料和印刷油墨的溶剂、脱蜡剂等也是由丁醇合成而来。

除农作物秸秆外，一些速生牧草、木质原料、废弃纤维素类等也可用于纤维丁醇的发酵生产。例如，柳枝稷和芒草被认为是两种具有制备丁醇潜力的能源植物。

2. 生物丁醇发酵技术

丁醇发酵一般是指丙酮丁醇梭菌在厌氧的条件下，将糖类转化为丙酮（acetone）、丁醇（butanol）和乙醇（ethanol）等溶剂，其相对含量一般是 3∶6∶1，因此也被称为 ABE 发酵。整个发酵过程和要素概括起来如图5-16所示。

传统的 ABE 发酵使用的菌种，按照系统学、DNA 系统图谱和发酵性能等方面的区别，可分为丙酮丁醇梭菌（具有较强的淀粉酶活力，即能利用淀粉质原料的菌）、

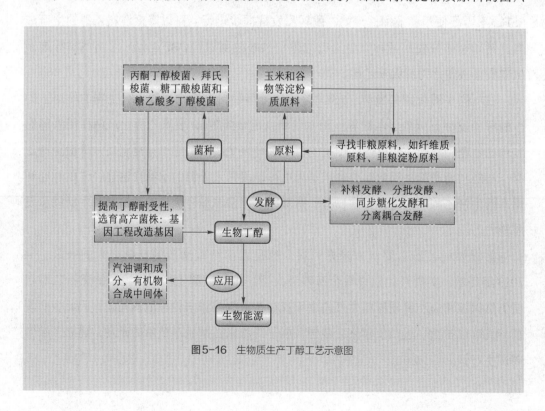

图5-16　生物质生产丁醇工艺示意图

拜氏梭菌、糖丁酸梭菌和糖乙酸多丁醇梭菌四种类型。

利用丙酮丁醇梭菌合成丁醇代谢途径如图5-17所示。

丁醇发酵产物分离技术主要有吸附、气提、液液萃取和渗透气化法等。

（1）吸附法：吸附法是指利用硅藻土、活性炭和聚乙烯吡咯烷酮，以及一些大孔吸附树脂等吸附剂对发酵液中的溶剂进行吸附提取。其中大孔树脂主要是以苯乙烯和丙酸酯作为单体，乙烯苯为交联剂，甲苯、二甲苯作为致孔剂，通过交联聚合形成的高分子聚合物，它具有良好的大孔网状结构和较大的比表面积，可以通过物理吸附从水溶液中有选择地吸附有机物。

（2）气提法：气提法是利用N_2或发酵自产气体CO_2等气体在酵液中产泡，气泡截获溶剂后，进入冷凝器中进行压缩收集。当溶液被浓缩收集后，气体重新回收进入发酵器去截留更多的溶剂。

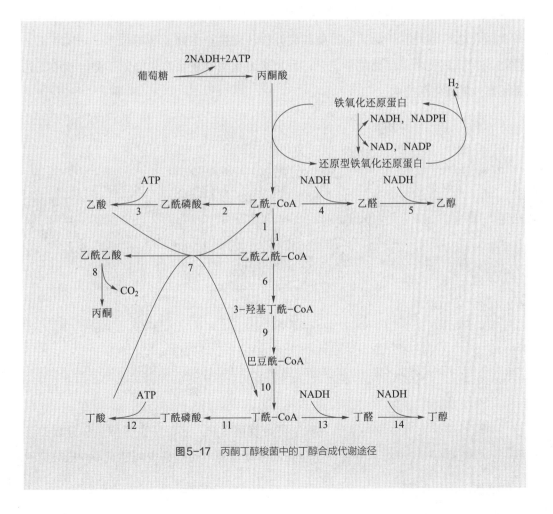

图5-17　丙酮丁醇梭菌中的丁醇合成代谢途径

（3）液液萃取：液液萃取是利用与水不溶的有机溶剂，将产物从发酵液中分离收集的一种方法。目前研究中使用的有机溶剂，主要有油醇、苯甲酸苄酯、甲基化棕榈油、生物柴油和正辛醇等。当前使用正辛醇作为有机溶剂的研究较多，与无萃取剂的传统发酵相比，加入正辛醇后，发酵时间可延长，发酵产物则提高了两倍。

（4）渗透气化：渗透气化是利用膜的选择性从发酵液中移除挥发性组分，通过挥发性的组分有选择地从膜中透过，使得营养成分分离并进行浓缩回收。现在广泛使用的膜主要有陶瓷膜、高聚物膜和液体膜等。将聚二甲基硅氧烷和聚偏氟乙烯复合膜应用于丁醇发酵，实现丁醇发酵和分离的耦合，使淀粉利用率提高，溶剂质量分数提高，并且丁醇在渗透液中得到浓缩。

美国 Cobalt 公司将纤维素原料经水解、糖化、发酵及分离，选择性地转化为生物正丁醇，可用于生产油漆等涂料、可再生喷气燃料和其他化学品。2011年，该公司建成世界首家工业规模纤维素生物丁醇生产厂（约440 t/a）。加拿大 Syntee 公司与美国北达科他大学开发了生物质和废弃物转化生产生物正丁醇技术——B2A工艺（图5-18）。该技术采用热化学工艺，利用纤维素生物质生产生物正丁醇，核心工艺采用高性能催化剂技术。

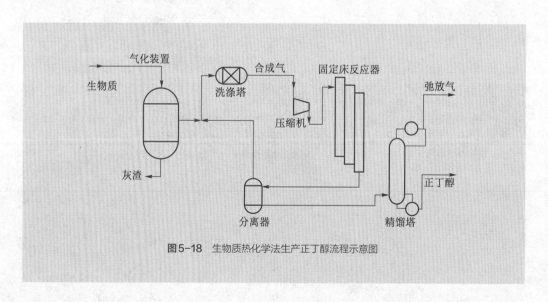

图5-18　生物质热化学法生产正丁醇流程示意图

中国科学院上海生命科学研究院采用传统诱变法，获得了高丁醇质量分数的丙酮-丁醇梭菌（EA2018）。中国科学院青岛生物能源与过程研究所建成400 kg/d秸秆蒸汽爆破预处理中试设备，开发出固定化细胞连续发酵丁醇、纤维素高温混菌发酵产丁酸、膜汽提溶剂在线分离等丁醇发酵相关技术。

三、生物质制备有机酸化学品

（一）有机酸的性质

有机酸是生物细胞的中间代谢物，被广泛应用于食品、制药、化妆品、洗涤剂、聚合物和纺织品等行业。2004年，美国能源部发布的《可源自生物基质大规模生产的12种高附加值的平台化合物》的报告中，就包括了四碳二羧酸（琥珀酸、富马酸和苹果酸）、2，5-呋喃二甲酸、3-羟基丙酸、葡萄糖二酸、衣康酸和乙酰丙酸等有机酸。

天然有机酸广泛存在于葡萄、苹果、桃等水果中。

（二）生物质有机酸制备技术

目前，商业上有机酸的生产方法主要有化学合成法、酶转化法和微生物发酵法等，其中废弃生物质可以作为生产有机酸的重要原料之一。

1. 化学合成法

化学合成有机酸法是利用官能团之间的相互作用和产物的物化性质，通过分液、过滤、萃取等过程制备有机酸。如乙酸通过化学法生产，是在阔叶木硫酸盐溶浆的预水解液中，加入三异辛胺进行反应，萃取回收乙酸。

工业上通过热处理和萃取分离生产有机酸的传统化学方法简单易行，但其制备过程普遍存在高能耗、高投入、生产条件苛刻且安全性低、环境污染严重等问题。另外，分子内含有一个不对称碳原子的有机酸，在自然界存在的均为人体可以直接吸收的L型，而化学法制备的有机酸多为DL型，也限制了产品的应用领域。

2. 酶转化法

近年来，生物制造技术的快速发展，已经对有机酸的生物合成进行了深入研究，多种类型的酶和微生物被开发用于有机酸的生物法生产。生物法生产几种常见有机酸的研究进展如表5-4所示。

表5-4 常见有机酸生物法生产的研究进展

有机酸	生产菌株/酶	底物	产量/(g·L⁻¹)	转化率/(g·g⁻¹)
乙酸	*Acetobacter aceti*	干酪乳清	28~42	0.82~0.98
乳酸	*Pediococcus acidilactici*	玉米秸秆	104.5	0.72
	Lactobacillus plantarum	甘蔗汁	106	0.96
丙酸	*P. acidipropionici*	甘油	106	0.54~0.71
	P. jensenii	甘油	39.43	0.65
3-羟基丙酸	*Klebsiella pmeumoniae*	甘油	83.8	0.54
	Corynebacterium glutamicum	葡萄糖、木糖	62.6	0.51
	E. coli	甘油	40.51	0.97
丙酮酸	*T. glabrata*	葡萄糖	94.3	0.64
	E. coli	葡萄糖、乙酸	90	—
	Pseudomonas sp.,NAD-依赖型的乳酸脱氢酶	乳酸	17.44	0.94
衣康酸	*A. terreus*	葡萄糖	86.8	0.67
	E. coli	甘油	43	0.6
	A. terreus	小麦麸皮水解液	49.65	—
琥珀酸	*A. succiniciproducens*	葡萄糖	83	0.88
	E. coli	葡萄糖、木糖	83	0.87
	Yarrowia lipolytica	甘油	110.7	0.53
	Basfa succiniciproducens	蔗糖	45	0.66
	Paribacillus sp.,β-葡萄糖苷酶	甘蔗渣水解液	26.5	—
富马酸	*R. oryzae*	葡萄糖	78	0.78
	E. coli	甘油	41.5	0.54
	R. oryzae	酿酒废水	43.67	—

有机酸	生产菌株/酶	底物	产量/($g \cdot L^{-1}$)	转化率/($g \cdot g^{-1}$)
	A. flavus	葡萄糖	113	0.94
	R. Delemar	玉米秸秆水解液	120	0.96
L-苹果酸	*U. trichophora*	甘油	196	0.82
	A. oryzae	葡萄糖	165	0.68
	Y. lipolytica	蔗糖	140	0.82
柠檬酸	*A. niger*	玉米粉水解物	187.5	—
	A. niger	木薯酶解液	141.5	—

来源: 陈坚等, 2015

酶转化法包括使用游离或固定化的酶催化和全细胞转化。其中游离或固定化的酶是利用单一的酶催化底物生成产物,如富马酸酶可催化富马酸生成L-苹果酸。多种酶可用于丙酮酸的合成,如L-氨基酸脱氨酶(AAD)、D-氨基酸氧化酶、丙酮酸合酶、甲醛脱氢酶、酒石酸脱水酶、乙醇酸氧化酶、乳酸脱氢酶(LDH)等。

在工业上,以廉价的乳酸作为底物生产丙酮酸具有一定的商业价值。固定化酶技术可以增加游离酶的稳定性,使之易于分离控制且能反复多次使用。与游离或固定化酶相比,全细胞催化法随着反应时间的延长会更加稳定,因为该技术利用的是微生物细胞中的一系列的酶,而不仅仅依赖于单一的酶。

固定化酶技术研究较早,但存在提取酶过程复杂、收率较低且半衰期短等问题,在实际生产中为了降低成本多采用固定化细胞。固定化细胞需要先将产酶菌株培养成熟、菌体收集、包埋、固定化,经过反应转化底物,提取制得目标有机酸。该方法合成有机酸依然存在一些弊端,例如很难高产,底物一般同为有机酸或有机化合物,生产成本较高,且从混合液中将产物与底物彻底分离难度较大,产品质量很难达到要求。

3. 发酵法

发酵法生产有机酸具有原料来源丰富、生产工艺经济、产品安全性高等优点,有机酸的发酵法生产(以一步发酵法为主)已经成为了相关产业研究的热点。

(1) 生产菌株:多种类型的微生物可以用于生产有机酸,如曲霉、酵母和细菌等。某些菌株对于特定有机酸的生产具有天然的优势,如合成丙酸的优势菌株为

Propionibacteria，柠檬酸的工业生产菌是 *A.niger*。

酵母是最简单的单细胞真核模式生物，能够耐受高渗透压和低pH环境，且遗传背景清晰、基因操作工具成熟，是理想的有机酸生产宿主。尽管酵母菌作为生产宿主具有诸多优势，但其产量较低、生产强度远达不到产业化的需求，因此仅适用于部分有机酸的生产。

（2）合成途径：微生物可以利用多种碳水化合物为底物合成有机酸，底物包括葡萄糖、木糖、蔗糖、甘油等小分子物质，以及纤维素、木质素、淀粉等大分子原料。葡萄糖是最容易被微生物代谢利用的碳源。微生物通过细胞膜上的糖转运系统进入细胞，经过糖酵解途径合成二羧酸和三羧酸代谢的中间物——丙酮酸。

丙酮酸通过异型发酵途径形成乙酰磷酸，经乙酸激酶催化生成乙酸（图5-19）。

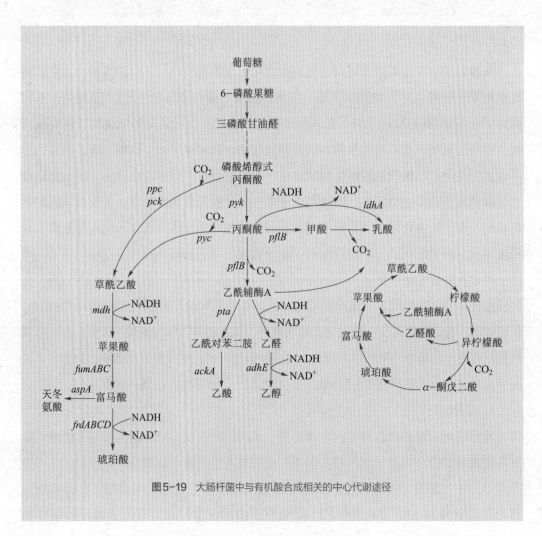

图5-19　大肠杆菌中与有机酸合成相关的中心代谢途径

在有氧条件下，糖酵解产生的丙酮酸经过三羧酸（TCA）循环的一系列反应最终生成草酰乙酸。在此循环的系列反应中，多种有机酸中间体被合成。原核生物的TCA循环位于细胞质内，真核生物在线粒体内进行。在多种微生物的细胞质内还存在还原TCA（rTCA）途径，该途径中丙酮酸通过固碳作用，经草酰乙酸直接转化成苹果酸、富马酸和琥珀酸，是合成四碳二羧酸得率最高的途径。

第四节
生物质制备大宗材料

生物质基材料是利用可再生生物质为原料制造的新型材料，包括生物质基高分子材料、生物质基有机复合材料以及生物质基无机复合材料等，具有环境友好等特点，有替代石油基大宗材料的潜力。

一、生物质基高分子材料

生物质基高分子材料主要包括生物质基塑料、生物质基纤维、生物质基橡胶等。

（一）生物质基塑料

生物质基塑料（以下简称生物塑料）指的是生产原料全部或部分来源于生物质（玉米、甘蔗或纤维素等）的新型塑料，按照其降解性能可以分为两类，即可生物降解生物塑料和非生物降解生物塑料。

据欧洲生物塑料协会发布的数据显示，全球每年生产的塑料中的1%为生物塑料。2020年，全球生物塑料产能达211万t，其中可生物降解塑料的产能为123万t，不可生物降解塑料的产能为88万t。

可生物降解型塑料以聚乳酸（PLA）、聚羟基脂肪酸酯（PHA）和聚氨基酸为代表，而不可生物降解型塑料以多元醇聚氨酯、生物基聚乙烯（PE）以及苯二甲酸乙二醇酯（PET）等为代表（图5-20）。

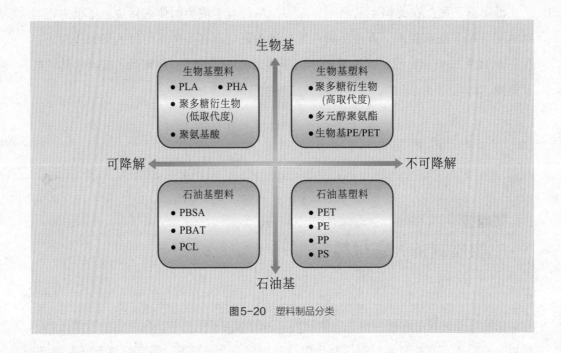

图5-20　塑料制品分类

1. 可降解生物塑料

（1）PLA的制备：PLA是可再生且可生物降解的生物塑料，具有优异的耐热、力学、光学性能，以及良好的生物相容性。PLA一般土壤掩埋3~6个月破碎，6~12个月变成乳酸，最终转变成为H_2O和CO_2。PLA使用较为广泛，在纺织、3D打印、农林环保、生物医疗等领域应用前景广阔。

初始乳酸原料由玉米淀粉发酵生成，一步法难以从乳酸合成高分子量PLA。PLA可先通过乳酸单体的直接缩合制备——乳酸分子中的羟基和羧基在脱水剂的作用下受热脱水生成低聚合物，又在催化剂和高温的作用下，低聚合物进一步合成为高分子PLA。

PLA也可通过丙交酯的开环聚合制备。乳酸首先生成环状二聚体丙交酯，再开环缩聚成PLA。乳酸通常由葡萄糖发酵而来，而葡萄糖则可以由玉米等生物质中的淀粉及纤维素进行生产，因此通过生物质制备聚乳酸塑料是一条较成熟的技术路线。

美国嘉吉公司（Cargill）在2002年建成世界上规模最大的14万t/a PLA生产线。2008年国内建立5 000 t/a的生产线，目前已达到了1.5万t/a的产能，我国已投产和在建产能约10万t/a。

（2）PHA 的制备：PHA 是微生物在碳源过剩的条件下将葡萄糖等碳水化合物发酵而成的脂肪族聚酯，可通过对菌株进行改造，得到不同结构和功能，如聚羟基丁酸酯（PIIB）、聚羟基戊酸酯（PHV），3-羟基丁酸酯和3-羟基戊酸酯的共聚物（PHBV）等。常见用于 PHA 合成的微生物包括革兰氏阴性菌、革兰氏阳性菌和古菌，其代谢途径包括糖酵解、脂肪酸氧化、脂肪酸从头合成途径等。

PHA 既是一种性能优良的环保生物塑料，又具有良好生物可降解性、生物相容性、光学活性、压电性、气体阻隔性等，可在有氧或厌氧条件下完全降解，也可在海洋中缓慢降解，最终分解为 CO_2 和水。PHA 主要应用于一次性酒店用品、医用缝合线、伤口敷料以及组织工程支架等。我国目前拥有世界上最大的千吨级生物发酵法 PHA 生产线。

2. 不可降解生物塑料

生物塑料制品中在达到使用寿命后50年甚至100年内仍可维持塑料性能的一类塑料被称为非降解型生物塑料。目前主要开发的有生物基聚烯烃和生物基聚酰胺。

聚合单体乙烯的合成主要通过生物质的蒸汽裂解和生物乙醇催化转化制备。生物基聚丙烯（PP）的合成单体可通过生物质裂解、气化、发酵、复分解和脱氢等多种过程转化得来。另外还可通过生物基甲醇制备 PP 单体，这种方法称为"甲醇制丙烯"（MTP）。其他生物醇，如异丙醇、乙醇、丁醇和甘油，也可以通过催化转化为丙烯。

布拉斯科（Braskem，巴西）、陶氏（美国）和阿克森斯（Axens，法国）已经开发出生产生物基聚乙烯（PE）的工艺，正在积极探索其在包装、汽车制造和建筑方面的应用。

（二）生物质基纤维

广义的生物质基纤维可分为生物基原生纤维、生物基再生纤维、生物基合成纤维三大类，本小节重点介绍生物基合成纤维。

纤维中含有生物基成分的聚合物纤维被称为生物基合成纤维。同时生物基合成纤维又可分为（图5-21）：可降解生物基合成纤维，如聚己内酯（PCL）纤维、羟基丁酸-羟基戊酸共聚酯（PHBV）/PLA 混纺纤维、聚丁二酸丁二醇酯（PBS）、2，5-呋喃二甲酸乙二醇酯（PEF）纤维等；非降解生物基合成纤维，如生物基 PET 纤维、聚酰胺 PA56、聚对苯二甲酸1，3丙二醇酯（PTT）等。

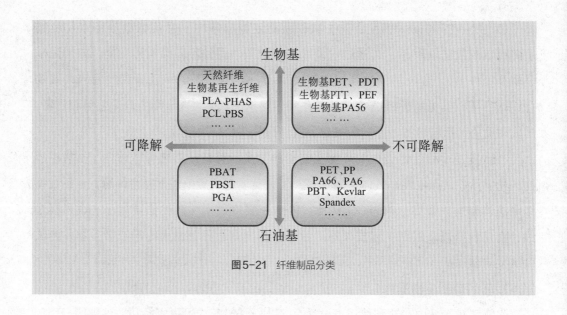

图5-21　纤维制品分类

1. 可降解生物基纤维

PLA纤维先以木薯等生物质为原料与特定菌种发酵制成高纯度乳酸，再经单体乳酸环化二聚或乳酸的直接聚合，最后采取熔融纺丝或溶液纺丝制成。PLA纤维具有良好的生物相容性，可安全植入人体，是用量较大的生物医用材料，具有一定的阻燃性和良好的机械性能，广泛应用于服装及家用纺织品领域。

PBS纤维以脂肪族二元酸和二元醇为主要原料，通过缩聚反应合成得到。脂肪族二元酸和二元醇可由纤维素、葡萄糖、乳糖等可再生的农作物组分经微生物发酵作用制得。PBS纤维是可完全生物降解的聚酯，主要分解产物为CO_2和水。与常规聚酯相比，PBS纤维存在熔体强度低、耐热性较差等问题。

2. 不可降解生物基纤维

不可降解生物基纤维主要包括PET纤维、PTT纤维以及PA56等。

PET纤维是以废弃玉米芯等生物质为原料，将生物质中的半纤维素转化为糖醛，再通过催化剂将其转化为对苯二甲酸（PTA），并与乙二醇进行酯化反应，再缩聚得到聚酯熔体，熔体可直接制备PET纤维，俗称涤纶。此外还可以通过生物质原料生产芳烃，将其转化为生物基PX，以此为中间原料生产PET纤维。采用生物基材料制备的PET又称PDT。

PTT纤维制备方式与PET相似，先通过生物质制备对苯二甲酸，再与由生物质制备的丙二醇缩聚而成。PTT纤维较其他聚酯纤维，回弹性能好、拉伸模量较低同时断裂伸长率较高，具有较好的染色性能、扛褶皱性和柔软手感，为我国近年来具有国际领先地位的新型生物基纤维品种。2018年，我国PTT纤维行业产能已达到了30.5万t，产量约11.25万t，产能利用率约36.9%。

PA56是一种新型生物基聚酰胺，2017年国内首次自主开发出了生物基戊二胺以及PA5X系列，以淀粉、甘蔗、秸秆等农作物原料通过发酵生产氨基酸，然后经过酶转化得到戊二胺，进一步转化而成。由于生物基戊二胺的奇数碳链特性，PA5X系列聚酰胺具有优良的性能，如良好的自熄性、流动性，以及高韧性和高耐磨性等。

（三）生物质基橡胶

生物质基橡胶指利用生物质原材料合成制备的橡胶。传统生物质基橡胶的制备是将生物质转化为橡胶合成单体，例如糖源提取生物基戊二烯，甘蔗渣提取生物基乙烯，以单体为原料或部分原料合成出生物基异戊橡胶、生物基三元乙丙橡胶等。

我国主要采用糖、淀粉以及纤维素等生物质原料发酵得到醇、酸等生物基单体，直接转化为生物基橡胶，此方式省去了中间由生物基单体转化为传统单体的步骤，提高了效率，降低了成本。

美国固特异（Goodyear）公司利用生物基异戊二烯，最终制备出生物基异戊橡胶轮胎；阿朗新科利用生物基乙烯，合成生物基三元乙丙橡胶，其中的生物基原料比例可达70%。目前，我国已经成功试制出生物基衣糠酸酯橡胶轿车轮胎、生物基共聚酯橡胶制品、杜仲橡胶航空轮胎和蒲公英橡胶概念轮胎等生物基橡胶制品。

二、生物质基有机复合材料

生物质制有机复合材料不仅能够帮助建材工业拓展产业功能，实现废弃生物质资源化利用和无害化处置，还有助于建材工业降低碳排放强度。

（一）木塑复合材料
1. 木塑复合材料的性质

木塑复合材料是新兴的一类环保复合材料，具有加工性能良好、力学性能良好、耐水及耐腐蚀性能良好等特点，同时使用寿命长，原料来源广泛，可使用废木料、木材加工剩余物，混合农作物加工剩余的秸秆、谷糠等植物纤维废料等。

2. 木塑复合材料的制备技术

木塑复合材料是以木纤维或天然植物纤维为增强相，热塑性塑料为基体，进行熔融复合，采用热压、挤出、注射等成型加工方式制成。其生产工艺流程如图5-22，主要成分包括植物纤维、基体热塑性塑料以及助剂等。

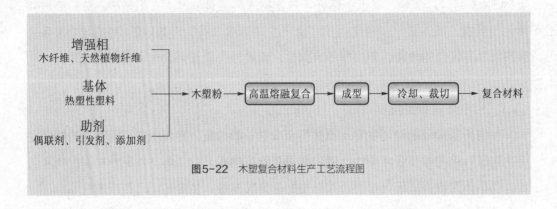

图5-22　木塑复合材料生产工艺流程图

（1）植物纤维：木粉含量即植物纤维含量对木塑复合材料性能有显著影响。随着木粉含量的提高，木塑复合材料的密度增加，表面性能也提高，但拉伸强度、断裂伸长率和艾氏冲击强度则会降低。

（2）基体热塑性塑料：主要起到黏结填料和传递应力的作用。常用于制备木塑复合材料的热塑性塑料包括PE、PP和聚氯乙烯（PVC），其中高密度聚乙烯（HDPE）则是最常用的热塑性塑料。

（3）助剂：助剂在木塑复合材料的生产过程中总量占比不大，但是对木塑复合材料的性能影响十分显著，助剂中偶联剂和添加剂是最主要的两大类。

偶联剂通过降低植物纤维的极性，能够改善增强项与基体之间的相容性，增强物料的流动性，提高木塑复合材料的加工性能。木塑复合材料中最广泛使用的偶联剂包括硅烷、酞酸酯、异氰酸酯。

添加剂则可以改善木塑复合材料的不同性能：例如添加光稳定剂和抗氧化剂可以降低木塑复合材料的光降解反应及氧化反应，提高木塑复合材料的耐候性；添加润滑剂可以改善木塑复合材料加工性，减少加工中的内外摩擦；防腐剂及防虫剂的加入可以减少木塑复合材料受到的生物侵害；润滑剂和分散剂则可以显著提高木塑复合材料分散性。

木塑复合材料常见的成型工艺如表5-5所示。

表5-5　木塑复合材料的成型工艺对比

成型方法	使用设备	使用场景	产品特性
螺杆挤出成型	锥双、单螺杆挤出机	板材、型材的生产	效率高、应用范围广、投资少、设备简单、连续化生产、占地面积小
螺杆注塑成型	注塑机	零配件等形状复杂的制品的生产	材料性能好，制品的密度高，耐候性好，但对设备要求较高
模压成型	专用压模设备	大型板材产品的生产	材料性能差，但适用于高纤维含量（70%以上）木塑复合材料的制造

3. 木塑复合材料的应用

美国和日本的木塑复合材料发展较为成熟，1966年世界上第一条催化加热法木塑复合材料生产线由美国AMF公司建成，20世纪90年代，木塑复合材料在美国进入高速发展时期，其最大制品是铺板，生产工艺为挤出成型。进入21世纪以后，日本大力发展木塑复合材料，开发出特殊用途的木塑复合材料，如抗菌型生物质木塑复合材料，用于医院、诊所、候诊室等地方。

国内对木塑复合材料的研究始于20世纪80年代中期。2017年中国木塑复合材料产量为280万t，为世界第一，2019年中国木塑复合材料产量更是达到320万t。

（二）生物质建材

1. 生物质建材的性质

生物质建材是指以农作物秸秆为主要生物质原材料，按照一定的配比，添加辅助材料和强化材料，并通过物理、化学或两者结合的方式，形成具有特殊功能和结构特点的建筑材料的统称。

现代工艺技术的发展下，秸秆建材的保暖隔音效果良好，耐火防潮的同时耐压抗震，并且强度高、韧性好，能够降低建筑物的自重并提高使用面积。

2. 生物质建材的制备技术

（1）稻草板：稻草板使用植物秸秆作原料，直接在成型机内以加热挤压的方式形成板材，并在表面粘上一层"护面纸"而成，其在生产过程中，不添加黏结剂，不需切割粉碎。

（2）秸秆人造板：秸秆人造板与稻草板的区别在于秸秆需要破碎处理，添加脲醛树脂、酚醛树脂、异氰酸酯树脂等有机化学类胶黏剂或无机交联剂。

（3）秸秆加筋土：秸秆加筋土是以各种秸秆、竹条、柳条等作为筋材添加到土体中，依靠筋材与土体之间的相互作用来提高加筋土的整体强度。

（4）秸秆砖：秸秆砖是指将收集的秸秆压实并捆扎成特定的形状（圆形或方形），然后切割成一定尺寸的材料，可替代传统的黏土砖作为建筑的填充围护材料。

3. 生物质建材的应用

秸秆建材中，稻草板和秸秆人造板发展较为快速。20世纪初，国外开始以秸秆作为原材料生产人造板，1948年比利时建成世界上第一条亚麻屑碎料板生产线，截至2018年，北美人造板年生产能力达到4 800万 m³。

我国对秸秆人造板的产品开发、性能优化等技术性、经济性研究始于20世纪80年代。1988年原国家技术监督局发布了《建筑用纸面稻草板国家标准》，至此各地陆续开展稻草板的试点应用工作，如宁夏回族自治区用稻草板建造了一座五层办公楼。截至2018年，我国人造板产量达到29 909万 m³，成为人造板生产和消费第一大国。

三、生物质基无机复合材料

生物质基无机复合材料主要指木纤维、竹纤维、麻纤维和农作物秸秆等生物质材料与无机材料复合的新型材料类型。

生物质–水泥复合板材是混凝土预制件，指在工厂中通过标准化、机械化方式加工生产的混凝土预制品。常见生物质种类包括秸秆、木制刨花等。生物质纤维混合无机质制备的生物质–水泥复合板材多用于壁板、隔板、覆盖板、天花板、窗台板、钢支架保护板、废物井壁、管道坑护板、阻燃性家具、厨房设备、高温房屋内衬板、浴室贴砖基等。

生物质无机复合材料有较长的应用时间，例如来源于植物的天然纤维，如稻草、青草和麦秸等，由于植物纤维价格便宜、材料丰富，现在一些发展中国家仍然使用稻草作为纤维材料的增强灰泥砖。

水泥刨花板于20世纪30年代初起源于荷兰，60年代，美国进一步完善发展了水泥刨花板的生产工艺，匈牙利则于1976年建立了第一座水泥刨花板厂。在我国，水泥刨花板起源于70年代初，首先在广州手工批量生产，1999年南京建设了我国第一条模压水泥刨花板生产线，水泥刨花板的发展也因此带动了生物质–水泥复合板材的诞生。

四、生物炭功能材料

作为减少全球废弃物碳足迹的有效策略，将废弃生物质转化为生物炭，能够减少温室气体排放，实现碳封存。许多生物质废弃物，如农林废弃物、牲畜粪便、工业副产物、生活垃圾、城镇污泥等，都可制备生物炭。由于具有较高比表面积、丰富表面官能团以及热化学稳定性，生物炭广泛用于土壤改良与环境修复等（图5-23）。

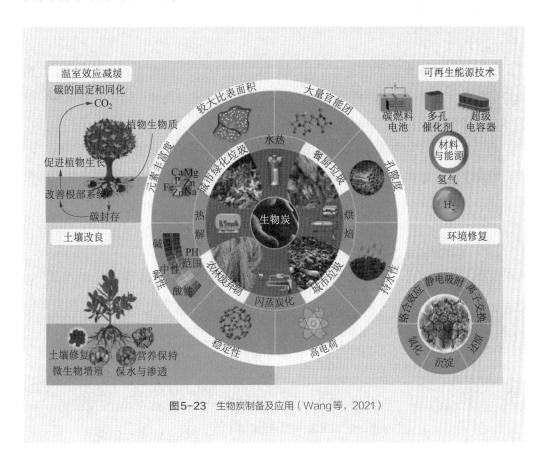

图5-23　生物炭制备及应用（Wang等，2021）

（一）生物炭的性质

传统的多孔炭由焦炭、煤炭、沥青或高分子聚合物等原料制成，采用生物质进行原料替代可以显著降低成本，促进碳减排。也可采用生物质制燃油后产生的热解残渣等替代焦炭，进一步降低碳足迹。

1. 生物炭的物理性质

生物炭具有多孔和低密度等特点，是一种有效且安全的天然吸附剂，被广泛用于吸附领域和作为催化剂载体。生物炭的孔隙度可影响其吸附效果，孔隙可分为微孔（<2 nm）、中孔（2~50 nm）和大孔（>50 nm）。热解条件（如热解温度和热解时间）和活化方法是影响生物炭孔隙度的主要因素。

2. 生物炭的化学性质

（1）元素组成：生物炭的元素组成与其原料来源有关，主要含有 C、H、O、N 等元素。随着热解温度的升高，C 含量通常随之增加，H 和 O 的含量降低。除以上元素外，由于根系在植物生长过程中会吸收土壤中的养分，还存在各种无机元素，如 K、Mg、Ca 等。

（2）pH：生物炭大多呈碱性，随着热解温度的升高，pH 增高。无机矿物和碱性组分是导致 pH 偏碱性的重要因素。除此之外，表面含氧官能团（如羧基和羟基）和含氮官能团也会影响生物炭的 pH。

（3）官能团：生物炭大多都是芳香结构为主，但由于原料和制备条件的不同，芳香化程度不同，其表面的官能团种类和数量存在较大的差异。例如将含氮生物质壳聚糖热解制备生物炭后，其表面的胺基会转化为含氮官能团。

（二）生物炭的改性技术

生物炭的改性技术主要包括物理活化、化学活化和杂原子掺杂等（表5-6），通过对生物质的孔隙结构、表面化学性质进行调控，可以扩大生物炭的应用范围。

表5-6 生物炭改性方法

改性技术类型	优点	缺点
物理活化	腐蚀性低、微孔含量高、炭材料形貌破坏小、炭得率较高、步骤简单	难以调控孔隙、活化温度高
化学活化	可制备尺度范围大的孔径、活化温度低	腐蚀性强、炭得率低、成本高
杂原子掺杂	可调控性强、选择性强	成本高

1. 物理活化法

物理活化法包括CO_2活化、水蒸气活化以及空气活化等。

（1）CO_2活化：CO_2活化是一种生物炭物理改性方法。CO_2活化过程中，CO_2与炭基体发生反应，产生CO等气体并形成微孔结构。生物炭经过CO_2活化能够改变其原有的孔隙结构，显著提高其比表面积，具有更高的微孔孔容。此外，相较于掺入化学活化剂活化法，CO_2活化后的生物炭可直接投入生产，且不需要进行洗涤来除去残留的化学物质。

（2）水蒸气活化：水蒸气活化法是物理活化中常用的一种方法，其原理主要是水蒸气与炭基体反应形成多孔结构。在水蒸气活化的过程中，炭基体与水蒸气发生部分气化，并且产生表面氧化物和H_2；产生的H_2与生物炭表面位点发生反应以活化生物炭。水蒸气活化过程中，活化初期时便会形成稍大的微孔。

与CO_2活化主要造微孔不同，水蒸气活化主要是造介孔和大孔。这是因为生物炭与水蒸气反应较快，由微孔转变为介孔和大孔。此外，使用CO_2和水蒸气组合气体活化比单独使用效果更好，可以制备得到孔隙结构更发达的生物质活性炭。

（3）空气活化：在一定条件下通过适量的空气来处理生物炭，可增加炭表面多孔结构，如介孔体积；还能增加炭表面的酸性含氧官能团，例如酯基、羧基、酚羟基等。与CO_2、水蒸气活化相比，空气活化的煅烧温度和成本更低，但是由于将生物炭和空气在高温下接触，有着火风险，活化温度选择不能太高。

2. 化学活化法

化学活化法包括碱活化、酸活化以及盐改性等。

（1）碱活化：利用氢氧化钾或氢氧化钠活化是一种常用且非常有效制备孔隙结构发达的生物质基活性炭的方法。碱活化可溶解生物质的灰分、木质素和纤维素等化合物，增加活性炭的氧含量和表面碱度。将生物质先炭化后碱活化制备的活性炭具有比仅炭化的生物炭更高的比表面积和更多的表面羟基。

氢氧化钾活化过程中主要产物为$H_2O(l)$、$H_2O(g)$、H_2、CO、CO_2、K_2CO_3、K_2O和金属钾等。此外，表面金属配合物的形成可以进一步分解出气态组分，如CO_2、CO和H_2，因此在炭基体结构中形成大量微孔。

（2）酸活化：酸活化如磷酸活化，在活化过程中磷酸影响生物质中存在的生物聚合物的热解途径，使其形成多孔炭结构，并生成富含磷的官能团。磷酸的加入降低了生物质中生物聚合物的粒径，从而令活化剂与炭发生深入的化学反应，在炭结构中形成大量微孔。

磷酸活化的机理主要是单体磷酸脱水为P_2O_5，而多磷酸分解为气态的P、O和蒸汽，P_2O_5进一步与生物质碳反应释放气态P和CO_2。

（3）盐改性：酸碱为活化剂的活化方法，腐蚀性强。若是以盐为活化剂进行活化处理，会更加温和且高效。可参与催化热解的盐类包括$ZnCl_2$、$(NH_4)_3PO_4$、$CO(NH_2)_2 \cdot H_3PO_4$等，这些化合物会影响生物质的热解炭化过程，抑制焦油的形成同时降低热解温度。例如，当$(NH_4)_3PO_4$参与热解时，首先会释放NH_3对生物质进行氮掺杂，随后分解产生H_3PO_4与炭表面—COOH和—OH进行交联，从而生成中间体聚合物提升最终炭得率。

3. 杂原子掺杂

非金属元素O、N和P是生物炭掺杂的理想杂原子，可以通过增强氢键和静电引力等相互作用来改变生物炭本身的表面化学性质。例如，以H_2O_2为氧化剂可进行含氧官能团的掺杂，以磷酸铵为添加剂可进行N/P掺杂，以三聚氰胺、尿素等作为添加剂或NH_3作为活化气可实现含氮官能团的掺杂（图5-24）。

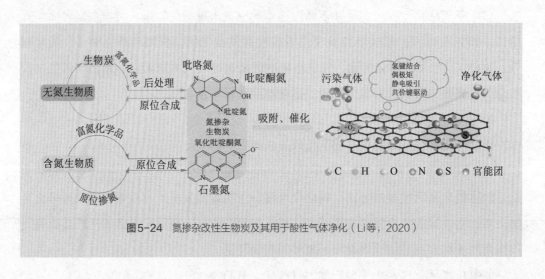

图5-24 氮掺杂改性生物炭及其用于酸性气体净化（Li等，2020）

当需要增加生物炭的催化活性时，还可将炭作为载体在其表面负载金属氧化物如Mn、Fe、Ni等的氧化物，增强其表面的氧空位以及缺陷位点。

（三）生物炭的应用

目前，国内已有许多企业开展了生物炭的研究，并成功实现商业化生产和工业应用。生物炭的原料主要包括椰壳、果壳、木材、秸秆等。目前，生物炭生产工艺已相对成熟，能根据需求生产各种规格和型号的生物炭，也能针对不同应用场景或领域开发相应的高品质生物炭。

1. 土壤改良

生物炭可以通过增强土壤的物理、化学和生物性质来提高植物的生产力和光合作用速率，从而有助于陆地生态系统中的碳固存和减缓气候变化。

生物炭添加到农业土壤中提高了土壤水分的可用性、持水能力和养分可用性，增加了土壤微生物的生物量和活性，降低了结壳形成和水土流失的风险。此外还可增强作物的抗菌活性，降低土壤中环境污染物的流动性和毒性。生物炭还可以作为植物生长的养分来源，抑制土壤传播的病原体疾病，以改变农业环境。

2. 环境修复

生物炭具有孔隙率好、表面电荷高、官能团丰富以及疏水等优点，在污染气体去除方面被广泛应用，如高效去除NO_x、挥发性有机物（VOCs）以及H_2S等污染物和CO_2等温室气体（图5-24）。此外，生物炭和CO_2的结合以物理吸附为主，再生温度低，相较胺液等吸收剂极大降低了CO_2捕集的能耗，是一种有潜力的零碳捕集材料。

生物炭具有表面电荷高、官能团丰富以及生物相容性好等优点，可吸附去除水中各种有机污染物，如抗生素、芳香染料、农用化学品、多氯联苯和多环芳烃等，还可作为载体促进生物膜生长，强化微生物代谢降解有机污染物。

生物炭其具有可控的导电性和官能团，可设计为催化剂载体，与其他反应物质复合后能在界面发生光子、电子、声学和生物/氧化还原相互作用，促进污染物的催化降解，使其成为不可持续的铝基、硅基载体替代品。

3. 其他应用

生物炭还可应用于制氢、饲料添加以及制备建材等。由于生物炭的有效性取决于其物理和化学性质，除了后期生产过程外，还受到各种生产因素和操作设置的影响，有必要深入了解合适的原料和生产条件，以获得具有特定应用所需特性的生物炭。

思考题

1. 请列表对比油料作物与废弃生物质作为原料制备生物燃料的优劣。
2. 请分析微藻作为生物柴油原料的优势与应用前景。
3. 试设计一条从生物质到燃油的技术路线，包括原料、制备工艺以及反应装置的选择。
4. 如何克服生物质催化加氢制备汽柴油过程的结焦问题？
5. 简述生物质制备石油基大宗能源化学品的挑战，并提出解决方案。
6. 简述生物汽柴油、生物航煤、生物船油的特征与区别。
7. 简述汽车使用生物乙醇汽油的好处，并列表对比生物汽油与现有新能源如电燃料、氢燃料的优劣。
8. 试为农林废弃物、畜禽粪便以及厨余垃圾三种不同类型的废弃生物质设计经济性最好的资源化技术路线。
9. 生物炭的原料包括哪些？请设计一种可用于室内 VOC 吸附的生物炭。
10. 日常生活中生物质建材有哪些？试评述其优势和不足。

参考文献

[1] 陈冠益, 马文超, 颜蓓蓓. 生物质废物资源综合利用技术 [M]. 北京: 化学工业出版社, 2015.

[2] 任学勇, 张扬, 贺亮. 生物质材料与能源加工技术 [M]. 北京: 水利水电出版社, 2017.

[3] Wang H M, Male J, Wang Y. Recent advances in hydrotreating of pyrolysis bio-oil and its oxygen-containing model compounds [J]. ACS Catalysis, 2013, 3(5): 1047−1070.

[4] 钱伯章. 生物乙醇与生物丁醇及生物柴油技术与应用 [M]. 北京: 科学出版社, 2010.

[5] Pandiyan K, Singh A, Singh S, et al. Technological interventions for utilization of crop residues and weedy biomass for second generation bio-ethanol production [J]. Renewable Energy, 2019, 132(C): 723−741.

[6] 陈坚, 周景文, 刘龙. 新型有机酸的生物法制造技术 [M]. 北京: 化学工业出版社, 2015.

[7] 刘晶晶, 刘延峰, 李江华, 等. 生物法制备有机酸研究进展 [J]. 生物产业技术, 2017, 6（62）: 24−30.

[8] Vispute T P, Zhang H, Sanna A, et al. Renewable chemical commodity feedstocks from integrated catalytic processing of pyrolysis oils [J]. Science, 2010, 330(6008): 1222−1227.

[9] Bond J Q, Upadhye A A, Olcay H, et al. Production of renewable jet fuel range alkanes and commodity chemicals from integrated catalytic processing of biomass[J]. Energy & Environmental Science, 2014, 7(4): 1500−1523.

[10] Wang H L, Yang B, Zhang Q, et al. Catalytic routes for the conversion of lignocellulosic

biomass to aviation fuel range hydrocarbons [J]. Renewable and Sustainable Energy Reviews, 2020, 120(C): 109612.

[11] 王吉林. 溶剂法回收废旧聚苯乙烯泡沫塑料 [J]. 塑料科技, 2010, 38（12）：69−73.

[12] 王琪, 卢灿辉, 夏和生. 高分子力化学研究进展 [J]. 高分子通报, 2013（9）：35−49.

[13] 许梦瑶, 温舒珺, 孙创, 等. 木塑复合材料界面改性研究进展 [J]. 林业机械与木工设备, 2021, 49（5）：10−15.

[14] 刘红光, 罗斌, 申士杰, 等. 秸秆建材的研究与发展现状概述 [J]. 林业机械与木工设备, 2019, 47（5）：4−12.

[15] 罗清海, 张红艳, 刘秋菊, 等. 秸秆作为建筑墙体材料的应用与发展 [J]. 低温建筑技术, 2020, 42（1）：24−27.

[16] 李萍, 左迎峰, 吴义强, 等. 秸秆人造板制造及应用研究进展 [J]. 材料导报, 2019, 33（8）：2624−2630.

[17] 李东方. 聚乙烯木塑复合材料性能影响应置于界面特性研究 [D]. 北京：北京林业大学, 2013.

[18] 王清文, 王伟宏. 木塑复合材料制造与应用 [M]. 北京：科学出版社, 2018.

[19] 蒋海斌, 张晓红, 乔金樑. 废旧塑料回收技术的研究进展 [J]. 合成树脂及塑料, 2019, 36（3）：76−80.

[20] Wang F, Harindintwali J D, Yuan Z, et al. Technologies and perspectives for achieving carbon neutrality [J]. The Innovation, 2021, 2(4): 100180.

[21] Li D, Chen W H, Wu J P, et al. The preparation of waste biomass-derived N-doped carbons and their application in acid gas removal: focus on N functional groups [J]. Journal of Materials Chemistry A, 2020, 8(47): 24977−24995.

第六章
工业原料替代与循环利用

工业生产的整个生命周期涵盖了从原料开采、加工、制造、运输到产品使用、再利用、再加工、再循环、处理与处置的全过程，可以划分成生产端和消费端两个环节。来源于消费末端的废弃物虽已丧失原有使用价值，但回收后经过加工、处理，往往又可再次作为原行业或其他行业的替代原料，可以大大缩小前端原料开采规模，降低中端生产能耗，减少末端消费全链条各环节产生的碳排放，实现资源高效循环利用和减污降碳协同增效的目标（图6-1）。本章主要介绍钢铁、水泥及绿色高分子的原料替代技术，以及工业固体废物循环利用技术。

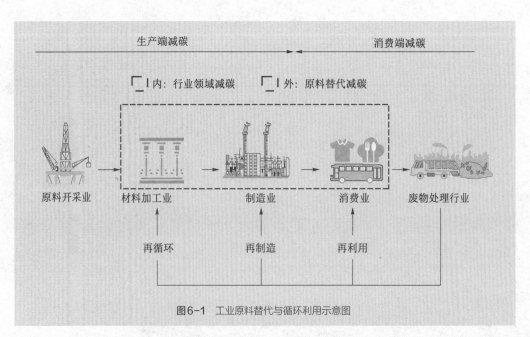

图6-1　工业原料替代与循环利用示意图

第一节
钢铁冶金原料替代

据统计，目前钢铁行业的 CO_2 排放量占全球 CO_2 排放总量的 7%。钢铁冶炼分为炼铁和炼钢两大领域。炼铁的主要原料为铁矿石，主要能源为焦炭和煤，加工得到炼钢生铁（铁水）、铸造生铁和铁合金。炼钢的原材料按性质分为金属料、非金属料和气体。其中金属料包括铁水、废钢、生铁、直接还原铁和铁合金等，非金属料包括造渣剂和增碳剂，气体主要是作为氧化剂的氧气。

钢铁生产的前端工序，如烧结、球团、焦化、高炉，能耗占钢铁生产总能耗的 90%，CO_2 排放占吨钢总碳排放的 95%。据国际钢铁协会估计，每生产 1 t 钢坯排放 CO_2 的平均值为 1.7～1.9 t。原料替代可以缩短钢铁前端生产流程，减少原料开采产生的碳排放量，提高资源循环效率。本节介绍钢铁工业的主要原料替代技术。

一、铁矿石替代

铁矿石由铁、氧和脉石组成，是钢铁工业的基础原料。新开采的铁矿石需要经过破碎、磨碎、磁选、浮选、重选等工序得到铁含量更高的铁精矿作为炼铁工业原料，部分工业固体废物可以通过回收铁精矿用于替代铁矿石。

（一）矿渣回收铁精矿

"收集—贮存—加工—替代原料"的矿渣循环处理模式可以减少采矿产生的原料与能源消耗。

1. 矿渣的性质

矿渣也叫粒化高炉矿渣，是冶炼生铁时从高炉中排出的副产品。在高温炼铁过程中，铁矿石中的氧化铁被还原成金属铁，二氧化硅和氧化铝等杂质与石灰反应生成以硅酸盐、铝硅酸盐为主要成分的废渣，又称高炉渣。矿渣的产量一般为生铁产量的 25% 左右。根据炼铁目的不同，矿渣分为铸造生铁矿渣和炼钢生铁矿渣，前者产生于冶炼铸造生铁工艺，后者产生于冶炼炼钢生铁工艺。

矿渣的化学组成主要为 SiO_2、Al_2O_3、CaO 和 MgO，这 4 种成分通常占矿渣总量的90%以上。根据不同的矿石来源，矿渣中还可能含有MnO、Fe_2O_3、TiO_2、V_2O_5等氧化物和少量CaS、MnS等硫化物。

矿渣的冷却条件分为慢速冷却和水淬急冷，前者形成的矿渣晶型结构相对均衡，主要矿物成分为钙铝黄长石、镁黄长石、钙黄长石、硫化钙、硅酸二钙等；而后者条件阻碍矿物结晶，矿渣以大量无定形玻璃体结构或网格结构为主，潜在活性高。

2. 矿渣回收铁精矿技术

图6-2为从高炉矿渣回收铁精矿的工艺流程，获得的铁精矿回收率超过70%，其含铁量达60%以上，回收的铁精矿可循环用作炼铁行业的替代原料，减少铁矿石的开采量。

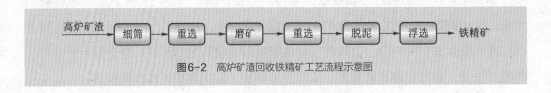

图6-2 高炉矿渣回收铁精矿工艺流程示意图

（二）硫铁矿烧渣回收铁精矿

硫铁矿烧渣来源于以硫铁矿或含硫尾砂作原料生产硫酸的过程中产生的废渣。硫铁矿烧渣年产量在1 000万t左右，可作为炼铁、炼钢、水泥的替代原料，还可用于回收稀贵金属等。

1. 硫铁矿烧渣的性质

硫铁矿烧渣的化学组分主要为Fe_xO_y和SiO_2，还包括S、As_2O_3、CuO、Pb、ZnO、Au、Ag和其他伴生元素，如表6-1所示。一般情况下，硫铁矿中硫含量越高产生的烧渣中铁组分含量越高。硫铁矿烧渣的矿物成分主要包括赤铁矿、磁铁矿、黄铁矿和石英。

表6-1 硫铁矿烧渣的化学组成

化学组成	总Fe	SiO_2	S	As_2O_3	CuO	Pb	ZnO	其他
质量分数/%	30~60	8~13.9	0.8~17	1.2~3.5	0.4~2	0.02~0.05	0.008~0.05	1.5~3.5

2. 硫铁矿烧渣回收铁精矿技术

将硫铁矿烧渣制成高品位铁精粉，可回收铁精矿作为炼铁原料。目前主要采用磁选法回收铁元素，回收率在60%左右。结合磁化焙烧-磁选和还原焙烧-磁选，可得到铁回收率70%以上的优质铁矿。

选矿联合湿法脱硫，能够在提高铁的富集效果的同时大幅脱硫，用王水处理烧渣后，得到成品铁精矿的铁元素质量分数超过60%，硫质量分数大幅下降至0.5%以下，此时的铁精矿再用作替代原料，可以减弱硫对高炉炼铁的不利影响。

（三）粉煤灰回收铁

粉煤灰又称飞灰，是从火电厂燃煤烟气中收捕的细灰，同时也是一种具有潜在价值的人造火山灰资源。粉煤灰中含有一定的铁元素，通常可采用磁选的方法从粉煤灰中回收铁，回收率可达40%。

1. 粉煤灰的性质

粉煤灰通常呈灰白色或灰黑色，其化学成分主要受煤炭源、燃烧方式、锅炉炉型和收集方式的影响。粉煤灰的化学组成主要有SiO_2、Al_2O_3、Fe_2O_3，此外还含有一定量的CaO、MgO、TiO_2、MnO_2、K_2O、Na_2O和SO_3等。

2. 粉煤灰回收铁技术

粉煤灰磨矿后先浮选后磁选，能够同步回收碳精矿和铁精矿，用于替代炼铁原料（图6-3）。

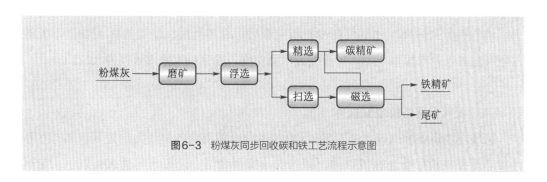

图6-3　粉煤灰同步回收碳和铁工艺流程示意图

二、还原剂替代

炼铁工序中需将铁矿石（铁精矿）与煤炭的燃烧产物CO进行氧化还原反应，其中碳具有双重作用：① 作为还原剂，使铁氧化物还原脱氧；② 作为热源，产生炼铁所需的热量，保证氧化还原反应顺利进行。但同时，也会产生大量CO_2。以前的研究大多关注焦炭和煤的高效利用，很少考虑使用低碳或非碳还原剂替代焦炭和煤，而原料替代可以大大减少炼铁过程的CO_2产生量，是钢铁冶炼的主要碳减排路径之一。

（一）氢气替代CO技术

炼铁工艺中高炉脱碳的路径之一是用H_2或富氢焦炉煤气作还原剂代替CO，将其吹入高炉内还原铁矿石，以此降低焦炭生产过程和使用过程产生的CO和CO_2的量。H_2具有密度小、黏度低、导热性好、扩散速度快的特点。

高炉炼铁工艺中喷吹H_2有助于降低煤气密度和压差，提升气体和炉料之间的热交换效率，从而提高热能利用率。研究表明，H_2/CO体积比越高，还原速度越快。另一方面，以H_2作还原剂，生成的产物H_2O无污染，避免了CO_2产生，是钢铁工业脱碳的理想替代物。

日本六家钢铁公司共同开展了"环境友好型炼铁工艺技术开发"项目，简称COURSE50项目。改变还原剂、用H_2部分替代CO是COURSE50发展的主要低碳炼铁技术之一，H_2基本全部采用电解水的方法制备。该项目计划于2030年完成技术确定，2050年实现工业化应用。

瑞典钢铁HYBRIT项目是由瑞典钢铁公司、瑞典大瀑布电力公司和瑞典矿业集团联合开展。项目采用氢冶金工艺，在高炉炼铁过程中用H_2取代传统工艺的煤和焦炭，在较低的温度下H_2对球团矿进行直接还原，产生海绵铁（直接还原铁），并从炉顶排出水蒸气和多余的H_2，水蒸气在冷凝和洗涤后可循环利用，使用的H_2是由清洁能源发电产生的电力电解水产生。对该路线核算发现，吨钢CO_2排放量仅为0.025 t。

（二）氢气闪速熔炼炼铁技术

氢气闪速熔炼炼铁技术是以H_2、CO或者两者的混合气体作为热还原气体，在悬浮状态下将铁精矿粉还原成铁水。该方法不需要烧结，还原率可达90%以上。氢气闪速熔炼炼铁技术已经完成实验室滴管试验和较大规模试验。

该技术以H_2、CH_4或煤作为燃料，每生产1 t铁水CO_2的排放量分别为0.07 t、0.65 t和1.15 t。值得注意的是，即使该技术以煤作燃料，CO_2排放量也显著低于常规高炉炼铁。

（三）生物炭替代焦炭技术

生物炭可以用作炼铁还原剂和热源，全部或部分取代焦炭和煤还原铁矿石，捕获炉料中的氧，氧化生成的CO_2可以被植物吸收固定，植物成熟后成为生物质资源，经预处理加工成生物炭，可用于焦炉炼焦、铁矿石造块、高炉炼铁、非高炉炼铁，整个链条形成闭合碳循环（图6-4）。用生物炭替代焦煤可有效减少从地下开采煤炭资源，不仅起到节能减排的作用，还能得到较高质量的铁水，为后续炼钢工艺创造良好条件。

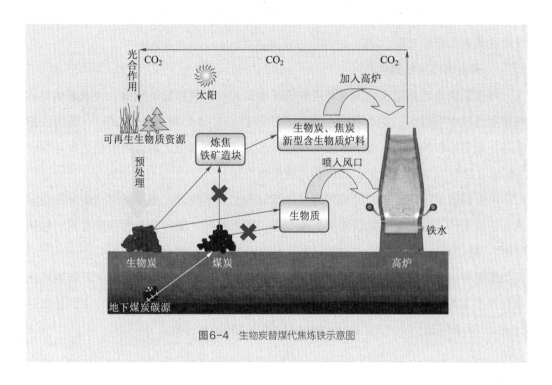

图6-4　生物炭替煤代焦炼铁示意图

生物炭炼铁应用研究集中于以农林业为经济基础或化石能源匮乏、进口依赖性强的国家，例如巴西、澳大利亚和日本等。巴西的一种棕榈树巴巴苏坚果生物炭抗碎、抗压强度高，硫、磷含量低于冶金焦炭，不用造块便可直接用于替代大容积高炉内的焦炭。2007年，巴西约35%的铁水由内部容积小于300 m^3的小型木炭高炉（使用木炭作为还原剂）生产，每座平均年产量约10万t。日本研究发现木炭粉替代传统煤炭用于炼铁工艺，可以减少30%以上的净CO_2排放量，产渣量减少50%，铁水质量得到提高。

欧洲钢铁工业也正在积极开发生物炭替代高炉炼铁技术。德国学者利用数学模型计算出，利用碳中性的生物炭完全替代煤粉的高炉炼铁工艺CO_2减排量约40%。我国这方面研究正在起步阶段。

三、炼钢金属料替代

炼钢金属料替代主要包括再生钢铁原料、钢渣替代生铁等。

(一) 再生钢铁原料

用再生钢铁原料替代铁矿石可以有效缓解我国钢铁工业对天然铁素原料的依赖，提高铁素资源循环效率。

1. 再生钢铁原料的性质

再生钢铁原料是指丧失原有利用价值或者虽未丧失利用价值但被抛弃或者放弃的钢铁制品或钢铁碎料（国家标准《再生钢铁原料》(GB/T 39733—2020)）。值得注意的是，并非所有的废钢都属于再生钢铁原料，只有经过分类、加工处理后达到环保技术要求，可作为炼钢铁素炉料的废钢才符合标准。

再生钢铁原料通过不同的加工方式，按外形、化学成分、来源和用途等分为重型再生钢铁原料、中型再生钢铁原料、小型再生钢铁原料、破碎型再生钢铁原料、包块型再生钢铁原料、合金钢再生钢铁原料、铸铁再生钢铁原料七大类。

根据中国废钢铁应用协会统计（图6-5），2020年所有废钢总量中，来自钢铁企业自产总量约0.5亿t，由社会采购废钢约2亿t；其中，用于炼钢生产的废钢总量达2.2亿t，用于制造行业0.2亿t，剩余0.1亿t放入库存。

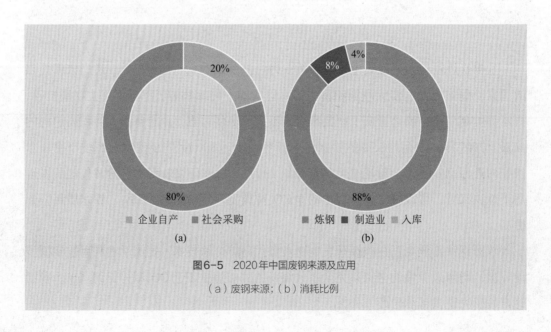

图6-5　2020年中国废钢来源及应用

（a）废钢来源；（b）消耗比例

2. 再生钢铁原料的应用

如果用再生钢铁原料替代铁矿石冶炼 1 t 钢,可节约 1.7 t 精矿粉,节约 350 kg 标准煤,减少 1.6 t CO_2 排放,同时可以极大降低硫化物、氮氧化物等污染物的排放。

自《再生钢铁原料》正式实施后,中国宝武钢铁集团有限公司于 2021 年 1 月 1 日达成了与日本三井物产的首笔国际订单,完成了 3002 t 再生钢铁原料进口。截至 2021 年 4 月,我国进口再生钢铁原料总量达 13.16 万 t,虽然进口规模不大,但可以激发市场引领作用,有利于推动钢铁工业原料替代进程。

(二) 钢渣替代生铁

从钢渣中大量回收废钢铁一方面有利于延长工业原料的使用寿命,另一方面还可以降低工业污染物排放和碳排放。作为世界钢铁大国,我国钢渣副产品年产量为 1 亿 t。《中华人民共和国环境保护税法》(2018) 中规定对冶炼渣征收 25 元/t 的环保税,可促进冶炼渣的内循环利用,加快企业发展循环经济的速度。

1. 钢渣的性质

钢渣源自炼钢工业过程排出的废渣,是由生铁中的硅、钙、铁、镁、锰、磷等元素在 1 500~1 700 ℃ 高温中生成的氧化物及其与溶剂反应生成的盐类物质组成。

钢渣外观与水泥熟料类似,呈黑色块状或粉状,混有部分铁屑,钙、铁、硅的氧化物占比较大 (表6-2)。钢渣的矿物组成则以硅酸三钙 ($3CaO \cdot SiO_2$)、硅酸二钙 ($2CaO \cdot SiO_2$)、铁酸二钙 ($2CaO \cdot Fe_2O_3$)、橄榄石 ($2FeO \cdot SiO_2$) 及游离氧化钙 f-CaO 等为主。钢渣的主要化学成分 CaO 含量高达 40%~50%,将其预处理破碎成小于 10 mm 的颗粒,便可作为烧结熔剂的替代原料。

表6-2 钢渣的主要化学组成

化学组成	CaO	总Fe	SiO_2	MgO	MnO	Al_2O_3	P_2O_5
质量分数/%	40~50	20~40	10~20	2~9	1~8	2~5	1~5

2. 钢渣替代生铁技术

钢渣总量的 7%~10% 为废钢铁颗粒,具有较高的回收价值,通过一定的破碎、磁选和精加工处理,废钢铁回收率可达 90% 以上,是炼钢重要的原料替代品。用钢渣作替代物料有两方面的优势:一是钢渣可以充分利用 Fe、CaO、MnO 等有用元素充当增强剂，提高烧结矿强度和结块率，进而提高烧结造球速度，制备的烧结矿粒度均匀；二是可以减少燃料使用量，节省能耗。

高炉炼生铁是"高炉—转炉"长流程中碳排放量最高的部分，用短流程替代长流程，可避免高炉炼铁过程中产生的大量CO_2。例如电弧炉炼钢工艺，尤其是"全废钢"替代原本用于炼钢的生铁，减少了生铁冶炼过程的CO_2排放。

在不比较高炉炼铁环节时，无论是火电还是水电，电炉炼钢与转炉炼钢相比碳排放差距相对较小，这就意味着电炉钢在原料端用废钢替代生铁的减排成效，会大于能耗端用水电替代火电。

四、炼钢非金属料替代

炼钢非金属料主要包括助熔剂、造渣剂、还原剂、增碳剂等。

（一）助熔剂

铁矿石生产烧结矿的过程中，一般需要加入石灰石作助熔剂。因钢渣主要组分为Fe、CaO、MgO，用其代替部分石灰石作炼钢烧结配料，从而减少石灰石的消耗。同时钢渣中的Mn和MgO对于提高炉渣的流动性、提升传热效率、降低能源消耗具有突出作用。

（二）造渣剂

造渣剂是钢铁冶金工业中重要的辅料，起聚渣作用，促进金属与氧化物分离，其主要成分为CaO、MgO、Al_2O_3，而SiO_2、P、S含量较低。铬渣成分以CaO、MgO、铁的氧化物为主，可以作为炼钢辅料部分取代石灰石、白云石。在高炉高温和还原条件下，六价铬被还原成低价甚至零价铬，金属铬掺入生铁中，可改善铁的机械、耐磨蚀等性能。

（三）还原剂

粉煤灰中夹带有大量未燃尽碳，呈海绵状或蜂窝状，具有多孔结构，亲油疏水。粉煤灰经造粒后可作为焦炭填料，具有料柱机械支撑作用，成型后用于高炉炼铁还原剂和发热剂，从而减少焦炭和煤的使用量。从粉煤灰中回收炭的方法分为干法和湿法，干法主要是电选法、燃烧法和流态法，湿法主要是浮选法。

（四）增碳剂

在炼钢过程中往往需要添加增碳剂来增加铁液中碳含量，辅助完成铸造工艺。在电弧炉炼钢过程中，大约60%～70%的直接温室气体排放来自废钢熔化过程中使用的化石碳炉料。在电弧炉炼钢中用可再生碳代替化石碳炉料比在综合高炉炼钢中具有更大的潜力，后者对碳炉料的机械强度要求太高。

虽然生物炭具有低碳结晶度和高孔隙率的特性，但在炼钢中用作增碳剂并没有产生不利影响。在工厂的50 t电弧炉炼钢中进行了包括6次连续炉次的工业试验，生物炭替代了33%的标准无烟煤碳装料，其结果与电弧炉炼钢中的常规操作条件没有任何偏差。因此，在电弧炉炼钢流程中可以考虑用生物炭部分替代增碳剂。

第二节
水泥原料替代

水泥生产过程最大的碳排放源来自碳酸盐分解产生的CO_2（一般为50%～60%）。据统计，全世界各国每生产1 t水泥排放的CO_2平均值为0.79 t。《国家应对气候变化规划（2014—2020年）》中指出，"水泥行业要鼓励采用电石渣、造纸污泥、脱硫石膏、粉煤灰、冶金渣、尾矿等工业废渣和火山灰等非碳酸盐原料替代传统石灰石原料"。

水泥行业利用工业废弃物的减排途径包括：① 少用/不用碳酸盐原料生产熟料；② 利用工业原料特性降低烧成热耗；③ 水泥生产中少用熟料；④ 混凝土生产中少用水泥。通过水泥原料替代技术可有效降低水泥生产过程中的碳排放量。本节主要介绍大宗工业固体废物作水泥生料原料替代技术。

一、水泥原料分类

水泥生产工艺流程主要分为生料制备、熟料煅烧和水泥磨粉三个阶段，简称为"两磨一烧"。根据国家标准《通用硅酸盐水泥》（GB 175—2007），水泥主要由硅酸盐水泥熟料、石膏和混合材料，以及少量窑灰和助磨剂构成。

（一）硅酸盐水泥熟料

硅酸盐水泥熟料由生料原料煅烧而成，原料包括钙质原料（石灰质原料）、硅铝质原料（黏土质原料）和少量校正原料。钙质原料即以碳酸钙为主要成分的原料统称，硅铝质原料是提供二氧化硅和氧化铝的原料统称。

（二）石膏

石膏作为缓凝剂，用于防止硅酸盐水泥熟料单独磨粉与水拌合时出现"速凝"或"急凝"的不正常快速凝结现象。有些工业副产石膏以硫酸钙为主要成分，比如磷石膏、脱硫石膏、柠檬酸石膏、氟石膏等，可替代石膏原料。

（三）混合材料

混合材料是指生产水泥时加入的人工和天然矿物材料，用于调节水泥强度，分为活性混合材和非活性混合材。活性混合材是指具有火山灰性或潜在水硬性的矿物质材料，包括粒化高炉矿渣、火山灰质混合材和粉煤灰。非活性混合材主要有磨细的石英砂、石灰石、慢冷矿渣等各种废渣。

二、钙质原料替代

石灰石是水泥工业的主要钙质原料，依靠传统技术石灰石生料经高温煅烧分解生成 CaO 和 CO_2。通常 1 t 石灰石原料只能生产出 0.7 t 水泥熟料，同时产生 42% 的 CO_2。如果采用可提供钙源且碳酸盐含量低或非碳酸盐的原料替代石灰石，可降低水泥生产过程中的碳排放。

（一）电石渣替代钙质原料

1. 电石渣的性质

电石渣来源于电石法生产乙炔气体和聚氯乙烯等工业过程排出的废渣，1 t 电石加水反应后可生成 0.3 t 左右乙炔气，同时生成 10 t 电石渣浆，其中含固率一般为 20%~40%。

电石渣的相对密度范围为 2.22~2.26 g/cm³，颗粒组成分布主要为 0.01~0.05 mm。电石渣 pH ≥ 14，属于高碱性物质，其化学成分与湿度有关，干排时以 CaO 为主，含量高达 64%~67%，还含有 SiO_2、Al_2O_3、Fe_2O_3、MgO 等成分；湿排时以 $Ca(OH)_2$ 为主，重量占比达 70%~80%。电石渣的组成成分较稳定，有害物质含量少，可用于取代水泥生产中的钙质原料。

2. 电石渣替代石灰石技术

由于 $Ca(OH)_2$ 比 $CaCO_3$ 的分解温度低，因此用湿电石渣取代石灰石原料，可以减少水泥熟料的烧成过程能耗。

1 条 2 500 t/d 水泥熟料的生产线，以电石渣为钙质原料，年产水泥熟料 70 万 t，经核算，与传统生产方法相比，当电石渣在原料中的配比为 60% 时，生产单位熟料过程的碳排放减少 227.5 kg CO_2，企业每年可以减排 16 万 t CO_2。

（二）硅钙渣替代钙质原料

1. 硅钙渣的性质

硅钙渣是指用碱和石灰石烧结法提取高铝粉煤灰中氧化铝，回收碱后剩余的新型固体废弃物，主要含有硅、钙两种元素。在提取氧化铝的过程中，平均每提取 1 t 氧化铝就会产生 10 t 硅钙渣。

硅钙渣外观呈米黄色，是一种疏松多孔的粉状物，脱碱后变成白色，密度为 1.2~1.5 g/cm³。硅钙渣的化学成分主要是 CaO、SiO_2、Al_2O_3、Fe_2O_3、MgO、Na_2O、K_2O、TiO_2 等，如表 6-3 所示。

表6-3　硅钙渣的主要化学组成

化学组成	CaO	SiO_2	Al_2O_3	Fe_2O_3	MgO	K_2O+Na_2O	其他
质量分数/%	32~56	25~40	4~7	1~3	0.5~2.5	1~5.5	9~15

2. 硅钙渣替代钙质原料技术

硅钙渣因含有大量硅酸二钙，少部分铝和铁等元素，是一种优质的水泥替代原料，可作为生料配合物直接进行煅烧。

研究表明，采用硅钙渣∶石灰石＝9∶1 的原料配比，温度控制在 1 300~1 400 ℃，制备出的硅酸盐水泥性能达标，甚至表现出更优的易磨性和易烧性，随着硅钙渣掺入量增大水泥性能越好。由此可见，与单纯用石灰石对比，硅钙渣是一种优质的水泥原料替代品。此外在相同生产条件下，用硅钙渣做替代原料可以节约20%左右的能源消耗。

以硅钙渣替代钙质原料的生产线为例，当硅钙渣对石灰石的取代率为30%的时候，生产单位水泥熟料过程的碳排放量为437.1 kg CO_2；当只采用石灰石作生料原料，生产单位水泥熟料过程的碳排放量为533.6 kg CO_2。由此，用硅钙渣代替石灰石生料原料制备硅酸盐水泥的碳减排效果明显。

三、硅铝质原料替代

（一）尾矿替代硅铝质原料

尾矿是指在矿山开发过程中，将矿石磨细、分选后剩余的目标金属含量较低而无法用于生产的固体废弃物。我国矿产资源丰富，大规模开采导致尾矿产量剧增。截至2018年底，我国尾矿累计堆存量约207亿t，2019年重点发表调查工业企业尾矿总产量达10.3亿t，利用率仅为27.0%。其中尾矿产量最大的两个行业为有色金属矿采选业和黑色金属矿采选业，分别达4.6亿t和4.4亿t，综合利用率分别为27.1%和23.4%（图6-6）。尾矿的主要成分为硅铝酸盐，可以作为水泥的替代原料。

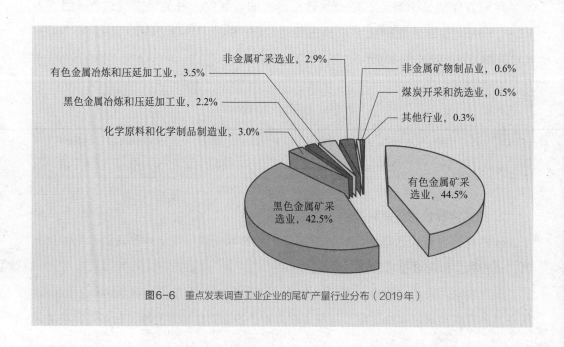

图6-6　重点发表调查工业企业的尾矿产量行业分布（2019年）

1. 尾矿的性质

尾矿的化学组成往往因矿种类型不同有所差异，但其常量成分的类型基本相同，主要为 SiO_2、Al_2O_3、Fe_2O_3、CaO、MgO、FeO、K_2O、Na_2O 等。通常可根据尾矿化学成分含量的变化范围进行分类，根据我国比较典型的金属和非金属矿山的尾矿化学组成情况，将其归纳成9类尾矿类型，具体分类及化学成分含量范围见表6-4。

表6-4 典型尾矿的主要化学成分含量范围 单位：%

尾矿类型	SiO_2	Al_2O_3	Fe_2O_3	CaO	MgO	FeO	K_2O	Na_2O
硅质盐型	80~90	2~3	1~4	2~5	0.02~0.2	0.2~0.5	0~0.5	0.01~0.1
长英岩型	65~80	12~18	0.5~2.5	0.5~4.5	0.5~1.5	1.5~2.5	2.5~5.5	3.5~5
钙铝硅酸盐型	45~65	12~18	2.5~5	8~15	4~8	2~9	1~2.5	1.5~3.5
碱性硅酸盐型	50~60	12~23	1.5~6	0.5~4	0.1~3.5	0.5~5	5~10	5~12
高铝硅酸盐型	45~65	30~40	2~8	2~5	0.05~0.5	0.1~1	0.5~2	0.2~1.5
高钙硅酸盐型	35~55	5~12	3~5	20~30	5~8.5	2~15	0.5~2.5	0.5~1.5
镁铁硅酸盐型	30~45	0.5~4	0.5~5	0.3~4.5	25~45	0.5~8	0.01~0.3	0.02~0.5
钙质碳酸盐型	3~8	2~6	0.2~2	45~52	1~3.5	0.1~0.5	0~0.5	0.01~0.2
镁质碳酸盐型	1~5	0.5~2	0.1~3	26~35	17~24	0~0.5	微量	微量

2. 尾矿替代硅铝质原料技术

用尾矿作水泥原料主要有两方面的影响，一是尾矿中铁含量较高，可以取代普通水泥配方中的铁粉；二是利用尾矿替代部分生料，不同的微量元素对水泥熟料的矿物组成有一定影响。

不同来源的尾矿可以生产不同的水泥熟料，例如铜铅锌尾矿水泥熟料、金尾矿水泥熟料、铁矿尾矿砂水泥熟料等。掺入尾矿生产的水泥可有效提升矿化强度，水泥熟料产量和质量提高，生产能耗降低。除此之外，尾矿也可以作为混凝土的掺合料，制成的混凝土强度和耐久性更佳。

（二）煤矸石替代硅铝质原料

煤矸石是采煤、洗煤过程中一种与煤层伴生的固体废物，包括掘进巷道时产生的洗矸石、采掘过程产生的矸石以及洗煤过程中被淘汰的洗矸石。一般情况下，煤矸石占原煤开采总量的比重为15%，2019年重点发表调查工业企业的煤矸石产生量为4.8亿t，综合利用率为58.9%。

1. 煤矸石的性质

煤矸石碳量较低，外观呈黑色，是一种比煤炭坚硬的岩石。煤矸石的主要化学组成为SiO_2、Al_2O_3，另外还含有Fe_2O_3、MgO、CaO、Na_2O、K_2O、P_2O_5、SO_3，以及Ga、V、Ti、Co等微量稀有元素，各种化学成分的含量构成如表6-5所示。煤矸石的矿物组成主要分成黏土岩类、砂石岩类、碳酸盐类和铝质岩类。

表6-5　煤矸石的主要化学组成

化学组成	SiO_2	Al_2O_3	Fe_2O_3	MgO	CaO	$K_2O + Na_2O$	SO_3	其他
质量分数/%	45~65	15~35	2~14	0.4~4	0.45~3	1.5~4.3	0.2~2	0.1~2

2. 煤矸石替代硅铝质原料技术

煤矸石的化学组成以硅质和铝质氧化物为主，与黏土相接近。在制备水泥熟料的过程中，可以用煤矸石部分或者全部代替黏土原料。煤矸石一般选择洗矸，岩石类型为泥质岩石。但是以煤矸石为原料生产水泥熟料时，需要根据煤矸石活性硅铝氧化物含量情况，调整与石灰质原料配比方案，严格把关水泥熟料品质。

用低温方法制备煤矸石水泥的生产工艺如图6-7所示，煤矸石含量占原料总量的70%以上，制得的普通硅酸盐水泥性能好且长期稳定。

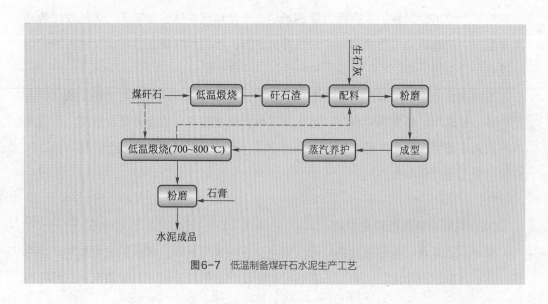

图6-7　低温制备煤矸石水泥生产工艺

煤矸石除了可以替代黏土生产水泥熟料，因其经高温煅烧后活性成分含量较高，也可以直接用于制备无熟料或少熟料水泥。具体方式与传统的“两磨一烧”工艺不同，直接将具有活性的煤矸石与激发剂混合、磨细即可得到水泥成品，也可以与石膏、粒化高炉矿渣、石灰等配比拌合制得无熟料水泥。如果将石灰用少量水泥熟料替代，便可得到煤矸石制成的少熟料水泥。两种水泥产品相比较，少熟料水泥在前期表现出强度高、凝结迅速的特点。

3. 煤矸石替代混凝土掺合料

煤矸石中碳含量低，活性硅铝酸盐含量高，是一种优质矿物材料。除了用作制备水泥的替代原料，也可作混凝土的掺合料制备高性能建材。煤矸石替代建材原料主要从两方面进行碳减排，一是可以减少水泥生产的原料消耗，降低制备水泥熟料产生的碳排放量；二是减少制备混凝土过程中的水泥掺量，降低水泥使用量。

由于没有充分燃尽的煤矸石中依然含有少量碳，吸水作用强，用于替代水泥原料或混凝土掺合料时，需要加大用水量，导致水泥成品强度低、耐久性差。因此，用煤矸石生产水泥和混凝土材料之前要严格控制煤矸石烧失量。

四、混合材利用

混合材利用主要是指利用钢渣、高炉矿渣和磷石膏替代水泥混合材原料等。

（一）钢渣替代混合材原料
1. 钢渣的性质

钢渣中含有 C_2S、C_3S 等活性组分，具有一定的潜在胶凝活性，但用于制备水泥往往还需要激发处理。常用的激发钢渣活性的方法主要包括物理激发、化学激发和热力学激发。

钢渣中的钙质成分主要为硅酸二钙（$2CaO \cdot SiO_2$）和硅酸三钙（$3CaO \cdot SiO_2$），可用作生产水泥的部分替代原料，还可以用作制备钢渣微粉、钢渣砖、钢渣砌块的掺合料。

2. 钢渣替代混合材技术

用钢渣作混合材生产水泥，需要提前预处理提高钢渣细度，增大钢渣的比表面积，同时加入石膏激发剂，以及矿渣、沸石和粉煤灰等掺合料，粉磨之后制得水泥成品，制备工艺如图6-8所示。

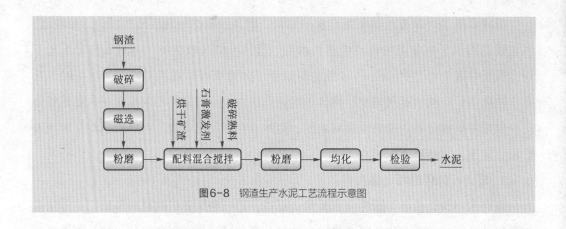

图6-8　钢渣生产水泥工艺流程示意图

制备钢渣水泥时加入部分硅酸盐水泥可以提高水泥强度，用该水泥制成的混凝土后期强度更高，适合用于代替修建大坝的普通水泥，具有抗冻、耐磨、耐腐蚀等优势。

掺和钢渣的水泥生产线，经过核算 CO_2 排放情况，发现在原料配合物中掺入钢渣混合材后，生产单位水泥熟料的 CO_2 排放量减少 4.4 kg。此外，研究发现加入钢渣掺合料的水泥生料易烧性增强。

（二）高炉矿渣替代混合材原料

1. 高炉矿渣的性质

钢铁高炉矿渣产生量越来越大，矿渣的化学组成成分大体与水泥类似，但氧化钙含量较低，二氧化硅含量较高。在不同条件下生成的高炉矿渣基本性质及用途如表6-6所示。

表6-6　高炉矿渣的分类

分类	生成条件	基本性质	用途
水渣/粒化渣	大量冷却水、急冷形成	潜在的水泥胶凝性能，需要石膏等激发剂处理	优质水泥原料
气冷渣/重矿渣	空气中自然冷却、少量淋水慢速冷却	抗压强度、稳定性、耐磨性好	作混凝土掺合料，用于地基、筑路、铁路道砟工程
膨珠	高压水接触膨胀、高速旋转滚筒击碎、冷却成珠	化学活性高、质轻、面光、吸音、隔热性强	作轻骨料、混凝土骨料、建筑墙板楼板

2. 高炉矿渣替代混合材技术

高炉矿渣用作建材原料前需经过一定的加工处理形成不同的产物，往往根据具体用途选择合适的工艺手段。

热熔态高炉矿渣经大量高压冷水冲刷后，快速淬冷成粒状水渣，经传送带送往沉渣池。采用水渣作水泥掺合料替代部分原料，已经是国内外普遍采用的技术。由于配料种类和添加比例差异可以生产矿渣硅酸盐水泥和石膏矿渣水泥。

（1）高炉矿渣硅酸盐水泥：高炉矿渣硅酸盐水泥是掺入水泥熟料、粒化水渣、石膏三者混合配料后，经磨细、混匀制备而成，又叫矿渣硅酸盐水泥或矿渣水泥。水泥混合配料中水渣掺入质量分数在20%~70%，也可以采用石灰石、粉煤灰或火山灰质等混合材料代替矿渣，但要求替代材料的质量占比需低于水泥重量的8%。

矿渣水泥可用于替代地下工程、高温车间、大体积混凝土工程所需的水泥建材替代品，效果优于普通水泥。

（2）石膏矿渣水泥：制备石膏矿渣水泥的配料要求减少硅酸盐水泥熟料比例，增加水渣比例至80%，石膏比例15%，加入少量石灰，经混匀、磨细后制得。石膏矿渣水泥具有成本低、抗酸、抗腐蚀性能强的特征。

（三）磷石膏替代混合材原料

磷石膏来源于硫酸与磷矿石反应制备磷酸工艺中排放的固体废渣，在我国所有石膏废渣中产量最高。一般情况下，每生产1 t磷酸约产生5 t磷石膏。随着含磷肥料、洗涤剂和磷酸的需求剧增，磷石膏废渣产量也大幅增加。

磷石膏的化学成分比较复杂，其主要组成为$CaSO_4 \cdot 2H_2O$，还包括残留的磷矿、磷酸，以及氟化物、酸不溶物、有机质等。

磷石膏可作水泥的缓凝剂，但由于磷石膏含有P_2O_5、氟等有害杂质，会导致水泥的强度等物理性能下降，因此需先对磷石膏利用水洗、煅烧、干燥、化学除杂等方法进行改性。

磷石膏还可用于联产水泥和硫酸，磷石膏高温分解后得到SO_3和CaO，可分别作为生产硫酸和水泥的原料。高温煅烧工序前需对磷石膏进行干燥脱水处理，尾端产生的SO_2需进行吸收转化处理。

第三节
绿色高分子原料替代

高分子材料不可或缺，是现代国民经济建设、科学技术以及日常生活重要基础材料，与无机非金属材料和金属材料一起构成三大基础材料。现代高分子材料制造主要依赖于石油基原料，而绿色高分子材料源自绿色化学与技术，包括高分子材料本身绿色合成方法和高分子材料应用及处理方面的内容。绿色高分子材料从生产、使用到废弃全生命周期内能耗和碳排放较低，包含七个创新利用途径（ILP），ILP1~4代表将可再生资源绿色转化为产品原料，ILP5~7代表高分子废弃物循环再利用途径（图6-9）。根据绿色合成原料不同，绿色高分子材料分为天然高分子材料和合成可降解高分子材料两类。

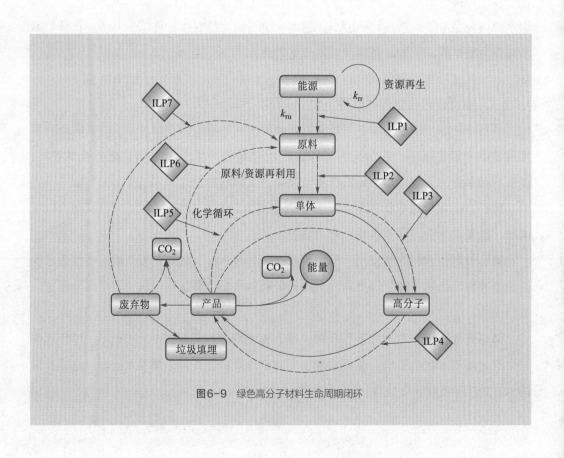

图6-9 绿色高分子材料生命周期闭环

一、天然高分子原料替代

选择无毒无害的生物基单体替代石油基是制造绿色高分子材料的重要环节。自然界中动、植物及微生物资源如纤维素、木质素、淀粉、海藻酸等，是取之不尽、用之不竭的可再生天然高分子材料。从生物质中提取葡萄糖、半纤维素和木质纤维素等制备高分子材料已在第五章第四节介绍，本节主要介绍改性纤维素和淀粉作绿色高分子原料。

（一）改性纤维素

纤维素由光合作用产生，是植物细胞壁的主要成分，可被自然界生物体中的纤维素酶降解。纤维素是地球上最古老、最丰富的天然高分子，全球产量超 1 000 亿 t/年，已被用来生产丝、膜、无纺布等。纤维素含有大量羟基，存在较强的分子链间氢键网络，分子链段有序排列构成结构致密的晶体纤维素，具有难溶解、不熔化、加工极其困难的特点。

传统纤维素材料生产工艺复杂，需 $NaOH/CS_2$、$Cu(OH)_2$/氨水等苛刻溶剂，成本高、污染严重，极大限制其广泛使用。当前我国已开发 NaOH、尿素、水、离子液体等低温纤维素溶解清洁溶剂，通过化学改性合成纤维素衍生物，提高加工性能。

1. 新型纤维素溶液加工

NaOH/尿素和 LiOH/尿素水溶剂体系在低温下诱导溶剂小分子和纤维素大分子通过氢键自组装生成新的氢键配体，实现纤维素在低温下快速溶解。纤维素低温溶液经多级结构调控，可制备出一系列纤维、薄膜、水凝胶、微球、气凝胶、碳材料、生物塑料、高分子纳米复合材料等，且具有优良的力学性能、电化学性能、生物相容性和生物降解性，在能源、环境、生物和健康等领域具有应用前景。

1-烯丙基-3-甲基咪唑氯盐和 1-乙基-3-甲基咪唑醋酸盐离子液体，均具有溶解纤维素能力强、溶解度高、溶解快、纤维素降解轻等优点，与 1-丁基-3-甲基咪唑氯盐离子液体并列为迄今为止使用最为广泛、研究最多的 3 种溶解纤维素的离子液体。其溶解纤维素的机理是离子液体的阴阳离子与纤维素分子链上羟基同时形成氢键相互作用，协同破坏了纤维素中的氢键网络，可高效溶解纤维素，制备纤维素纤维、薄膜、水凝胶和气凝胶材料，以及具有导电、抗菌、阻隔等不同功能性的再生纤维素材料。

化学溶解法是纤维素溶解的重要方法。采用微波和常规加热方式促进纤维素与尿素反应合成纤维素氨基甲酸酯，以NaOH/ZnO水体系为溶剂，得到稳定高浓度纺丝液，可通过连续法和半连续法纺丝，在H_2SO_4/Na_2SO_4水溶液中再生，制备出再生纤维素纤维。该工艺最大限度地利用原有黏胶生产设备，周期大幅度缩短，成本较低。

2. 纤维素衍生物

纤维素酯和纤维素醚等基于纤维素化学改性的衍生物，是应用广泛的改性天然高分子。但传统纤维素酯化、醚化或接枝共聚反应均在非均相体系中进行，工艺复杂，且存在产品结构均匀性差的潜在缺陷。纤维素均相衍生反应有望克服上述缺陷，精准、便捷地调控产物的化学性质和聚集态结构，得到具有特定功能的纤维素衍生物。

根据纤维素醚化，以强碱为催化剂，在NaOH/尿素水体系下可均相合成季铵盐化的纤维素醚。通过调控产物取代度和分子量，并与金属纳米颗粒、纤维素纳米晶、DNA链段等复合，可制得系列具有药物缓释、基因转染、絮凝、抑菌、蛋白质分离等功能性的纤维素新材料。

在无催化剂存在下，以离子液体为溶剂，以乙酸酐为酰化剂，通过温和反应条件可一步得到不同取代度的纤维素醋酸酯，取代度调控范围较宽，且离子液体可回收使用。以离子液体为均相反应介质，可以合成高附加值的纤维素混合酯和纤维素苯甲酸酯等几乎所有已知的纤维素酯。

3. 纳米纤维素及其功能化

(1) 纳米纤维素

从天然纤维素中提取的纳米纤维素，具有高强度、低热膨胀系数、高比表面积、易交织成网状结构等特点。现已发展了一种低熔点共熔盐或有机溶剂体系等与超声相结合制备纳米纤维素的方法，首先通过化学预处理破解"生物质抗解聚屏障"，再液相超声制备高长径比纳米纤维素。该法对木、竹、麻、棉、秸秆、麦草、甘蔗渣和纸浆纤维等具有普遍适用性，在水性涂料、组织工程、载药缓释、能量储存等方面具有应用潜力。

(2) 功能化调控

通过溶剂亲疏水环境与机械力协同作用诱导纤维素晶面剥离，纤维素分子链间的氢键作用在极性溶剂的溶胀作用下被削弱，机械力的作用使纤维素沿着亲水晶面解离，可制备亲水性纤维素纳米纤维。进一步通过表面酯化改性，对纤维素纳米纤维的表面亲疏水性进行调控，进而通过非极性溶剂对晶面的诱导作用，削弱纤维素分子层间范德瓦耳斯力，在机械力的作用下，使纤维素沿着疏水面剥离，可制备纤维素纳米片，在疏水涂料、化妆品以及材料增强等领域应用广泛。

细菌纤维素是由微生物发酵生成的特殊纤维素，具有独特的纳米多孔纤维结构，功能化细菌纤维素在生物成像、生物医用材料、化学传感、防伪标识等众多领域具有良好应用。通过微模板、微流控、光、电、磁等有序调控微生物的行为，可实现细菌纤维素的有序合成，具有仿生微结构的有序图案化纤维素在生物医用材料、能量捕获与存储等方面显示出潜在的应用可能。

（二）淀粉

淀粉是植物通过光合作用形成的天然多糖聚合物，是植物储存的养分，也是动物与人类重要的食物来源，在自然界中分布极为广泛，含量仅次于纤维素。淀粉的种类很多，它存在于谷类、薯类、豆类等农作物中，不同来源的淀粉，结构和形态均有差异。淀粉由直链淀粉和支链淀粉两种高分子组成，不同植物的淀粉中两者比例不同。

淀粉全降解塑料以淀粉为原材料，辅以加工助剂，使其既可加工成型，又能在自然环境中完全降解，主要包括淀粉薄膜、淀粉基纤维等。

1. 淀粉薄膜

淀粉薄膜加工工艺包括挤出成型、溶液流延、模压成型和注塑成型等。适用于淀粉薄膜的制备工艺大体可分为热塑性加工和溶液流延两类，其大致的制备工艺流程如图6-10所示。

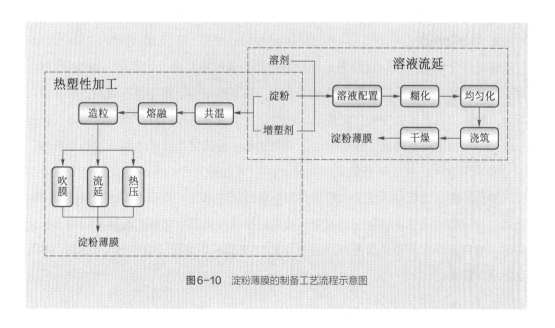

图6-10 淀粉薄膜的制备工艺流程示意图

（1）溶液流延：是指基材溶液通过流延方式待溶剂挥发后而形成薄膜。淀粉溶液流延成膜是最常用的实验室制膜方法。淀粉溶液流延成膜过程分为淀粉糊化、混合物均匀化、浇筑和干燥等四个步骤。该法需水比例较高，同时需要加入适量的增塑剂，以保证薄膜的力学性能，具有易操作、实验条件简单等优点，常被实验室小试研究采用，但干燥多余水分能耗较高、周期长。

（2）热塑性加工：天然淀粉分子间和分子内具有氢键相互作用，不能直接进行热塑性加工，经过增塑处理可形成具有可塑性的热塑性淀粉（thermoplastic starch，TPS）。当淀粉与增塑剂通过挤出机或其他熔融设备混合后，高温和强剪切作用可破坏淀粉结构，使增塑剂转移到淀粉分子中，形成类似于无脆性的橡胶材料。其中，淀粉薄膜的制备工艺主要有挤出流延、挤出吹膜和热压成型等，通常包括TPS制备和TPS热塑成膜两个步骤。相比于溶液流延，热塑性加工可充分破坏淀粉晶体结构，有利于增塑剂与淀粉之间形成稳定的相互作用。因此，热塑性加工不仅易于连续化生产，而且所制备薄膜的性能稳定，便于实际生产应用。

淀粉薄膜无色无味、柔韧性和透明性好，但存在力学性能和阻湿性能较差等问题，其大规模商业应用仍面临较多挑战。纳米粒子尺寸小和比表面积大，与淀粉结合后更加致密，可改善淀粉薄膜的刚性、热稳定性、尺寸稳定性、防水性和耐磨性等性能。因此，淀粉与不同纳米填料共混，可制备具有优异性能的纳米复合薄膜，一些具有特殊性能的纳米材料还可赋予淀粉薄膜特殊功能（如抗菌特性、除氧能力等），从而进一步拓展淀粉薄膜的应用范围。

2. 淀粉基纤维

淀粉基纤维是一种以淀粉为原料制备的生物基纤维材料，可再生、可生物降解，属于绿色纤维。但由于淀粉自身成球、水溶、热不稳定和强韧性差等问题，使其难以成纤，限制了其在工业中的广泛应用。因此，为了改善淀粉的成纤性，需要对淀粉进行改性，再利用离心纺丝、静电纺丝、熔融纺丝、湿法纺丝等技术制备淀粉基纤维。

如采用静电纺丝法制备的氨苄西林/淀粉/聚合物复合纳米纤维，具有高效、可控的释药性能。淀粉与丙烯酸类接枝共聚制备超强吸水剂，其吸水可达自身质量的数千倍，可以加工成婴儿或女性卫生巾、成人的纸尿裤等卫生材料。淀粉纤维加入纸张中时，可以使纸张表面施胶量减少且纸张强度增加。当淀粉纤维掺入非织造布中后，也会增加其强度。

二、合成可降解高分子原料替代

可降解高分子材料是指在自然环境中能够在微生物（细菌、真菌、藻类等）或动植物的组织细胞和酶作用下，经化学、生物或物理作用发生变化，主链断裂，分子量下降，继而形成小分子化合物，最终成为 CO_2、H_2O、CH_4 等小分子的一类高分子材料，具有无毒无害，能被环境完全吸收的特点，在需填埋处置的一次性塑料包装制品领域有广阔应用前景。当前可生物降解塑料主要应用领域分布在量大、分散、难收集、再生利用价值低的一次性消费品上，如一次性餐具、快递包装袋等。

常见的合成生物型降解高分子材料有脂肪族聚酯、聚酯醚、聚原酸酯、聚膦腈、聚酸酐、碳酸酯、聚氨基酸等。我国目前能产业化生产的品种有聚乳酸（PLA）、聚羟基脂肪酸酯（PHA）、聚己内酯（PCL）、碳酸亚丙酯（PPC）、二元酸与二元酯聚合物、生物基弹性体等，其中 PLA 和 PHA 已在第五章第四节介绍。

（一）聚己内酯

聚己内酯（PCL）由 ε-己内酯开环聚合而成，熔点一般 $53\sim63$ ℃，玻璃化转变温度为 -62 ℃，结晶度45%左右，常温下为橡胶态，具较好黏弹性和流变性，延展性大，生物相容性和降解性优异，具形状记忆功能。

PCL 已在很多领域尤其是医用领域应用，如伤口缝合线、药物缓释剂及绷带。PCL 可用作微生物碳源，可在土壤中降解，但因其结晶度高、降解速度较缓慢，12个月失重95%，通常强度保持时间超过两年。

（二）聚碳酸亚丙酯

聚碳酸亚丙酯（PPC）是以 CO_2 为原料，与系列环氧化物开环聚合制备的脂肪族聚碳酸酯，CO_2 利用率达31%~50%。PPC 具有原料来源广、不受地域限制的特征，发展 PPC 是 CO_2 高值化、资源化利用的最重要突破。

PPC 生物降解性强，其薄膜在堆肥条件下69天可降解完全，生物相容性好、透明度高、易加工、安全无毒，气体阻隔性优异，常温力学性能与 PP、PE 接近，在食品包装、卫生用品、野外文体、农业用品、医疗等一次性使用材料领域可发挥重要作用。我国已建成年万吨级工业化装置。

（三）二元酸与二元酯聚合物

二元酸与二元酯聚合物主要有聚对苯二甲酸己二酸－丁二醇酯（PBAT）和聚丁二酸丁二醇酯（PBS）。合成原料可用生物资源替代石油，结晶度30%～60%，熔点110 ℃以上，耐热性和力学性能良好，加工性能、生物相容性和生物降解性优异，可制成包装袋、农用薄膜、药物缓释载体基质、尿布、一次性医疗用品等。国内总产能已近20万t。

（四）生物基弹性体

目前几乎所有的合成橡胶均由石油化工原料制备，近年来，国际上提出生物基弹性体的概念，即完全通过生物发酵得到原料单体。采用丁二醇、丙二醇、癸二酸、丁衣康酸、二酸等生物基二元醇和二元酸，利用多元共聚破坏分子链的规整性，抑制聚酯的结晶，可成功合成主链为—C—O—C—结构的高柔顺、不饱和聚酯型弹性体材料。

通过分子结构设计，生物基弹性体物理机械性能可与传统合成橡胶相比拟，且与传统的橡胶加工成型工艺有良好的相容性，即可采用传统的橡胶加工设备进行成型加工，在航空轮胎领域显示出较大应用潜力。

第四节
工业固体废物循环利用

工业固体废物再生循环利用可减少初次开采原料过程的碳排放，降低对初次资源的依赖，不仅可以解决工业固体废物环境污染难问题，还能促进CO_2减排，是重要的资源碳中和途径。本节主要介绍金属类、建材类和高分子类废弃物的循环利用技术。

一、金属材料循环利用

（一）报废锂电池拆解与循环利用

锂电池是指在电化学体系中具有锂元素材料的电池，包括锂金属电池和锂离子电池。锂离子电池由于质量轻、能量密度高、自放电小、使用寿命长等诸多优点迅速发展，被广泛用于智能电网、新能源电动汽车等复杂电子设备供电。随着电动汽车产销量大幅增加，锂电池的报废量日益庞大。2020年我国锂资源对外依存度达74%，报废锂电池回收与循环利用意义重大。

报废锂离子电池中含有高价值的稀贵金属和有毒有害物质，主要包括锂、镍、锰、钴、磷、铝、铜、碳酸乙烯酯、碳酸二甲酯等，对报废锂电池进行拆解、回收锂和有价金属，能够延长稀缺资源循环使用寿命，同时在生产过程中节约能源。

目前，锂电池回收形式主要分为两类，一类是电池生产企业，利用回收的金属材料生产新的锂电池；另一类是专业电池拆解企业，将拆解后的有价材料供给冶金企业、电池生产商等。锂电池回收技术主要包括机械物理拆解技术、湿法冶金技术、火法冶金技术、生物冶金技术等。

1. 机械物理拆解技术

对废锂电池的电极材料进行化学处理前往往需要经过机械和物理分离的预处理工艺。机械物理拆解工艺是废锂电池工业回收规模化生产的关键环节。利用机械破碎、筛分、磁选、空气分级、静电分离、浮选等机械物理技术，实现对不同物理性质组分的分离是必要过程。

其中，破碎工艺是废锂电池机械回收过程中的第一步，主要作用是将电极材料从箔中解离，这一步决定了电极材料的释放程度和后续流程的分离效率。

2. 湿法冶金技术

湿法冶金技术是回收废锂电池获得高纯电极材料前驱体的重要工艺。在报废锂离子电池所含金属回收过程中，通常将阴极材料和铝箔浸入强酸溶液中，包括HCl、H_2SO_4、HNO_3和H_3PO_4，然后调整pH，使其电极材料中所含的钴、镍、锰、铜等金属类物质由固态转化为离子态，再经过分离、提纯得到目标金属，完成循环利用。湿法冶金是我国现有企业回收废锂离子电池中锂和其他有价金属的主流技术，这种方法可以高效获得纯金属。

3. 火法冶金技术

国外回收废锂电池的主要技术为火法冶金技术。废旧锂离子电池的回用工业是一个极其复杂的系统性工程，在高温冶炼条件下诱导锂离子电池材料中金属或金属化合物发生氧化还原、分解、置换等化学反应，再通过金属酸浸、萃取、纯化、分离等后续工艺进行处理，最终实现废旧锂离子电池中金属类物质回收。

4. 生物冶金技术

生物冶金技术可用于回收废旧锂离子电池中具有较高经济价值的正极材料。利用微生物中的细菌和真菌在新陈代谢过程中所产生的有机酸和无机酸对目标金属元素加以氧化，使其以离子形式进入溶液中，然后对浸出液进一步处理，从中筛选提取目标元素。

已经发现多种金属耐受能力较强的菌株，通过生物浸出工艺回收锂、钴、铜、镍等金属，回收率超过90%。生物冶金技术具有能耗低、污染小、安全性高等优点，在金属回收中受到越来越多的关注。但其缺点是氧化和浸出速率慢、周期长，难以满足大规模化工生产的需要。

（二）电子废弃物拆解与金属回收

电子废弃物是指丧失使用价值或被废弃的电器或电子设备，俗称"电子垃圾"。传统意义上的废电子电器指的是"四机一脑"，即电视机、电冰箱、空调、洗衣机和电脑。随着人们生活水平提高，电子废弃物产生数量大、危害性强、潜在价值高，但回收利用难度大。

据统计，2019年全球电子废弃物回收率排序依次为欧洲、亚洲、美洲、大洋洲和非洲，分别为42.5%、11.7%、9.4%、8.8%和0.9%。电子废弃物回收处理可获得贵金属、钢铁、铜、铝等再生原料，如电子废弃物中可以提炼出稀缺金属——钴镍粉体，在军工、电子、汽车等多个领域，都有广泛的应用。回收的材料能替代相应原生材料的生产过程，进而达到碳减排的效果。

1. 电子废弃物拆解技术

拆解废旧电子废弃物的主要工艺包括拆卸、破碎和分选。电子废弃物的拆解工艺流程见图6-11。

破碎工艺是最关键步骤之一，破碎设备主要有锤碎机、切碎机、旋转切碎机和锤磨机等。破碎颗粒粒径大小对后续分选效率、金属回收效果有很大影响，当分选颗粒尺寸小于0.1 mm时，后续更容易从粉尘中回收贵金属。分选则根据各组分密度、磁性和电性差异选择不同的方法，目前普遍采用的分选方法为重选法、磁选法和电选法。

2. 电子元器件拆解技术

废旧电子产品最核心的部分是电路板，也称印刷电路板（printed circuit board,

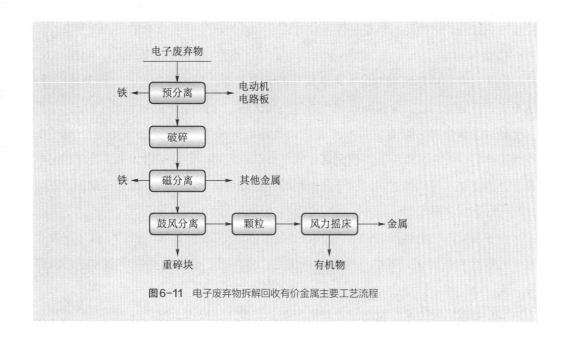

图6-11 电子废弃物拆解回收有价金属主要工艺流程

PCB），许多电子设备可以循环利用废旧PCB中的潜在二次原材料，这也就对废旧PCB的拆解技术要求十分严格，包括热力解除焊料和机械拆除两个主要工艺步骤。目的是尽量将可循环使用的高值电子元器件无损地分离出来，以及去除有危险的组件便于后续回收金属材料。

国外很早就开始研究电子元器件的拆解技术，开发了许多新型的电子元器件拆解技术与工艺，主要分为选择性拆解和一次性拆解两种方法，二者的区别如表6-7所示。

表6-7 印刷电路板及电子元器件拆解方法比较

名称	主要方法	优点	缺点
选择性拆解	针对比较复杂的电子元器件系统，采用分类拆卸的方法	破坏性小，循环利用率高，适用于拆解高值元件	需要分类，时间成本高
一次性拆解	通过加热PCB，将各种元器件一次性拆卸	节省时间，操作简单	加热温度严格把握，易造成电子元器件损坏

我国对电子废弃物的回收拆解技术研发起步较晚，但发展得十分迅速，已经研究出了光学识别技术和数据库技术等新技术。我国的废旧电子元器件一般使用一次性拆解、人工分选的方式。加热方面已经开发出了空气对流加热、液态介质加热、电磁感

应加热、红外线和激光加热设备等多种方法，大大提高了废旧PCB的处理效率。

3. 金属回收

电子废弃物逐渐被视为许多化学成分的元素资源，可提炼出许多有价值的原料。从电子废弃物中回收的金属可以替代新开采原材料，间接实现碳减排。

研究发现PCB中含有的某些重金属比普通矿床高几倍甚至几十倍以上。电子线路经粉碎后，先分离塑料、黑色金属和大部分有色金属。通过磁选、重力分选和涡电流分选的方法，将塑料、铜、铅分开；针对容易混淆在一起的铅、锌等元素，需采用化学方法进行分离。

许多传统的热化学和生物化学过程已经在中试和实验室规模中进行了从电子废弃物中回收金属的测试，其中一些已经转化为工业规模。主要包括物理回收、湿法冶金、火法冶金和生物冶金方法。

（1）物理回收技术：物理回收包括拆解、切碎、压碎等，然后将金属与非金属分离，这是金属回收的有效方法之一。它是一种预处理步骤，通常用于分离电子废弃物的金属和非金属碎片。物理回收是世界各地回收电子废弃物常用的方法。

三种基于静电特性的方法，即涡流分离、电晕静电分离和摩擦静电分离，已被用于从PCB中分离有色金属。泡沫浮选法可用于在电子废弃物处理中分选出贵金属。物理分离工艺的优点是资本和运营成本低，但缺点是由于金属释放效率低，贵金属损失严重。

（2）湿法冶金工艺：通过在适当的溶剂或液体中将有价值的金属提取到溶液中，例如强酸、强碱、强氧化剂、络合剂或组合试剂，金属溶于溶液中后可实现与非金属等物质分离，然后使用置换、浮选、沉淀、离子交换、电解提取或溶剂萃取工艺从溶液中回收提纯目标金属。铜、金、银等贵金属和稀土元素可以通过湿法冶金工艺回收。湿法冶金工艺提供相对较低的资本成本和较高的金属回收率，适合小规模应用。

（3）火法冶金工艺：火法冶金工艺包括焚烧、等离子电弧炉或高炉冶炼、选矿、烧结、熔化和高温气相反应等工序。火法冶金已经是电子废弃物回收行业提取有色及贵金属的常用方法。在过去的30年中，由于铁和铝在炉渣中形成氧化物，回收很困难。

世界上最大的报废电子电气设备公司年产能为84万t电子废料，可回收含有铜和贵金属的电子废料，例如催化剂和铸造砂，以及电路板和手机等电子废弃物。该公司的CCR精炼厂生产阴极铜（99.99%）、金、银以及其他元素和化合物。

目前采用综合方法回收电子废弃物，高效回收高纯度的稀有贵金属。这些是不同技术的组合，即火法冶金、湿法冶金和离子/溶剂冶金工艺。

（三）报废汽车拆解与回收金属

报废汽车是指达到报废标准或发动机、底盘严重损坏，不符合国家机动车运行安全技术条件，或者不符合国家机动车污染物排放标准的机动车的统称。目前美国已经将从废旧汽车的催化剂中循环回收贵金属的技术产业化，例如每年对铂族金属的回收量达 15 t。欧盟针对废旧汽车开发了全流程监管网络，主要目的是精准掌控铂族金属在汽车行业的使用和回收流向。2021 年 4 月，中国发布了《汽车零部件再制造规范管理暂行办法》，倡导回收拆解企业将报废汽车"五大总成"交售给通过再制造质量管理体系认证的再制造企业，推动再制造产业规范化发展。

1. 回收拆解技术

从制造汽车的主要材料来看，汽车的钢铁、有色金属等占整车质量可达 80% 左右，是回收利用废钢铁和废铝、废铜等金属的重要资源。非金属材料是指玻璃、塑料、橡胶、涂料、皮革、化学纤维、人造纤维等，其含量总和约占汽车质量的 20%。

废旧汽车回收流程大致为破碎拆卸、机械处理，有剪切、打包、压扁和粉碎等方法，分类回收钢材类作为优质钢铁原料送往冶金厂炼钢，铸铁送往铸造厂，有色金属类送相应的冶炼炉。废旧汽车中回收金属类材料的莱茵哈特法回收工艺见图 6-12。

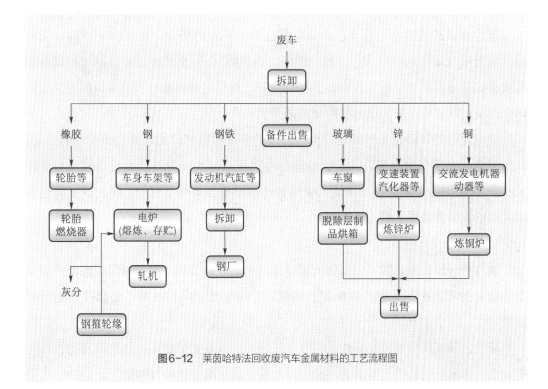

图6-12　莱茵哈特法回收废汽车金属材料的工艺流程图

2. 金属回收技术

废旧汽车用于净化尾气的贵金属催化剂，如铂族金属铂（Pt）、钯（Pd）、铑（Rh）可回收后再作金属原料。我国铂金属资源匮乏，从废旧汽车的催化剂中重新回收铂族金属是缓解资源紧缺的重要方式。

废汽车尾气净化装置中的催化剂回收贵金属有两种工艺：火法和湿法。

（1）火法工艺：包括等氯化干馏法、离子熔炼法、金属捕集法等。火法生产成本较高、流程复杂、能源消耗大、周期长、操作相对繁杂。

（2）湿法工艺：包括活性组分溶解法、载体溶解法和全溶解法等。选择适合的提取液溶液金属是湿法处理废汽车催化剂最关键的步骤。研究发现，采用加入盐酸的混酸溶液提取铂族金属，浸出率最高可达99%。湿法回收贵金属的成本低、工艺简单、回收的金属纯度高，是从废催化剂中回收铂族金属的常用方法。

报废汽车可以提供钢铁、有色金属、贵金属、塑料、橡胶等再生资源。废弃电器电子产品、报废机动车、废电池包含各类资源、成分较多，是获得上述再生资源的部分来源。保证材料回收、利用、再制造的有效流转是实现资源循环稳定发展的核心。

（四）回收有色金属渣稀缺元素

有色金属渣来源于冶炼有色金属矿物过程中产生的废渣。按金属矿物的性质分类，包含重金属渣（如铜渣、锌渣、镍渣、铬渣等）、轻金属渣（如赤泥）和稀有金属渣，这些冶金废渣中往往含有许多稀贵金属，对其进行回收再利用可以促进资源循环化，又可以避免开采新原料过程资源能源消耗。

稀缺元素铟和碲是光伏发电过程中使用的多晶薄膜材料的重要（类）金属元素，这些元素现有的资源量可以满足供给现有的用量，但2050年光伏装机总量目标要比2020年增加19倍，未来这些稀缺元素的累计需求量会大幅度增加。因此，从有色金属渣中回收稀贵金属显得尤为重要。

1. 碲回收技术

国内外一般从铜、铅、镍金属的阳极废渣中回收碲金属。碲在铜阳极废渣中以金属碲化物的形态存在，包括碲化铜、碲化铅、碲化金、碲化银等，是回收碲的主要原料。

目前，从铜阳极废渣中回收碲的方法主要有：硫酸化焙烧法、氧化酸浸法、纯碱焙烧法、氢氧化钠浸出－电积法、加压碱浸法、氯化法、铜粉置换法等。

2. 铟回收技术

从有色金属副产品和废渣中回收铟是国内外获取铟的主流方法，例如从铅、锌浸出渣、冶炼烟尘或者电解废液中回收铟资源。根据经验，废渣中的铟含量超过0.002%就有必要进行提取回收。

根据回收铟的原料不同，其分离回收方法也不尽相同。从炼锌废渣中提炼铟元素可采取耦合两段酸浸、中和除杂、锌粉置换、火法熔炼、电解精炼组成的综合工艺（图6-13）。

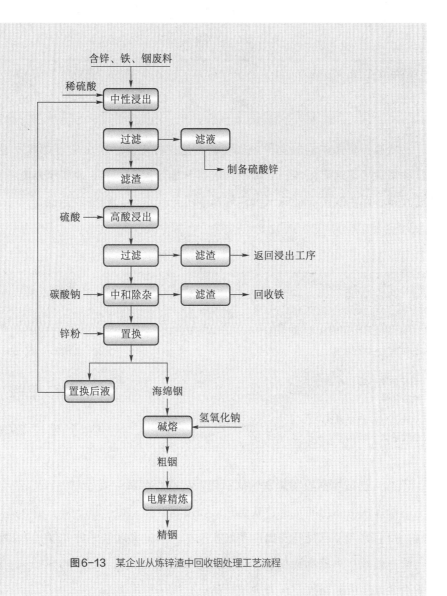

图6-13 某企业从炼锌渣中回收铟处理工艺流程

（五）废石回收有价金属

废石来源于采矿时伴随挖掘坑道、采场爆破过程产生的不能利用的岩石和夹石。废石的产量巨大，每开采1 t矿石，同时产生2~8 t废石。

废石的主要化学组成成分为SiO_2、Al_2O_3、CaO和MgO等。废石的矿物组成因矿石种类不同有所差异，例如磁铁矿废石一般包括弱磁性氧化矿、钛铁矿等金属矿物，以及石英、云母、磷灰石等非金属矿物。钼矿废石矿物主要包括钾长石、斜长石、石英和黑云母等，如表6-8所示。

表6-8　钼矿废石的主要化学组成

化学组成	SiO_2	Al_2O_3	Fe_2O_3	K_2O	Na_2O	CaO	MgO
质量分数/%	70.34	13.55	2.35	5.99	2.78	1.35	0.29

从废石资源中回收有价金属和矿石是支撑矿业、冶金业可持续发展的有效途径。几种集成工艺对矿山废石处理及回收矿产的效果，如表6-9所示。废石回收利用的主要问题是回收的矿产品味低，常规选矿工艺成本高，经济效益低。

表6-9　矿山废石回收工艺及效果

工艺流程	平均废石处理量/($t \cdot d^{-1}$)	原矿生产能力/($t \cdot d^{-1}$)	回收率/%			与工业矿石采矿成本相比
			Zn	Cu	Sn	
细粒跳汰—螺旋溜槽	1 468	1 350	71.21	68.95	55.61	高30%~40%
粗粒跳汰—细粒跳汰—螺旋溜槽	2 710	3 000	73.39	64.59	57.54	低10%~20%
光电选矿—粗粒跳汰—细粒跳汰—螺旋溜槽	3 170	4 000	66.96	59.70	55.27	低50%~60%

（六）提取和回收粉煤灰中的氧化铝和稀有金属

粉煤灰中富含硅、铝、铁元素，以及镓、锗、钼、钛、锌、铀等高附加值稀有金属，目前国内外已经开发出许多回收技术，部分实现了工业化规模。我国山西北部和内蒙古西部产生的高铝粉煤灰中氧化铝和氧化硅占比高达80%~85%，粉煤灰中大量的冶金原料可被回收后作为金属产品进行循环利用。

1. 替代铝原料

从粉煤灰中提取氧化铝，回收前提是铝占粉煤灰总量的25%以上。回收技术较为成熟，有酸浸法、碱法和酸碱联合法，各方法的优缺点见表6-10。我国已经有一些企业用酸碱联合法生产出了高纯度的氧化铝，建成了年产20万t氧化铝的生产线。

表6-10 粉煤灰回收铝的方法比较

方法	优点	缺点
酸浸法	易于操作、流程简单	粉煤灰中的铝活性低、结构稳定，酸浸提效率低
碱法	实现中试规模	硅钙质废渣产量大、资源浪费、污染严重，大规模工业应用难度大
酸碱联合法	融合单一酸浸法、碱法的优点	流程复杂、操作难度高、易于二次污染

2. 稀有金属回收

从粉煤灰中回收镓、锗需在高温高压条件下进行。已有的回收镓技术可采取还原熔炼－萃取法、酸浸法和碱熔－碳酸化法。锗的回收技术主要有沉淀法、萃取法和氧化还原法等，工艺操作较为复杂。

如图6-14所示，粉煤灰经过硫酸浸出、过滤、锌置换、滤液蒸发、粉碎、煅烧、过筛、加盐酸蒸馏、水解、过滤，获得GeO_2，通入H_2进行还原得到金属锗。

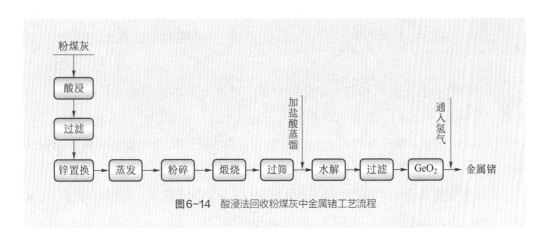

图6-14 酸浸法回收粉煤灰中金属锗工艺流程

（七）废旧铝回收

以废铝和废铝合金为主要原料，经预处理、熔炼、精炼和铸锭等工序生产得到金属铝,一般以铝合金的形式存在,称作再生铝。生产再生铝的废旧铝资源主要来源于建筑、工业、交通、航空航天、电线电缆和日用品。据统计,全球可回收废旧铝材料总量超过4亿t。

近年来,一些发达国家再生铝产量占所有铝材总产量的比重基本达到了50%以上,已经超过了原铝的供应量(图6-15)。但由于我国再生铝工业发展起步晚,再生铝产量占总供应量比例仅24%,暂时低于全球平均比例,但我国再生铝行业发展较快。根据国际铝业协会统计,2000年至2019年间中国再生铝产量从142万t增长至1 140万t,占全球再生铝产量的35%,位居第一。

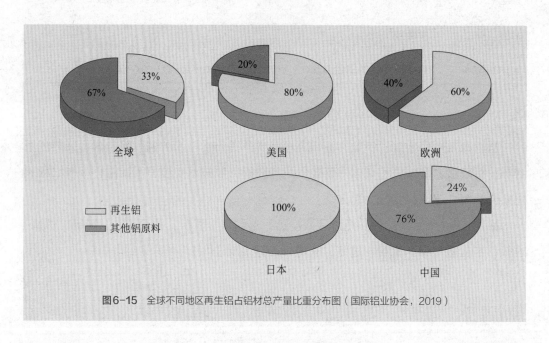

图6-15 全球不同地区再生铝占铝材总产量比重分布图(国际铝业协会,2019)

以废旧铝及合金材料替代制造铝原料是一种高效的碳减排路径,每生产1 t再生铝,可减排CO_2 0.8 t。根据世界铝协发布的《2050年全球铝行业温室气体减排路径》,制备原生铝的碳排量为再生铝的25倍。铝具有可回收且不损失性能的独特优势,因此再生铝可以避免制备氧化铝和电解铝这两个高碳排放的工序。

再生铝的生产主要可以分成回收预处理和加工制造两个阶段,具体需经过分选拆解、熔炼、合金调配与精炼等工序,如图6-16所示。

收回的废铝料首先要经过细致的分选和拆解处理,主要是筛选提出塑料、橡胶及其他非铝物质,以免影响后续熔炼。细分工序则需要根据铝含量高低对废铝料按等级分类进行加工,例如合金铝、镁铝合金、铝硅合金、铝锌合金等,目的是使合金得到

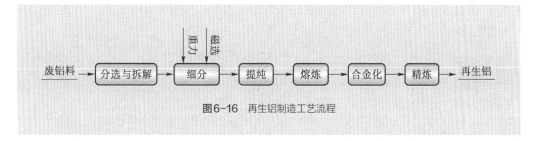

图6-16 再生铝制造工艺流程

最大程度的利用，同时减轻熔炼过程中的除杂技术。

熔炼工序是生产再生铝过程中影响产品质量最重要的一步，国际上应用最广泛的是使用高效节能熔炼炉高效燃烧技术，热效率可达90%，普遍采用在线除杂除气技术、铸造结晶技术。目前我国的熔炼、除杂和铸造技术相对落后，熔炼炉热效率仅在25%~30%，能耗高、再生效率低，产品质量面临挑战。

我国再生铝产业发展潜力大，一方面是由于我国建筑和交通领域铝材料使用量大，城镇拆迁产生大量可回收铝材料，汽车报废产生的废旧铝料等都是再生铝的主要原料；另一方面铝土矿资源短缺，亟须开发性能稳定的再生铝材料回用于各行各业。目前，我国再生铝相较于原生铝的用途更窄，主要集中在建筑、日用和交通领域，如汽车、摩托行业，占比约70%。随着高性能再生铝产品加工技术的不断提升，将来再生铝会逐渐蔓延至航空航天、军事等更广泛的领域。

二、建筑材料循环利用

据统计，2020年底我国建筑垃圾堆存总量达到200亿t左右。堆填处理势必会造成土地资源、矿石和材料的浪费，造成不必要的碳排放。目前，我国的建筑垃圾年均资源化利用率不足10%。开发建材废弃物循环利用技术可以解决材料短缺的问题，减少新开采资源的能源消耗和污染物排放，是实现绿色建造、低碳发展的有效途径。

（一）再生骨料

废弃混凝土块是主要的建筑废弃物，经破碎、加工处理制成再生粗骨料和再生细骨料，可再次用于部分或全部代替天然骨料制备新的混凝土。

再生骨料的制造过程是破碎、筛分、传送和除杂等的组合工艺，如图6-17所示，包括前端分选回收、多级破碎和多级筛分等工序。粗骨料的粒径为5~50 mm，再生

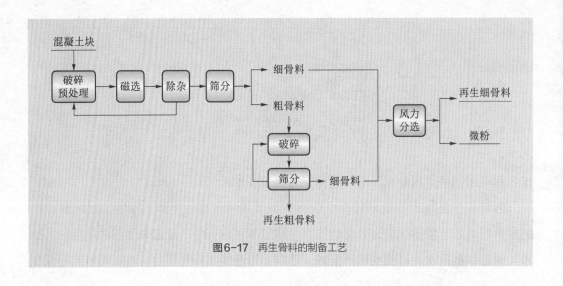

图6-17 再生骨料的制备工艺

粗骨料粒径为5~25 mm，细骨料粒径小于5 mm，再生细骨料粒径为0.15~5 mm，微粉粒径（＜0.15 mm）最小。

（二）再生粉体

再生粉体是建筑垃圾经过粉磨后形成的细小颗粒，粒径为0~0.08 mm的再生微粉，粒径为0.08~4.75 mm的为再生砂。建筑垃圾再生粉料有一定的活性，其各项性能指标可达到Ⅲ级粉煤灰的要求，可作为混凝土掺合料使用，配制混凝土。再生粉料和粉煤灰的化学成分虽有所不同，但其中的CaO和MgO等物质有助于发挥与水泥水化产物的二次水化反应能力，可提高再生粉料的反应活性。

用再生微粉100%替代石灰石作为水泥混合材与熟料进行混磨，能够满足水泥基本性能指标的要求，且强度的发挥更为出色。当再生粉体替代率从0提高到100%，1 m³混凝土整个生命周期内的CO_2排放值平均降低了120.79 kg，能耗降低了1 412.48 MJ。

（三）再生混凝土

再生骨料混凝土简称再生混凝土，再生混凝土技术是对废弃混凝土的循环利用，将水、胶凝材料、再生粉体和再生骨料等按照一定的配合比拌制形成绿色混凝土再重新应用于建筑工程中。

再生骨料的加工方式、强度和替代率会影响再生混凝土的强度，并且再生骨料的品质越高制备的混凝土性能越好。研究表明，用再生骨料替代部分掺合料制成的混凝土表现出更优的性能，例如抗裂性、抗碳化、抗收缩能力增强。

再生混凝土作为普通混凝土的替代品，其碳减排范围在30%~73%。目前国内已有许多建材企业拥有完整的再生混凝土生产线，主要以建筑拆除垃圾生产再生骨料为主。

（四）再生建筑制品

利用初步形成的再生骨料、再生粉体可以进一步开发再生砂浆、再生砖、再生砌块、再生板材等建筑制品。例如再生砖的生产工艺是利用再生骨料，掺入生物质秸秆纤维、胶凝材料、沙等制备而成的轻质砖。

与实心黏土砖相比，同样生产1.5亿块标砖，使用建筑垃圾制造，可减少取土24万m³，节约耕地约180亩，同时消纳建筑垃圾40多万吨，节约堆放垃圾占地160亩，两项合计节约土地340亩。在制砖过程中，还可消纳粉煤灰4万t，节约标准煤1.5万t，减少烧砖排放的SO_2 360 t。

三、高分子材料循环利用

高分子材料循环利用主要包括废弃塑料、废弃橡胶和废弃纤维的回收利用。

（一）废弃塑料

废弃塑料的循环回收主要包括物质回收和能量回收两大类，各种主要回收方法详见图6-18。这里主要介绍物质回收技术。

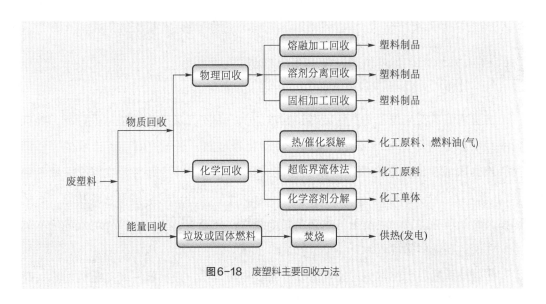

图6-18 废塑料主要回收方法

1. 物理循环技术

物理循环技术即采用物理方法回收利用废弃塑料的技术，包括熔融加工回收、溶剂分离回收和固相加工回收。物理回收过程不改变塑料组成，其中熔融加工技术投资和成本较低，工艺成熟，是目前最为常用的回收方法。

（1）熔融加工回收：熔融加工回收主要将废弃塑料通过熔融加工制备新的塑料制品，其工艺简单，价格低廉。但再生塑料通常性能有所下降，主要用作次级原料，一般需改性后生产新的塑料制品。熔融再生加工的工艺流程包括：废旧塑料收集、分选、破碎、清洗、干燥、造粒、成型加工等。

再生成型加工工艺有挤出、注射、压延等。挤出成型加工是废弃高分子材料回收利用的主要方法。挤出成型过程可分为三个阶段，第一段为塑化成型定型，即经过预处理的高分子废弃物在挤出机内受热熔融塑化。第二阶段为输送段，即挤出机料筒和螺杆间作用将物料向前推送。第三段为口模定型段，即连续通过机头口模挤出各种再生型材（图6-19）。

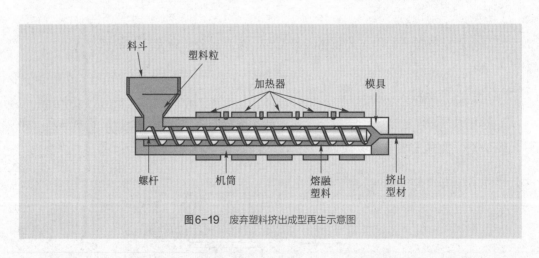

图6-19 废弃塑料挤出成型再生示意图

挤出成型广泛应用于热塑性废塑料回收加工，具有工艺简单、适用性广泛、能耗低和经济效益高等优势，同时产量高、自动化程度高、易于控制且可连续生产。国内挤出回收成功的例子有废旧聚苯乙烯泡沫塑料双螺杆挤出再生造粒和废旧聚乙烯（PE）塑料瓶盖再生加工制备周转箱专用料等。此外，通过熔融挤出－微发泡、热转印和表面处理等工艺，可制备仿木艺术装饰线材，如画框、相框、户外地板等仿木制品，性能达到新料标准。

注射成型是另一种常见的废弃高分子回收利用方法。废弃塑料在注塑机加热料筒中受热塑化，经柱塞或往复螺杆注射到闭合模具的模腔中形成新制品。注射成型法可加工外形复杂、尺寸精确或带嵌件的制品，具有生产效率高的优势。大多数废弃热塑性塑料如聚乙烯、聚丙烯等均可用此法进行加工。日本利用多层夹心注射技术实现带涂层的废弃塑料部件回收，即通过将带涂层的废弃材料整体熔融注射到新部件的中心夹层，可节省去除废料涂层的成本（图6-20）。

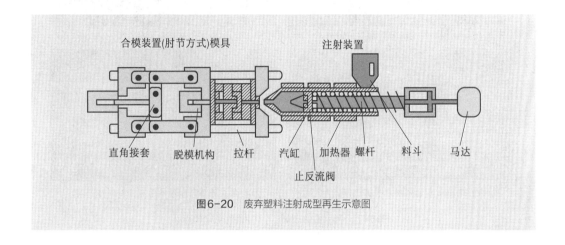

图6-20 废弃塑料注射成型再生示意图

（2）溶剂分离回收：溶剂分离回收是将塑料溶解再生，即通过对废弃塑料进行溶剂处理，从而实现其再生利用的方法。溶解再生技术关键在溶剂的选择，主要是选择无毒无害溶剂、选择低沸点溶剂以降低蒸馏工艺成本，选择沉淀工艺节约成本等。

美国伦斯勒理工学院研制出可分解废弃塑料的溶液，将其与6种塑料共加热，在不同的温度下可分别分离出6种聚合物。其提纯装置每小时可提纯1 kg聚合物。比利时索尔维化工开发的Vinyloop溶剂法用于PVC及橡胶短线缆料，采用甲乙酮混合物溶解PVC，加入添加剂同时吹入热蒸汽，PVC沉淀为圆球粒料。溶液经蒸发、冷凝、循环利用，可得到PVC粒料，工业产线可处理废旧PVC量为1万t/a。

（3）固相加工回收：航空航天、电子电器、建筑、交通运输等领域的结构和功能件塑料制品占塑料制品总量的60%以上，其需要高性能、多功能、轻量化和长寿命，主要通过共混复合、填充增强、交联等方法实现，废弃后组分复杂、不能分类分离、难再加工。传统化学降解回收、溶剂分离回收和熔融加工回收等只适用于组分单一的高分子废弃物，无法回收利用复合型、交联型高分子废弃物。

四川大学建立了基于高分子力化学原理的固相剪切加工理论，发明了具有自主知识产权的固相剪切碾磨加工装备（图6-21）。该装备具有独特三维剪结构，可突破传

废弃电路板和汽车拆解尾料回收利用生产线

废弃人工草坪回收利用生产线

废弃电路板非金属粉制备土工格栅生产线

废弃人工草坪制备木塑复合材料生产线

图6-21　固相剪切碾磨加工回收难再生废弃塑料

统粉碎设备的局限，在室温超细粉碎韧性、黏弹性和热敏性高分子材料，并具备微纳米分散与复合、相畴结构控制、固相解交联等多重功能，可回收利用难再生共混复合及交联型高分子废弃物。

（4）其他物理回收技术：电磁快速加热技术可应用于含金属的废弃高分子材料复合组件回收，其中金属部件在交变磁场中实现快速升温，高温使金属与高分子材料黏合失效而剥离，以实现废弃塑料回收利用。

2. 化学循环技术

化学循环技术主要利用化学方法将废弃塑料分解为小分子碳氢化合物，其可作为燃料或化工原料进入循环过程，该技术主要针对传统物理回收技术无法回收的废弃塑料。化学循环回收技术包括裂解回收、水解回收、超临界流体等。

（1）裂解回收法：裂解回收将废弃塑料在无氧或低氧条件下进行高温加热分解，断裂键主要为C—C键，主要包括热裂解法、热裂解–催化改质法、催化裂解法和微波裂解法。裂解过程可产生多种可燃性烃类物质，且温度越高烃类比例越高。

目前国内研究应用较多的是催化裂解法，即在一定温度和压力下，将催化剂和废弃塑料混合后置于热解反应器中加热，发生裂解、氢转移、缩合等反应得到具有一定相对分子质量和结构的产物。目前工业上已开发出连续化废弃塑料低温催化裂解制燃油的成套技术与装备，工艺流程中废弃塑料通过进料装置连续送入热裂解器，在催化剂作用下热裂解化，获得燃料油、可燃气等，在常压及300 ℃热裂解温度下，燃料油产出率可达65%以上，并可实现工业连续化大批量生产。

催化裂解技术目前仍存在一些问题，如仅能处理单一组分塑料、对原料纯度要求高、需特殊催化剂、积碳导致催化剂易失活等，需对原料进行严格预处理。

（2）水解回收法：水解是缩合的逆反应，水解回收法适用于由缩聚而获得的含有水解反应敏感化学基团的塑料，如聚氨酯、聚酯、聚碳酸酯和聚酰胺等。主要方法包括碱性水解法、酸性水解法和中性水解法。

聚氨酯通过水解生成胺和乙二醇，其较难分离，而醇解可较好克服以上缺点。醇解主要利用不同醇解剂与废弃塑料混合，在一定的条件下经过醇解、酯化和聚合后，可得到含羟基的低分子聚合物，以及聚酯类副产物。目前国内外主要的醇解剂有甲醇、乙二醇等，如美国杜邦（Dupont）公司采用乙二醇，将废聚酯降解得到高纯度对苯二甲酸乙二醇酯，可直接生产纤维级聚酯。巴斯夫（BASF）公司和美国Philip公司合资成立的化学回收示范工厂二元醇解法工艺，将聚氨酯废料分解成多元醇和异氰酸酯。

（3）超临界流体法：日本利用超临界流体分解废旧聚酯、玻纤增强塑料等，以实现单体回收。采用超临界甲醇（临界压力 $P_c = 8.09$ MPa，临界温度 $T_c = 512.6$ K）回收PET具有PET分解速度快、不需要催化剂的优势，可实现几乎100%单体回收。

玻纤增强塑料中由于玻纤的存在，使其回收处理十分困难。超临界水（$T_c = 647.3$ K，$P_c = 22.12$ MPa）可将玻纤增强聚苯乙烯和玻纤增强不饱和聚酯分解，得到油状低分子物和玻纤，仅处理5 min，玻纤即可完全分离。此外，还可用亚临界水回收处理PA6/PE复合膜，在572～673 K温度和1 h条件下，PA6水解成单体ε-己内酰胺，收率达70%～80%，易与PE分离。

3. 改性再生循环技术

改性再生利用是提升废弃塑料价值的重要手段，主要将废弃塑料通过增韧、增强、复合活性粒子填充等机械共混或交联、接枝、氯化等化学改性，使再生塑料制品的力学性能得到改善或提高，以满足档次较高塑料制品的性能需要。但改性再生利用的工艺路线一般较复杂，部分工艺需要特定机械设备。

（1）塑木技术：将高含量木粉等植物纤维与聚乙烯、聚丙烯树脂等共混，同时添加润滑剂及改性剂经挤出、压制或挤压成型为木塑板材。木塑制品除具有木材的特性外，还具有强度高、防虫、防腐、防湿、使用寿命长、可重复使用、阻燃等优点。

国外在木粉填充改性塑料领域研究较早，近几年出现了高份额木粉填充技术。如日本的"爱因木"产品、加拿大协德公司木塑制品等。我国无锡、杭州及安徽等地也有企业在这方面已有大量产品。目前，木塑板主要用于建筑材料、隔音材料、围墙以及各种垫板、广告牌、地板等。日本公司利用废旧聚苯乙烯泡沫制造具有良好消音效果的消音材料，被用作发电站隔音设施的墙壁、天花板以及高速公路的隔音墙等。

（2）土工材料化：土工材料仅对某些物理和化学性能指标有要求，因此利用废弃塑料生产土工制品具有较好经济效益。例如利用废PP或HDPE制备可降低地表水位的盲沟或防止滑坡塌方的土工格栅，用废PP制土筋等。

废旧塑料经改性可制成附加值高的高效水泥减水增强剂，可将水泥的最终强度提高40%，在水坝、桥梁和高楼等大型土建工程中具有广阔前景。此外废橡胶还可以制备人工鱼礁、水土保持材料、缓冲材料和铁路路基等，来作山区或沙岸、堤坝的水土保持材料。

几种典型废塑料回收技术总结如表6-11所示。

表6-11　废塑料回收技术分类及产品

塑料类型	循环类型	产品工艺	产品形态	主要产品	下游产业链	进一步产品
生物塑料（PLA、PHA和聚氨基酸等）	基于可再生原料的循环	生物降解	气态	CO_2, H_2O	无	无
缩聚类塑料（PET等）	直接重复使用	分拣清洗	固态	缩聚类塑料	无	无
聚烯烃类+缩聚类塑料（PET、HDPE和PP等）	物理回收	熔融分离	液态	降级PCR塑料	包装行业	塑料包装物
		溶剂分离	液态	降级PCR塑料	包装行业	塑料包装物
		固相加工	固态	塑料	塑料行业	塑料
聚烯烃类塑料（PP、PE、PS、PVC等）	部分氧化法	气化工艺	气态	合成气（CO、H_2等）	煤化工产业	制甲醇、合成氨等
	无氧（热）裂解法（热、催化和加氢裂解）	液化工艺	液态	重油、蜡、轻油、单体	石油化工产业	燃油、塑料
		炭化工艺	固态	焦炭、活性炭、RDF	炼焦化工产业焚烧发电	功能碳

塑料类型	循环类型	产品工艺	产品形态	主要产品	下游产业链	进一步产品
缩聚类塑料（PET等聚酯、聚酰胺、聚氨酯等）	解聚法（醇解、水解、溶剂解）	萃取工艺	固态	单体（DMT、PTA、CPL）	化工纤维产业 塑料产业	纤维、塑料
所有类型塑料	过氧化法（焚烧-热量回收）	焚烧工艺	气态	热能、CO_2	电力系统	无

（二）废弃橡胶

目前，对于废旧橡胶的循环利用主要有三种方法：再生橡胶、制备硫化橡胶粉和热裂解回收利用。

1. 再生橡胶技术

再生橡胶直接利用是指在不改变废旧轮胎橡胶内部构造的情况下，通过物理方式，例如裁剪、冲切和捆绑，将废旧轮胎变为可直接或间接利用的物品。但直接利用不能大批量回收利用废旧橡胶，无法作为废旧橡胶回收的主要手段。

美国报废轮胎量居全球首位，2019年约4亿条，其中1 000万~1 500万条废旧轮胎通过直接利用实现回收。利用切割机分割后，废旧轮胎的胎圈排成一列，粘接后可以用作地下泄洪暗渠，不但节约材料，还结实耐用。切割后剩余部分可制成不同尺寸条状产品，用于制作安全垫和防撞壁，可满足不同使用环境要求。

日本用废旧轮胎铺满斜坡，用水泥浇固形成整体，组成坡面的地基。该坡面强度高，具有一定弹性，原材料消耗较少，且废旧轮胎得到充分利用。废旧轮胎也可用于机场外围的防护墙，将废旧轮胎对半切开，倾斜20°层层堆放，最外层再放上金属格栅用于防火，该方法既可以防止下雨积水，同时也对飞机起降噪声有很好的吸收效果。

2. 制备硫化橡胶粉技术

硫化橡胶粉以废橡胶为原料，通过机械加工粉碎或研磨制成不同粒度的胶粉，依据废橡胶来源不同和粒度不同，可分为多个品种和牌号，是橡胶回收利用的重要方法。

目前废弃橡胶生产胶粉主要有常温法和冷冻法，需经过粉碎前预加工、粉碎、分离与输送、筛分和包装等过程。常温粉碎分为粗碎（大于2目）、中碎（20~40目）和细碎（大于40目）。冷冻粉碎工艺主要有两种：一是废橡胶在冷冻环境下进行粉碎；二是冷冻和常温并用粉碎，即先在常温状态下粉碎达到一定粒度后再进入冷冻系统细碎。

3. 热裂解回收利用技术

废轮胎热裂解回收利用是废轮胎转化为再生资源有效途径，裂解后的产品主要为油品、碳黑、可燃气体，其中可燃气体可作为裂解炉加热能源，碳黑可作化工生产原料。

目前废弃橡胶循环利用的主要方法对比见表6-12。

表6-12　废弃橡胶循环利用主要方法对比

利用方法对比指标	橡胶粉	再生胶	热裂解
资源化利用率	最高	较高	低
环境友好程度	最高	最低	较低
单位环保投资	最低	最高	较高
单位能源消耗	较低	最高	低
单位投资成本	较高	较低	最高
单位生产成本	高	较高	低
产品使用范围	广泛	较窄	窄
主要使用国家和地区	美、日、欧盟等	中国	中国台湾、日本等

（三）废弃纤维

高分子纤维是发展国民经济的基础材料，废弃纤维产量很大。废弃纤维的利用方法可分为化学利用法和物理利用法两大类。

1. 化学法回收利用技术

化学法是将废弃纤维按不同品种，根据各类纤维的化学结构特性，采取裂解、解聚、化学改性等方法将废弃纤维裂解成单体，或制取其他黏合剂、涂料等产品。纤维的品种很多，化学法对每种纤维具体措施不同，以数量最大的涤纶为例简要介绍化学循环利用方法。

涤纶的化学成分是聚酯化合物，目前主要的化学回收方法包括醇解、碱解、酸解及水解等，最终制成其他产品。

（1）醇解：分为甲醇醇解及乙二醇醇解两种，聚酯在甲醇中被醇解为对苯二甲醇二甲酯，在乙二醇中可生成对苯二甲醇二羟乙二酯单体。

（2）碱解：需用苛性钠或碳酸钠进行皂化，将初次得到的二钠盐溶液进行酸化可分离得到对苯二甲酸。

（3）酸解：用无机酸或高沸点脂肪酸进行皂化，制取对苯二甲酸。

（4）水解：在高温高压条件下，聚酯与水反应分解为对苯二甲酸和乙二醇。

2. 物理法回收利用技术

物理法利用废化纤包括原物直接利用和开花后利用两种。废弃纤维料经过挑选后，大块和条状铺料做拖把、鞋垫布、揩机布等属于原物利用。而目前废弃纤维开花后利用较为普遍。开花的工艺和设备是废化纤物理法利用的关键。

国内一般采用的开花机是在弹棉机基础上发展起来的，虽然投资小，但效率低、劳动条件差，再生纤维质量不高，主要表现为开花后的再生纤维短。开花制取再生纤维，再经过黏合（又称湿法）或针刺（又称干法）制成无纺制品，或是作为填料而直接用于垫子、枕芯、玩具等产品内。

思考题

1. 概述氢能炼钢、生物炭炼钢的碳减排原理及其应用前景。

2. 简述再生钢铁原料对钢铁行业实现绿色发展的重要意义。

3. 水泥的原料主要包括哪几类？试列举可以替代水泥原料的废弃物来源及其碳减排效果。

4. 阐述废弃塑料如何回收利用？如何实现碳减排？

5. 新能源汽车产业快速发展，简述几种锂电池的拆解和回收技术。

6. 阐述如何构建高效的电子废弃物回收系统。

7. 试述报废汽车回收处理的碳减排效果，如何提高废旧汽车的回收效率？

8. 简述一种有色金属渣回收稀贵金属的方法。

9. 建材废弃物循环利用的方法有哪些？

10. 观察身边的废弃塑料，说明其可能涉及的循环利用技术。

参考文献

[1] 马秀琴，董慧琴，郭洪湧. 我国钢铁与水泥行业碳排放核查技术与低碳技术 [M]. 北京：中国环境出版社，2015.

[2] 杨小聪，郭利杰. 尾矿和废石综合利用技术 [M]. 北京：化学工业出版社，2018.

[3] 宁平. 固体废物处理与处置 [M]. 北京：高等教育出版社，2007.

[4] 赵由才，牛冬杰，柴晓利. 固体废物处理与资源化 [M]. 北京：化学工业出版社，2019.

[5] 何品晶. 固体废物处理与资源化技术 [M]. 北京：高等教育出版社，2011.

[6] Robinson R, Brabie L, Pettersson M, et al. An empirical comparative study of renewable biochar and fossil carbon as carburizer in steelmaking [J/OL]. ISIJ International, 2020: ISIJINT-2020-135.

[7] Mudali U K, Patil M, Saravanabhavan R, et al. Review on e-waste recycling: part Ⅱ—technologies for recovery of rare earth metals [J]. Transactions of the Indian National Academy of Engineering, 2021, 6: 613-631.

[8] Rocchetti L, Amato A, Beolchini F. Printed circuit board recycling: a patent review [J]. Journal of Cleaner Production, 2018, 178: 814-832.

[9] Zhang X, Fevre M, Jones G O, et al. Catalysis as an enabling science for sustainable polymers [J]. Chemical Reviews, 2018, 118(2): 839-885.

[10] Hu Z W, Zhang J L, Zuo H B, et al. Applications and prospects of bio-energy in ironmaking process [C].The Second China Energy Scientist Forum, 2010, 1-3: 708-713.

[11] 王琪，瞿金平，石碧，等. 我国废弃塑料污染防治战略研究 [J]. 中国工程科学，2021, 23（1）: 162-168.

[12] 刘文勇，王志杰，刘家豪，等. 淀粉薄膜的研究进展 [J]. 包装学报，2020, 12（1）: 25-35.

[13] 陈学思，陈国强，陶友华，等. 生态环境高分子的研究进展 [J]. 高分子学报，

2019, 5（10）：1068-1082.

[14] 卢灿辉，张新星，梁梅. 难回收废弃交联高分子材料再生利用新技术 [J]. 国外塑料，2008（2）：66-69.

[15] 李耀威，戚锡堆. 废汽车催化剂中铂族金属的浸出研究 [J]. 华南师范大学学报：自然科学版，2008（2）：84-87.

[16] 杨大兵，王帅，甘杰，等. 钢厂粉煤灰中回收碳和铁的试验研究 [J]. 矿冶工程，2018，38（2）：55-57.

[17] 温平. 硅钙渣作为水泥生产原料的可行性研究 [J]. 建材世界，2012,33（3）：5-7.

[18] 刘宁，刘开平，荣丽娟，等. 煤矸石及其在建筑材料中的应用研究 [J]. 混凝土与水泥制品，2012（9）：74-76.

[19] 陈耿. 废弃混凝土再生粗骨料应用研究 [J]. 广东建材，2018，34（1）：13-16.

[20] 魏侦凯，谢全安，郭瑞. 日本环保炼铁新工艺COURSE50技术研究// [C] 2017焦化行业节能环保及新工艺新技术交流会论文集. 2017.

[21] 王广，王静松，左海滨，等. 高炉煤气循环耦合富氢对中国炼铁低碳发展的意义 [J]. 中国冶金，2019，29（10）：1-6.

[22] 蒋海斌，张晓红，乔金樑. 废旧塑料回收技术的研究进展 [J]. 合成树脂及塑料，2019，36（3）：76-80.

CO₂资源化利用技术既可以利用废弃的 CO_2 资源，生成的产品又可替代化石资源，是资源碳中和的重要途径之一。CO_2 资源化利用方式主要包括化学转化、生物转化、矿化利用技术等。CO_2 通过化学、生物转化法可制备甲醇、CO、烯烃、芳烃等化学品，汽油、生物柴油等燃料，可降解塑料、石墨烯等高性能材料，通过矿化利用则可发电、制肥料、处理固废等。本章主要介绍 CO_2 制备化学品、燃料、高性能材料以及矿化利用技术（图7-1）。

07

第七章
二氧化碳资源化技术

第一节
二氧化碳制备化学品

CO_2 作为一种廉价、丰富的 C_1 资源，将其转化为高附加值化学品具有重要意义。由于 CO_2 具有很高的标准生成热，结构非常稳定，要实现其化学转化成为一个极具挑战性的科学问题。本节主要介绍 CO_2 制备甲醇、甲酸、CO、烯烃、芳烃等化学品。

图7-1　部分二氧化碳资源化技术

一、二氧化碳制备甲醇

甲醇是基本有机化工原料，产量仅次于合成氨等，居第五位，被广泛用于有机合成、医药、农药、涂料、燃料、汽车和国防等领域。

（一）制备原理

甲醇制备方法主要为利用CO_2加氢合成甲醇，在一定的温度、压力下，利用H_2与CO_2作为原料气，通过催化剂催化加氢生产甲醇，反应如式（7-1）。

$$CO_2 + 3H_2 \longrightarrow CH_3OH + H_2O \qquad (7-1)$$

CO_2和H_2合成甲醇是一种放热的熵减反应，所以在高压、低温条件下有利于CO_2转化。由于CO_2的化学惰性以及反应速率高，通常采用高于240 ℃的反应温度。另外，脱除H_2O可以打破原有的化学反应平衡，有利于甲醇的生成，而未反应的H_2、CO_2可循环回反应器中参与下一次转化反应。

（二）催化剂

由于CO_2反应惰性大、难活化，通过改进和开发高活性、耐失活、寿命长的CO_2加氢制甲醇催化剂，进而开发出相应适配的反应器，才能有效推动CO_2制备甲醇技术的发展。

CO_2加氢合成甲醇的首次实现使用的是Cu-Al催化剂。常用的CO_2加氢合成甲醇催化剂体系是Cu基催化剂，具有价格低廉、高比表面积和高分散度等优点。近年来，Cu基催化剂的组成成分和制备方法都得到了持续改进优化。除了催化剂活性组分对催化效果有较大影响外，助剂的添加可以使催化剂中活性组分的分散度、活性组分与载体的相互作用和催化剂自身性质发生变化，从而提高反应性能。例如锌催化剂加入助剂ZrO_2之后，甲醇产率得到了显著提高。

（三）应用研究

目前，CO_2和H_2反应制甲醇已经实现了商业化运行。位于冰岛的碳循环国际公司每年可生产4 000 t零碳甲醇，并计划将产能扩大到4万t。其生产利用的CO_2来自一家地热发电厂，H_2来自依靠地热能驱动的5 MW电解水设备。

2020年1月，中国科学院大连化学物理研究所主导研发太阳能发电—电解水制氢—CO_2加氢合成甲醇技术，建成全球首套"液态太阳燃料"合成甲醇示范装置，完成了千吨级CO_2加氢制甲醇工业化示范工程验证。若满负荷运行，CO_2消耗量为2 000 t/a，生产甲醇1 500 t/a，消纳太阳能发电1 500万$kW \cdot h$。据估算，目前我国甲醇产能约8 000万t/a，一旦采用该工艺技术制备甲醇，则CO_2排放量每年降低上亿吨。

2020年7月，我国新建CO_2制绿色低碳甲醇联产LNG（液化天然气）项目，可利用工业废气中的CO_2为碳源和H_2反应合成甲醇。项目建成后，预计可综合利用焦炉煤气3.6亿m^3/a（标准条件），生产甲醇11万t/a和联产LNG 7万t/a，CO_2的排放量降低0.44亿m^3/a（标准条件）。

二、二氧化碳制备甲酸技术

甲酸是基本的有机化工原料之一，在医药、农药、制革和化学等领域应用广泛。以CO_2为碳源经还原反应制备甲酸是CO_2资源化利用的重要途径之一。

（一）热催化加氢技术

CO_2加氢直接合成甲酸是一种原子经济性为100%的绿色途径。

$$CO_2 + H_2 \longrightarrow HCOOH \tag{7-2}$$

CO_2加氢制甲酸的常用催化剂有均相和非均相两类。均相催化剂具有活性高、速度快、选择性好和利用率高等优点（机理如图7-2）。均相催化剂主要包括贵金属Ru和Rh的配合物，如三甲基膦络合物$[RuCl(OAc)(PMe_3)_4]$催化剂，催化加氢生产甲酸的转换频率（turnover frequency，TOF）值达到95 000 h^{-1}。但CO_2合成甲酸的均相催化过程存在金属残留、催化剂成本较高且无法再利用的问题。

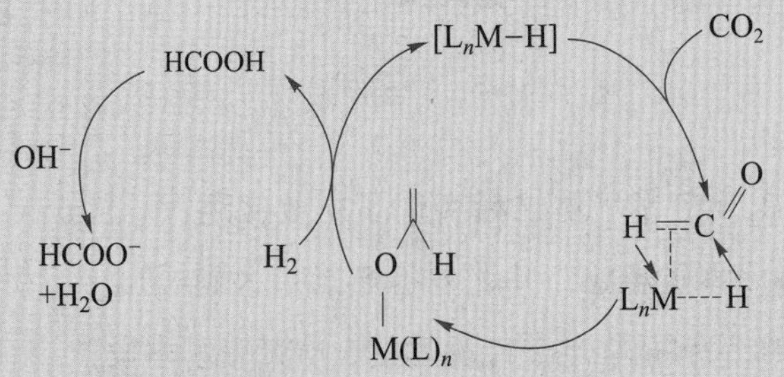

图7-2　CO_2加氢合成甲酸的均相催化反应机理

非均相催化剂有易分离、可重复利用等优点，更适合工业应用。非均相催化剂的主要活性组分为 Ni、Cu、Au、Pd、Ru 或合金等，如 Cu-MOF-5 $(ZnO_4(-CO_2)_6)$ 在 CO_2 加氢制甲酸反应中，降低了反应的活化能，有利于生成甲酸。Au/Al_2O_3 具有接近于 0（约 5 kJ/mol）的表观活化能，甲酸合成的 TOF 值为 11 h^{-1}。

（二）光催化技术

光催化还原 CO_2 基本过程包括光吸收、光生载流子分子、CO_2 在催化剂表面吸附、氧化还原反应和最终产物脱附。当光催化剂的禁带宽度小于入射光能量时，晶体内的电子被激发，从价带跃迁到导带，产生电子-空穴对，并从半导体内部迁移至表面发生 CO_2 还原反应。

我国研发了一种稳定的 Eu-MOF 骨架（MOF 是指金属有机骨架材料），通过逐级组装光敏剂和单位点催化剂，构筑了 Eu-bpy-Ru-x-CuCl/X（x = 0.1, 0.2, 0.3, 0.4, 0.5）催化剂（bpy：2, 2′-联吡啶），光催化 CO_2 还原制甲酸，产率为 304 $\mu mol \cdot g^{-1} \cdot h^{-1}$，选择性高达 99.7%（图 7-3）。

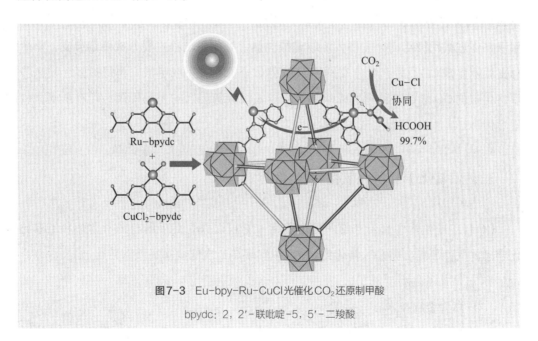

图 7-3 Eu-bpy-Ru-CuCl 光催化 CO_2 还原制甲酸

bpydc：2, 2′-联吡啶-5, 5′-二羧酸

（三）电催化技术

CO_2 惰性较强，与常规的催化还原相比，电催化还原 CO_2 制甲酸优势更为明显。由于 CO_2 的直接电还原是一个阴极过程，碳原子经过亲核攻击而发生反应。CO_2 在电

极表面的吸附方式随着电极材料的不同而不同，有许多配位方式，比如 C 配位、O 配位或 C 和 O 共同配位的吸附形式。

我国基于 Bi 基催化剂中的 Bi—O 键晶体结构基础上，研究了一种新型的碳纳米棒封装 Bi_2O_3 催化剂。结果表明，催化剂中 Bi_2O_3 纳米颗粒和碳纳米棒的协同作用共同促进了 CO_2 的快速选择性还原，其中碳纳米棒有效提高了甲酸的催化活性和电流密度，而 Bi_2O_3 则有助于改善反应动力学和甲酸选择性。

我国研发了工业级电流下稳定还原 CO_2 制甲酸盐的 $ZnIn_2S_4$ 催化剂，在 300 mA·cm^{-2} 条件下，甲酸盐法拉第效率（FE）在 60 h 内保持在 97% 左右。2020 年，美国开发了复合 Cu_2O/CuS 异质结催化剂，甲酸生成反应的 FE_{max} 为 67.6%（−0.9 V，RHE）（RHE：可逆氢电极），电流密度为 15.3 mA·cm^{-2}，在 30 h 内，可保持 62.9% 的 FE。

（四）生物酶催化技术

利用甲酸脱氢酶（FDH）还原 CO_2 是生产甲酸的一种有效途径，FDH 不仅拥有与改良催化剂相似的催化性能，而且具有优异的稳定性。目前，已对来自各种生物体 FDH 的生物转化催化剂开展了一系列研究。例如，食碳梭菌能够利用碳的氧化物和氢来促进其代谢活动，主要代谢物是醋酸盐，其代谢过程主要分成两个分支，一个分支代谢生成 CO，另一个分支利用 FDH 催化还原 CO_2 生成甲酸，再经过多个复杂步骤将生成的 CO 与甲酸反应生成醋酸盐。导入固碳基因后的大肠杆菌，可在厌氧条件下，促进 CO_2 和 H_2 连续生成甲酸盐。

三、二氧化碳制备一氧化碳

CO 在工业生产中起着非常重要的作用，它可以作为几乎所有的液体燃料或基础化学品的气体原料。将 CO_2 转化为 CO 可以实现 CO_2 由低值向高值的转化。

（一）高温裂解技术

高温裂解技术是指在高温条件下（一般为 1 300~1 600 ℃），氧化物载体（多为金属氧化物，如 Fe_3O_4、CeO_2 等）先热分解，释放出 O_2，还原态的氧化物载体在较低温度下与 CO_2 反应生成 CO，同时氧化物载体被氧化再生，实现第一步反应循环，使 CO_2 连续不断地生成 CO 和 O_2。因为整个反应需在高温下进行，所以该技术能耗较高。

（二）热催化还原技术

热催化还原技术主要包括CO_2加氢还原和CO_2/CH_4重整反应（DRM）。

$$CH_4 + CO_2 \longrightarrow 2CO + 2H_2 \tag{7-3}$$

二者均为吸热反应，通常在一定温度和压力下进行反应。常用的CO_2催化加氢制CO催化剂包括贵金属催化剂，如Pd、Ag、Pt和Au等，和非贵金属催化剂，如Fe和Co等。贵金属催化剂在甲烷重整反应中同样表现出优异的活性和稳定性，如Ru、Rh、Ir、Pt和Pd等，但产物的H_2/CO较低，成本较高，不利于实际工业应用。Ni基非贵金属催化剂，经过结构调控优化，可得到较高的CO_2转化率和合成气产率，被认为是一类有应用前景的甲烷重整反应催化剂。

目前，CO_2/CH_4重整技术已成功用于工业生产，且苯、甲苯等也可与CO_2进行类似的重整反应。2009年，我国开展CO_2与CH_4重整制合成气中试试验。采用Ni/meso–ZrO_2(meso–Al_2O_3)催化剂，750 ℃、常压下反应，CO_2和CH_4转化率约90%。选择性大于90%，H_2/CO为0.9~1。

我国正在建设高温烟气CO_2原位捕集制备合成气反应系统（图7-4），该系统

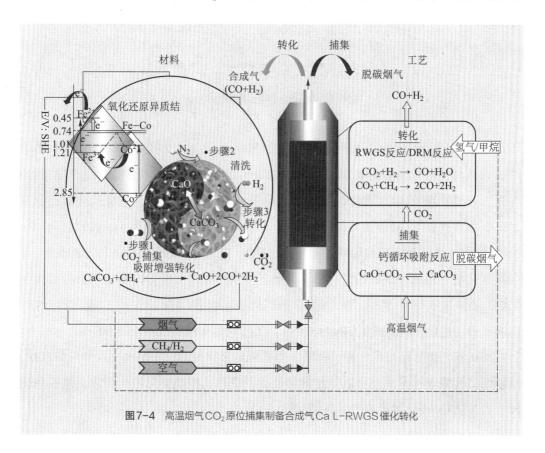

图7-4　高温烟气CO_2原位捕集制备合成气Ca L-RWGS催化转化

采用华东理工大学研发的新型催化剂和新工艺，将钙循环（CaL）、逆水煤气变换（RWGS）和热催化还原纳入同一个反应体系，实现了100%的CO选择性，CO_2转化率高达90%，每消耗1 t CO_2，可制备约0.64 t的CO。

2021年7月，中美联合开展位于美国得克萨斯州的甲烷干重整项目工业应用示范，采用高潞空气的干重整技术，以CO_2、CH_4（天然气）为原料，生成富CO合成气。

（三）电催化还原技术

电催化过程中，首先电极表面会产生电子，CO_2与电子相结合生成CO_2^-中间体，接着发生质子转移生成·COOH，最后经还原生成CO，整个过程中电子和质子转移速度是控制步骤，主要依赖于催化材料的表面结构性质和电子传输能力（图7-5）。

$$CO_2 + H_2O + 2e^- \longrightarrow CO + 2OH^- \tag{7-4}$$

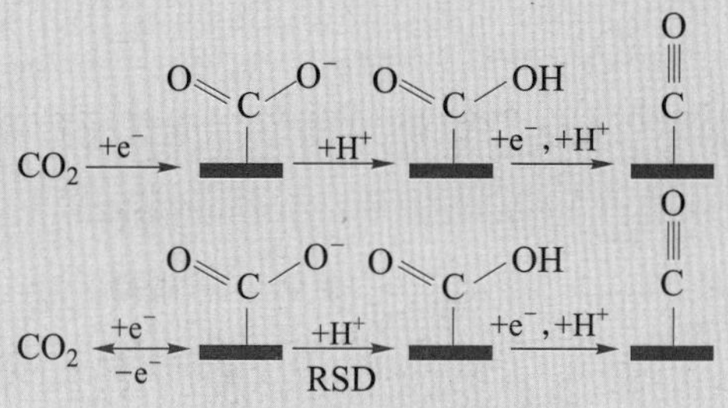

图7-5　CO_2电还原生成CO的反应路径

CO_2电还原制备CO的常用金属催化剂包括Au、Ag、Zn等，这类金属的CO吸附能力较弱，可以有效抑制析氢反应（HER），还原生成的CO易脱附，产物以CO为主。研究发现Au纳米颗粒（Au-NP）用于电催化CO_2制CO，边缘活性位点比体相或表面更有利于CO的生成，FE为90%（−0.67V，RHE）。作为Au的替代催化剂，Ag基催化剂可以高选择性地将CO_2转化成CO，FE高达96.7%（−0.69V，RHE）。非金属催化剂如杂原子掺杂的碳材料、卟啉、金属−有机框架材料等也可以有效电催化CO_2还原生成CO。例如，N、S掺杂的高比表面积（1 510 $m^2 \cdot g^{-1}$）碳材料（SZ-HCN）作为电催化剂，催化CO_2合成CO，FE_{max}可达93%（−0.6V，RHE）。

2016年，美国研发出一种可调控、多孔银电极材料，分子结构呈六角形蜂窝状，经过调节孔隙尺寸大小，可以得到数种催化剂变体。按照实际生产需求，能够催化5%～85%的CO，且制取效率提高了3倍。

（四）光催化还原技术

CO_2光催化还原制CO技术，是人工光合作用的重要环节。常见催化剂主要是半导体类催化剂，包括无机半导体催化剂和有机类光催化剂。无机半导体催化剂包括TiO_2、CdS、$g-C_3N_4$、$BiVO_4$等，研究显示，TiO_2（100）晶面的暴露、约6 nm的颗粒尺寸都会促进CO的生成。有机类光催化剂是含有一定数量官能团的光敏型染料分子，例如Ru双核配合物催化剂，在低浓度下高效吸收CO_2的同时，可高效转化为CO，转化数（TON）大于1 000。

另外，一些新型复合催化剂可以提高光量子的利用率，阻止光生电子-空穴对的复合，从而提高反应活性。例如，$CdS@MO_2C$复合催化剂能实现光还原选择性制CO，CO析出率为29.2 μmol·h^{-1}，选择性为98.3%；Co-MOF为前驱体制备的Co掺杂的$g-C_3N_4$催化剂，具有丰富的孔结构和高度分散的Co活性位，在可见光照射下，CO析出速率为394.4 μmol·g^{-1}·h^{-1}，是$g-C_3N_4$的80多倍。

四、二氧化碳制备烯烃

低碳烯烃是石油化工行业最基本、最重要的原料之一。低碳烯烃不仅能够用于纤维、塑料、橡胶的生产，还可以合成苯乙烯、环氧乙烷、丙烯腈等化工原料。CO_2制备烯烃的技术路线主要包括两种：① 一步法制烯烃（CO_2氧化低碳烷烃脱氢制烯烃、CO_2加氢制烯烃）；② 两步法制烯烃，以CO_2为原料制备中间体（甲醇、合成气等），中间体再进一步加氢制低碳烯烃。

（一）二氧化碳氧化烷烃制烯烃技术

CO_2氧化烷烃制烯烃反应如式（7-5），该过程主要有两种机理：第一种是"一步法"，遵循马尔斯-范克雷维伦（Mars-van Krevelen）机理，催化剂表面活性物种的晶格氧用于转化烃类物种，与烷烃分子反应生成目标产物烯烃和水，同时CO_2为催化剂表面补充晶格氧，并释放CO；第二种是"两步法"，烷烃首先在催化剂表面脱氢，生成H_2，H_2再与CO_2通过水煤气变换反应生成H_2O和CO。

$$C_nH_{2n+2} + CO_2 \longrightarrow C_nH_{2n} + CO + H_2O \qquad (7-5)$$

CO_2氧化C_2H_6制C_2H_4常用的催化剂是Cr基催化剂，Cr_2O_3通常负载在SiO_2、ZrO_2、Al_2O_3、TiO_2等物质上。通过用硫酸盐对载体进行改性，或者添加Ni、Fe、Co、

Mn等助剂都有利于乙烯选择性的提高。

CO$_2$氧化C$_3$H$_8$制C$_3$H$_6$常用的催化剂包括Cr基、Ga基、V基、Fe基、Zn基、In基催化剂等。虽然Cr基催化剂对原料混合气适应能力强、价格低，但是Cr为重金属，对环境污染严重。对C$_3$H$_8$脱氢而言，C$_3$H$_6$单程收率仍然无法满足工业化生产的要求，并且会生成一定量的乙烯副产物。因此，开发高性能催化剂满足收率与选择性要求仍然是目前研究的重点内容。

（二）二氧化碳加氢制烯烃技术

在Ni、Ru等金属催化剂的应用中，CO$_2$加氢合成烃类时，首先解离生成CO，随后进行费托反应（FTS）。反应步骤如式（7-6）~式（7-8）。

$$CO_2 \longrightarrow CO_{吸附} + O_{吸附} \tag{7-6}$$

$$CO_{吸附} \longrightarrow C_{吸附} + O_{吸附} \tag{7-7}$$

$$nCO + 2nH_2 \longrightarrow C_nH_{2n} + nH_2O \tag{7-8}$$

CO$_2$加氢制低碳烯烃的反应主要有两步，第一步是经过逆水煤气变换（RWGS），CO$_2$与H$_2$生成CO；第二步是生成的CO在催化剂作用下，与H$_2$发生还原反应生成烃类，反应方程式如（7-8）。H$_2$浓度偏低使得第二步反应难以进行，低碳烃类的产率较低，主产物是CO。只有为反应提供足够的H$_2$，CO才能进一步加氢生成烃类，从而促进WGSR反应，提高CO$_2$转化率。

CO$_2$加氢制低碳烯烃反应机理如图7-6，催化剂表面CO$_2$吸附主要是以单齿和双

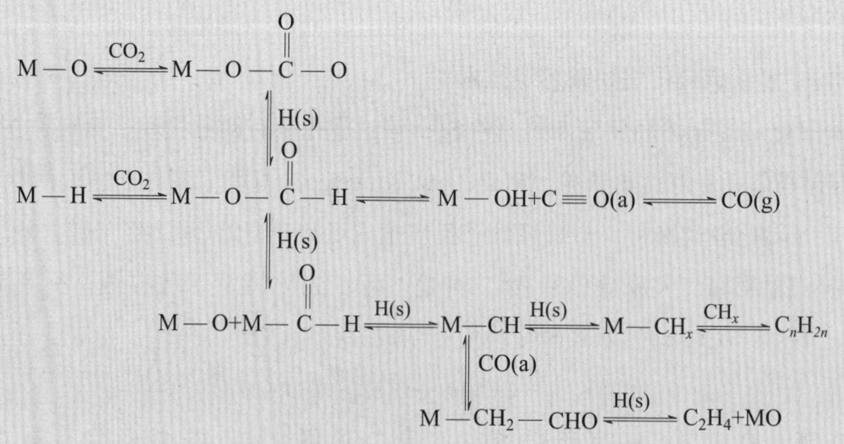

图7-6　CO$_2$加氢制备烯烃反应机理

齿碳酸根的形式插入M—H，从而形成甲酸根，甲酸根可以进一步分解为CO，也可以直接加氢形成M—CHO。生成烯烃的方式有以下两种，一是M—CH$_x$链不断增长形成烯烃；二是通过插入吸附态CO形成M—CH$_2$—CHO，M—CH$_2$—CHO进一步脱除水分子形成烯烃。

CO$_2$加氢制低碳烯烃的催化剂大致分为两类，第一类主要有In基、Zr基、Ga基催化剂等；第二类主要采用FTS合成催化剂，如Fe基和Co基催化剂。Fe基催化剂有良好的RWGS和FTS活性，因此目前对CO$_2$加氢合成低碳烯烃催化剂的研究以负载型Fe基催化剂为主。

（三）两步法制烯烃技术

两步法制烯烃技术是指先以CO$_2$为原料制备中间体（甲醇、合成气等），中间体再进一步加氢制低碳烯烃。该法目前已有多种成熟工艺用于工业生产，典型的有CO$_2$制备甲醇与甲醇制备烯烃（MTO）反应的耦合技术，以及CO$_2$制备合成气与合成气制备烯烃的耦合技术。

CO$_2$制备甲醇与MTO反应的耦合技术所用催化剂主要是双功能催化剂，包括多种金属（Cu-Zn、Fe-Zn-Cr、Cu-Zn-Al）与多孔分子筛复合，作为CO$_2$加氢的双功能催化剂。我国学者研发的ZnGa$_2$O$_4$/SAPO-34双功能催化剂，对C$_2$~C$_4$低碳烯烃的选择性可达85%以上。

2016年，中国科学院大连化学物理研究所采用了CO$_2$制备合成气与合成气制备烯烃的耦合技术，将CO$_2$与CH$_4$重整制合成气，合成气在ZnAlO$_x$/H-ZSM-5催化剂上反应生成乙烯酮等中间体，进一步反应生成低碳烯烃。2019年9月，此技术路线开展千吨级工业试验，实现CO$_2$单程转化率超过50%，低碳烯烃选择性可达80%。在我国天然气气田中，CO$_2$含量很高，如果可以将气田中的CO$_2$与CH$_4$反应制烯烃，可大大降低原料成本，提高天然气利用率。

五、二氧化碳制备芳烃

芳烃通常是生产有机化工产品（苯、甲苯和二甲苯等）的基础原料，这些产品可用于制备高分子材料，如橡胶、尼龙、树脂等。开发CO$_2$制备芳烃技术，可替代石油制化工产品。

（一）制备机理

CO_2加氢制备芳烃常规反应途径是：首先CO_2在氧化物表面转化为CO，再在金属或金属碳化物表面发生FTS生成碳氢类化合物。FTS主要包括吸附、链引发、链增长、链终止这四个步骤，生成产物的速率与反应链的长度呈指数负相关，符合费托合成的产物分布规律，即ASF分布。

图7-7是CO_2催化转换的费托合成产物（ASF）分布，当α（链长增长率）值在0.75~0.99区间时，C_5~C_{22}直链烃产物选择性超过50%，而目标产物芳烃的选择性相对较低，说明ASF分布会限制产物生成。因此，解决ASF分布对产物的阻碍问题是实现高效制芳烃的关键。

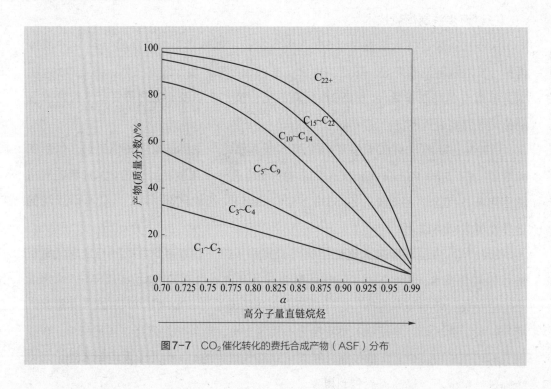

图7-7 CO_2催化转化的费托合成产物（ASF）分布

（二）催化剂

芳烃的不饱和度高、结构复杂，开发高效、稳定催化剂是难点。目前研发的性能较好的催化剂如ZnZrO/ZSM-5串联催化剂，在CO_2加氢合成芳烃的反应中，芳烃选择性可以达到73%~78%，且可以在长达100 h的反应过程中保持稳定的催化活性，不会出现明显的失活。

华东理工大学已形成具有自主知识产权的集催化剂、反应器与工艺技术于一体的

CO_2加氢制芳烃技术，开发了20万t/a CO_2加氢制芳烃成套技术工艺包。2021年3月，我国建设全球首套万吨级CO_2制芳烃装置项目正式启动，采用清华大学开发的一步法流化床CO_2制芳烃工艺，在250~400 ℃和2~5 MPa下，打破费托合成产物分布限制，总芳烃的选择性达到80%，CO_2循环回收率高于95%。

第二节
二氧化碳制备燃料

以CO_2为原料制备液体燃料，可减少化石燃料消耗，同时缓解化石燃料带来的碳排放和环境污染问题。本节主要介绍CO_2制备汽油和生物柴油。

一、二氧化碳制备汽油

（一）制备机理

CO_2制备汽油主要是通过逆水煤气变换反应（RWGS）将CO_2还原为CO，然后通过FTS合成转化为α-烯烃，再经过聚合、芳构化、异构化等，最终生成汽油馏分。

（二）催化剂

通过CO_2直接加氢合成汽油的关键是找到高效且选择性好的催化剂。Fe基催化剂是CO_2-FTS工艺的最优催化剂，具有优异的RWGS和FTS催化能力，且所得产品是高碳烯烃。研究表明，Na的存在能够明显改善Fe基催化剂的表面碱度和渗碳性，从而进一步提高CO_2加氢制轻油烃的活性，实现烯烃率的提升。

Fe基催化剂与沸石组成的多功能催化剂，会促进异链芳烃和烷烃的生成，由于沸石特殊的形状和酸性，使得其在烃类低聚、异构化、芳构化过程中具有很强的活性。由Na-Fe$_3$O$_4$和HZSM-5沸石组成的高效多功能催化剂（Na-Fe$_3$O$_4$/HZSM-5），可直接将CO_2转化为汽油范围内的烃类化合物，该催化剂可提高对C$_5$~C$_{11}$烃的选择性，同时降低对 CH_4 和 CO 选择性（图7-8）。

Na-Fe_3O_4/HZSM-5 可将 CO_2 直接催化转化为 C_5~C_{11} 的烃，选择性约 80%。该催化剂能够同时提供 Fe_3O_4、Fe_5C_2、酸性位点三种活性位点，三者之间协同催化一系列的串联反应。这种多功能催化剂稳定性良好，实验表明其可以连续运行 1 000 h 而没有明显失活，有良好的工业应用前景。

我国成功研发了 C_{5+} 烃选择性高达 80% 的 In_2O_3/HZSM-5 双功能催化剂。In_2O_3 表面的氧空位可以活化 CO_2 和 H_2，使之转化成甲醇，进而在沸石孔隙中进行 C—C 偶联，聚合成高辛烷值的汽油烃（图7-9）。在烃类产物中，主要是高辛烷值的异构烃，而 CH_4 仅占 1%。

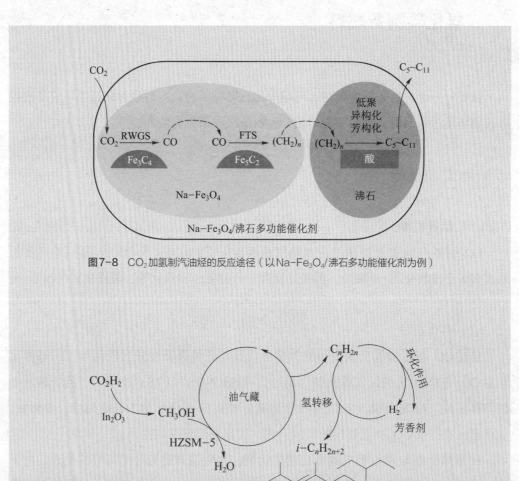

图7-8　CO_2 加氢制汽油烃的反应途径（以 Na-Fe_3O_4/沸石多功能催化剂为例）

图7-9　CH_3OH 转化机制示意图

(三) 制备工艺

2010年1月，碳科学（Carbon Science）公司开发的新型生物催化工艺，可将CO_2先直接转化为低碳的烃类（主要是$C_1 \sim C_3$），然后将其变为较高碳的燃料，如汽油、喷气燃料等。该工艺的关键点有：① 可用盐水代替蒸馏水作为反应介质；② 可直接利用工厂烟气中的CO_2，无需"清洁"；③ 操作条件温和，无需投资成本高的不锈钢设备。这项生物催化技术可以直接生产汽油，缩短了工艺流程，减少了系统时间和操作成本。

二、二氧化碳制备生物柴油

藻类是地球上最原始的生物之一，藻类光合作用效率高，生长速度快，生长周期短。藻类（一般指微藻）可利用CO_2合成生物柴油。微藻从水中获取如CO_2、H_2CO_3、HCO_3^-等形态的碳源，固定CO_2后可转化为生物柴油。CO_2在微藻中的不同转移途径见图7-10。

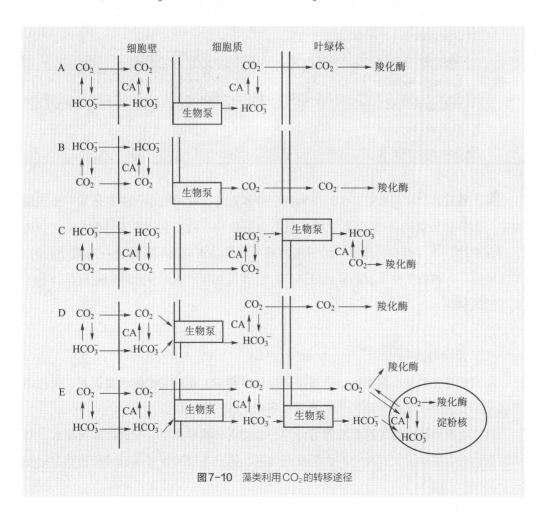

图7-10 藻类利用CO_2的转移途径

影响藻类制备生物柴油过程和产品质量的因素主要包括藻种筛选和反应器。

（一）藻种筛选

藻种的培育与应用环境密切相关，需根据所使用的环境条件进行培育，如CO_2浓度、比生长速率、耐pH范围、温度等条件。表7-1是不同藻种对CO_2的固定速率。另外，藻种的培育可采用物理、化学、基因工程等方法进行诱变，提高CO_2的固定效率和耐受性。

表7-1　不同藻种的CO_2固定速率（Dineshkumar和Sen，2020）

藻种	CO_2固定速率/（$mg \cdot L^{-1} \cdot d^{-1}$）
Nannochloropsis salina	60
Chlorella sp. AG10002	630
Botryococcus braunii	496
Chlorella emersonii	113
Scenedesmus dimorphus	889
Chlorella sorokiniana	251
Chlorella variabilis	219
Chlorella sp. MTF-15	370
Chlorella vulgaris	1 510
Scenedesmus sp.	182

藻类通过光合作用吸收CO_2，得到的生物体通过提取油脂得到生物柴油。生产过程中，微藻在较宽的pH和温度范围内具有良好的适应性。利用藻类固定CO_2，与地下封存相比，不会有CO_2逃逸、地下水污染、地震或者地面沉降等潜在风险。同时，藻类吸收CO_2制备生物柴油的应用范围广，且藻类生物质的后续处理相对简单，易于实现资源利用。

（二）反应器

高效的光生物反应器是保证微藻高密度培养和CO_2高效吸收的重要因素。反应器的优化主要集中在比表面积、气液传质效率和光源三个参数。

（1）比表面积。光生物反应器可分为开式和闭式两种类型。开式比表面积大，经济性高，适合实际工业过程中的大型反应体系；闭式主要有管式、板式和锥式，适用于微藻的高密度养殖。设计出能兼顾经济性和高密度微藻培养的反应器，是推动微藻制备生物柴油实现工业化生产的关键。

（2）气液传质效率。一般来说，可以通过优化气液交换器、冷凝器、超滤装置等辅助装置的结构来提高微藻培养中的气液传质效果。采用串联中空纤维组装方法，气液传质效果明显提高，气泡在微藻中的停留时间由 2 s 提高到 20 s，CO_2 的固定效率提高了 5 倍。

（3）光源设计。应尽可能地改善反应器内光线的有效分布。一些反应器经常选择发光二极管、光纤、闪光灯作为光源。从环境、社会和经济等方面考虑，在实际生产过程中开发以太阳光为光源的高效反应器，是比较理想的选择。

（三）应用研究

2004 年，我国通过异养转化细胞工程技术获得了高脂含量的异养小球藻细胞，其脂含量高达细胞干重的 55%，是自养藻细胞的 4 倍，利用酸催化酯交换技术一步得到的生物柴油符合美国材料实验协会（ASTM）的相关标准。

2008 年，美国推行 Vertigro 工艺，海藻吸收固定 CO_2 制备柴油正式进入商业化。该工艺中海藻可以充分暴露在太阳光下生长，一个月内就可以完成海藻的培育，收集后测得其所含油量约 50%，比一般的生物柴油高达十多倍。

美国从自然界获得所需的生物细菌，通过改变基因，培养大量生物菌用于吸收 CO_2。如过氧化氢酶（CAT）细菌氧化无机材料作为吸收 CO_2 的能源，然后通过还原细菌回收氧化的无机材料，形成合成-共生体系，用于生产生物柴油。该技术可以从 1 t CO_2 中生产 200.6 L 的生物柴油（图 7-11）。

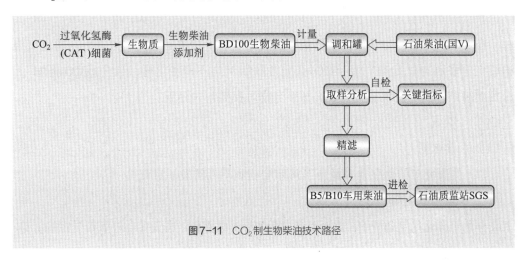

图 7-11 CO_2 制生物柴油技术路径

第三节
二氧化碳制备高性能材料

以煤、石油、天然气为基础的化学工业制造了如今大多数应用广泛的高性能材料。利用CO_2制备高性能材料不仅能减少化石能源的消耗，实现低能耗、低污染、低排放，更重要的是变被动为主动，促进了CO_2绿色应用新技术的发展。本节主要介绍CO_2制备可降解塑料、碳纳米管、石墨烯等高性能材料。

一、二氧化碳制备可降解塑料

CO_2制备的可降解塑料在自然环境中能完全降解，可用于一次性包装材料、餐具、保鲜材料、一次性医用材料、地膜等方面。CO_2可和烃类共聚，合成CO_2基聚合物，其中CO_2利用率为31%~50%。

(一) 制备机理
CO_2与环氧化物共聚合成聚碳酸酯（PPC），如图7-12所示。

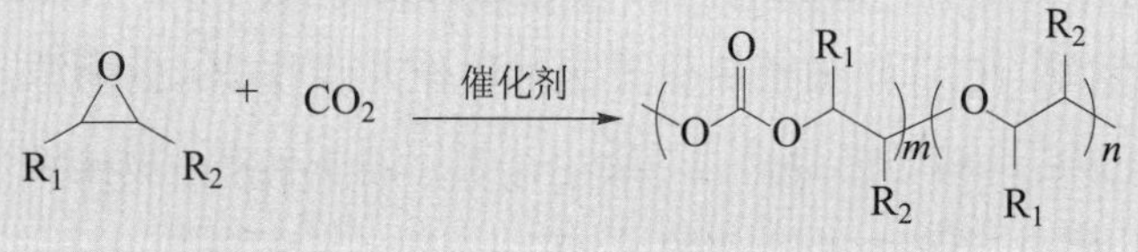

图7-12　CO_2与环氧化物的共聚反应

在此过程中所产生的废弃塑料能够像普通塑料一样被回收利用，也可以通过焚烧和填埋等多种方式处理。废弃CO_2基聚合物的焚烧不产生烟雾，只生成CO_2和H_2O，无二次污染；填埋处理的废弃CO_2基聚合物可在数月内降解。

(二) 催化剂
CO_2共聚反应的催化体系经历了从非均相到均相的发展过程。

1. 非均相催化剂
非均相催化剂制备简单，且可制备白色的CO_2共聚物，在工业化方面有一定的优势，但是非均相催化剂通常不溶，其结构难以明确解析，也无法对其进行精确修饰和优化。

2. 均相催化剂

均相催化剂在特定有机溶剂中具有较好的可溶性，本身结构相对明确，对其聚合反应路径的研究也相对清晰，且可对配体、轴向基团和中心金属等进行精确修饰，有助于设计合成高活性、高选择性的催化剂体系。从改善催化活性和选择性方面考虑，均相催化剂经历了从双组元到单组元双功能的转变。均相催化剂具有在配体结构、空间效应、电子效应等方面可精确调节的优点（图7-13）。

（三）应用研究

目前已经批量生产的PPC塑料有CO_2/环氧丙烷共聚物、CO_2/环氧丙烷/环氧环己烷三元共聚物以及CO_2/环氧丙烷/环氧乙烷三元共聚物等。目前，日本、韩国形成了年产量上万吨的规模，美国产量约为2万t/a。

2010年，我国以气田CO_2作为原料，进行2 000 t/a脂肪族聚碳酸亚乙酯及基于该树脂的降解型聚氨酯泡沫塑料产业化项目。该项目每消耗1 t CO_2即可生产约3 t脂肪族聚碳酸亚乙酯树脂以及约6 t聚氨酯泡沫塑料，得到的塑料产品具有优异的性能，不仅能够代替普通包装材料及建筑用隔热材料，而且可以作为电器及一些环保要求较高的包装材料的原料。

国内外CO_2制备完全可降解塑料的研究发展如表7-2所示。

表7-2　国内外CO_2制备可完全降解塑料的研究发展

年份	单位	原料	产物	创新性及不足
1969年	日本油封公司	CO_2、环氧丙烷	交替型脂肪族聚碳酸酯	产物有环境可降解性，但有副产物环状丙烯碳酸酯
1990年代起	中科院广州化学有限公司	CO_2	可降解塑料	制备了多种担载羧酸锌类催化剂，进行5 000 t/a工业化试验
1990年代起	中国科学院广州化学研究所	CO_2	脂肪族聚碳酸酯多元醇、聚氨酯材料	可应用于包装材料，成本低，可完全降解
1997年以来	中国科学院长春应用化学研究所	CO_2	CO_2塑料	建成世界首条万吨级PPC生产线
2009年	康奈尔大学	CO_2	塑料瓶、塑料收缩包装膜	能耗减半，可提供氧气阻隔性能，可减少塑料用量
2011年	东京大学	CO_2、环氧化合物	共聚物	可选择性地生成产物
2017年	巴斯大学	CO_2、天然糖（胸苷）	聚碳酸酯	产物用于制造饮料瓶、镜片、CD的防刮涂层

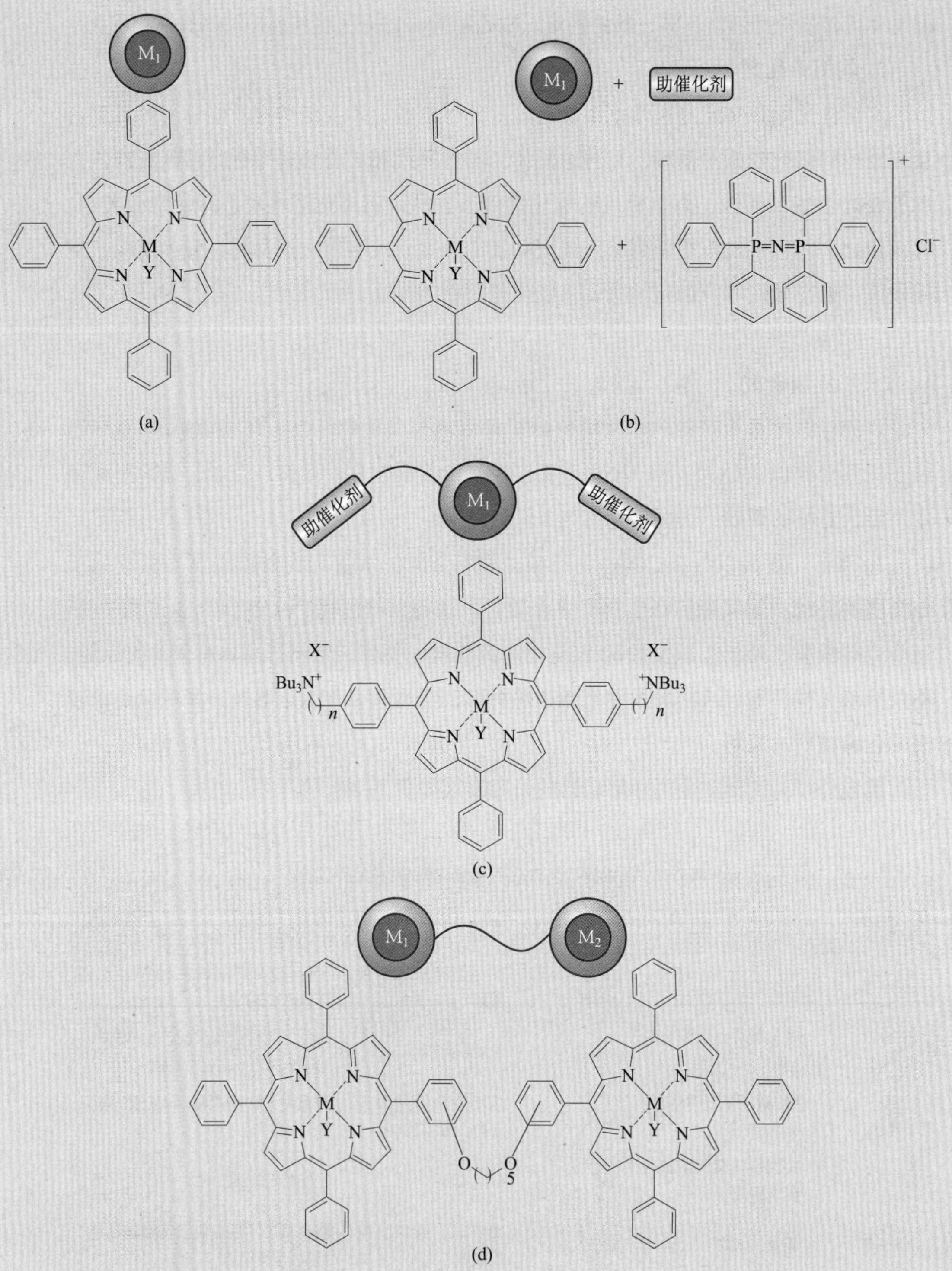

图7-13 均相催化剂设计策略

（a）单组元体系：金属配合物催化剂；（b）双组元体系：含有金属配合物催化剂与助催化剂两个组分；

（c）双功能单组元体系：助催化剂以共价键形式接入金属配合物的配体上；

（d）双核催化剂体系：两个金属配合物通过间隔基团以共价键连接在一起

二、二氧化碳制石墨烯

石墨烯是一种碳原子以sp^2杂化连接、特殊二维蜂窝状碳纳米结构,拥有优异的电磁、光学、热力学、抗菌等性能。以CO_2为原材料可制备石墨烯,主要包括超临界二氧化碳剥离技术和镁热还原技术。

(一)超临界二氧化碳剥离技术

CO_2是一种物理化学性质稳定的气体,其临界温度(31.3 ℃)和临界压力(7.4 MPa)较低,易达到超临界状态。超临界CO_2流体具有可快速泄压无残留、可重复利用的特点。

石墨烯同一层的碳原子通过共价键进行连接,但相邻层之间通过范德瓦尔斯力进行连接(图7-14)。由于相邻石墨烯层间的范德瓦尔斯力远小于共价键的作用力,故可以通过外加作用力实现局部石墨烯层间的剥离。超临界CO_2流体具有超级强的渗透能力,可在石墨片层之间形成薄薄的一层溶剂层,并随着流体量的逐渐渗入,石墨层间的距离会渐渐扩大,在此基础上通过缓慢加压与迅速泄压可产生耦合力,当此力大于范德瓦尔斯力时,石墨片层脱落,从而制备得到单层或少量多层的石墨烯。

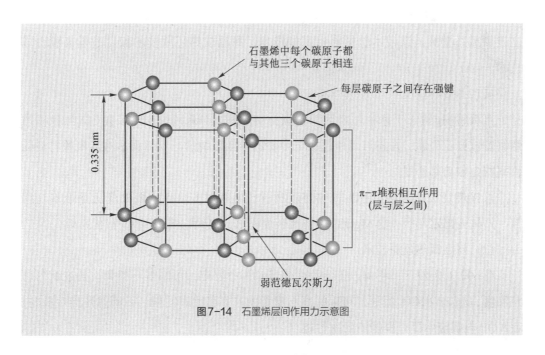

图7-14 石墨烯层间作用力示意图

最早的制备方法是在 10 MPa 及 45 ℃条件下，用超临界CO_2流体剥离石墨半小时，以获得较多低层的石墨烯，其中层数最低可达到 10；之后将产物置于十二烷基硫酸钠（SDS）溶剂中，防止层与层之间再次连接。虽然得到的石墨烯层数较多，但是产率较低（30%~40%，质量分数）。为了进一步提高石墨烯的质量和产量，一次剥离的产物被进行二次剥离，得到含量为 8%（质量分数）的单层的石墨烯和含量为 35%（质量分数）的超低层石墨烯，并证明了超临界CO_2分子可插入石墨的层与层之间。

利用单一超临界CO_2流体的剥离作用只能获得较少的石墨烯，无法达到工业化生产需求。CO_2分子插层决定石墨的剥离效果，但CO_2分子的非极性限制了超临界CO_2分子的插层能力。CO_2分子由于直径小，可能会引起逆过程，导致石墨层间的CO_2分子流出。

超临界CO_2流体剥离法的关键点在于如何强化超临界CO_2分子在石墨片层间的扩散及传质作用。流体剪切法、超声法、球磨法、超声耦合剪切法等强化技术能有效地增强了超临界CO_2分子在石墨片层间的扩散、剥离作用，大大提高了制备石墨烯的效率。

（二）镁热还原技术

镁热还原反应常被用来分解键能较高的化合物，如用于断开CO_2中的 C＝O 键使之还原成石墨烯。该技术包括直接燃烧技术、高温镁热还原技术和自蔓延高温合成技术。

（1）直接燃烧技术

直接将 Mg 置于干冰中燃烧可得到碳材料。例如，采用 Mg 和 Ca 在CO_2气氛中燃烧制备低层石墨烯，并将其用作超级电容器的导电辅助剂，以增强活性炭电极材料的倍率特性和功率密度。

直接燃烧法虽然可将CO_2转化为碳材料，但有很多缺点，例如反应迅速不易调控，产物无固定形状、含 MgO 杂质，比表面积低，Mg 利用率和CO_2转化率低。

（2）高温镁热还原技术

在 600 ℃条件下，将 Mg 和 Zn 混合置于CO_2中反应，可制得石墨烯。通过适当调整温度、Mg/Zn 和CO_2流速，可以提高石墨烯的产率和比表面积。石墨烯用作电极时，在 KOH 电解液中具有良好的倍率性能。

虽然高温镁热还原技术可将CO_2气体可控地还原成具有特定形貌的石墨碳材料，但是在反应过程中需消耗大量的能量，制备周期较长，难以进行工业规模化应用。此外，这种方法制备得到的产物石墨化程度低、结构杂乱、导电性能较差，即能量和功率密度都很低。

（3）自蔓延高温合成技术

该技术将Mg和MgO混合后置于CO_2气氛中，埋入钨丝线圈，然后通入一定的电流产热，引发镁热反应，反应仅持续数秒。待反应结束后，用稀盐酸进行酸蚀除去MgO等固体杂质，抽滤、干燥后得到石墨烯。

自蔓延高温合成技术结合了直接燃烧技术和镁热还原技术，在可控的条件下迅速将CO_2还原为石墨烯。自蔓延高温合成制备的石墨烯有非常好的电导性能，且结构丰富、比表面积很高、氧杂质含量极低，是超级电容器电极材料或催化剂载体的良好选择。

三、二氧化碳制碳纳米管

碳纳米管（carbon nanotubes，CNTs）因其出色的力学、电学和化学性能，而广泛应用于复合增强导电或抗静电、磁性等材料的加工。目前，制备CNTs的前沿技术主要以CO_2为原料，包括激光蒸发技术、电化学还原技术、催化还原–气相沉积技术等。

（一）激光蒸发技术

用大功率CO_2激光制备单壁碳纳米管（SWCNTs）系统如图7-15所示，此技术直接让石墨靶暴露在大功率激光的辐照下，迅速升温至1 200 ℃，立刻生成SWCNTs。此过程中所需要的能量主要是大功率激光的热效应提供，无需用电炉供能。

高功率密度的激光照射到材料表面的能量可以分为两部分，一部分的能量是被材料表面吸收，使材料气化；另一部分能量则被表面反射。由于石墨几乎可以全部吸收CO_2激光器发射的红外能量，从而使大部分石墨直接从固态升华为气态，所以利用CO_2激光制备SWCNTs是一种非常重要的方法。

将激光蒸发Co/Ni（原子比0.6/0.6）–石墨复合靶安装于反应室内，然后通氩气到合适的压力，再将大功率红外CO_2激光照在石墨靶上，等到石墨靶由暗红变成刺

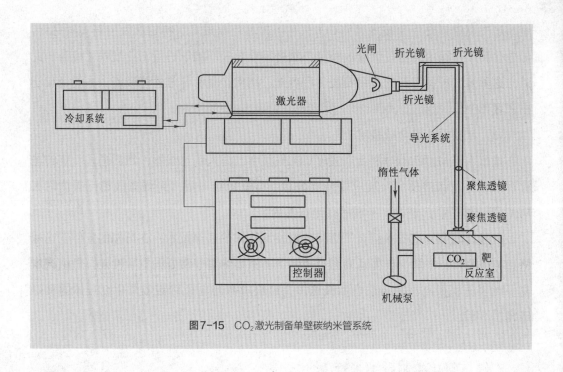

图7-15 CO₂激光制备单壁碳纳米管系统

眼的橙白色,辐照的部位就会开始长出SWCNTs。与碳弧法生长CNTs类似,生长的SWCNTs附着在石墨的表面。石墨靶亮度、SWCNTs积累量均与激光功率呈正相关性。

激光蒸发技术制备得到的SWCNTs放在透射电镜下观察,发现其中含有SWCNTs束(约5~10根SWCNTs,直径约8~20 nm),产率可以达到45%,同时含有杂质如催化剂颗粒、无定形碳等。

另外,激光功率和波长也会对SWCNTs的生长和平均直径产生影响。如激光功率在600 W时,SWCNTs的平均直径约1.2 nm;800 W时,SWCNTs的平均直径增加到约1.5 nm。另一方面激光功率为400~900 W,波长为632.8 nm时,制得的SWCNTs的平均直径为1.1~1.6 nm,而波长为532 nm时YAG脉冲激光制备的SWCNTs的直径为1.1~1.4 nm。

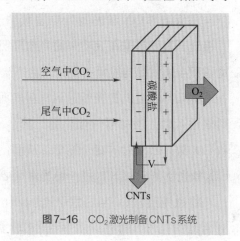

图7-16 CO₂激光制备CNTs系统

(二)电化学还原技术

电化学还原技术的主要原理是高温熔融盐(主要是Li、Na、K的混合碳酸盐)作为电解质吸收并电解CO_2,生成碳材料(图7-16)。

熔融盐电解制备的CNTs具备热容量大、蓄热及传热能力强，熔融盐含有阴、阳离子，高温导电性好等优势，且生成CNTs之后的氧化物又能够继续吸收CO_2生成碳酸盐，形成循环，将CO_2不断地转化成CNTs。但也存在明显缺陷，如晶体颗粒微小、结构凌乱、不规则等，同时会受到电极设备、电解条件的限制。

美国将该技术与现有水泥生产线耦合优化。水泥厂产生的CO_2通过在熔融碳酸盐电解质中电解，在阴极处可转化为CNTs，实现CO_2资源化利用；在阳极处产生纯氧被循环返回，以提高水泥生产线的能量效率和生产率。

（三）催化还原－气相沉积技术

催化还原－气相沉积技术主要通过两步进行，首先将CO_2催化还原转化成甲醇或者CO，进一步在二茂铁等催化剂作用下，利用浮动化学气相沉积法连续制备出CNTs宏观筒状物，并在开放的大气环境中将筒状物直接过水收缩成纤维，然后采用机械辊压工艺提高纤维的致密性，得到高强度（3.76～5.53 GPa）、高延伸率（8%～13%）和高导电率（约2.0×10^4 S·cm^{-1}）的CNTs纤维材料，其抗拉强度、韧性和导电性大大优于传统高强度碳纤维的水平。

烟气CO_2催化加氢－气相沉积法制备新型碳纳米管纤维技术（图7-17）过程简单、易控制、产品质量和收率高。

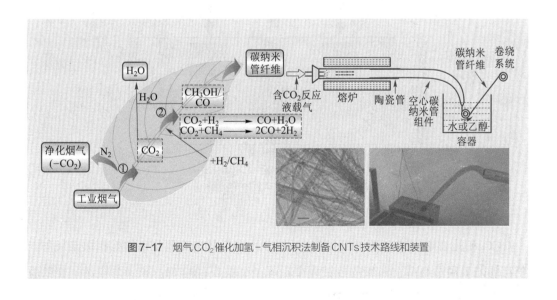

图7-17 烟气CO_2催化加氢－气相沉积法制备CNTs技术路线和装置

第四节
二氧化碳矿化利用

CO_2矿化技术是CO_2与含Ca^{2+}、Mg^{2+}的矿物质进行碳酸化反应,转化为稳定的碳酸盐矿物,能够稳定保存成千上万年,从而实现CO_2的永久封存。另外,工业废料、城市垃圾中等含有大量碱土金属的化合物可与CO_2进行矿化反应,达到固废治理与CO_2减排的双重目的。本章主要介绍CO_2矿化发电、制备肥料、碳酸盐化等。

一、二氧化碳矿化发电

CO_2矿化发电技术是将在矿化过程中产生的化学能转化为电能。CO_2矿化发电的基本原理如图7-18,反应方程式为式(7-9)和式(7-10)。

$$H_2O + CaCl_2 + CO_2 \longrightarrow CaCO_3 + 2HCl \qquad (7-9)$$

$$H_2O + MgCl_2 + CO_2 \longrightarrow MgCO_3 + 2HCl \qquad (7-10)$$

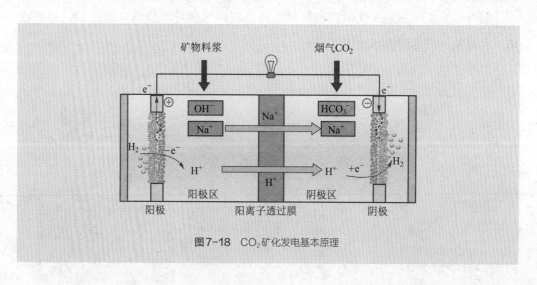

图7-18 CO_2矿化发电基本原理

CO_2矿化发电燃料电池(CMFC)系统由一个负载Pt/C催化剂的氢扩散阳极与一个常规的Pt阴极组成,系统内腔被一个阴离子交换膜(AEM)和一个阳离子交换膜(CEM)分隔成三个极室,反应物分别从三个缓冲罐流向三个极室。阳极与阴极则通过外部电路连通。

CMFC 系统产生电能的能量密度约为 5.5 W/m², 高于大多数微生物燃料电池的能量密度, 该系统最大的开路电压可达到 0.452 V, 并可将反应式 (7-11) 中的化学能转换为电能。

$$Ca(OH)_2 + 2NaCl + 2CO_2 \longrightarrow 2NaHCO_3 + CaCl_2 \qquad (7-11)$$

2020 年 4 月, 我国自主研发了国内首台超临界 CO_2 透平压缩发电机组, 该系统热效率可达 50% 以上, 并且完成了机械运转试验。

二、二氧化碳矿化制肥料

(一) 二氧化碳矿化生产硫酸铵肥料

磷石膏是湿法磷酸工业生产过程中的一种废弃物。中国是世界上最大的磷酸和磷肥生产国之一, 磷石膏废弃物的数量高达 5 000 万 t/a, 但仅有 15% 的磷石膏废弃物得到了回收利用, 如用于生产水泥缓凝剂、石膏灰泥和砖块等。大量的磷石膏则未经适当处理就被丢弃, 导致土地的大量占用和水资源污染。

CO_2 矿化技术可有效利用磷石膏, 在固碳的同时生产硫酸铵, 工艺见图 7-19, 反应如式 (7-12):

$$CaSO_4 \cdot 2H_2O + CO_2 + 2NH_3 \longrightarrow CaCO_3(s) + (NH_4)_2SO_4 + H_2O \qquad (7-12)$$

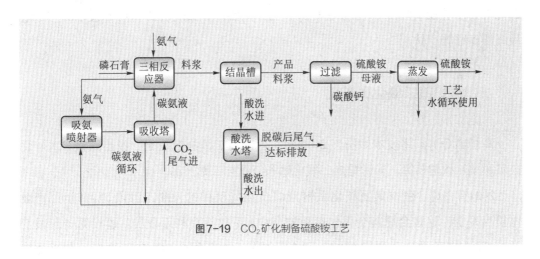

图7-19 CO_2 矿化制备硫酸铵工艺

上述反应得到的 $CaCO_3$ 固体经过滤、洗涤、干燥等可以得到建材原料。生成的 $(NH_4)_2SO_4$ 溶液经过三效蒸发系统进行浓缩、结晶、分离等工段后可得到最终的化肥产品。

我国研发了一种利用石膏直接矿化烟气 CO_2 的方法，试验结果表明，脱硫烟气中 CO_2 的脱除率高达 78%，得到的 $CaCO_3$ 固体纯度大于 98%，$(NH_4)_2SO_4$ 的纯度大于 99%，达到肥料一级品要求。中石化已完成普光气田 CO_2 矿化磷石膏联产硫基复肥中试装置。

（二）二氧化碳矿化生产钾肥

CO_2 矿化生产钾肥是将钾长石（$KAlSi_3O_8$）和 $CaCl_2$ 按适当的比例投到回转窑内高温煅烧，经 CO_2 矿化提钾，得到钾肥，余料可重新投入生产。

$$CaCl_2 + 2KAlSi_3O_8 + CO_2 \longrightarrow CaCO_3 + Al_2O_3 \cdot 2SiO_2 + 4SiO_2 + 2KCl \qquad (7-13)$$

主要反应如下：① 以 $KAlSi_3O_8$、$CaCl_2$、煤为原料，通过球磨挤压制成型或造球；② 将型料或料球从回转窑的窑尾送入回转窑，将空气从窑头送入回转窑，控制型料或料球在 $800 \sim 1\,000\ ℃$ 的停留时间为 $20 \sim 40\ min$；③ 将焙烧料粉碎并加水进行水浸提钾；④ 将浸钾渣加水调浆并通入 CO_2 进行矿化反应；⑤ 当浸钾液的温度低于 $29\ ℃$ 时，将其回用于焙烧料中钾的浸出，当浸钾液的温度高于 $29\ ℃$ 时，将其蒸发浓缩，然后降温进行 KCl 结晶；⑥ 将提钾母液降温进行 $CaCl_2$ 结晶，固液分离得 $CaCl_2$ 和提钙母液。

索尔维制碱法中废渣的主要成分是 $CaCl_2$。CO_2 从天然 $KAlSi_3O_8$ 提取钾的同时，还处理了工业废料 $CaCl_2$，集成了 CO_2 矿化、不溶性 $KAlSi_3O_8$ 的利用与废 $CaCl_2$ 处理，最终得到钾肥产品。

三、高炉渣二氧化碳矿化

高炉渣 CO_2 矿化技术如图 7-20 所示。含钛高炉渣经过活化、浸出后被 CO_2 矿化成碳酸镁和碳酸钙等，同时提炼二氧化钛和三氧化二铝产品。

2021 年 7 月，包钢集团碳化法钢渣综合利用项目的一期二阶段 10 万 t 示范产业化项目开工，这是全球首个固体废弃物与 CO_2 矿化综合利用项目。项目第一阶段消耗 1 t 钢渣的同时可碳化封存 $0.21 \sim 0.24$ t CO_2，生产的 $CaCO_3$ 产品纯度达到 99% 以上；第二阶段完成投产后，可处理钢渣 42.4 万 t/a，CO_2 排放量降低约 10 万 t/a，高纯 $CaCO_3$ 产量达到 20 万 t/a、铁料产量达到 31 万 t/a。

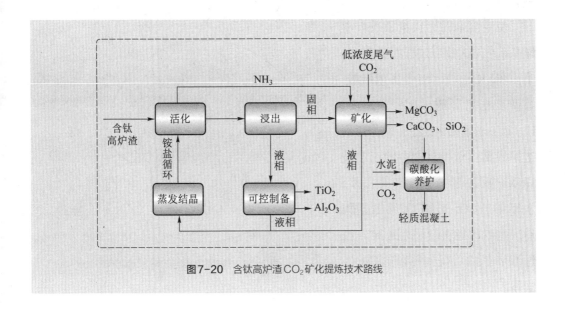

图7-20 含钛高炉渣CO_2矿化提炼技术路线

四、咸卤废水二氧化碳矿化

以含$MgCl_2$的钙镁废液为例，采用电解方法对烟气中的CO_2进行矿化反应生产$MgCO_3$，其电解单元见图7-21。

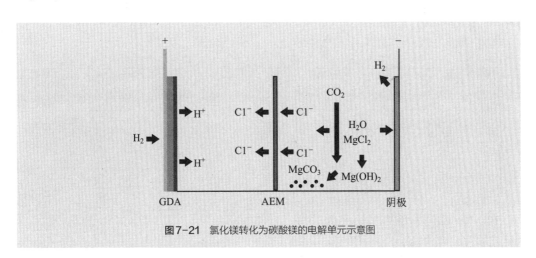

图7-21 氯化镁转化为碳酸镁的电解单元示意图

首先$MgCl_2$溶液电解转化为$Mg(OH)_2$和HCl，随后$Mg(OH)_2$与CO_2反应产生$Mg(HCO_3)_2$溶液，$Mg(HCO_3)_2$溶液经加热后最终得到$MgCO_3$产品。以矿化1 t CO_2为基准，在电压为0.7 V的情况下，约需消耗871 kW·h的电能，同时会产出3.16 t碳酸镁产品。

使用溶剂对钙镁废液进行萃取来矿化CO_2反应过程如图7-22。第一步，CO_2与水结合生成碳酸，经两步电离释放出H^+；第二步，H^+与Cl^-从水相中经过扩散作用到达相界面，与有机相中的三丁胺（R_3N）反应形成铵盐；第三步，水相中的CO_3^{2-}与HCO_3^-不断富集后，与Ca^{2+}逐渐形成沉淀，经过滤等工段后得到纯净的$CaCO_3$固体。

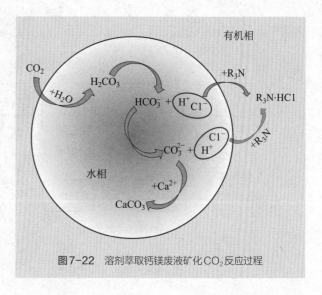

图7-22 溶剂萃取钙镁废液矿化CO_2反应过程

利用天然矿物与工业废料矿化利用CO_2具有能耗低、转化量大、产品价值高等特点。但仍面临着成本高昂的问题，急需开发流程简单、低成本的CO_2矿化技术。通过集成发电、采矿、碳酸盐化处理，与物料运输等过程耦合优化，使CO_2矿化能在固定场所进行，以达到能量的最佳优化。

目前，我国CO_2资源化技术大多处于基础研究和中试阶段，少部分在工业示范阶段（图7-23）。

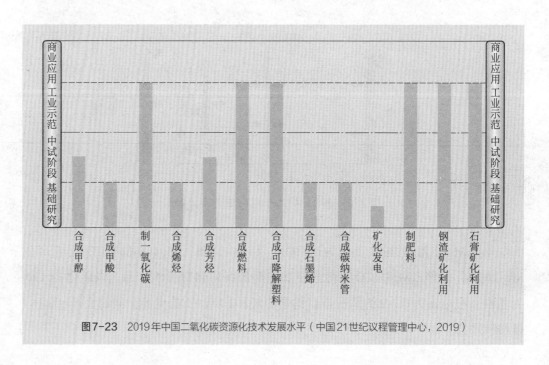

图7-23 2019年中国二氧化碳资源化技术发展水平（中国21世纪议程管理中心，2019）

思考题

1. 简述发展CO_2资源化技术对碳中和的积极意义。

2. 简述CO_2制备甲醇的技术原理。

3. 列举CO_2制甲酸的方法，并分析其优劣。

4. 简述CO_2制备CO的方法。你认为哪种方法最具应用前景，为什么？

5. 分析CO_2转化为汽油和生物柴油技术的优缺点。

6. 根据CO_2转化为生物柴油技术的不足之处，思考可以通过哪些方法进行改善？

7. 以CO_2为原料可以制备哪些高性能材料？

8. 简述CO_2制碳纳米管的技术。

9. 简述CO_2矿化发电的原理。

10. 你认为CO_2矿化生产肥料的可行性如何？说明理由。

参考文献

[1] 彭斯震，张九天，魏伟. 中国二氧化碳利用技术评估报告 [M]. 北京：科学出版社，2017.

[2] 刘志敏. 二氧化碳化学转化 [M]. 北京：科学出版社，2018.

[3] 中国21世纪议程管理中心. 中国碳捕集、利用与封存技术发展路线图2019 [M]. 北京：科学出版社，2019.

[4] 陆诗建. 碳捕集、利用与封存技术 [M]. 北京：中国石化出版社，2020.

[5] 王高峰，秦积舜，孙伟善，等. 碳捕集、利用与封存案例分析及产业发展建议 [M]. 北京：化学工业出版社，2020.

[6] 桥本功二. 全球二氧化碳回收利用：利用可再生能源实现全球可持续发展 [M]. 李向阳，张波萍，译. 北京：科学出版社，2021.

[7] Chi L P, Niu Z Z, Zhang X L, et al. Stabilizing indium sulfide for CO_2 electroreduction to formate at high rate by zinc incorporation [J]. Nature Communications, 2021, 12(1): 5835.

[8] Men Y L, You Y, Pan Y X, et al. Selective CO evolution from photoreduction of CO_2 on a metal-carbide-based composite catalyst [J]. Journal of the American Chemical Society, 2018, 140(40): 13071−13077.

[9] Porosoff M D, Yang X F, Boscoboinik J A, et al. Molybdenum carbide as alternative catalysts to precious metals for highly selective reduction of CO_2 to CO [J]. Angewandte Chemie International Edition, 2014, 53(26): 6705−6709.

[10] Gong Y N, Shao B Z, Mei J H, et al.Facile synthesis of C_3N_4-supported metal catalysts for efficient CO_2 photoreduction [J]. Nano Research, 2022, 15: 551−556.

[11] Zhu X, Tian C, H Wu, et al. Pyrolyzed triazine-based nanoporous frameworks enable electrochemical CO_2 reduction in water [J]. ACS Applied Materials & Interfaces, 2018, 10(50): 43588−43594.

[12] Wang J N, Luo X G, Wu T, et al. High-strength carbon nanotube fibre-like ribbon with high ductility and high electrical conductivity[J]. Nature Communications, 2014, 5: 3848.

[13] Shao B, Hu G, Alkebsi K A M, et al.Heterojunction-redox catalysts of $Fe_xCo_yMg_{10}CaO$ for high-temperature CO_2 capture and in situ conversion in the context of green manufacturing [J]. Energy & Environmental Science, 2021, 14(4): 2291−2301.

[14] Singh G, Lee J, Karakoti A, et al.Emerging trends in porous materials for CO_2 capture and conversion [J]. Chemical Society Reviews, 2020, 49(13): 4360−4404.

[15] Hussain F, Shah S Z, Ahmad H, et al. Microalgae an ecofriendly and sustainable wastewater treatment option: biomass application in biofuel and bio-fertilizer production. A review [J]. Renewable & Sustainable Energy Reviews, 2021, 137(C): 110603−110613.

[16] Kong W N, Shen B X, Lyu H H, et al. Review on carbon dioxide fixation coupled with nutrients removal from wastewater by microalgae [J]. Journal of Cleaner Production, 2021, 292(6): 125975−125999.

[17] Dineshkumar R, Sen R. A sustainable perspective of microalgal biorefinery for co-production and recovery of high-value carotenoid and biofuel with CO_2 valorization [J]. Biofuels Bioproducts & Biorefining-Biofpr, 2020, 14(4): 879−897.

[18] 尚天宇. 超临界二氧化碳技术结合机械剥离制备石墨烯 [D]. 厦门: 厦门大学, 2017.

[19] 马然, 李晨, 张熊. 镁热还原CO_2气体制备介孔石墨烯及其电容特性研究 [J]. 化学通报, 2017, 80（8）: 745−750.

[20] 张坚, 李明华, 曾国勋, 等. 红外CO_2激光制备单壁碳纳米管的研究 [J]. 广东有色金属学报, 2006, 16（2）: 107−112.

08

第八章
碳负排及生态碳汇强化技术

美国国家科学院发布《负排放技术和可靠的封存：研究议程》报告，明确定义碳负排技术（negative emissions technologies，NETs）指从大气中去除和封存CO_2的技术，主要包括直接空气捕获、沿海蓝碳、陆地碳的去除和封存等技术。陆地及海洋生态系统是地球主要的碳库，它们是可人为管理的碳库，通过有效的管理调控手段，可以强化它们的碳储量。本章主要介绍直接空气捕获二氧化碳、生物能源和碳捕集与封存等碳负排技术，以及陆地及海洋碳汇强化技术。

第一节
直接空气碳捕获技术

直接空气捕获CO_2技术（direct air capture，DAC）是一种回收利用分布源排放CO_2技术，可以有效捕获因交通、农林、建筑等行业分布源排放的CO_2。

一、捕获工艺

DAC由空气捕捉、吸收剂或吸附剂再生、CO_2储存三大部分组成（图8-1）。空

气中的 CO_2 与吸附剂反应进行捕获，随后吸附剂通过改变热量、压力或温度释放解吸 CO_2，进行吸附剂的再生，再生后的吸附剂可再次用于 CO_2 捕获，其中被捕获的 CO_2 可被储存起来，达到固碳的目的。

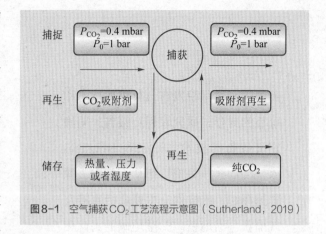

图8-1　空气捕获 CO_2 工艺流程示意图（Sutherland，2019）

DAC技术的优点是可以对数以百万计的小型化石燃料燃烧装置以及交通工具等分布源的 CO_2 进行捕获处理。与CCS或CCUS的 CO_2 捕获技术相比，DAC在装置方面具有更大的灵活性。另一方面，DAC技术可以与CCS或CCUS技术联合使用，并对CCS或CCUS技术中泄露的 CO_2 进行再捕捉。合理地运用DAC技术，可能出现碳"负排放"的情况，从而有效地降低大气中 CO_2 浓度。

二、常用吸附剂

空气捕捉模块大多通过引风机等设备对空气中 CO_2 进行捕获，再经固体吸附材料或液体吸收材料吸收 CO_2，CO_2 储存模块主要通过压缩机将收集的 CO_2 送入储存罐贮存。DAC工艺常用的吸附剂见表8-1。

表8-1　DAC常用吸附剂

公司名称	吸附剂	吸附剂再生	CO_2 捕获能耗/ $(kW \cdot h \cdot t^{-1})$	优点	缺点
Carbon Engineering	碱性溶液	化学反应	1 824	可大规模稳定运行	能耗高占地大
Climeworks	胺类吸附剂	100 ℃脱附	1 700~2 300	吸附效果好	处置量小能耗高
Global Thermostat	胺类吸附剂	低温蒸汽脱附（85~100 ℃）	1 320~1 670	占地小	吸附效果差

自1999年提出以来，DAC技术日益成熟、工艺逐渐完善，一些公司对DAC技术规模化应用进行探索。DAC技术的关键突破点就是吸附材料的选择，吸附材料主要

包括碱性溶液、物理吸附材料、胺类吸附材料等。

(一) 碱性溶液

2006年，哈佛大学提出使用NaOH和CaO对CO_2进行捕集，捕集CO_2的成本在500美元/t左右；2007年加拿大皇家军事学院在DAC系统中使用了过滤装置，即在$CaCO_3$进行煅烧前先加入除水环节，将系统总能耗下降至442 kJ/mol。此外，NaOH-CaO体系DAC装置更为便宜且相对无害。

2008年，加拿大卡尔加里大学研发了一种新的DAC吸收工艺，使用NaOH溶液-$Na_2O \cdot 3TiO_2$对CO_2进行捕获，将捕捉CO_2所消耗的能量降低为150 kJ/mol，且反应产生的五钛酸钠与水反应可再生为三钛酸钠参与新的捕捉循环（反应如式（8-1）～式（8-3））。但是反应过程中对反应物和产物加热和冷却的能量需求较大（式8-2的反应温度为850 ℃，而式8 3的反应温度则为100 ℃），因此对有效传热的要求更加严格。

$$CO_2 + NaOH \longrightarrow Na_2CO_3 + H_2O \tag{8-1}$$

$$7Na_2CO_3 + 5Na_2O \cdot 3TiO_2 \longleftrightarrow 3(4Na_2O \cdot 5TiO_2) + 7CO_2 \tag{8-2}$$

$$4Na_2O \cdot 5TiO_2 + 7H_2O \longleftrightarrow 5(Na_2O \cdot 3TiO_2) + 14NaOH \tag{8-3}$$

碱性溶液吸收CO_2分为两个阶段，第一个阶段碱溶液吸收CO_2，第二个阶段进行吸收剂的再生。碱性溶液吸收CO_2具有原料常见易得、反应简单的优点，但其再生过程耗能较高，增加CO_2捕集的成本。

(二) 物理吸附剂

由于碱性吸收剂的再生能耗较大，因此需要寻找一种结构稳定且能在大气温度下捕集CO_2的材料，来降低DAC工艺的成本，因此物理吸附剂是非常重要的可替代选择。

物理吸附是指利用吸附剂与空气组分之间范德华力不同的原理进行吸附并分离CO_2，该反应一般发生在吸附剂表面，其吸附机理为物理吸附。这类吸附剂具有高比表面积和高孔隙度的特点，如常用的沸石分子筛、MOF等。在低温和高压条件下物理吸附剂吸附CO_2，而在高温和低压条件下进行CO_2的脱附。几种常用的物理吸附剂对CO_2的吸附容量对比见表8-2。

表8-2　几种物理吸附剂对CO_2的吸附容量

吸附剂	温度/℃	CO_2浓度/ $(mL \cdot m^{-3})$	最大吸附量/ $(mmol \cdot g^{-1})$
13X（13X分子筛）	23.4	400	0.034
HKUST-1（$[Cu_3(TMA)_2(H_2O)_3]_n$（MOF-199））	23.4	400	0.05
SIFSIX-3-Zn（$Zn(pyz)_2(SiF_6)$）	25	400	0.13
Mg-MOF-74（MOF-74（Mg）金属有机骨架材料）	23.4	400	0.14
NaX（NaX分子筛）	25	395	0.41
K-LSX（低硅K交换X型分子筛）	25	395	0.67
Na-LSX（低硅Na交换X型分子筛）	25	395	0.87
SIFSIX-3-Cu（$Cu(pyz)_2(SiF_6)$）	25	400	1.24
Li-LSX（低硅Li交换X型分子筛）	25	395	1.34

　　沸石分子筛DAC技术稳定性高，但其在水分充足时CO_2吸收能力有所下降，须对空气进行干燥脱水后进行吸附，这往往增加了整个体系的复杂性和成本。

　　近年来，MOF类材料在CO_2吸附领域得到广泛关注。现有的MOF等物理吸附材料对于CO_2的吸附选择性不高，导致现有的吸附材料并不能满足DAC技术的要求，需要通过构建不同的MOF材料来提高对CO_2吸附的选择性，主要包括：一是负载胺类化合物来提高吸附点位与CO_2的亲和力；二是调整孔径以及活性位点的分布来构建特殊的通道，从而提高对CO_2的吸附量。

（三）胺类吸附剂

　　物理吸附材料吸附CO_2选择性不高，导致从空气中吸附CO_2时容易受到N_2及H_2O的影响，而胺类吸附剂从空气中捕获CO_2则可以避免选择性的影响。

　　胺类吸附剂在DAC领域的应用比较成熟。直接使用液体胺类吸收剂分离CO_2时，会因吸收剂再生时溶液蒸发导致热量损失严重，从而具有较高的能耗。为了降低胺类吸附剂在DAC技术的能耗，可以用固体胺类吸附剂进行CO_2捕获，同时通过设计不同载体结构以及选择不同的有机胺类来提高CO_2的吸附能力。

　　固体胺类吸附剂中的氨基可与CO_2生成氨基甲酸盐离子，以此来吸附CO_2。当存在水分时，二者则生成碳酸氢铵（式（8-4）、式（8-5））。

　　固体胺类吸附剂制备方法主要可以分为三类：① 物理浸渍；② 硅烷键共价束缚；③ 原位聚合直接共价束缚（图8-2）。

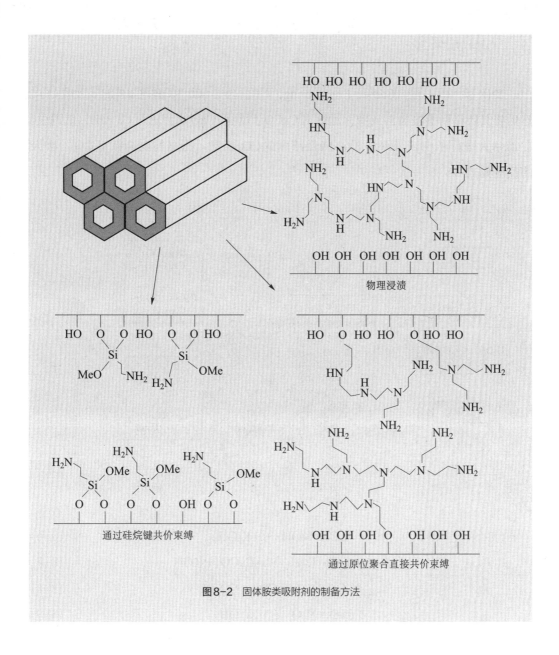

图8-2 固体胺类吸附剂的制备方法

$$CO_2 + 2R_1R_2N \longleftrightarrow R_1R_2NH_2^+ + R_1R_2NHCOO^- \qquad (8-4)$$

$$CO_2 + R_1R_2NH + H_2O \longleftrightarrow R_1R_2NH_2^+HCO_3^- \qquad (8-5)$$

式中，$R_1 = R_2 = CH_3CH_2OH$。

　　胺类吸附剂不仅有较好的吸附能力，且再生耗能较低，可利用工业废热或少量热实现，同时其在捕获CO_2时CO_2的吸附和解吸都发生在同一单元，减少了操作时间，具有更高的效率，可有效降低系统的整体成本和能耗，具有明显的优势。

三、应用研究

2018年，碳工程（Carbon Engineering，CE）公司利用KOH-Ca(OH)$_2$吸收CO$_2$，然后将其转移到碳酸盐溶液中，通过对CaCO$_3$煅烧和CaO水合进行Ca(OH)$_2$的再生。在加拿大进行了中试（图8-3），将低浓度的CO$_2$捕集、压缩得到高浓度CO$_2$，涉及的反应如式（8-6）~式（8-9）。

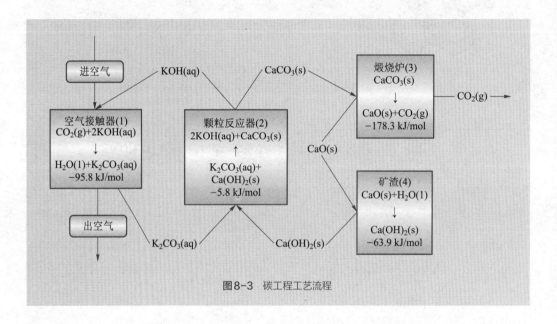

图8-3 碳工程工艺流程

$$CO_2 + KOH \longrightarrow K_2CO_3 \tag{8-6}$$

$$K_2CO_3 + Ca(OH)_2 \longrightarrow CaCO_3 + KOH \tag{8-7}$$

$$CaCO_3 \longrightarrow CaO + CO_2 \tag{8-8}$$

$$CaO + H_2O \longrightarrow Ca(OH)_2 \tag{8-9}$$

瑞士Climeworks公司研发的DAC工艺流程如图8-4所示。Climeworks公司和冰岛Carbfix公司设计了一座名为Orca的CO$_2$直接捕集工厂，已于2021年9月投入使用。该设备每年能够从空气中吸收CO$_2$ 4 000 t，是目前全球规模最大的、直接从空气中捕集CO$_2$并进行封存的碳捕集与封存工厂。该工厂可利用风扇将空气吸入装有过滤材料的收集器，当过滤材料吸饱CO$_2$后，设备将进行升温，最终将从空气中捕集的CO$_2$注入地下1 000多米处，在高压下CO$_2$能够在两年内转化为"石头"状固体，在地下实现永久封存。目前Climeworks公司已在欧洲全境安装了16个类似的设备。

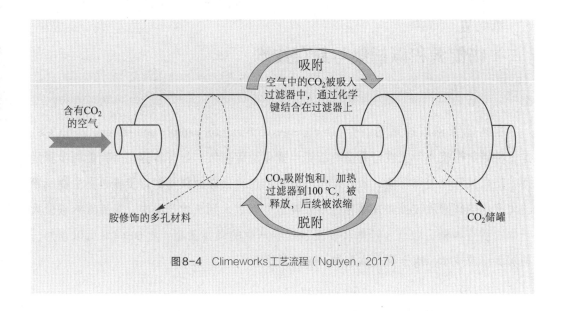

图8-4 Climeworks工艺流程（Nguyen，2017）

2025年，CE公司建造苏格兰的DAC工厂完工，该工厂采用再生能源提供动力，最终可每年从大气中清除约100万t的CO_2。全球恒温器（Global Thermostat）公司研发的DAC工艺使用了气流装置，让其在接触器表面吸附CO_2。接触器都是矩形塔装置，内嵌的胺吸附剂附着在多孔且具有蜂窝形状的陶瓷块上以吸附CO_2。吸附完成后使用低温蒸汽（85～100 ℃）对CO_2进行脱附，整个系统的循环时间在30分钟内。采用低于大气压的饱和蒸汽作为直接传热流体和吹扫气体，实现在85～95 ℃下的吸附剂再生，再生时间小于100 s。

随着CO_2吸收/吸附材料发展以及反应设备更新，DAC技术的整体成本已经有所降低，但仍具有较高的成本，目前可行DAC工程大多以中试为主。

DAC成本居高不下的主要原因有两个。

（1）高效低成本吸收/吸附材料的开发设计：物理吸附剂的再生是相对容易的，但由于从空气中吸附CO_2一般是在常温下进行的，所以物理吸附剂的吸附性和选择性较差。化学吸附（碱性和胺类吸附剂）主要是用化学键力来吸附CO_2，具有吸附性较强的优点，但由于化学键力使得分子结合较为紧密，使得其在CO_2脱附时耗能较大，并且该过程主要通过化学反应实现，工艺复杂，吸收效率不高。

（2）高效低成本设备的开发：DAC技术涉及的装置主要有捕集、吸附/吸收、脱附/再生装置。其中改进空气捕集装置提高CO_2捕集率是降低成本的关键。

第二节
生物能源和碳捕集与封存技术

生物能源和碳捕集与封存（bioenergy with carbon capture and storage, BECCS）是一种碳负排技术，主要分为生物能源步骤以及碳捕集与封存步骤。生物能源步骤是指生物质被转化为热、电、液体和气体燃料的过程；碳捕集与封存步骤是指生物能源转化产生的碳排放被捕集并储存在地质构造中或嵌入到长效产品中。当捕集的碳量大于生物质在种植、收获、运输和加工过程中产生的碳排放量，则BECCS可以作为一种碳负排放技术，用于降低大气中CO_2的浓度。

一、生物能源与二氧化碳

生物能源是指从生物质中得到的能源，是太阳能以化学能形式贮存在生物质中的一种可再生能源。生物质在生长过程中捕集CO_2，其能够有效从大气中清除CO_2，因此生物质在生长过程中也充当着碳汇的角色。

生物能源中的CO_2不光来自以生物质为原料的发电厂在燃烧时的释放，也来自制造纸张过程中的木浆生产以及生产生物乙醇中的生物质发酵释放等，较为常见的CO_2来源见表8-3。

表8-3　生物能源中的二氧化碳来源

来源	二氧化碳的来源	分类
火力发电厂	以生物质或生物燃料为原料使用蒸汽或燃气动力发电机在燃烧发电及供热过程中释放CO_2	能源
纸浆和造纸厂	造纸废气进入回收锅炉所生产的CO_2 石灰窑中产生的CO_2 造纸黑液和树皮等木质生物质气化过程中生产的CO_2 气化合成气燃烧过程中产生的CO_2	工业
乙醇生产	发酵如甘蔗，小麦或玉米等生物质会释放CO_2	工业
沼气生产	沼气提高甲烷的比例，从沼气中分离CO_2	工业

二、生物能源和碳捕集与封存

碳捕集与封存步骤，是指将生物能源中产生的CO_2注入地质构造来进行碳捕集与封存，在本书第四章中已介绍。

目前，BECCS技术在电力行业应用仍处于快速研发阶段。2019年2月，英国Drax电厂6×660 MW电厂生物质燃料发电运营，已经开始捕集CO_2，每天从烟气排放中捕集1 000 kg碳，这是世界上第一次从100%的生物质原料燃烧过程中捕集CO_2。

2017年，美国阿彻丹尼尔斯米德兰（ADM）工厂收集乙醇生产发酵的副产品形成的纯CO_2气体，注入附近的西蒙山砂岩盐层，每年从生物乙醇设施中捕集多达100万t的CO_2。截至2019年，全球地质封存的8个BECCS项目分布如表8-4所示。

表8-4　全球BECCS项目分布

项目名称	捕集源	捕集规模/（10^6 t·a^{-1}）	CO_2封存方式
伊利诺伊州工业碳捕集	生物乙醇工厂	1.000 0	咸水层封存
Arkalon CO_2压缩设施	生物乙醇生物工厂	0.290 0	EOR
Bonanza碳捕集	生物乙醇工厂	0.100 0	EOR
Husky CO_2注入	生物乙醇工厂	0.090 0	EOR
Farnsworth注入	生物乙醇/化肥工厂	0.007 0	EOR
Mikaua电厂燃烧后捕集	生物质电厂	0.180 0	离岸封存
Drax电厂CCS	生物质电厂	0.000 3	地质封存
Norwegian全流程CCS	垃圾发电/水泥	0.800 0	地质封存

注：EOR（Enhanced Oil Recovery）是指提高原油采收率或强化开采

第三节
生物炭土壤固碳技术

生物炭（biochar）是由生物质在完全或部分缺氧的情况下经低温热解炭化产生的一类高度芳香化难溶性固态物质。生物炭在固碳减排、土壤改良、减少化肥流失方面具有巨大的潜力。废弃有机物炭化还田通过将农作物光合作用过程中吸收的CO_2以炭基肥的形式固定在农业土壤中，实现了农田从碳源到碳汇的转变。生物炭农用技术表现为碳汇，具有碳负排效应。

一、生物炭固碳技术

（一）生物炭还田固碳原理

生物质通过热解可将植物通过光合作用吸收的碳部分转化为生物炭，其含有较高的浓缩芳香炭和较低的氧，难以进行化学和生物降解。当以生物炭还田时，可能仅有约5%的碳在土壤微生物的作用下缓慢矿化分解成CO_2返回到大气中。此过程减碳量约为20%，整个循环过程为碳负排，且循环次数越多，减碳程度越大（图8-5）。

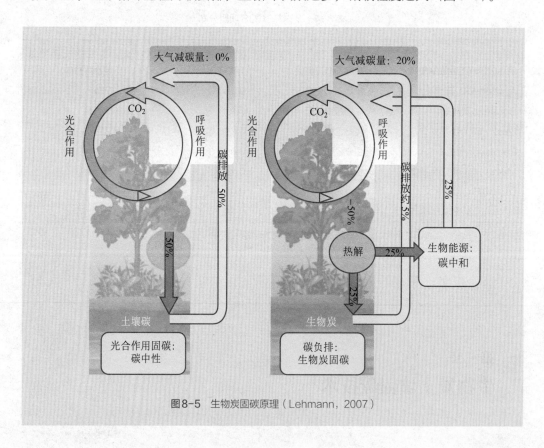

图8-5 生物炭固碳原理（Lehmann，2007）

采用生命周期法量化我国农作物残体在生物炭制备及土壤应用中的固碳潜力，发现生物炭系统的年度GW100值（100年尺度下全球变暖趋势）可达$CO_2(eq)$ -921.66 kg，能显著提高农田固碳量。

生物炭农用是有效的固碳途径,其作用机制在于(图8-6):

(1)增加顽固性碳。生物炭含有较多高度稳定性的碳组分,一定程度上可以抵抗微生物对它的分解作用,可长期保存在土壤中。与秸秆还田相比,生物炭施用可减少碳矿化,固碳减排效应更好。

(2)通过吸附可抑制易挥发有机碳的矿化。生物炭发达的孔隙结构和巨大的外表面积可以吸附和包封土壤有机质,降低有机质的矿化和碳排放。生物炭拥有较大的比表面积,对CO_2有较强的物理、化学固定作用,减少与大气之间的碳交换。

(3)促进土壤腐殖化,增加土壤碳容量。生物炭含有$CaCO_3$等矿物质,可与土壤和有机质形成有机-无机复合体,生成更稳定的团聚体,使得其中的有机碳不易被外界微生物分解利用,减少土壤CO_2排放。

(4)抑制土壤呼吸,降低土壤碳矿化。

(5)生物炭处理可降低有毒物质,如重金属、农药、过量化肥带来的毒害作用,从而提高作物生物量,提升农田系统碳固存能力。

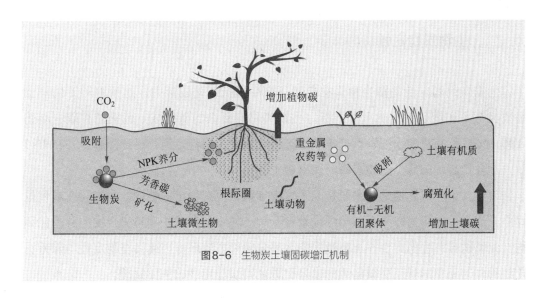

图8-6 生物炭土壤固碳增汇机制

(二)生物炭农用固碳技术

生物质炭化还田是指秸秆、粪便等有机物质在完全或部分缺氧且温度相对较低(<700 ℃)条件下,经热裂解炭化产生炭粉,炭粉经过加工处理制成炭基肥并施用于土壤的一种技术,其流程一般包括秸秆收集、造粒、炭化、加工制炭基肥、还田等环节。

目前，包括炭基有机肥和炭基有机-无机复混肥两种生物质炭基肥料。废弃有机物炭化之后所产出的炭粉孔隙发达，碳含量非常高并且稳定，施用于土壤后，其强大的孔隙可以保证水分和养分的不流失，又能增加植物对于肥料的利用率，降低损耗；同时还能疏松土壤，改善植物根系生存环境，促进有益微生物的生成，改善土壤板结，平衡酸碱度等。

另外，废弃有机物炭化产生的副产品木醋液是非常好的植物生长促进剂，与生物炭配合使用效果非常好，生物炭和木醋液配合普通肥料使用，其效果要比普通肥料好很多。含15%~20%生物炭的炭基肥，可以减少使用15%的化肥，实现农作物产量和品质的双向提升，并减少20%以上农田温室气体排放，且有利于改善耕地生态环境。

以秸秆为例，2019年2月，全国农业技术推广服务中心"秸秆炭化还田改土培肥"绿色农业生产试验示范项目正式启动。目前，已在河北、内蒙古、黑龙江等八省（区）部分粮食主产区和主要农作物优势产区，优选玉米、水稻、小麦等作物，开展了总面积27万公顷的绿色农业生产试验示范。2020年，秸秆生物质炭增效技术被农业农村部公布为农业十大引领性技术。

二、生物炭稳定性

生物炭的稳定性是指生物炭在自然环境中抵抗矿化的能力，是预测和评估其土壤改良效应和固碳效应的重要指标。生物炭具有复杂的碳组成，包括芳香碳、脂肪族碳、挥发性有机碳和溶解性有机碳，施入土壤后，不稳定组分迅速降解，并在2~3年内达到稳定，随后，生物炭降解速率趋于稳定。

首先，生物炭的稳定性主要是因为其内部结构具有稳定的特征。生物质在炭化过程中，原本生物质的纤维素和半纤维素被分解，并重新合成呋喃类化合物的芳香化结构，此结构具有强稳定性，土壤微生物对其分解能力较弱，因此具有稳定性。除芳香化结构外，无定形和乱层微晶结构也是促进生物炭稳定性的主要原因。

然后，生物炭施入土壤后，可形成一定的空间阻隔效应，从而有效降低生物炭的分解，增加土壤碳储量。空间阻隔是指由于土壤团聚体的物理保护作用，使得生物炭与微生物隔绝，从而降低了生物炭的生物分解作用。

另外，生物炭能与矿物质表面产生相互作用，这种相互作用可通过两种形式发生。一是生物炭表面负电荷与矿物质的变价正电荷发生配位体和阴离子交换作用，二是生物炭与矿物质层状硅酸盐的正电荷发生阳离子的交换作用。与团聚体中的生物炭粒子不同，矿物骨架中的生物炭粒子更细，可与矿物质表面形成稳定的有机矿物复合体，这种有机矿物复合体结构有助于提高生物质炭在土壤中的稳定性。

三、影响生物炭稳定性因素

影响生物炭稳定性的因素包括生物炭特性、土壤特性、生物学因素和环境因素四方面。

（一）生物炭特性

生物炭的制备工艺和原料是影响生物炭稳定性的主要因素。

（1）制备工艺：如热解温度的升高有助于生物炭芳香度的提高，从而提高其稳定性。当热解温度较低时（<600 ℃），形成无定形和乱层微晶结构。当热解温度升高时，有序的石墨层结构开始形成，且此结构更加稳定。

（2）前驱体种类：前驱体的不同也会影响生物炭的稳定性，这可能是因为前驱体中挥发性物质含量不同，影响生物炭的孔隙结构和密度，因此生物炭与氧气和微生物的作用程度存在差异。

（二）土壤特性

土壤特性影响主要包括土壤质地、土壤矿物、土壤水分和土壤耕作方式等。

（1）土壤质地：主要指黏粒、粉粒和砂粒组成。黏粒粒径最小，比表面积大，有利于吸附土壤有机质，且对生物炭产生一定的保护作用。

（2）土壤矿物：可影响土壤质地和土壤微生物，导致生物炭固碳效应的差异性。

（3）土壤水分：也会影响土壤有机质的降解程度。

（4）土壤耕作方式：耕作方式的不同导致生物炭固碳效应存在差异。传统的土壤耕作对土壤生态系统形成扰动，破坏土壤结构和团聚体进程，降低对生物炭的物理和化学性质保护，导致生物炭发生物理降解。

（三）生物学因素

生物学因素主要包括植物根系、土壤动物区系和微生物三部分：① 植物根系通过根系分泌物影响土壤理化性质、土壤微生物群落多样性和活性，间接影响生物炭的稳定性；② 生物炭的加入会引起土壤微生物群落的变化，从而影响生物炭的稳定性；③ 土壤动物如蚯蚓、白蚁等，可破坏大团聚体，有利于新团聚体的形成，而团聚体的团聚作用有利于生物炭的稳定。

环境条件对生物炭稳定性及降解速率的影响包括四个方面：① 温度升高可加速生物炭的矿化；② 降水会造成生物炭淋滤流失；③ 土壤环境的酸碱度则可通过影响土壤中的化学反应和微生物过程，从而影响生物炭的生物氧化与非生物氧化；④ 此外，光照可以通过光化学氧化作用加速生物炭的降解。

第四节
陆地碳汇强化技术

陆地生态系统的碳汇是全球碳汇的重要组成部分之一，称为"绿色碳汇"。陆地碳汇能力主要来源于植物的光合作用。

陆地生态系统的碳包括植物碳和土壤碳两部分（图8-7）。

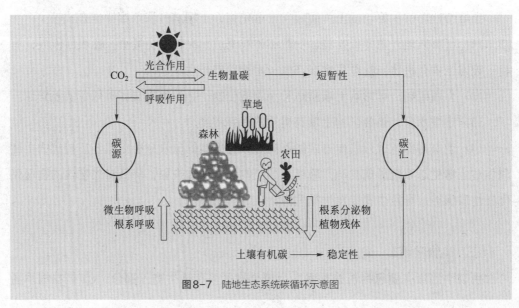

图8-7　陆地生态系统碳循环示意图

（1）植物碳：植物（树、草、农田作物）通过光合作用将CO_2转变为有机物并储存起来，这部分为植物固定的碳。植物碳是不稳定的，在短时间内能以秸秆形式还田、燃烧或被动物及人类食用或随着植物死亡被分解，以CO_2形式回归大气。

（2）土壤碳：植物凋落物、残体、根系分泌物等有机物质可以直接进入土壤，经过土壤过程转变为土壤有机质，以土壤有机碳（soil organic carbon，SOC）的形式储存在土壤中，这部分为土壤碳，则可保持几百年甚至几千年。

陆地生态系统主要包含森林、草地、湿地、农田等生态系统。

一、森林碳汇

全球的森林面积超过$4.0 \times 10^9 \ hm^2$，约占全球陆地总面积的32%，其碳储量占陆地生态系统碳总量的80%以上。森林作为陆地生态系统中最大的碳库，在维持全球生态平衡中发挥着至关重要的作用。据计算，森林植被碳储量为450~650 Pg C，碳密度为$2 \sim 133 \ Mg \ C \cdot hm^{-2}$。

（一）森林固碳原理

森林的固碳能力是指森林植被通过自身光合作用吸收大气中的CO_2，并将其转化为有机物储存在植物或土壤中的能力。与陆地表面上其他生态系统相比，森林生态系统具有生产力水平高、碳汇效率高的特点。

亚马孙森林是地球上最大的森林生态系统之一，亚马孙森林在陆地碳汇中发挥了重要的作用。亚马孙森林生态系统在生物量和土壤中储存C约150~200 Pg。

我国森林生态系统是重要的碳汇，我国森林碳储量总量整体上呈增加趋势，但碳密度却呈现出逐渐下降的趋势，且我国人工林的碳密度显著低于世界平均水平，说明我国森林整体质量较差，我国森林碳汇容量有很大的提升空间。

（二）影响森林固碳的因素

影响森林固碳效率的因素包括：树木类型、火灾、氮沉降、降雨、地形等（图8-8）。

树木类型是影响其固碳能力、释氧能力的主要因素。一般来讲，杨树和桉树是人工林的主要固碳贡献者，其固碳能力显著高于其他类型。火灾对森林碳平衡的影响主要表现在：一是火灾增加了土壤有机质、凋落物的分解速度，降低土壤碳储量，二是增加黑炭的碳汇功能，三是增加凋落物数量。氮沉降的氮素可以直接促进植物生长，从而增加固碳量；同时氮沉降也会在一定程度上促进腐殖质物质的分解。受雨水冲刷、土壤侵蚀等外界因素的影响，斜坡底部的森林生态系统土壤有机碳含量较斜坡上部的更高。

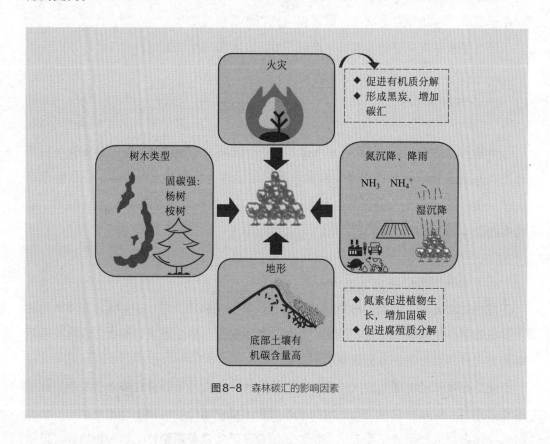

图8-8　森林碳汇的影响因素

（三）森林碳汇强化技术

气候变化如干旱、增温等现象会破坏森林的结构及其生态功能。人为干预可改变森林树种组成、结构与功能，通过调节森林的恢复能力，从而能提高森林系统的固碳能力。还可通过退耕还林、减少劳作、间伐和森林抚育伐等方式提升森林的固碳能力（图8-9）。

退耕还林可增加森林的面积，增加森林碳汇容量。减少劳作可以减少土壤扰动，降低土壤呼吸，从而增加土壤碳的固持能力。根据采伐的目的可以将采伐分为间伐和森林抚育采伐。间伐是指通过采伐，减少林分密度；森林抚育采伐是调整林分结构。

间伐和森林抚育采伐可以通过改变树种组成、年龄结构、林分密度等来降低养分的竞争，促进森林更新，增加森林生物量，从而提高森林系统的碳汇能力。

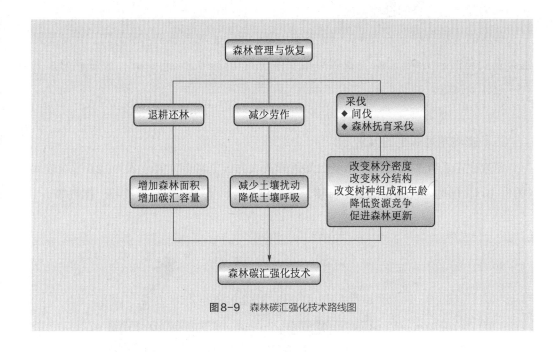

图8-9 森林碳汇强化技术路线图

我国开展了多项国家生态修复项目以增加森林系统的碳汇，如退耕还林工程、天然林保护工程、长江/珠江防护林等重大生态工程。据统计，2001—2010年国家生态修复项目执行地区的年碳汇总量为132 Tg C/a，其中56%归功于该类项目的实施。在人工干预条件下，我国森林生态系统贡献了陆地生态系统固碳总量的36.8%（7.4×10^{11} kg），可抵消化石燃料碳排放的45%。

二、草原碳汇

草地是地球上分布最广的生态系统之一。世界草原面积约2.4×10^{9} hm^{2}，占陆地面积的1/6，在全球陆地碳循环过程中起着重要的作用。

（一）草地碳汇原理

草地可以吸收CO_2，并实现碳的高效转化，将其固定在土壤中。同样的，土壤碳库也是草地生态系统碳汇增加的主体。据估计，草地生态系统总碳储量约为25.4～

29.1 Pg C，其中95%~97%的碳储量为土壤有机碳。同时，草原也会产生大量的温室气体（包括CO_2、CH_4、N_2O）。其中产生的温室气体来源于畜牧养殖排放、土壤植被呼吸释放及凋落物分解过程释放。

我国的天然草原面积为$4.0 \times 10^8 \ hm^2$，约占我国土地面积的42%，约占全球草地生态系统总面积的6%~8%。我国草地碳储量为$0.22 \sim 0.35 \ kg \ C/m^2$，土壤碳密度为$8.5 \sim 15.1 \ kg \ C/m^2$。

（二）影响草地碳汇的因素

草地生态系统的碳储存总量受自然因素及人为因素影响，其中人为因素影响较大（图8-10）。自然因素包括降雨、温度、土壤质地等；人为因素包括放牧、围栏等。

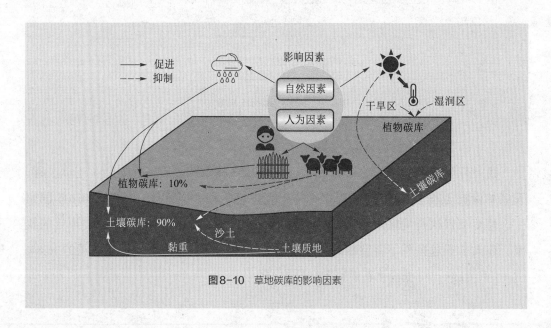

图8-10　草地碳库的影响因素

1. 自然因素

降雨决定了中国草地的分布及生物量，草地生物量的空间分布和时间动态规律与降水量密切相关。土壤碳密度随降雨增加而增加，但当土壤湿度大于30%时趋于平缓；此外，其他因素如温度也是影响生物量空间分布的重要因素。如干旱区草地生物量与年平均气温呈负相关，而在湿润区与气温呈正相关。在干燥的草地上，温度升高可能导致水分流失，从而抑制植物生长；但在潮湿的条件下，会促进植被的生长。土壤碳库随粘粒含量的增加而增加，随沙粒含量的增加而减少。土壤碳储存总量的变化与土壤水分和质地息息相关。

2. 人为因素

过度放牧是造成草地退化和植被碳流失的主要因素之一。过度放牧会导致土壤碳流失，草地产量下降30%~50%，在高寒草地表现为地上和地下生物量分别下降20%~40%和30%~43%。过度放牧会降低地上部生物量，降低土壤团聚体的稳定性，从而降低草地生态系统植物碳及土壤碳储量。

（三）草地碳汇强化技术

草地的退化会降低植被生产力、加速土壤有机质分解，引起土壤碳输入小于土壤碳排放，导致草地释放更多的温室气体。因此，寻找既要维持草原生物量又要降低温室气体排放的管理模式，对草地的管理及生态系统维护十分重要。可从减少草地碳排放（如硝化抑制剂添加、优化放牧管理等措施）、增加草地碳容量（如施肥）、调节凋落物分解等方面来减少草地的碳排放，维持草地的可持续经营。

可采用围栏增加草地生物量，增加土壤碳储量。近几十年来，家畜围护已成为全国各地常见的草原恢复手段。减少放牧后，草原生物量、土壤有机碳储量可显著恢复。草地添加氮肥也可促进大粒径团聚体聚集，提高土壤团聚体稳定性，各粒径团聚体土壤有机质含量显著提高，改善土壤结构，提高土壤固碳能力。同时，肥料的施用可提高土壤肥力，增加植物的生物量，提高植物碳储量。此外，增加豆科植物补播可增加土壤有机碳储量。

一般而言，草地净初级生产力的50%以凋落物的形式归还到土壤中，最终在微生物的作用下形成腐殖质或被分解掉，其过程对全球碳循环具有重要意义。而氮肥的添加可促进凋落物中纤维素和单宁的分解，可有效加速土壤碳循环，不利于腐殖质层养分的积累，因此氮肥施用对草原整体的碳输入及碳输出还需进行重新估算。

三、湿地碳汇

湿地生态系统仅占全球陆地总面积的4%~6%，但其碳储量占全球陆地碳储量的12%~24%。湿地生态系统在调节径流、改善气候、维护生物多样性和保持区域生态平衡等方面发挥着重要的作用。

（一）湿地碳汇原理

植被作为沼泽湿地生态系统重要的组成成分，是沼泽湿地生态系统固碳的基础。沼泽植物通过吸收CO_2合成有机物，并将其储存在活的植物组织中；当植物死亡后，植物残体形成腐殖质和泥炭，并贮存于土壤碳库。同样，湿地固定的碳主要集中在土壤。

据估算，我国草本沼泽植被地上部生物总量为22.2 Tg C，地上部生物量平均密度为0.23 g C/m²。若尔盖湿地是我国重要的湿地之一，位于青藏高原东部，平均海拔3 500 m，是黄河上游最为重要的水源涵养地之一。若尔盖湿地也是中国重要碳储存区，其储存的泥炭总量为28.78 Pg，约占全国泥炭总量的30%以上，被列为国家级生态功能区。

（二）泥炭碳汇技术

泥炭是煤化程度最低的煤，泥炭又可称为草煤或草炭。当地下水位稳定在近地表时，枯死植物的残体长期处在被水浸泡和缺氧环境下，不能完全腐烂，并随着时间的推移不断积累，通过生物活动转化为泥炭。

泥炭地是湿地的一种，是地球上最有价值的湿地生态系统之一。泥炭土（是指泥炭和泥炭质土的统称）是有机残体、腐殖质以及矿物质的等物质组成的特殊土壤。据统计，泥炭土在全球59个国家和地区均有分布，总面积约415万km²，我国泥炭土分布面积约420万hm²。其中，若尔盖草原是我国面积最大的高原泥炭沼泽分布区，在碳循环方面发挥着重要作用。

由于气候变化、修路等因素影响，部分泥炭资源出现退化。如果不积极对泥炭进行修复，泥炭将逐渐被氧化，表现出涵养水源能力下降，增加温室气体排放。如印度尼西亚泥炭沼泽吸收的碳约10~30 Tg/a。然而，近年来，这些重要的生态系统的面积由于排水、转为农田和其他活动而减少，因此它们作为碳封存系统的现状也大大减少了。

（三）湿地碳汇强化技术

近年来，随着气候的变化及人类活动的影响，湿地植被多样性及数量锐减、湿地水土遭到污染，这些严重影响湿地生态功能。目前，可通过湿地的植被恢复、污水处理、表层土壤的保护等方式来恢复湿地生态功能。

（1）植被恢复：湿地长期处于淹水状态。因此，在湿地植被恢复中，针对常水位状态下常露的滩地植被恢复，可以种植低矮的湿生植物；针对常水位下的植被带恢复，可选择高大的挺水植物；对于湿地边界的植被，可配置高大的乔木、灌木，以形成隔离带，来保护湿地内部环境；针对坡度较陡的区域，可选择根系发达的植物种植。

（2）污水处理：湿地污染的水体改善过程中可充分发挥湿地自身的净化功能，来达到自净的目的。此外，还可增设污水处理厂，关停或搬迁部分高污染的企业，引水换水的方式来降低污染物的毒害作用，逐渐恢复湿地的生态功能，从而增加湿地的固碳能力。

（3）表层土壤的保护：对湿地表土质量进行提升，有利于优化湿地植被生长环境，提升其固碳能力。还可通过改善土壤物理性质、增加土壤肥力等来实现湿地生态功能的恢复。

四、农田碳汇

农田生态系统以光合作用生产农作物为主要目的，是一种特殊的 CO_2 交换生态系统。作为陆地生态系统的重要组成部分之一，农田生态系统土壤碳排放及碳吸收对全球碳循环也会产生重要影响。整体而言，农田系统是重要的碳汇，利用农田固碳是一种低成本且安全的长期碳封存方法。我国农田土壤面积为 $1.30 \times 10^8 \ hm^2$，是主要的碳汇。

（一）农田碳循环

1. 农田碳循环

农田生态系统碳平衡过程如图8-11所示。作物通过光合作用将 CO_2 转化成有机物，成为固定在作物体内的有机碳。根系、凋落物等植物残体可在土壤过程中转变为土壤有机质储存在土壤中。这两部分为农田系统的碳"汇"。其中，作物固定的碳可在短时间内通过呼吸、分解、还田等方式被释放出来，是不稳定碳。

农田土壤碳"源"表现在土壤呼吸（包括根系、微生物呼吸作用）释放出碳。因此，土壤有机碳（soil organic carbon，SOC）的长效稳定性是关乎农田碳汇长效性的重要指标。一般来说，土壤有机质稳定性越高，土壤呼吸越弱，碳储存能力越强。

农田生产具有碳源和碳汇双重功能，可为气候变化调节提供生态系统服务（图8-12）。

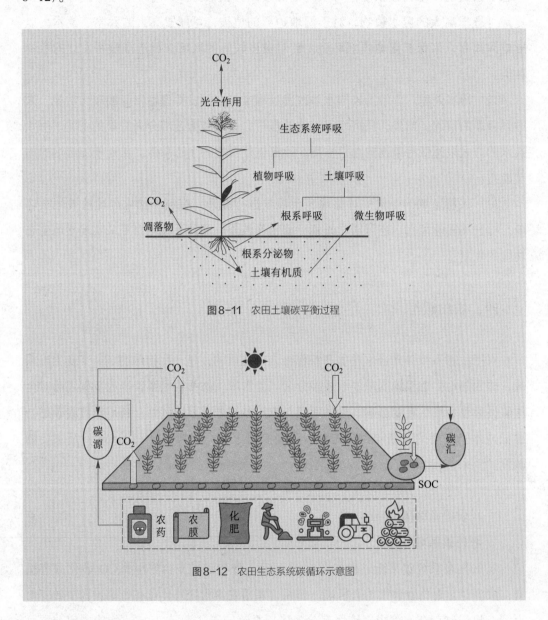

图8-11 农田土壤碳平衡过程

图8-12 农田生态系统碳循环示意图

2. 农田碳源

农田生产过程中产生的碳排放主要来源于投入品（农药、农膜、氮肥、磷肥、钾肥、有机肥等）生产、储存和运输、灌溉耗能、翻耕和收获消耗的机械燃油、稻田CH_4排放及秸秆焚烧等方面（图8-13）。

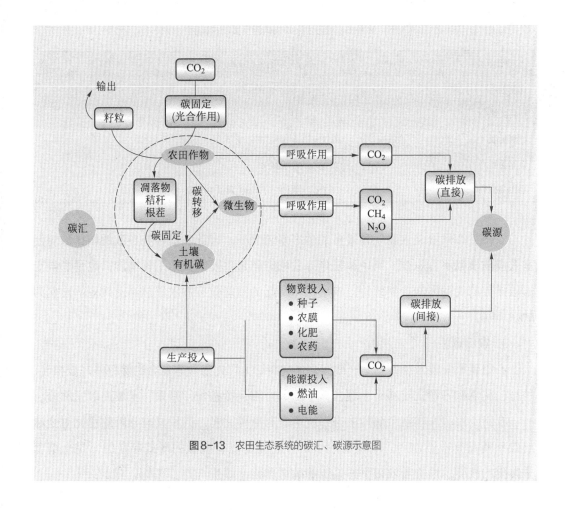

图8-13　农田生态系统的碳汇、碳源示意图

　　我国粮食生产碳排放的主要来源有化肥施用（8%~49%）、秸秆焚烧（0~70%）、机械耗能（6%~40%）、灌溉耗能（0~44%）、稻田CH_4（15%~73%）（表8-5）。

　　碳源表现为作物生产期间排放的碳，包括直接排放和间接排放。

　　（1）直接排放是指农作物（除稻田CH_4）水稻、土壤、微生物等生态过程产生的以CO_2、CH_4、N_2O等形式释放的碳，约占水稻生产排放碳总量的60%；

　　（2）间接碳排放指水稻生产中以种子、化肥、农药、农膜、燃油、电能等农业生产资料生产过程中排放的碳，约占水稻生产碳排放总量的40%。这些传统的农田管理成为现阶段农田系统碳排放高的主要因素。

表8-5　农田生产中的碳源及其所占比例

碳排放源	占农田生产碳排放的比例
化肥施用	8%~49%
秸秆焚烧	0~70%
机械耗能	6%~40%
灌溉耗能	0~44%
稻田温室气体排放	15%~73%（直接：间接＝6：4）

　　农田生态系统是人类干预最多的生态系统之一，因此农业措施导致的碳排放对温室效应的贡献不容忽视。其中，耕作方式和施肥是重要的人为干预措施，也是影响土壤碳排放的关键因素。据统计，农事操作引起的温室效应占农田总温室效应的比例为6%~24%。

　　3. 农田碳汇

　　农田碳汇表现为在作物生产期间，作物将CO_2转化为碳水化合物储存，并以根茬、秸秆、凋落物等形式转移至土壤，其中固碳作用包括秸秆、根系、土壤固碳三部分。

　　农田土壤碳库在整个陆地生态系统中占有重要比例，其积累与分解的变化对全球的碳平衡具有重要作用。土壤碳库中60%的碳是以有机碳的形式存在的，是土壤养分转化的核心，维持着农田生态系统的碳循环和土壤生产力。

　　（二）农田碳汇技术

　　农田管理措施与农田生态系统碳平衡息息相关，合理的农田管理措施可加强农田碳汇作用，降低土壤碳排放。研究表明合理的农田措施可以弥补农田生产过程中土壤损失有机碳的60%~70%。

　　根据低碳农业评价发展过程，可将低碳农业的发展分为三个阶段。第一阶段，是仅考虑田间温室气体直接排放的温室效应；第二阶段的评价指标扩展到了涵盖固碳效应的净温室效应，研究如何提高农田生态系统碳储量和固碳速率，增加农田生态系统的固碳效益；第三阶段是基于生命周期评价碳排放的综合净温室效应及兼顾作物产量的温室气体排放，考虑了化学品投入和农事操作造成的直接或间接的CO_2排放。固碳减排是未来可持续农业生产过程中重要的生态目标之一。

　　农田碳汇强化技术将在本书第十四章农业碳中和技术中介绍。

第五节
海洋碳汇强化技术

海洋作为地球上最大的碳库，其溶解的无机碳储量约37 400 Gt。以海洋为基础的碳汇技术称为"蓝色碳汇"。在蓝色碳汇生态系统中，初级生产者在低氧浓度条件下不利于有机质的分解，它们在将CO_2转化为有机碳方面具有很高的潜力。因此，尽管海洋初级生产者生长面积不到全球海洋面积的2%，但海洋初级生产者固定碳量可达约54~59 Pg C/a，占全球碳捕捉和封存总量的50%（总固碳量为111~117 Pg C/a），占海洋沉积物碳存储的71%。

蓝色碳汇中，海洋对碳的吸收取决于海洋及沿海的生物及其构成的生态系统，如红树林、盐沼、海草床、藻类、微生物等，可通过有效管理实现海洋增汇。

一、红树林碳汇

红树林主要生长在热带亚热带隐蔽海岸的潮间带，具有较高的初级生产力。红树林作为典型的滨海湿地中的"蓝碳"和潮间带植物的"碳泵"，是海陆生态系统间物质交换的重要场所，其固碳量约占全球热带陆地森林生态系统固碳量的3%，约占全球海洋生态系统固碳量的14%，在全球碳循环中起着关键性的作用。红树林生态系统固碳能力的大小取决于红树林面积和固碳速率。

（一）红树林固碳过程

红树林固碳过程如图8-14所示。在生物因子（物候、虫害、鱼塘养殖、生物入侵等）和非生物因子（干旱、强降雨、海平面上升、光照、温度等）的综合作用下，红树林湿地生态系统与大气间进行CO_2的交换。

红树林植被系统中，红树林的凋落物产量是评价红树林生态系统功能的重要指标之一。凋落物产量约占红树林净初级生产力的1/3，也是作为红树林植被生态系统中碳封存的重要方式之一。其中凋落物会被动物、微生物及藻类等直接分解，产生CO_2、CH_4等直接排到大气中。红树林生长所处位置会受到周期性潮汐以及河流水位变化的影响，红树林生态系统通过潮汐将凋落物及分解后的碎屑、颗粒有机碳（particulate

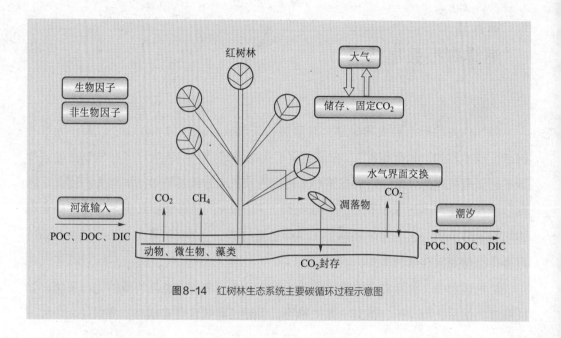

图8-14 红树林生态系统主要碳循环过程示意图

organic carbon，POC）、溶解有机碳（dissolved organic carbon，DOC）、溶解无机碳（dissolved inorganic carbon，DIC）等向周围河流水源不断输出，进行碳交换。

（二）影响红树林固碳能力的因素

红树林生长带处于海陆交界的敏感区域，受自然和人为活动的干扰较大，影响其生态功能。整体而言，影响红树林生态系统固碳能力的因素主要有水环境的含盐量、植被组成及树林的年龄、土壤类型、温度以及人类活动。

1. 水环境的含盐量

红树林一般分布在含盐量较低的河岸地区。红树林的生长会受到水中含盐量的调控，一般在含盐量处于2.2%～34.5%范围的海岸地区生长最好。当水中含盐量过高或过低时，会抑制其光合作用、蛋白质合成、物质循环和能量交换等一系列过程，进而影响红树林生物量的积累，降低其固碳能力。

2. 植被组成及树龄

各类型红树植物的生长速率存在较大差异性。一般情况下，各类型红树植物的生长速率从高到低依次为速生乔木、乔木、灌木。在环境适宜条件下，宜优先选择生长速率高的物种以提高红树林植物的固碳能力。树龄也是影响红树林植被的固碳能力的因素之一。一般来说，红树植物在幼年时的固碳效率较高，随着红树年龄的增长，其固碳效率逐渐降低。

3. 土壤类型

红树林植被分布在砂质土壤、基岩、泥炭甚至珊瑚礁海岸上，其中在泥质潮滩上红树林植被分布最广、生长最好，其次是砂质土壤、玄武岩铁盘层或者砾石潮滩。土壤类型对红树林的组成、分布和生长有着重要影响，反过来不同红树植被又会通过促淤保滩等作用又对土壤沉积物及其类型产生不同的影响。

4. 温度

红树林所处的周围环境温度（即包括大气温度、土壤温度和水环境温度等）决定了红树林的面积大小、生物质累积能力以及固碳能力，环境温度是调节红树林生长的重要因素之一。随着纬度的降低，温度的增加，红树林植被的物种类型不断增多。同时，红树林植被的固碳能力与植被株高和所处地域的纬度呈现出较强的相关性，即随着生长区域纬度的降低，红树植物的固碳能力随其植被株高增加表现出增大的趋势。

5. 人类活动

目前人类对红树林所拥有的固碳能力认识不足，导致了大面积的红树林植被受到人为的干扰破坏。大量红树林植被被滥砍滥伐，红树林所需的生长环境被人类侵占和污染，直接导致红树林生态系统的退化。但一些人类活动会间接性地增加红树林的固碳能力，如含植物养分的污染性较低的生活家庭废水排放会增加红树林植被根系对养分的吸收，从而间接提高红树林的固碳能力。

（三）红树林碳汇强化技术

红树林生态系统的修复技术可以强化碳汇过程，即通过修复受损红树林的生态结构，积极促进自然结构和生态系统功能的恢复，并保持可持续固碳的目标，这需要为其创造适宜的生长条件。

一般运用生态工程，结合生态水文原理来达到修复目的。包括两种手段：① 设计自然状态下红树林生长所需的生态位，促进红树林幼苗定居，如通过建立防波堤、竹子保护栏、篱笆等方式来防治污泥沉积，为红树林幼苗生长创造适宜的条件；② 通过移植红树林幼苗来改造生境。红树林移植的方法有胚轴插植、直接移植、无性繁殖和人工育苗。将野生红树林收集到的繁殖体在育苗室内进行生产，并将这些幼苗进行抑制。其中移植过程中的间苗及剪枝方法是成功移植的关键。

二、盐沼湿地固碳

盐沼湿地的碳储存量约占全球海洋生态系统碳储存量的14%~30%，是一个巨大的碳汇。

（一）盐沼湿地固碳过程

一般来说，盐沼湿地的地表水呈碱性，主要生长着芦苇、碱蓬、柽柳等植物。盐沼湿地土壤所积累的含碳有机物分为内部输入和外部输入两种。

（1）内部输入：来源于盐沼湿地植被的地面凋落物（如阔叶等）和地下根部产生的根系残体、浮游植物、底栖生物的初级生产和次级生产的输入。

（2）外部输入：主要来自地下水、地表径流、海平面上升和潮汐等由外部水源输入带来的颗粒态含碳物质及溶解态有机物。

盐沼湿地生态的固碳方式如图8-15所示。

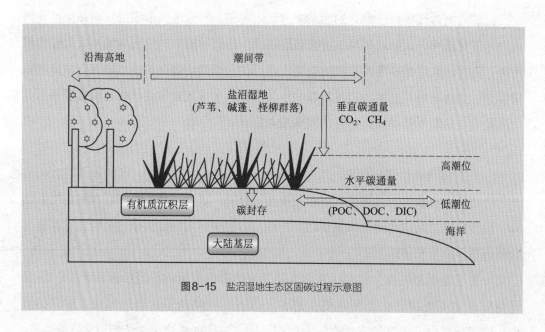

图8-15 盐沼湿地生态区固碳过程示意图

（二）影响盐沼湿地固碳能力的因素

影响盐沼湿地固碳能力的因素主要有生物入侵、人工围填海活动、海平面上升与潮汐对海岸的侵蚀、海滩养殖活动等。

（1）生物入侵：以中国为例，我国盐沼湿地分布的植被群落主要以芦苇群落和盐地碱蓬群落为主，但大多湿地位于沿海的11个省份和港澳台地区，极易受到外来生物物种的入侵，例如互花米草的生长范围的扩大，会对整个盐沼湿地的生态结构和功能完整性造成严重影响，进而影响本土植物的生长发育及本土生态系统的结构。

（2）人工围填海：从20世纪50年代开始，大量的人工围填海活动造成了盐沼湿地面积的退化。目前，因围填海活动造成的盐沼面积退化达到50%，相应地盐沼湿地表层的有机碳储存量也大幅下降。

（3）海平面上升及海岸侵蚀：全球气候变化所引起的海平面上升、海岸侵蚀等现象会导致盐沼湿地的分布面临陆海两个方向的挤压，进而造成较大面积的盐沼湿地受损及退化，使得滨河海岸的盐沼湿地面积减少，盐沼湿地所固定的碳也随即向河口或大陆架转移，造成碳流失。季节性的潮汐和海岸侵蚀亦会造成盐沼湿地的生物量下降、有机质矿化，使得CO_2、CH_4排放量增大，排放速率增加。

（4）海滩养殖：人类在滨海盐沼湿地进行的滩涂养殖、围垦等活动会造成盐沼湿地面积减小，降低土壤的水土保持能力，进而导致土壤固碳量降低。同时土壤内部有机碳的分解速率和向大气中所释放的CO_2的量也逐渐增多，降低盐沼湿地的碳储量。

（三）盐沼湿地碳汇强化技术

通过研究退化滨海盐沼湿地生态系统的生物修复能力，重建高质量、高碳汇型的盐沼湿地，改善盐沼地域土壤的水土保持和固碳能力，建立相应退化盐沼的固碳增汇技术体系。修复增汇技术主要包括生物措施修复和人工措施修复两个方面。

1. 生物措施修复

生物修复措施旨在通过湿地生态系统的生物修复，改善土壤及水体环境，重建高生物量、高碳汇型水生生物群落等措施，提高盐沼湿地固碳植被的生物量，从而提高系统固碳增汇能力。如我国提出的"南红北柳"计划，明确提出增加芦苇、碱蓬、柽柳林等盐沼固碳植物的种植面积，从而增加盐沼湿地碳汇面积，并逐渐改善盐沼湿地土壤固碳能力，达到增加碳汇的目的。

2. 人工措施修复

人工措施修复主要通过实行推进"退养还滩"，即减少盐沼湿地旁的滩涂养殖、围垦等活动，增加盐沼湿地生态系统的固碳空间，并针对盐沼湿地中的固碳植被进行土壤水分、养分和盐分的调控，从而达到最大化的固碳减排。

三、海草床固碳

大面积的连片海草被称为海草床。海草床通常位于前海和河口水域，具有生产力高的特点，其在固碳、保护生物多样性、净化水质等方面也发挥着重要的作用。全球海草床总面积为 $1.7 \times 10^7 \sim 6.0 \times 10^7$ hm^2，全球海草床生长区域总面积不足海洋总面积0.2%，但其固碳量约占海洋总固碳量的18%。

（一）海草床固碳过程

海草床生态系统高效的固碳能力主要是因为海草床（包括浮游植物及海藻）的高生产力、强大的悬浮物捕捉能力以及有机碳在海草床沉积物中的较低分解率和较高稳定性。

海草床主要通过光合作用固定CO_2，并通过减缓水流促进颗粒碳沉降。另一方面，固定在海草床的碳因淹水中较低的氧气，其分解矿化能力较弱。因此，海草床在碳汇方面具有固碳量大、固碳效率高、碳存储周期长等优势。

海草床的固碳方式如图8-16所示。

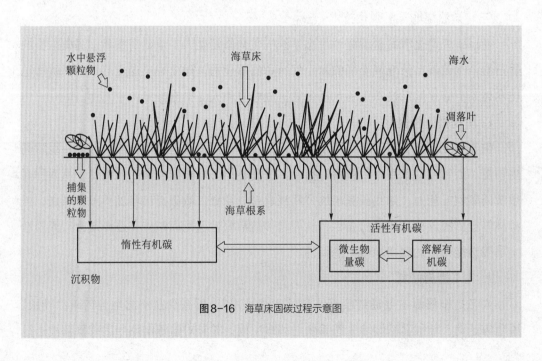

图8-16 海草床固碳过程示意图

全世界海草约50多种，属于沼生目的眼子菜科和水鳖科，共12个属，分布于印度洋、西太平洋、加勒比海地区。我国海草床分布于辽宁、河北、山东、海南、广西和广东，主要的植物种类有泰来藻、喜盐草、海菖蒲等。

（二）影响海草床固碳能力的因素

海草床固碳能力的强弱主要与人工围填海和码头建设、海草的过量捕捞、气候变化、海草床区域生物与人工养殖和海域富营养化等因素有关。

（1）人工围填海和码头建设：海草床多分布于人为活动密集的滨海地区，因此在人为围填海及码头建设等活动中海草床的面积会加速减少，大大降低了该区域的固碳能力。同时，围填海、码头建设等活动会加剧滨海地域工业、生活排污等问题，使得污染物进入水体进而影响海草床的生长发育，使其固碳能力大幅下降。

（2）海草的过量挖捕：通常人类在海草床生长区域进行了大量的挖捕行为，如挖捕沙虫、螺耙贝、鱼虾等动物和浮游藻类植物，从而直接减少海草生长发育所需要的有机质，间接破坏了海草床的生态环境，降低海草床固碳能力。

（3）气候变化：主要通过改变海草床的种类组成、面积大小、生产力来影响海草床的固碳能力。全球变暖和海洋变暖（如厄尔尼诺事件）加速了海草床面积的减少，同时自然灾害（海啸、洪水、台风等）的发生也会造成海草床面积的减小，降低其固碳量。

（4）海草床区域生物与人工养殖：海草床生长海域周围会存在较多海藻和其他植物，其中某些碳汇能力较弱的海藻大量繁殖，可影响固碳能力较好的海草生长。以自身固碳百分占比来看，小型微藻（6%）、浮游植物（3.9%）和大型藻类的（0.4%）的碳储存比率都明显比海草（15.9%）的固碳能力低得多。以海草为食的动物如儒艮、海龟等，食用海草会降低海草床的生长面积。此外，人类在海草床生境内大量养殖鱼虾蟹贝类，也会引发资源竞争，降低海草的生长率；且鱼虾蟹贝排放的粪便会污染海草生长区域水质，导致海草减产，从而降低固碳量。

（5）海域富营养化：海草床生长周边海域发生富营养化（赤潮现象）会导致海草床生境周围浮游植物、附生藻类和大型藻类的爆发，从而影响海草的光合作用，进而抑制海草床的固碳量。

（三）海草床碳汇强化技术

海草床碳汇强化技术主要通过借助海草床强大的自然繁殖修复能力或利用海草种

子的有性繁殖来修复受到污染的海草床生长环境。目前，海草床碳汇强化的方法有生境修复法、移植法和种子法。

1. 生境修复法

生境修复法的实质是海草床自然恢复，其关键核心技术是海藻的筛选，此方法投入少，但周期长。大型海藻碳汇功能显著，但其具有季节性强的特点。因此筛选合适的藻类并建立适宜的生态体系，可以有效利用时间及空间，周年性的改善环境。如底栖生物＋藻类的立体生长模式、大型藻类龙须菜＋海带周年轮作生长模式等。

2. 移植法

移植法是指在适宜区域直接移植多个幼苗或成熟的海草植物，甚至是直接移植海草草皮，从而增加海草生长面积，是成功率最高的方法。根据其移植方法可分为草皮法和根状茎法。草皮法需要大量的草皮资源，且对海床影响较大，而移植根状茎法成功率较高，是一种有效且合理的技术。

海草床种植技术在部分国家已非常成熟。如美国弗吉尼亚州通过种子播种技术在 $125 \ hm^2$ 的裸露海床上投放了0.38亿颗种子，经过10年海草床面积增加到 $1\ 700 \ hm^2$。瑞典已发布《鳗草恢复指导手册》，在古尔马峡湾通过根茎移植技术在 $12 \ m^2$ 的区域进行海草移植小试实验，4年后海草扩张到了 $100 \ m^2$。另外，在古尔马峡湾外通过大规模实验移植了 $600 \ m^2$ 鳗草，三个月后面积增长了220%。澳大利亚主要应用草地法进行海草床移植试验。

3. 种子法

种子法是利用海草有性生殖的种子来重建海草床，该方法具有易运输，对海草影响较小的特点（表8-6）。其中，有效播种方式及适宜的播种时间是该方法的技术核心。

表8-6　海草床修复技术的优缺点

技术名称		优点	缺点
生境修复法		投入少、风险小	周期长
移植法	草皮法	投资大、破坏强	见效快
	根状茎法	影响小	周期稍长
种子法		易运输	周期稍长

我国海草床增汇技术主要有种子法、草皮法、根状茎技术、海底土方格技术等。例如：山东荣成通过鳗草幼苗培育与移植技术，增加近海渔业资源数量，修复渔业种群结构，助益海草生态系统重建；海南文昌结合海底土方格技术采用单株定距移植海菖蒲及泰来草，一年后成功修复海草床面积超1亩（666.7 m^2），其中泰来草斑块平均成活率高于56.40%，平均分蘖率高于22.60%，平均覆盖度高于4.30%；海菖蒲斑块平均成活率高于88.80%，平均分蘖率高于3.10%，平均覆盖度高于21.90%。

四、海水微藻固碳

海藻是海洋生态系统的关键组成部分，是全球海洋碳汇的主要贡献者，其净初级生产力固定的碳约为1.5 Pg/a，相当于红树林、盐沼和海草床的总和。

（一）常见海藻种类

海洋中的藻种丰富、繁多，这里介绍常见的用于固碳的藻类，包括单细胞生物微藻、硅藻、蓝绿藻、马尾藻。

（1）单细胞生物微藻：具有较高的CO_2固定效率和光合效率。100 t微藻可以固定CO_2 183 t，其光合效率是陆地植物的10～50倍。

（2）硅藻：是水体中分布最为广泛、种群最多的单细胞自养型藻类之一，具有种类繁多的特点。硅藻贡献了全球初级生产力的40%，相当于所有陆地热带雨林的总和。

（3）蓝绿藻：是最常见用于固定CO_2的藻类，如 *Chlorella* sp.、*Spirulina* sp.、*Scenedesums* sp.。

（4）马尾藻：是热带和亚热带环境中最大的树冠藻类，其广泛分布在岩石礁和漂浮的林间。马尾藻生物量碳高，其地上生物总量为13.1 Pg C，与红树林、盐沼和海草床等海洋生态系统相当；且马尾藻含碳量非常高，碳含量占干重的30%。

（二）微藻固定CO_2机理

微藻主要通过光合作用捕集CO_2和太阳能，并转化为自身的有机物储存在体内。

微藻捕获CO_2过程包括（图8-17）：① 直接吸收CO_2；② 利用CO_2捕获产生的碳酸氢盐（HCO_3^-）作为藻类生物质生产的碳源。

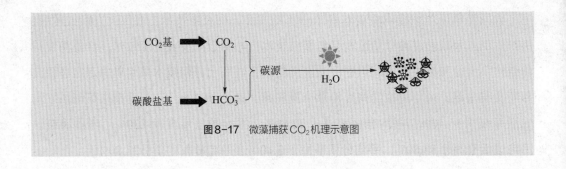

图8-17 微藻捕获CO_2机理示意图

一般情况下，CO_2和碳酸氢盐在藻类细胞中均以碳酸氢盐的形式积累，并在光合作用前转化为CO_2。微藻利用溶解在水中的CO_2或碳酸氢盐（HCO_3^-）作为光合作用的碳源，该过程主要受浓度机制（concentration mechanisms，CCM）和光合碳代谢途径控制。

1. 浓度机制

为了适应水中溶解无机碳（DIC）含量较低的情况，多数微藻细胞会形成CCM机制，在细胞内对DIC进行积极地转化。CCM在绿藻细胞的作用机理（图8-18）：CO_2通过扩散进入细胞，HCO_3^-通过主动转运进入细胞。

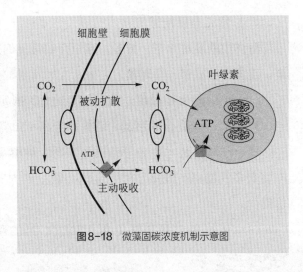

图8-18 微藻固碳浓度机制示意图

当环境pH较高，即CO_2浓度不足时，部分HCO_3^-在细胞外碳酸酐酶（carbonic anhydrase，CA）的作用下分解成CO_2，进一步扩散到细胞内；一部分HCO_3^-依赖于离子泵的主动转运。CA可通过调节HCO_3^-和CO_2之间的平衡来维持叶绿体基质的pH。

2. 光合碳代谢途径

在光合作用过程中，水中有四种形式的CO_2，包括游离CO_2、HCO_3^-、碳酸盐（CO_3^{2-}）和碳酸（H_2CO_3）。这些物质在水中可以相互转化（式（8-10）），且受pH影响较大。微藻大部分生长在pH为7.5~8.4的介质中，其中CO_2大部分以HCO_3^-的形式存在。

$$H_2CO_3 \longleftrightarrow CO_2 + H_2O \longleftrightarrow H^+ + HCO_3^- \longleftrightarrow 2H^+ + CO_3^{2-} \qquad (8-10)$$

微藻光合作用是利用光能将CO_2转化为有机化合物的物理和化学过程，其转化如式（8-11）。

$$6CO_2 + 6H_2O \xleftrightarrow{\text{光能}(hv)} 6O_2 + C_6H_{12}O_6 \qquad (8-11)$$

（三）影响微藻固定CO_2的因素

藻类的生长率及CO_2固定效率主要受到环境因子的影响，主要包括光照、pH、溶解氧、营养成分及光生物反应器类型。

1. 光照

光参与CO_2转化为碳水化合物的过程。充足的光照可以提高微藻的生长速率和CO_2固定率。

根据光来源可分为人工光照和自然光照。一般采用人工光照提高光合效率，在经济上具有可行性。太阳辐射是最便宜的自然能源，主要用于开放式和封闭式光生物反应器。

微藻的生长速率会随着光强的增加而增加，直到光饱和；但当光强高于饱和点时，就会出现光抑制现象，这是因为过量的光照会破坏微藻的光受体，降低光合速率，从而影响微藻的生物量。

此外，光照周期可通过影响微藻的代谢活性进而影响微藻生长。黑暗∶光照的时间为12 h∶12 h或18 h∶6 h时利于实现CO_2的固定，短期和长期光周期都会限制微藻固碳。

2. pH

适宜的pH可以增加微藻的生物量。通过调节环境pH影响环境中CO_2、HCO_3^-、CO_3^{2-}等不同形式DIC的含量，从而影响微藻生长及固碳效果。

一般采用曝气CO_2控制pH的策略来满足微藻生长的碳需求；也可通过添加中和剂和增加缓冲液来控制溶液pH，避免微藻生长受到抑制。

3. 溶解氧

基质中溶解氧（dissolved oxygen，DO）积累影响微藻固碳，这是因为DO的积累会导致细胞内产生的活性氧氧化应激，与CO_2争夺固定CO_2的Rubisco酶。低CO_2/O_2比值会降低光合速率和CO_2固定速率，促进CO_2释放。降低培养体系中DO可以从增加光生物反应器中试管长度、促进基质中O_2的释放、促进培养基的流速等方面着手。

4. 营养成分

氮、磷是合成蛋白质、核酸和叶绿素分子等细胞成分的必须元素，在微藻生长中发挥着重要作用。培养液中氮的供给促进微藻的生长，然而高浓度氨会抑制微藻生长，这是因为高浓度氨引起的细胞内氧化应激会影响酶的活性，甚至引起脂质过氧化和细胞水平紊乱。磷的限制会影响微藻中碳水化合物和脂类的合成，可通过添加磷素来刺激微藻生长，以强化其固碳能力。

5. 光生物反应器类型

按照光生物反应器（photobioreactors，PBR）的形态可将反应器分为开放式、封闭式两大类，其优缺点见表8-7。

表8-7　光生物反应器优缺点

反应器类型	优点	缺点
开放式	操作简单；投资和维护成本低	易污染；受温度、光照等环境因素限制；对藻类型有一定限制
封闭式	给微藻创造良好的环境，微藻类型不受限制；水分蒸发少，减少CO_2蒸发	清洗困难；技术成熟；成本高；耗能高

开放式PBR操作简单，投资和维护成本低，是大型户外微藻养殖的首选。然而，开放式PRB容易受到其他微生物的污染，这可能导致系统故障。同时，开放式PBR还受到温度、光照等环境因素的限制，这就需要适应大规模开放式PBR栽培的微藻必须是能够在极端环境下快速生长的藻类。

根据PBR形态可将封闭式的PBR分为水平管PBR、垂直管PBR、平板PBR。但封闭的PBR存在清洗困难、扩增技术不成熟、成本高等缺点。封闭不允许基质和大气之间的质量传递，需要消耗大量的能量。因此，开发一种有效、低成本的封闭PBR是实现微藻大规模生产的必要条件。

为克服封闭式PRB的缺点，还需要进一步研究新型反应器。CO_2的供应是影响微藻生物质产量、降低成本、节约能源的关键，也是新型反应器研究最重要的考察特征。

（四）微藻碳汇强化技术

不同的微藻以及同一微藻不同菌株在固碳性能上存在差异。筛选耐高浓度CO_2、固碳能力强的微藻和构建筛选方法是微藻固碳强化技术的核心。

1. 高效固碳新品种筛选

筛选优良的适宜于CO_2基和碳酸氢盐基工艺的微藻是最关键的步骤。对于CO_2路径，需要严格考察微藻对CO_2、毒性物质（如SO_x、NO_x、微米或纳米级别的灰尘）及低pH的耐受性；对于碳酸盐路径主要考察微藻对高浓度碳酸盐及高pH的耐受性。

许多微藻（如来自淡水的 *Synechocystis* sp. UTEX PCC6803、*Chlorella sorokiniana* UTEX 1602和来自海水的 *Cyanothece* sp. ATCC 51142、*Dunaliella viridis* UTEX LB200、*Dunaliella salina* UTEX LB1644、*Dunaliella primolecta* UTEX LB1000）已经被筛选出来，并集成了碳酸盐路径固定碳，用于碳酸盐培养基中微藻的生产。

目前可采用诱变等优化方式，提高微藻CO_2固定速率，如采样适应性实验室进化、N-甲基-N-硝基-N-亚硝基胍诱变和基因工程等方式提高微藻对高CO_2浓度的耐受性，强加微藻的固碳能力。

2. 化学剂强化技术

微藻固碳效率通常较低，一般为$0.01 \sim 0.25$ mg·L^{-1}·d^{-1}，这是限制其工业化应用的主要原因。CO_2在水中的溶解度较低，在基于CO_2溶解的过程中，微藻培养基中CO_2的低溶解性是限制其碳吸收的关键。可通过向培养基中加入化学吸附剂增加CO_2在培养基的溶解度，来增加微藻对CO_2的固定率。

加入的化学吸收剂可与CO_2发生化学反应，从而增加DIC浓度，并改变培养液中碳源形态比例分布，提高培养液CO_2溶解传质能力。化学吸收剂一般为碱性溶液，其添加可以提高培养液pH及培养液pH缓冲能力，可以通过化学吸收剂的合理添加，并辅以恰当的CO_2供给策略，使培养液pH维持在适宜微藻生长的范围内，从而强化微藻固碳效果。

目前主要化学吸收剂为醇胺溶剂，种类包括伯醇胺（如MEA）、仲醇胺（如DEA）、叔醇胺（如TEA）、单乙醇胺（MEA）、2-氨基-2-甲基-1-丙醇（AMP）、二乙醇胺（DEA）和三乙醇胺（茶）等。

3. CO_2补给技术

补给纯净CO_2可提高微藻生物量。目前应用较广的两种CO_2补给方式是CO_2稳定（CO_2 steady，CS）技术及pH稳定技术（pH steady，PS）（表8-8）。

（1）CO_2稳定技术：CS主要通过控制CO_2供给速率实现，将CO_2以稳定的速率供给微藻。CS方法直接、简便。CS技术虽然可以提高微藻生物量，但CO_2供给降低培养液pH，抑制微藻生长。

（2）pH稳定技术：通过对溶液中pH的反馈调节实现。PS技术可以显著提高微藻生物量，但是其大规模的应用成本较高。注入生长池的CO_2，只有45.3%的CO_2被微藻吸收，剩下的CO_2释放到大气中，因此，优化CO_2的供给对于减少CO_2损失和降低工业规模上的操作成本至关重要。基于PS策略的最佳CO_2浓度的供给技术称为CSBPS技术（CS feeding based on PS data），其弥补了CS与PS技术的不足。

表8-8　CO_2补给技术类型及优缺点

技术类型	优点	缺点
CO_2稳定技术	直接、简便	降低培养液pH，抑制微藻生长
pH稳定技术	提高微藻生物量	成本高

4. 光照补给技术

光照是新型光生物反应器需要考察的指标。明尼苏达大学开发了一种创新的叠合多层开放式PBR，这种PBR叠加结构每层的中空托盘结构可以减少反应器内部污垢对透光的影响，以优化光照条件。

5. 微藻的工业应用

微藻固碳技术在泵送CO_2基质、收获微藻、压缩CO_2等方面需要消耗能量，因此，运行成本较高。

与陆地植物碳汇技术相比，利用微藻固碳具有许多优势：① 微藻生长快，光合效率高。微藻生长速度是陆生植物的10倍，其光合效率是陆地植物的10~50倍。② 微藻可以在淡水和海水区域种植，适应性强，种植面积广；③ 微藻养殖不需要巨大的土地面积。④ 微藻捕集CO_2可以同时与废水处理相结合，并产生高附加值的生物质，是能源和生物产品相关行业的潜在原料；⑤ 微藻含有较高的脂质、碳水化合物、蛋白质，可用于生产生物柴油、乙醇、丁醇等生物燃料（见第五章）以及动物饲料、食物、保健品等（图8-19）。

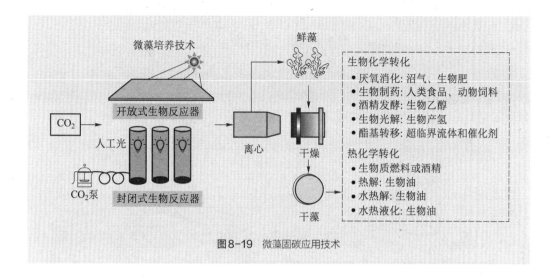

图8-19　微藻固碳应用技术

五、海水养殖区和微生物固碳

（一）海水养殖区固碳技术

海水养殖区中固碳效果最佳的海洋生物有浮游植物、海藻、养殖贝类等。通过海洋初级生产，海水养殖区中的海洋光合植物可以将CO_2同化为有机物，转变为自身物质进行储存。海水养殖区中的浮游植物（如颗石藻）、藻类（海带、裙带菜等）以及贝类（养殖滤食性贝类）作为初级生产者，是海洋碳循环过程中的起始环节，也是海水养殖区固碳的关键物质。

1. 海水养殖区固碳原理

以藻类为例，特别是近海岸中分布的经济藻类主要通过光合作用将深层海水中的DIC转化为DOC，同时吸收海水中的盐类以完善自身的结构物质。首先，这些经济海藻对溶解CO_2的吸收可以降低CO_2的分压，打破海洋中碳化学的平衡，使得大气中CO_2更加便捷地进入海洋。同时，海藻在生长发育中对盐类的吸收可使得海水养殖区的浅层海水pH增大，从而进一步降低CO_2的分压，促进海水对CO_2的吸收，进而形成CO_3^{2-}平衡体系向海水中输送。因此，这两个方面都具有固碳能力。

海水养殖区内生物固碳过程如图8-20所示。

海水养殖区域内的海洋生物本身作为一种"固碳容器"，可产生大量的颗粒与溶解性有机物，这些有机物可被输送至海底深处并发生分解，这种颗粒有机物向深海输送的碳通量可达$4 \sim 20$ Pg C/a，而其中的DOC从浅层至深层海水的碳通量为10 Pg C/a。

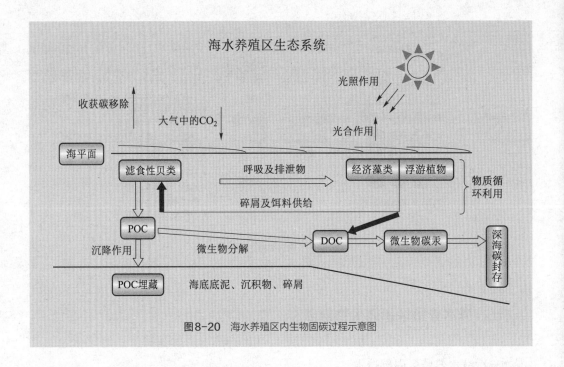

图8-20 海水养殖区内生物固碳过程示意图

2. 人工上升流技术

人工上升流技术是通过人工方式加热较深处低温水层的海水，在低温水层形成局部热温区。根据流体力学原理，流体内的温度梯度会引起密度梯度，通常高温流体密度低，低温流体密度高，因此热温区的低密度海水将在因重力而产生的浮升力作用下自然上升，从而产生上升流。

在海洋养殖区域内的海藻无法利用深海底部水体中丰富的N、P资源，因此通过人工海洋上升流技术把海底深部水体中过剩含N、P的盐输送到海洋浅层水体，以供藻类和浮游植物高效光合作用从而进行碳的固定。人工海洋上升流作为一种海洋工程新型技术，可以不断地将海水深层含N、P盐的海水带至真光层，不仅可提高海水浅层含N、P的盐浓度，还可调整因藻类、浮游植物等光合、呼吸作用等引起的N、P、Si等元素的比例失调，从而促进植物光合作用速率，提高养殖区的碳汇能力。

(二) 微生物固碳技术

海洋也是全球最大的微生物库，据估计，海洋微生物种类可达1 000万种，是巨大的微生物资源库。迄今为止，人类发现的微生物大约150万种，其中有95%的微生物存在于海洋中。海洋吸收和储存CO_2是调节全球气候变化的关键，而海洋中的微生物在很大程度上决定着海洋在调节气候变化中的能力。

1. 海洋微生物碳汇机制

在自然条件下，海洋微生物具有一定固碳能力，其碳汇机制主要是"生物泵（biological pump，BP）"和"微生物碳溶解度泵（microbial carbon solubility pump，MCP）"共同作用（图8-21）。

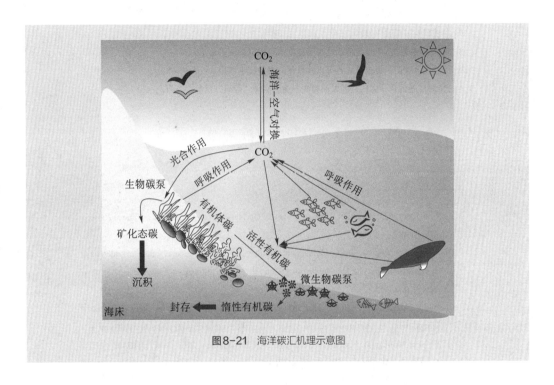

图8-21　海洋碳汇机理示意图

（1）生物泵：浮游生物产生大量有机物，这些有机物一部分供给动物生长需要，剩余的碳及其他有机碳在时间尺度上积累在海床上，这个过程称为BP。

（2）微生物碳溶解度泵：MCP指在海洋微生物的生态过程中将活性溶解的有机碳转化为惰性溶解的有机碳，这些有机碳可以在海洋中储存长达5 000年。

2. 海洋微生物碳汇强化技术

耦合微生物泵理论，可通过强化BP及MCP过程，以达到强化海洋固碳能力的目的。如针对近海富营养海区域，可通过减少陆地氮和磷的输入来强化BP和MCP，增加海洋碳储量。目前，陆地普遍存在过量施肥的现象，大量氮磷输入海洋，形成近海区域富营养化。过量的氮磷会刺激微生物降解更多的有机质，进一步转化为CO_2，释放到大气中。若能控制陆地氮磷输入，可提高微生物碳泵生态效率。

思考题

1. 概述国内外空气直接捕获二氧化碳技术发展现状及其发展瓶颈。

2. 空气直接捕集CO_2常用的吸附剂有哪些?

3. 简述为什么生物能和碳捕集与封存技术能实现碳负排。

4. 试分析生物炭土壤固碳技术的固碳原理。

5. 试分析增加我国森林生态系统固碳能力的措施。

6. 为什么农田生态系统既是碳源又是碳汇? 简述碳源与碳汇。

7. 简述草地碳汇强化技术。

8. 从增汇和减排两个角度举例说明哪些技术可以增加农田碳汇。

9. 针对蓝色碳汇,提出你认为可以减少碳排放的技术路径。

10. 作为普通民众,你认为可以从哪些方面为实现"双碳"目标贡献自己一份力量。

参考文献

[1] Chambers J Q, Higuchi N, Tribuzy E S, et al. Carbon sink for a century [J]. Nature, 2001, 410(4): 429.

[2] Gouvêa L P, Assis J, Gurgel C F D, et al. Golden carbon of Sargassum forests revealed as an opportunity for climate change mitigation [J]. Science of the Total Environment, 2020, 729(8): 138745.

[3] Yao L , Al-Kaisi M, Yuan J C, et al. Effect of chemical fertilizer and straw-derived organic amendments on continuous maize yield, soil carbon sequestration and soil quality in a Chinese Mollisol[J]. Agriculture , Ecosystems & Environment, 2021, 314(7): 107403.

[4] Brienen R J W ,Phillips O L ,Feldpausch T R , et al. Long-term decline of the Amazon carbon sink [J]. Nature, 2015, 519(3): 344−348.

[5] Sitch S ,Cox P M ,Collins W J , et al. Indirect radiative forcing of climate change through ozone effects on the land-carbon sink [J]. Nature, 2007, 448(7155): 791−794.

[6] Nellemann C, Corcoran E, Duarte C M, et al.Blue carbon [R]//A rapid response assessment. GRID-Arendal: United Nations Environment Programme, 2009.

[7] Wu J P, Zhang H B, Pan Y W, et al. Opportunities for blue carbon strategies in China [J]. Ocean and Coastal Management, 2020, 194(8): 105241.

[8] Nguyen T.Climeworks joins project to trap CO_2 [J].Chemical & Engineering News, 2017, 95(41): 15.

[9] Keith D W, Hokmes G, Angelo D S, et al. A process for capturing CO_2 from the atmosphere [J]. Joule, 2018, 2(8): 1573−1594.

[10] Zeman F. Energy and material balance of CO_2 capture from ambient air [J]. Environmental Science & Technology, 2007, 41(21): 7558−7563.

[11] Mahmoudkhani M, Keith D W. Low-energy sodium hydrox ide recovery for CO_2 capture from atmospheric air-thermodynamic analysis [J]. International Journal of Greenhouse

Gas Control, 2009, 3(4): 376-384.

[12] Lehmann J. A handful of carbon[J]. Nature, 2007, 447(7141): 143-144.

[13] 翟国庆，韩明钊，李永江，等．黑土坡耕地有机碳变化及固碳潜力分析［J］．生态学报，2020，40（16）：5751-5760.

[14] 何甜甜，王静，符云鹏，等．等碳量添加秸秆和生物炭对土壤呼吸及微生物生物量碳氮的影响［J］．环境科学，2021，42（1）：450-458.

[15] 刘凤，曾永年．2000—2015年青海高原植被碳源/汇时空格局及变化分析［J］．生态学报，2021，41（14）：5792-5803.

[16] 魏夏新，熊俊芬，李涛，等．有机物料还田对双季稻田土壤有机碳及其活性组分的影响［J］．应用生态学报，2020，31（7）：2373-2380.

[17] 张杰，郭伟，张博，等.空气中直接捕集CO_2技术研究进展［J］．洁净煤技术，2021，27（2）：57-68.

3 信息篇

第九章　信息与通信技术在节能降碳中的应用
第十章　信息与通信碳中和技术

信息与通信技术是带动未来科技创新的重要引擎和推动经济社会数字化转型的关键支撑。通过将信息与通信技术如大数据、人工智能等前沿技术融入重碳排放的各行各业，优化或重塑各领域行业技术环节，从源头减少能源、资源领域消耗带来的碳排放，可有效支撑电力、交通、工业等行业领域的节能降碳。同时，信息与通信领域支撑平台如数据中心、基础设施的规模增长迅猛，能耗急剧增长，可通过能效提升、运行节能、用能结构优化等技术来实现自身碳减排。本篇第九章和第十章分别介绍信息与通信技术在节能降碳中的应用和信息与通信碳中和技术。

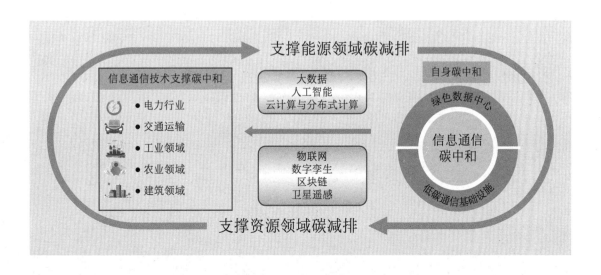

第九章 信息与通信技术在节能降碳中的应用

信息与通信新技术如大数据、人工智能、云计算、物联网、数字孪生、区块链、卫星遥感技术可优化或重塑各重碳领域行业的技术环节，通过效率提升、运行节能、用能结构优化、低碳管理等，支撑各行各业实现碳减排。广义的信息技术包括了通信技术，但由于通信技术的突出重要性，在本书中将其单独提出来。本章主要介绍典型信息与通信新技术在碳排放较高的工业、建筑、交通和农业等领域节能降碳中的应用。

第一节
大数据、云计算与人工智能技术

一、大数据支撑效率提升与运行节能技术

目前，大数据能够服务工业、交通、建筑、农业等众多领域，通过预测分析、数据挖掘等方法，帮助提高行业的生产效率、能源使用效率、产业管理效率等，典型应用场景如表9-1所示。

表9-1 大数据技术在节能降碳中的应用

领域	应用场景	技术	解决路径
工业	电力生产 油田企业信息化 质量内容评估与判定 全过程质量数据管理 智慧化工园区有色金属生产 数控系统	大数据 BP神经网络 遗传算法 机器视觉 人机交互	减少能源消耗
建筑	建筑建造 建筑设计 建筑运维	数据聚类 数据融合 数据关联	减少能源消耗
交通	陆运 海运 航空	大数据分析 遥感技术	提高能源利用率
农业	农业生产信息传输	大数据智能分析 无人机技术 神经网络诊断技术	提高工作效率 提高能源利用率

(一) 工业大数据运行节能和智能控制

针对能源密集型产业，能源大数据框架主要可分为四层结构，分别为能源大数据获取、能源大数据存储与处理、能源大数据挖掘与节能决策、能源大数据应用服务。

以陶瓷行业为例，基于能源大数据管理系统，可以对陶瓷生产过程中从原材料到产品的实时能源数据进行采集和监控。分析发现，采集到的多源异构数据属于典型的能源大数据，通过能源大数据分析，可发现由于球磨机异常、生产计划等原因会造成不合理能耗。

同时，政府可以通过对同类能源密集型制造业的大数据分析，如企业智慧管理信息系统（enterprise intelligence management information system，EIMIS），针对基准评级体系设计相关的能源政策和标准。当EIMIS能耗低于能源标杆体系等级时，企业应受到一定程度的财务和行政处罚，有利于优化企业的能源结构，提高制造业能源利用率。

(二) 建筑大数据节能系统

建筑大数据节能系统主要是通过大数据技术中的数据聚类（data clustering）、数据融合（data fusion）、数据关联（data correlation）来实现建筑的运行节能。

建筑大数据节能系统结构如图9-1所示。首先，使用多种传感器对制冷机的冷却水、冷冻水进出口温度等运行数据进行采集，并对这些数据进行聚类分析，当判断出冷却水、冷冻水进出水温差相比预额定温差来说更小的时候，就控制水泵的流量而使之变小，从而减少水泵的能耗。其次，对室内的人数与室内外温湿度、空调灯光运行状态等环境信息进行关联分析，判断当室内无人时，空调等是否产生了能源浪费。最后，通过CO_2浓度数据以及摄像头视频数据相融合来判断室内的人数，从而及时对空调系统以及新风系统进行调整，有利于减少能源的消耗。

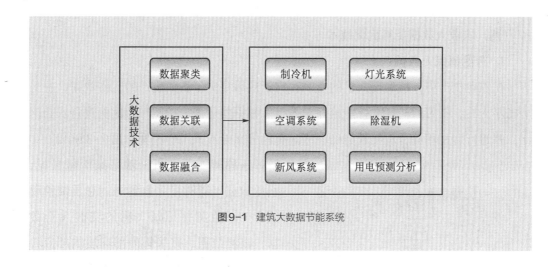

图9-1　建筑大数据节能系统

（三）智能交通大数据管理系统

智能交通大数据管理系统（intelligent traffic system，ITS）主要由数据采集层、数据整合层、大数据处理平台层和应用层四个部分构成。

智能交通大数据管理系统如图9-2所示。首先，数据采集层通过监控系统以及射频识别技术（radio frequency identification，RFID）等采集当前道路上的车辆信息等交通数据，并通过遥感技术采集交通设施信息；然后，数据整合层将采集到的各类数据进行整合，并发送给大数据处理平台；接着，大数据处理平台接收到整合数据后进行分析处理，得到道路拥堵情况、交通设施变化情况以及通过当前道路的车流量情况；最后，通过服务器将这些信息发送给用户并利用车流量情况进行红绿灯的配时调整，有利于用户选择不拥挤的道路进而减少交通拥堵，提高能源的利用效率，达到节能减排的目的。

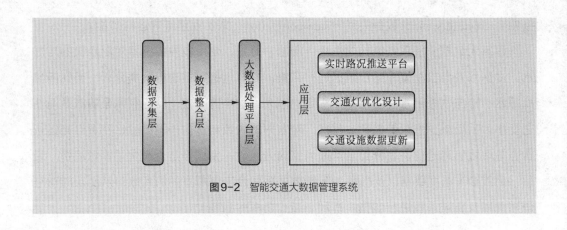

图9-2 智能交通大数据管理系统

（四）农业大数据能耗优化技术

1. 智能植保无人机

在农业生产中，植保无人机的发明和广泛应用提高了农业生产的工作效率，并且节省了人力、物力的消耗。智能植保无人机能根据作业需求按照一定比例进行农药配比，并进行调配和混合，实现精确喷洒。智能植保无人机工作原理如图9-3所示。

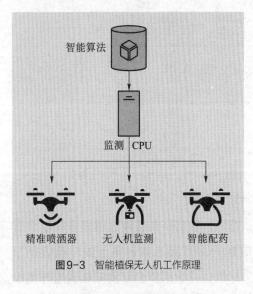

图9-3 智能植保无人机工作原理

这种智能无人机能够采集流量数据、水压数据，同时把采集到的信息反馈给喷洒CPU；监测并记录飞机的实时飞行数据、喷洒数据，并采集外部环境的相应数据，通过智能算法分析后对飞机喷洒系统进行实时的反馈处理和修正。从而可以对植保无人机的喷洒作业进行智能化调整和控制，实现精准化智能喷洒作业，不仅节省人力、物力，提高工作效率，还能一定程度上减少农药的过度使用，满足低碳农业的发展要求。

2. 智能数据分析喷药机

传统农业中大量化肥农药的使用除了直接挥发产生碳排放，还会导致土壤侵蚀和退化，减少土壤中的有机质，提高土壤有机碳净消耗水平，促使更多的碳排放到大气中。智能数据分析喷药机可以通过大数据分析采集到的信息，智能实施精准喷药，合理地减少农药的使用，使得农药使用效率提高，从而减少对土壤碳排放的影响。

智能数据分析喷药机原理如图9-4所示。首先,杂草、虫害等环境信息由机器视觉设备和各类传感器采集,然后,通过大数据处理分析获得作物和杂草信息,结合机器所处的位置控制喷药装置的开启,实现精准喷药。这样的精准喷洒方式改善了传统大范围喷洒农药化肥所带来的过度农药化肥残留、挥发产生的碳排放,以及土壤有机碳净消耗所产生的碳排放。

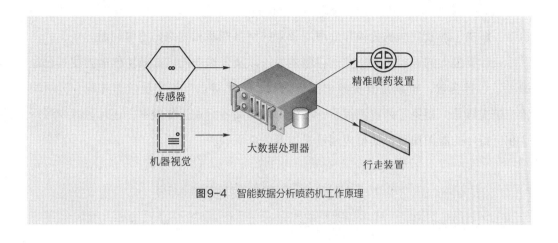

图9-4 智能数据分析喷药机工作原理

3. 新能源拖拉机发动机智能故障监测系统

随着农业生产机械化的发展,农机的大规模使用意味着大量柴油等化石能源的消耗和电力的消耗,这些都会排放大量CO_2。因此,需要对农机进行能源利用效率提升。

一种依托于大数据和神经网络诊断技术的新能源拖拉机发动机智能故障监测系统能及时发现发动机故障并进行诊断,提高农机发动机工作效率,避免因发生故障而得不到及时维修造成的能源浪费。基于大数据的拖拉机发动机诊断系统如图9-5所示。

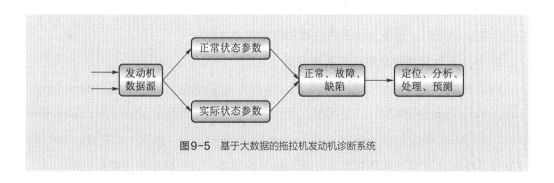

图9-5 基于大数据的拖拉机发动机诊断系统

二、云计算支撑效率提升与能源管理技术

云计算（cloud computing）通过将互联网作为中心协同各种计算机资源来提供服务和数据存储功能，这样的方式快速且安全。此外，在一些特定情况下云计算已经不能满足目前用户对一些计算密集型任务服务器响应时延等的高标准要求，出现了一种新范式计算技术——边缘计算（edge computing），它将云计算的IT资源下沉到网络边缘，解决了海量数据的传输与处理所带来的网络拥塞和网络延迟等问题。

云计算强大的计算能力和空间存储能力，以及云边协同的高效协作能力使其已经融入了各行各业，特别是其资源虚拟化的核心技术特点，可实现按需分配、灵活配置、扩充容量，避免了闲置和浪费，不仅可以提高各行业工作效率，还可以减少各行业在运行中的能源浪费，典型应用场景如表9-2所示。

表9-2　云计算与边缘计算等技术在节能降碳中的应用

领域	应用场景	技术	解决路径
工业	油田油气生产 油田企业信息化 加工设备智能化	云平台 分布式计算技术 边缘计算 数据预处理	提高管理效率 追溯碳足迹 能源高效利用
农业	农业信息管理	云服务、传感器技术	提高农业工作效率

（一）工业云计算监测管理技术

1. 工厂监测云系统

许多制造业工厂因为设备老旧、管理不完善、生产率低下等问题久久无法向绿色制造转型，因此利用云计算设计出能实时监测工厂各种信息的管理云系统能实现资源的协同管理，使管理者可高度把控工厂情况，提高了工厂管理效率，保证生产高效、安全、有序地进行。基于云计算的监测系统如图9-6所示。

2. 基于云计算的绿色供应链管理方案

为追溯制造业供应链的碳排放足迹，一种绿色供应链云管理模型（green supply chain management，GSCM）应运而生，可分为全生命周期评估云（life cycle assessment cloud，LCAC）和绿色供应链云（green supply chain cloud，GSCC），如图9-7所示。建立云平台相比于建立实体数据库，既可以节约成本，也能降低电力消耗水平。

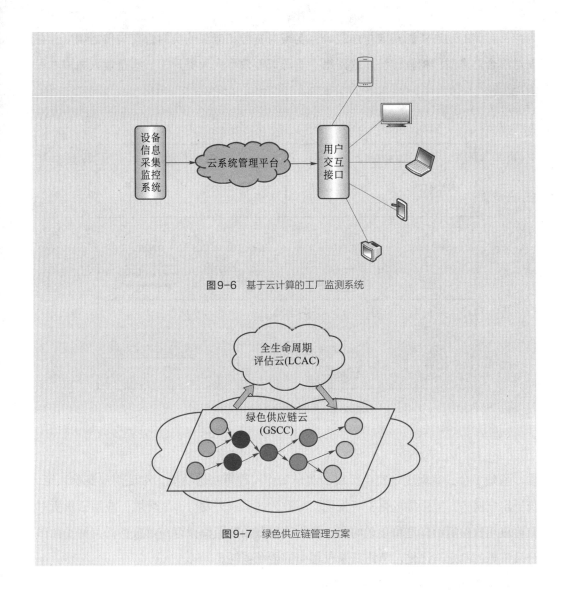

图9-6 基于云计算的工厂监测系统

图9-7 绿色供应链管理方案

以棉布T恤供应链为例，整个供应链的商家均注册为GSCC的成员，并更新上传诸如土地面积、耕作方法、水量、杀虫剂、肥料、棉花生产中燃料的使用和设备的使用等信息数据。通过查询LCAC中的库存数据找到供应过程中的相关数据，然后将排放量等数据转换为碳足迹。通过GSCM实现全生命周期碳足迹评估，使企业根据自身温室气体排放情况，可拟定更实用的节能减排措施。

3. 基于云平台的石化智能管理

为减少石化行业过程碳排放，利用云计算技术搭建石化管理云平台基础系统，整体架构如图9-8所示。基础设施云是集成硬件与软件的综合性云计算系统，主要涉及内存、存储的动态资源获取与加载等，实现对资源和能源的实时管理与按需调度。在面对混合需求时，相较传统油气网络，资源调度效率大大提升，节约企业人力成本和能耗。

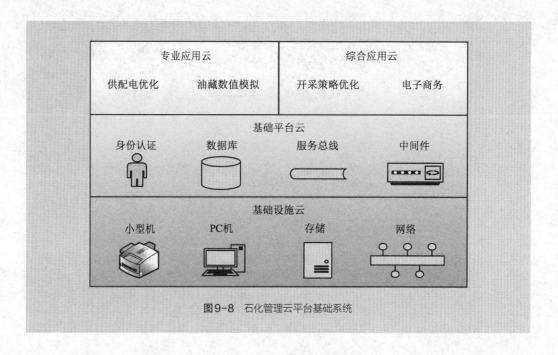

图9-8 石化管理云平台基础系统

基础平台云实现统一安全授权、统一工作流程等基础功能，实现用户身份认证、统一用户服务，提供集成化、可视化、标准化的系统开发与部署环境。应用云负责对专业应用软件后台管理和负载均衡，提供油田藏油数值模拟等专业服务，有利于油田开采策略的制定与优化，节约开采过程中的能源消耗。

4. 生产异常检测与节能决策架构

针对生产车间的生产异常情况，边缘计算生产异常检测和节能决策架构，其由数据连接层、边缘层和云层组成，可有效降低异常事件率，同时实现全局节能决策。

数据连接层涵盖了从原材料到成品的整个离散制造过程，该层可以通过传感器设备连接物理机床和边缘层。

边缘层建立了一种用于综合分析能耗数据的数据预处理方法，包括能量数据清理、数据离散和特征提炼，清算整理大批原始数据，训练后的边缘层可以检测异常情况，通过终端设备反馈给机床。

经过数据处理和生产异常检测后，云层的数据库可存储异常数据，以供将来使用。一旦发生生产异常，就会立即进入维护过程。

（二）农业温室巡检机器人云系统

农业温室大棚常处于一种相对密闭状态，温室中的作物不断进行着光合作用，空气中CO_2等温室气体浓度随时在变化，各种环境因素例如土壤湿度、空气、光照等都时刻影响着作物生长，也在影响着其碳排放量。研究可视化（visualization）、智能化（intelligentization）、数字化（digitalization）的现代智慧农业管理很有必要。

一种基于云计算的温室巡检机器人可以满足以上需求，这样的系统框架如图9-9所示。巡检机器人通过环境监测传感器等设备采集上传温室相关数据至云服务器，云服务器对数据进行分析和计算，通过微信程序展示温室各种环境变化，方便人们根据温室环境展开农业活动，避免了不必要的人、物资源浪费，提高了农业温室大棚工作效率。

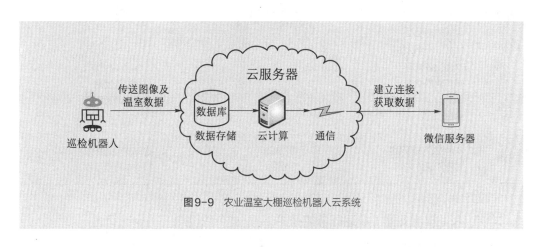

图9-9 农业温室大棚巡检机器人云系统

三、人工智能支撑运行节能技术

在大数据的基础上，依靠人工智能（artificial intelligence，AI）能够更高效地使用这些数据，实现更高的价值。AI是由计算机或机器模拟来拓展人类智慧，是通过知识学习以总结解决问题的办法的应用系统。人工智能AI多是一种泛称，包含了多个关键技术，如机器学习、知识图谱、自然语言处理、人机交互、计算机视觉、生物特征识别以及虚拟现实/增强现实等。表9-3展示了人工智能在各行业节能降碳中的应用场景及相关技术。

表9-3　人工智能技术在节能降碳中的应用

领域	应用场景	技术	解决路径
工业	风光发电功率预测 电力生产 电网安全 油田企业信息化 焦化配煤 高炉炼铁 质量在线风险监测 化学生产 有色金属生产 数控系统 生产车间智能控制 数字化检测 加工设备智能化	孤立森林算法 长短期记忆神经网络 机器学习 深度学习 流计算模型 迭代计算模型 遗传算法 多元回归 向量机预测模型 随机森林预测模型 人工神经网络 MBD模型	提高能源利用率 减少能源消耗 提高管理效率 追溯碳足迹
建筑	建筑建造 建筑运维 建筑能源管理	机器学习 深度学习	减少能源消耗
交通	交通出行管理 城市轨道交通 海运 航空	人工智能	减少交通拥堵 提高能源利用率
农业	农业生产信息采集 处理和决策实施	计算机视觉 人工智能	提高农业工作效率 提高能源利用率

（一）人工智能支撑工业运行节能技术

焦炭的生产质量其影响因素有很多，其中参与生产的原料煤的成分和比例最为重要。根据现实生产情况的变化，需要的配煤比也在实时地发生变化，运用 AI 算法预测实际需要的配煤比能够满足其实时变化的要求。

首先，在建立神经网络模型的基础上，预测焦炭质量。建立神经网络模型需要根据焦化过程数据完成，并且在训练过程中引入遗传算法，完成对网络权值的改进。这种方法得到的配煤比可实时变化，达到煤炭质量的最优，减少冶炼环节设备运作产生的 CO_2 等温室气体，提升设备的能源利用率。

另外，保持高炉炉温稳定可减少化石能源燃烧产生的碳排放。在高炉冶炼过程中，高炉炉温稳定是确保可以生产出高质量铁水的前提。要达到对高炉炉温的管控和预测，需要支持向量机^①预测模型与随机森林^②预测模型的协助，通过高炉生产数据的不同特征建立预测模型，进而维持高炉炉温的稳定，提高冶炼过程燃料的燃烧效率，有效减少高炉设备产生的碳排放。

（二）人工智能支撑农业运行节能技术

现代农业不断朝着智能化、精准化方向发展，人工智能技术可应用于智慧农业。这项技术帮助农业节约土地、水、电力等资源，在提高产量的同时也提高了农业生产效率，降低碳排放，促进了农业的可持续发展。人工智能在农业的典型应用如表9-4所示。

表9-4　人工智能在农业的具体应用

应用场景	信息技术
播种、施肥、采摘等农业生产活动	智能机器人
作物和土壤监测	深度学习 机器识别
农业决策预测分析	数据挖掘

由人工智能系统组成的智能机器人通过利用图像识别、机器学习等技术分析判断农作物生长情况、生长环境等，实现了播种、灌溉、施肥、收获等农事活动环节统统由机器人代替完成，大大解放了劳动力。

同样，通过人工智能算法或者机器识别技术能够实现对农作物病虫害的监测、作物生长态势监测以及周围杂草等环境情况监测，针对性开展下一步工作，提高了农业生产效率，促进了农业智能化发展。人工智能的数据挖掘和深度学习技术能够发掘农业工作数据中的关联特征，预测未来的发展趋势，优化农业投入管理流程，为农业管理者提供最优决策建议，提升生产资源利用率。

---

① 支持向量机（support vector machine，SVM）是机器学习算法，并且是一种线性分类和非线性分类都支持的二元分类算法。

② 随机森林（random forest，RF）是机器学习算法，随机森林是指通过多棵树对样本进行训练并预测的一种分类器，其建立了决策树，并将它们合并起来以获得更准确以及稳定的预测。

第二节
物联网与数字孪生技术

一、物联网支撑效率提升与运行节能技术

物联网与大数据、云计算和人工智能之间存在着紧密的联系，通过融合第一节的三大技术，能够进一步提升物联网的工作效率，如图9-10所示。

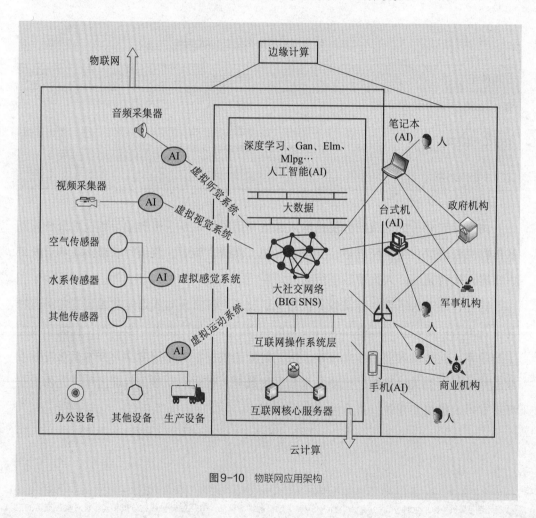

图9-10 物联网应用架构

物联网技术能够有效地减少一些行业的能源消耗以及碳排放，其典型应用场景如表9-5所示。

表9-5　物联网技术在节能降碳中的应用

领域	应用场景	技术	解决路径
工业	电力生产、传输 油田油气生产 资源管理 建材物流 智慧化工园区 化工数字化转型 数字化检测	物联网 无线传感技术 无线网桥 射频无线终端技术	感知电力系统运行状态 减少石化碳排放 降低钢铁管理能源消耗 提升物流效率 提升设备运行效率 限制污染气体排放 优化资源使用
建筑	建筑建造 建筑运维 建筑能源管理	物联网	降低管理能源消耗 减少碳排放 降低建筑运行能源消耗
交通	交通出行 交通管理 城市轨道交通	物联网	减少汽车尾气排放 提高轨道交通运维效率
农业	农产品运输 农业碳监测	传感器 无人机 物联网	提高农业工作效率 土壤有机碳含量估算

（一）物联网支撑工业运行节能技术

1. 化工应急管理系统

针对减少工业生产过程碳排放问题，根据物联网构建化工应急管理系统，具体框架如图9-11所示。基础支撑层为系统运行保证了安全有效的软硬件运行环境，同时提供视频监控等基础信息。数据支撑层保证各子系统的正常运行、数据交换、公众服务等，化工园区日常数据同样存储于其中。

应用支撑层包括监测监控、安全监管、应急服务等子系统。

（1）监测监控：运用二、三维地理信息系统（GIS）对环境、能源和设备进行监控，对排放气体进行实时监测，控制温室气体的排放。

（2）安全监管：实行危险源管理和风险管控，进行风险的管控和排查，降低化工泄露风险，发现化工生产管理中不合理的地方，减少管理过程的人力、电力消耗。

（3）应急管理：利用三维GIS与虚拟现实技术（VR）进行模拟演练，构建应急救援演习数据库，使参与人员快速地了解事故情况、人员调度和车辆行驶情况，实现应急资源的高效分配，减少风险发生时园区的损失。

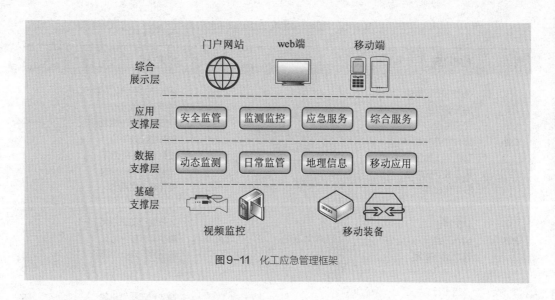

图9-11　化工应急管理框架

2. 有色金属加工设备远程运维技术

有色金属加工行业的特点是小批量、多工序，导致有色金属加工流程长、技术集成度高，所以设备运维是保障有色金属相关企业稳定生产的基础。有色金属加工设备远程运维系统根据信息流向划分为传感层、数据层、服务层和数据展示层，如图9-12所示。

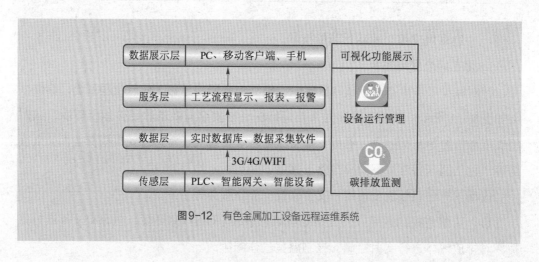

图9-12　有色金属加工设备远程运维系统

（1）传感层：首先，传感层中的智能网关与现场可编程逻辑控制器（PLC）或智能仪表相连接，PLC或智能仪表取出设备数据。然后，将数据通过多种无线传输方式传向数据层，无需电缆等传统传输媒介，传输过程安全节能。

（2）数据层：数据层中的实时数据库接收并汇总来自内部接口协议的数据，并对其进行存储与处理。

（3）服务层：根据用户的实际需求，为用户实现碳排放检测等功能，有节制地进行碳排放。

（4）数据展示层：使用户可通过客户端或手机APP对运维信息进行访问。

有色金属加工设备远程运维系统实现了设备的监控报警、智能分析等功能，大大节约设备运行、维护的消耗，减少电力的使用。

（二）物联网支撑智能交通系统

1. 智能物联网交通系统

此系统通过物联网等技术对当前道路拥挤情况进行分析，并根据道路拥堵情况来对车道方向以及车道导向进行控制，有利于改善道路的拥堵情况，从而减少车辆能源的消耗以及碳排放。

该系统的智能道路变化原理如图9-13所示。通过红外对射传感器对当前道路的车流量数据进行采集，并将数据传送给服务器，服务器通过相关智能算法做出判断，从而进行车道方向与导向的控制变化。

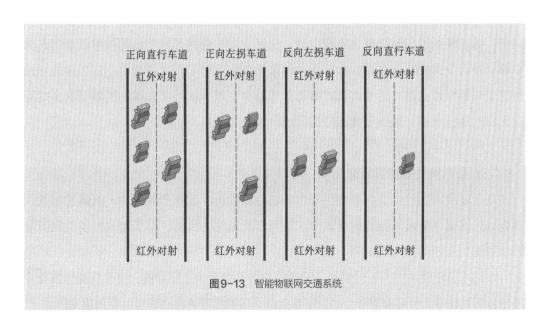

图9-13 智能物联网交通系统

该系统包括了车道方向变更以及车道导向变更算法。

（1）车道方向变更算法：将两个不拥堵的反向车道改变为正向车道，增加正向车道的车道数，改善正向车道的拥堵情况；

（2）车道导向变更算法：将不拥堵的左拐车道变更为正向直行车道，从而减少直行车道的交通压力。

这两种算法都能够很好地缓解交通拥堵，提高车道利用效率，减少因车辆拥堵造成的能源浪费和碳排放。

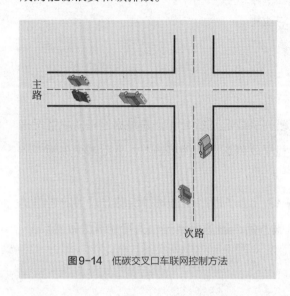

图9-14 低碳交叉口车联网控制方法

2. 车联网技术

通过车联网（internet of vehicles, IoV）技术来减少交叉路口车辆的拥堵情况，有利于减少汽车能源的消耗以及碳排放，如图9-14所示。

当次路车辆进入到交叉路口的控制区域后，车辆通过车联网技术获取周围其他车辆的速度、轨迹、位置等信息，并结合自身的速度等交通信息来判断车辆在通过交叉路口时是否会与主路上的车辆发生碰撞，若不发生碰撞，则直接通过；若会发生碰撞的话，主路上的车辆将通过车联网技术获取的其他车辆以及自身的交通信息进行分析，从而改变与前车的车距来使次路上的车辆能够通过这个车距穿越主路，这个方法能够有效地减少主路、次路上车辆的拥堵情况，提高交叉口的通行效率，达到节能减排的目的。

（三）物联网支撑建筑节能技术

基于物联网的建筑节能系统主要由环境监测模块、远程抄表模块、新风控制模块等构成，将物联网技术融合到建筑中，达到节能减排的目的。基于物联网的建筑节能系统如图9-15所示。

在环境监测模块中，各传感器采集建筑中的温湿度、光照强度、空气质量等数据并进行分析处理后上传至服务器，为照明系统、空调系统等的自动调节提供数据支持。

远程抄表模块则对设备耗能数据进行采集，以及整合分析，通过判断能耗情况将设备调节到最佳的运行状态，从而提高能源的利用率，达到节能减排的目的，并且可以通过这些数据制定建筑的节能方案。

新风控制模块能够根据环境监测的数据解析结果实现判断空气质量达标与否。若

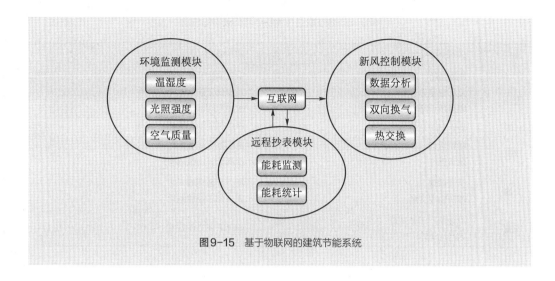

图9-15 基于物联网的建筑节能系统

不达标，则通过双向换气并结合高导热效率材料来实现外部空气的流入以及室内温度的降低，从而减少空调的使用，达到建筑运行节能减排的目的。

二、数字孪生支撑效率提升与运行节能技术

数字孪生技术能充分利用物理模型、传感器更新、运行历史等数据，建立虚拟仿真模型（virtual simulation model，VSM），在虚拟空间中完成映射，从而反映相对应实体装备的全生命周期过程。它是一种实现物理系统向信息空间数字化模型映射的关键技术，可以通过创建一个连接的物理和虚拟孪生来解决物联网与数据分析之间无缝集成的问题。数字孪生技术体系架构如图9-16所示，其在行业节能降碳的典型应用如表9-6所示。

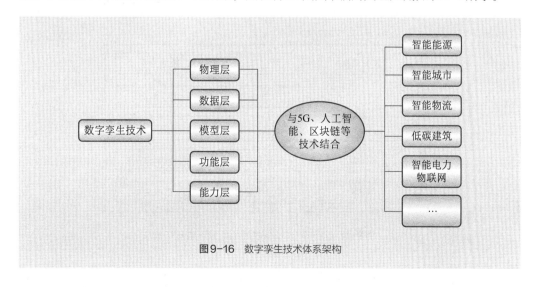

图9-16 数字孪生技术体系架构

表9-6 数字孪生技术在节能降碳中的应用

领域	应用场景	解决路径
工业	电网运行 化工数字化转型 碳排放预测 加工设备智能化	提高园区节能水平 减少化工园区的无效损耗 预测车间碳排放 降低制造能源损耗
建筑	建筑建造 建筑运维	降低施工能源消耗 提高建筑运维效率
交通	交通管理 城市轨道交通	减少交通拥堵 减少列车能源消耗
农业	农业生产信息处理 农产品运输	提高农业工作效率

(一) 数字孪生支撑建筑节能调度技术

基于数字孪生技术的节能调度方法总体结构如图9-17所示,主要包括数据采集层、数据处理层、数字孪生功能层、人机交互层四个部分。

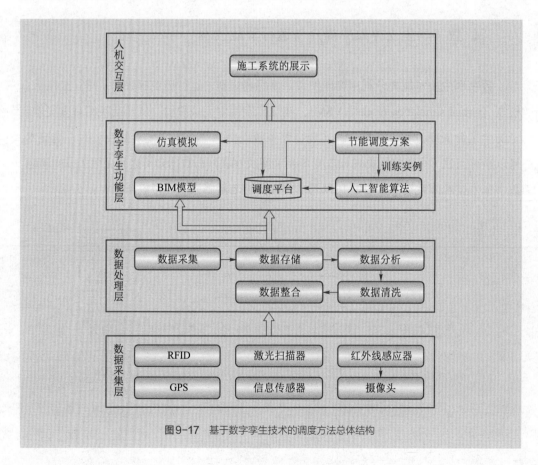

图9-17 基于数字孪生技术的调度方法总体结构

（1）数据采集层：通过物联网技术采集各传感器的数据来反映当前的施工状态。

（2）数据处理层：对采集的数据进行解析、清理。

（3）数字孪生功能层：结合机器学习等人工智能算法寻找最优的调度方法，实现资源的合理分配从而减少能源消耗。在得到来自数据处理层的整合数据以及优化之后的调度方案后，通过数字孪生技术中的建筑信息模型（BIM）技术对当前施工系统进行建模仿真，通过模拟目前施工状态及时发现失误之处，避免施工过程中不必要的能源消耗以及碳排放，提高能源利用率。当施工状态发生变化时，机器学习算法等重新对施工过程的最优调度方案进行寻优，并对寻优结果重新进行建模仿真。

（4）人机交互层：主要采用3D虚拟映射的方式让使用者能够更加直观地了解当前施工系统的属性和状态，方便使用者制定出节能减排的施工方案。

（二）数字孪生支撑电网优化运行技术

近年来，数字孪生技术在电力行业的应用不断涌现，比如电力系统的数字孪生在线分析、规划、输变电设备状态评估等。

数字孪生技术在电网在线分析与决策的应用案例如图9-18所示。目前，电力系统广泛应用电网调控系统，实现电网运行数据采集和状态估计，生成电网潮流断面，支撑电网运行决策，其在线分析响应速度为分钟级。在电网调控系统中运用数字孪生技术创建电网物理-计算分析模型，实时监控采集电网信息数据，然后利用建立的模型计算处理采集到的数据，跟原来的电网数据在线分析的时间相比，这种方式得到的电网安全稳定评估流程时间将缩短近百倍。

运用数字孪生技术创建的电网数字孪生模型能够准确预测电网设备的运行状态、运行危机，同时避免在实际摸查中人力物力的浪费，并且及时对检修计划做出合理的安排。自动化、实时性的电网预测模型能够赋予调度部门更精确地掌握电网真实状态的能力，使其做出更加准确的决策。数字孪生模型能够加速仿真和评估速度，更快速实现电网在线分析和决策，实现能耗的降低。

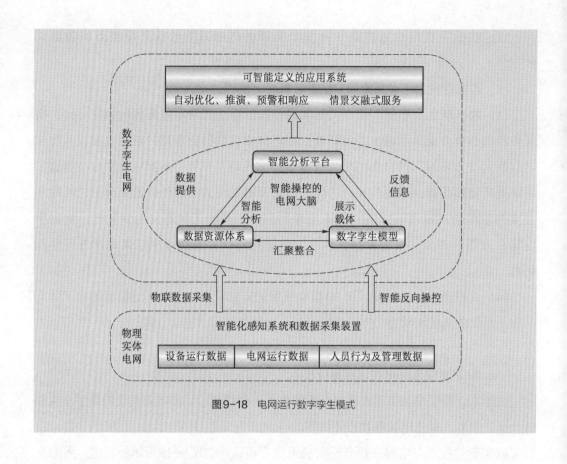

图9-18 电网运行数字孪生模式

（三）数字孪生支撑智能制造技术

数字孪生技术可以实时掌握智能制造系统的状态，预测系统故障。依托于数字孪生的可持续智能制造在实际应用中具有很大优势。

1. 制造加工设备智能化的数字孪生系统

制造加工设备智能化的数字孪生整体框架，如图9-19所示，该框架由物理层、信息层和云平台三部分组成。

（1）物理层：物理层中的传感设备指的是低功耗的物理传感器，通过传感设备可以实时监控加工设备运行状态，减少信息收集时设备的电力损耗。制造加工设备的信息数据以及处理后的状态信息使用OPC-UA标准接口，以数据映射字典的形式传送至信息层。

（2）信息层：接收到数据之后融合其他领域的加工数据建立相应的数字孪生体，实现加工设备运行状态的信息模拟可视化，并将参数数据实时进行反馈。实现制造过程的模拟仿真，降低制造过程的材料、能源损耗。

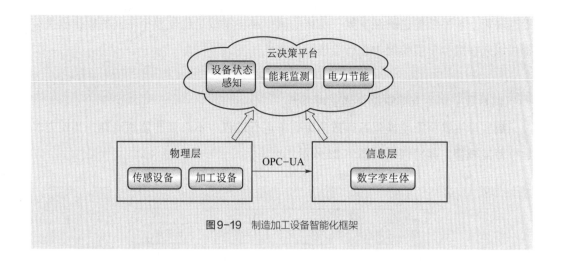

图9-19 制造加工设备智能化框架

（3）云决策平台：结合物理层采集的设备信息与信息层的模拟信息，融合人工神经网络实现对加工设备能耗的实时监测。预测加工过程中可能出现的故障和设备寿命，有利于促进车间设备的节能，减少制造过程中的碳排放。

2. **数字孪生低碳管理技术**

智能制造车间的数字孪生低碳控制系统典型结构如图9-20所示。

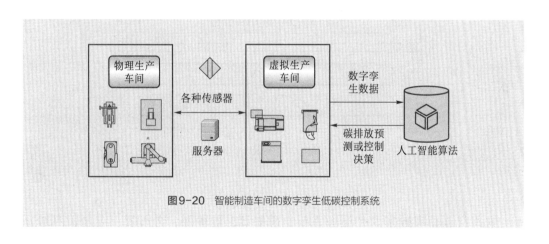

图9-20 智能制造车间的数字孪生低碳控制系统

针对实际制造车间中所有与碳排放有关的对象，比如机床、闸机等建立一个数字孪生虚拟车间模型（virtual workshop model，VWM），将各种与碳排放有关的数据通过数字双数据交互融合模块中的碳排放采集传感器和服务器存入这个虚拟车间模型中，采用人工智能算法建立低碳控制模型。

该模型的输入为上述关于生产的数字孪生碳排放相关数据，输出为碳排放预测或控制决策。该系统提出的减少某一机床的碳排放决策或是优化整个车间的碳排放决策都可以先在虚拟车间模型中进行验证和优化。

(四) 数字孪生支撑铁路交通管理系统

数字孪生铁路管理模型可有效避免列车运行过程中不必要的能源消耗，实现列车运行节能减排。其结构图如图9-21所示。

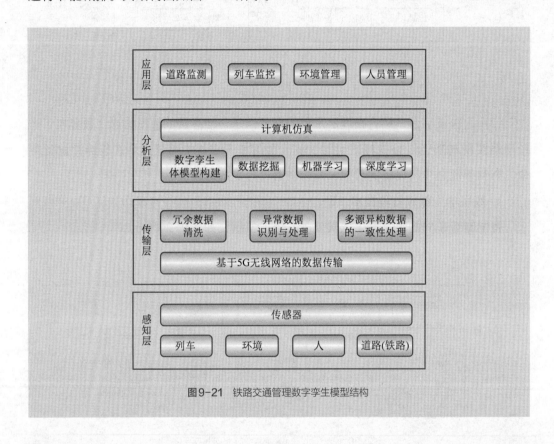

图9-21 铁路交通管理数字孪生模型结构

铁路交通管理数字孪生模型主要由感知层、传输层、分析层、应用层四部分构成。

(1) 感知层：通过各传感器获取环境数据、列车行驶数据、道路等数据，并将这一系列模拟信号转化为数字信号；

(2) 传输层：将采集的数据进行预处理，包括数据清洗、异常数据处理等，并通过5G无线网络上传至数字孪生系统后台；

(3) 分析层：通过传输层发送过来的历史数据以及实时数据建立实体的数字孪生

体，运用机器学习（machine learning）等算法对数字孪生体的运行进行预测，并通过三维仿真技术实现数字孪生体运行过程的可视化；

（4）应用层：通过数字孪生系统实现列车的自动控制，车厢内空调、灯光等的自动控制。

三、物联网支撑碳排放监测技术

汽车尾气排放目前仍是城市碳排放的主要来源之一。对汽车尾气排放的监测可通过物联网监测系统实现，其系统结构图如图9-22所示。

道路中部署车载尾气监测节点，包括红外传感器、氧传感器、氮氧传感器等，用以采集HC化合物、CO_2、CO、O_2、NO_x尾气浓度数据，通过ZigBee模块将这些数据发送给汇聚网关节点进行分析处理。后台监控中心接受来自GPRS/4G/5G模块的网关数据

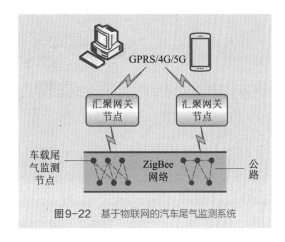

图9-22　基于物联网的汽车尾气监测系统

后，对汽车尾气浓度进行解析，判断是否超标。若超标，则会对尾气超标的车辆进行记录并发出报警信号，从而对尾气排放超标车辆进行管理，减少汽车的尾气排放，有利于减少汽车的碳排放。

第三节
卫星遥感技术

目前，卫星遥感技术主要用于地面的定位导航以及遥感数据的处理应用。定位导航主要用于交通领域，基于北斗卫星的组网能够赋予当下导航系统更多的智慧，在交

通运输过程中提供能耗相对较少的路线决策，降低交通领域的碳排放；而遥感数据包含图像、视频以及雷达等数据，可服务于城市规划建设、数据通信等。

基于卫星遥感技术的定位导航、城市服务应用如图9-23所示，表9-7显示了卫星遥感技术在各个行业中的节能降碳应用场景。

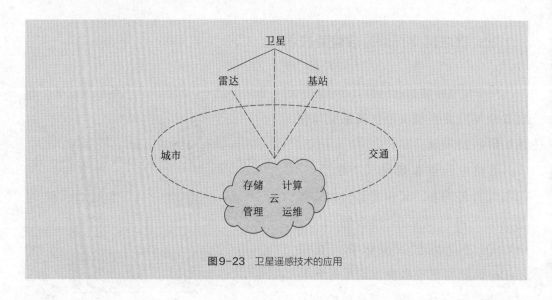

图9-23 卫星遥感技术的应用

表9-7 卫星技术在节能降碳中的应用

领域	应用场景	技术	解决路径
工业	电力信息传输 建材物流 矿山环境监测	北斗卫星导航系统 卫星遥感技术	建材实时跟踪调度 矿山污染源监测
交通	交通出行管理 海运航空		智能导航

一、卫星遥感支撑电力效率提升技术

（一）智能北斗电力信息传输平台

目前，电力系统应用的信息通信技术广泛，主要包括无源光网络通信（passive optical network，PON）、无线通信技术和电力线通信（power line communication，PLC）。其中无线通信技术包括微功率无线、WiFi、NB-IoT、LoRa、4G、5G、北斗通信以及230 MHz无线专网等。

随着水电，以及风、光等新能源的大规模有序开发，北斗通信技术在偏远地区的高可靠通信中将发挥更大的作用。国网青海省电力公司在偏远地区应用北斗用电信息采集终端，提升了基层抄表的效率以及用采数据的准确率，减少了偏远农牧区骑马进山抄表的情况。北斗通信技术在人烟稀少的牧区、山区以及深山中的光伏电站、峡谷水电站、风电场等场景中的应用将越来越广泛。

通过北斗通信技术构建的智能北斗电力信息传输平台结构如图9-24所示。首先，将收集的小电源实时发电数据以及非实时的电能量数据发送到北斗卫星用户机，然后将信息数据通过卫星无线通信链路发送到调度主站端的北斗卫星指挥机，最后北斗卫星指挥机将采集到的数据通过调度主站端的通信服务器发送到主站端的信息管理数据平台，信息管理数据平台按照不同的信息类别分别进行处理，实现对非统调发电厂发电数据的采集以及处理。

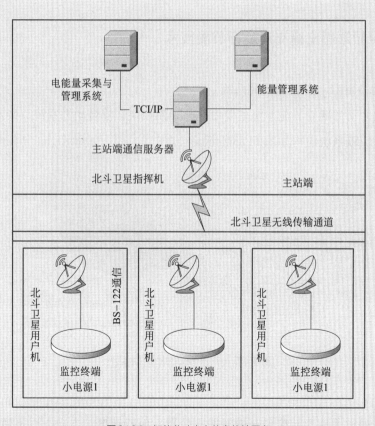

图9-24 智能北斗电力信息传输平台

（二）电力行业的卫星遥感技术应用

在电力系统输电线路和变电站规划的应用中，卫星遥感可以快速对规划区域进行调查，用于获取定位区域内的数字正射影像图（DOM）、数字高程模型（DEM）等标准地理信息数据产品，有利于充分分析线路运行的安全因素。它不仅为合理的规划和选择提供了客观的基础，而且有助于提高设计质量和效率。在线路和变电站的施工过程中，可以对不同时相条件下的卫星遥感数据进行比较和分析，有效地监测整个施工过程，获取第一手施工路线的气象和环境变化信息，从而更合理、高效地指导施工工作安排。

当电力系统面临大规模灾害时，由于气象遥感卫星分辨率相对较差，容易受到云的干扰，不能对微小的火灾点进行有效的监测。中国GF-4卫星则配备了高达400 m的中波红外分辨率传感器，采用地球静止轨道卫星的视觉解释或阈值方法，理论上可以达到低火灾点监测能力的微小水平，减少自然灾害带来的电力损失。

二、卫星遥感支撑交通运行节能技术

（一）北斗混合动力船舶节能系统

北斗混合动力船舶节能系统主要由北斗导航模块、混合动力系统（柴油机、电动机）等构成。该系统结构如图9-25所示。

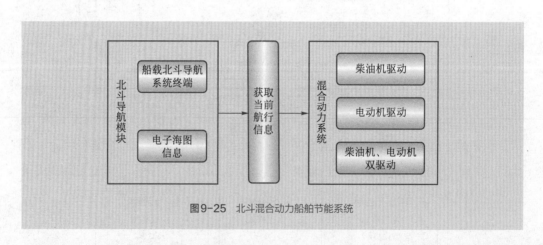

图9-25　北斗混合动力船舶节能系统

首先，通过北斗导航模块获取船舶的位置、航行速度、方向，以及轨迹等信息，然后船舶根据自身的航行信息以及所在的航行区域进行工作模式的调整。如在航行条件较好的地方，可以通过柴油机单独驱动或者柴油机和电动机共同驱动船舶运行；当航行条件较差时，通过电动机驱动船舶运行，能够减少燃油消耗以及碳排放，达到船舶运行节能的目的。

（二）车联网中的卫星定位应用

车联网简单来说就是将汽车作为信息网络中的节点，然后通过无线通信等技术来实现人、路、车以及环境之间的协同交互。为了能够实现智能交通这个目标，车联网需要依托车载导航系统（CIPS）、全球导航卫星系统（GNSS）、新一代通信技术等关键技术。

CIPS主要由导航显示终端以及导航主机构成。天线通过环绕地球运行的卫星来接收数据，以确定车辆当前的位置。然后，导航主机将卫星信号确定好的位置坐标同电子地图中的数据进行匹配，确定车辆在电子地图中的位置。在此基础上，可以实现导航、路线推荐、动态路径规划等功能，减少燃油消耗。

车联网位置服务的新功能主要是在结合了大量移动互联网用户应用的基础上，利用车联网社区来形成更多的互动应用，比如经验交流、定制车辆交通信息生成以及位置信息共享等。

第四节
集成耦合与优化技术

在实际应用中，为了更好地解决问题，时常会将多种信息与通信技术进行集成耦合，通过一定的组合模型来进一步优化整个系统。

一、多技术融合支撑系统协同技术

（一）火电机组智能优化控制

针对智能发电系统，人工智能、物联网等技术联合应用于机组灵活性调节、火电机组蓄能深度利用、厂级优化分配、多能源互补调度、供热机组热电解耦等方面。

新一代智能发电系统数据应用架构如图9-26所示。针对火电机组的智能运行控制，利用机器学习算法对最优的目标值进行挖掘，并结合专家知识与先进控制理论方法，构建专用智能控制算法库。然后通过工况分析、耗差分析以及性能计算等方法，得到不同工况下最优的控制目标，实现实时指导工作人员进行优化操作；并通过NO_x排放控制、风煤配比动态调整以及制粉系统状态综合感知，实现燃烧过程中的整体智能优化处理，提升发电效率，降低污染物排放。

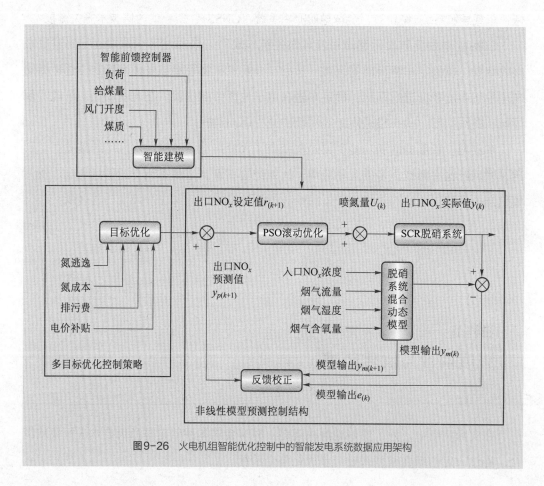

图9-26 火电机组智能优化控制中的智能发电系统数据应用架构

（二）钢铁物联网

为减少钢铁行业电力消耗，运用物联网以及GNSS等技术构建钢铁物联网应用架构，可以分为生产管理、物流管理以及资源管理三个层面，如图9-27所示。

（1）生产管理层面：利用无线通信、RFID等物联网技术，创建温度补偿模块，开发钢包控制系统，实现对钢包的跟踪识别，加快了周转速度，控制了温度，也节约了能耗。

（2）物流管理层面：利用RFID、GNSS等技术实现钢铁运输过程中的物资远程控制管理以及车辆远程跟踪定位，有利于合理规划运输计划，减少运输过程中的能源消耗。

（3）资源管理层面：将物联网与管理系统相融合，建设仓储物资、物流工具共

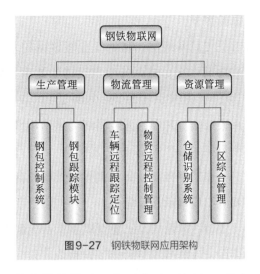

图9-27 钢铁物联网应用架构

用的识别系统，采取网格化加重点区域重点监控的管控模式，实现人员、资源、厂区的综合管理，节约管理产生的能耗，提升资源的利用率。

（三）工业互联网

融合物联网、云计算等技术构建的工业互联网通用框架包括物理层、网络层、平台层以及应用层，如图9-28所示。

（1）物理层：负责感知制造过程中所涉及目标的状态，并收集整个生产过程相关

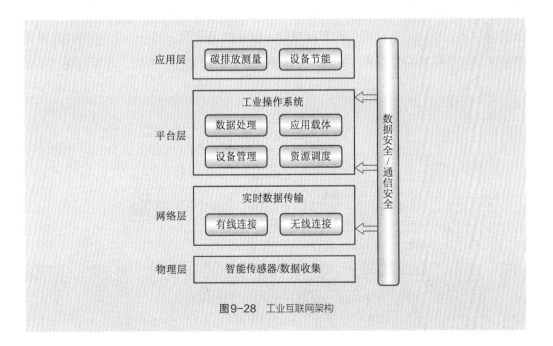

图9-28 工业互联网架构

原始数据。

（2）网络层：作为工业互联网的基础，它将所有分布的生产要素连接起来，完成协同生产，提高各生产设施的效率。网络层的新兴技术主要包括无线传感器网络（WSN）和窄带物联网（NB-IoT）。WSN摆脱了有线通信的缺陷，通过传感器节点采集数据，并利用无线网络传递给用户，保证数据收集传输处于低能耗水平，适合工业领域的各个应用场景。

（3）平台层：具有强大的计算和存储能力，可以执行数据处理、设备管理、资源调度和应用承载等任务。

（4）应用层：工业互联网平台的新兴技术主要有边缘计算和云计算，而在制造业运用云计算技术便形成了云制造。云制造的目标之一是实现制造资源、能力和知识的充分协作和共享，实现绿色或低碳生产。

（四）制造车间智能控制

机器视觉、大数据等作为创新信息技术，在新能源汽车制造设备关键技术研究领域提供了重要借鉴作用，使制造水平、产能与合格率大幅提升的同时，降低运营成本，节能减排。

基于机器学习的智能控制系统如图9-29所示，它能实现新能源汽车制造车间持续优化能源消耗，使其制造效率得到革命性的提升，避免资源浪费，大幅降低生产事故的发生率，实现运行过程中的节能减排。该系统可分为三部分：① 利用机器视觉识别系统，可依据工艺要求，对汽车工件分别进行自动定位、拍照、计算识别，实现

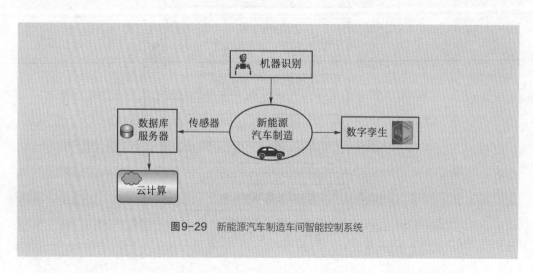

图9-29 新能源汽车制造车间智能控制系统

精准识别，达到运行节能；② 在生产过程中，运用人机交互技术将实际运行产生的制造数据经由各种传感器汇入数据库服务器进行录入、存储、统一管理，并且将数据接入互联网，方便进行云端计算；③ 使用数字孪生技术，将采集的参数结合特定的机器算法，培养出机器的自我学习能力，使其可自动推算出一些隐性的运营数据，以便及时诊断并解决各种生产故障，统筹规划，从而自动出具最优的决策方案。

二、多源传感支撑效率提升技术

（一）多传感融合的交通灯低碳配时技术

多传感融合的交通灯低碳配时方法系统如图9-30所示，主要通过北斗系统、深度学习等技术建立区域路况监测模块、路口车流量监测模块以及交通控制中心模块来减少车辆碳排放。

（1）区域路况监测模块：主要是通过北斗导航系统对行驶车辆进行定位，并通过车速传感器来获取当前车辆的行驶速度，然后将定位信息以及车辆的行驶速度通过通信模块上传到控制中心，对道路的路况进行估算。

图9-30 多传感器融合的交通灯低碳配时方法系统

（2）路口车流量监测模块：通过各个交叉路口的摄像头将车流量视频数据上传到控制中心，通过深度学习算法对车流量进行监测，用来判断道路的拥堵状况。

（3）交通控制中心模块：通过对前面的速度信息、定位信息，以及车流量信息的分析来判断当前道路是否拥堵，从而进行信号交通灯的配时调整，有利于减少车辆能源消耗以及车辆碳排放，提高能源的利用率。

（二）多源传感智能温室大棚云监控系统

多源传感智能温室大棚云监控系统融合了基于ZigBee技术等的低功耗无线传感网络和海量数据存储分析的云计算技术的优势，实现了在低成本、低能耗的前提下对温室大棚农作物生长环境参数的实时监控和智能改善。云计算中的分布式计算技术和大量数据存储分析处理提供了安全可靠且快速的计算功能。

一种多源传感智能温室大棚云监控系统如图9-31所示。该系统分为感知层、网络层、应用层。

（1）感知层：各种温度、光照、湿度传感器负责采集环境参数，灯、喷头、警报器、灯器件负责执行智能管理任务。

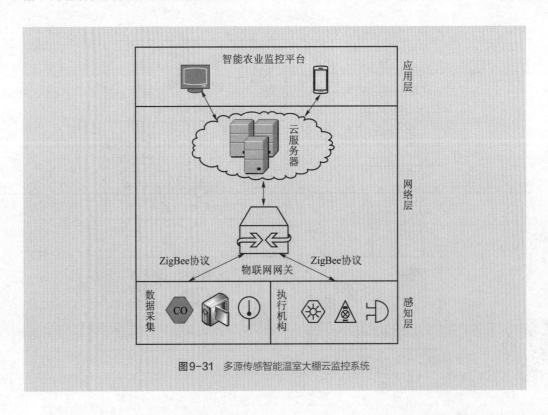

图9-31　多源传感智能温室大棚云监控系统

（2）网络层：感知层与网络层之间通过无线传感网络连接，物联网网关负责将采集的数据汇集传送给云服务器，同时接收云服务器传过来的指令数据。

（3）应用层：包含电脑或智能手机等多种终端设备，便于管理者通过智能监控平台监控温室大棚环境参数，以及作出决策对控制对象进行操作。

通过这样的智能监控云系统实现对温室大棚进行实时精准的监测及控制，减少了不必要的能源资源浪费，提高了大棚生产效率，实现了节能减排。

三、多技术融合支撑运行节能技术

（一）车–网–路协同的快充导航系统

信息物理系统（cyber physical system，CPS）是综合物理环境、网络以及计算的多维复杂系统，利用3C（computing，communication，control）技术的有机融合以及深度协作，能够实现大型工程系统的信息服务、实时感知以及动态控制。以电动汽车领域为例，将信息流同能量流进行融合建模以及协同分析，对于促进碳中和背景下电力系统的安全经济高效运行具有非常重要的价值。

以电动汽车接入电网为例，典型的汽车–电网–道路协同的电动汽车快充导航技术，如图9-32所示。整体框架及实现过程如下：① 电网调度中心实时采集电力系统

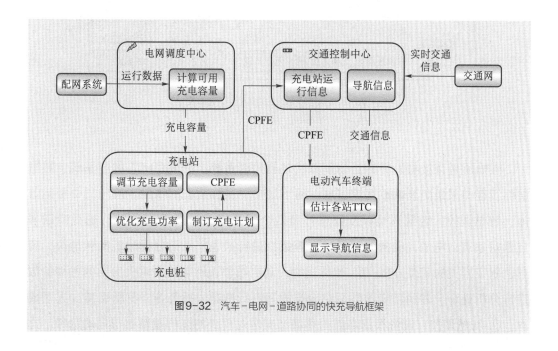

图9-32　汽车–电网–道路协同的快充导航框架

运行信息，计算各充电站的可用充电容量，并发送给充电站；② 充电站基于接收到的可用充电容量，优化制订站点充电计划，并预估未来抵达充电站的电动汽车的充电功率，上传至交通控制中心；③ 交通控制中心接受、整合交通道路信息和充电站上传数据，向全网电动汽车广播发布；④ 电动汽车接收到广播数据后，计算各充电站对应的充电时间和导航道路信息，选取最优充电站并进行路径导航。

（二）多技术融合的建筑节能管理体系

通过物联网、机器学习等技术建立的建筑节能管理体系由感知层、数据层、网络层以及应用层组成，如图9-33所示。

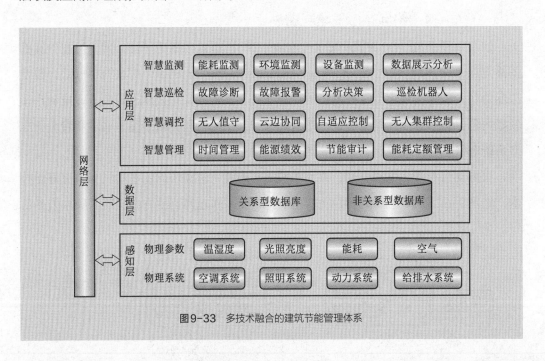

图9-33　多技术融合的建筑节能管理体系

感知层是直接与外界相连的部分，包括照明系统、空调系统等物理系统。数据层负责存储采集的能耗数据等信息。网络层主要进行数据的传输。应用层由智慧监测、智慧调控、智慧巡检以及智慧管理四个部分构成。① 智慧监测：通过物联网技术对建筑耗电量、设备的运行状态等数据进行采集，从而分析建筑能耗情况，有利于制定相关的节能方案；② 智慧巡检：利用图像识别等技术对机房中的各种参数进行分析处理，并利用机器学习对设备故障进行诊断、报警等，有利于减少人工成本；③ 智慧调控：设备根据当前的环境情况等对自身的运行策略进行自动选择，比如空调系统可以根据当前温湿度情况对温度进行自动调节，有利于减少能源的消耗；④智慧管理：通过机器学习算法来学习建筑的用能趋势，对设备的运行时间进行管理，并对电、煤等能源的使用通过节能审计来挖掘节能的潜力，有利于减少能源的使用，达到建筑运行节能的目的。

（三）云计算与物联网支持建筑能源管控

在建筑自动化、智能化、信息化的基础上，郎德华系统[①]通过物联网和云计算构建了智慧建筑的能源管控平台，其构架图如图9-34所示。

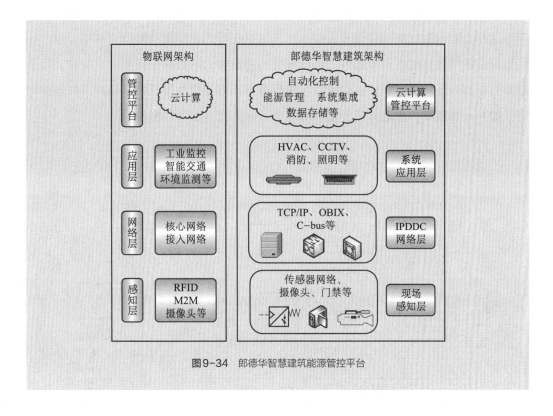

图9-34 郎德华智慧建筑能源管控平台

一栋建筑本身呈现出一个物联网架构，相当于一个小型低碳控制系统，若遇到一个城市级别或是跨区域的城市级别时，可以对建筑群使用云平台进行能源管控。通过构架图可以看出各类建筑，包括屋顶的太阳能等都能够接入到云平台进行管理，用云服务器进行控制。业主只需要登录平台就可以对所有方面进行能源管控。这样的能源

---

① 郎德华系统：是一个物联网自适应控制系统。主要应用于智能楼宇领域。

管理云平台可以提供全方面的、大容量的设备和后台来实现持续有效的能源优化过程，使智慧建筑节能减排。

（四）大数据与人工智能融合效率提升技术

在实际的生产应用中，往往将大数据、云计算与 AI 技术结合在一起，它们之间是一种相辅相成的关系，结合各自的优点可针对资源、数据、智能、业务编排、应用管理和服务等多方面进行协同计算，实现整体的效率提升。

结合大数据和人工智能的云边协同计算框架大致可由图 9-35 表示。云和边既能独立工作完成指定计算任务，也能协同计算提升效率。收集各行各业的数据经加工整理形成初步的大数据集合存储至云端，在云端可进行人工智能的模型训练和计算，也能够直接使用数据提供各项服务。若计算任务有足够大的数据量且要求高时效，可通过卸载一部分计算任务到边缘端执行，执行任务后直接将结果反馈至靠近用户端的地方，提升计算效率，进而降低大量计算设备同时运行造成的能源消耗。

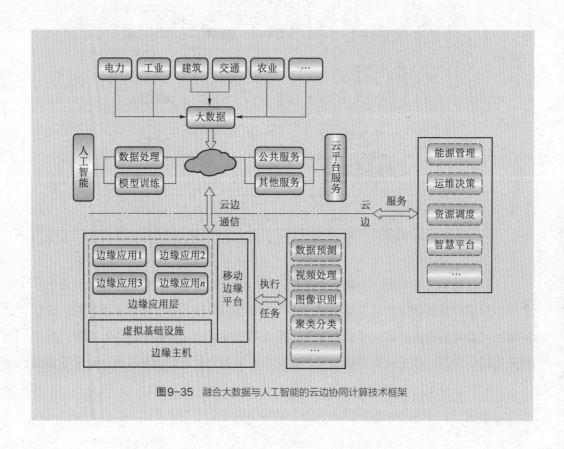

图 9-35　融合大数据与人工智能的云边协同计算技术框架

思考题

1. 谈谈除了文中所述例子,信息技术还可以如何实现生活或者各行业中碳减排?

2. 物联网化工应急管理框架是否还存在什么不足和缺陷? 请提出改进意见。

3. 大数据技术在农业碳减排中的典型应用有哪些? 其优缺点是什么?

4. 简述信息技术如何支撑电力行业的节能运行,实现碳减排。

5. 基于大数据技术下的智能制造由哪些部分组成? 如何实现碳减排?

6. 信息技术可主要应用于建筑领域碳中和的哪些方面? 请举例说明。

7. 信息技术可主要应用于交通领域碳中和的哪些方面? 请举例说明。

8. 查找 3~5 篇卫星遥感支撑碳排放管理的主题文献,探讨卫星遥感技术在碳排放管理上的优势。

9. 如何通过信息技术实现交通领域的碳排放监测?

10. 根据你的理解,目前还有哪些信息技术可以用于交通行业碳减排?

参考文献

[1] 中国电子技术标准化研究院,等. 人工智能标准化白皮书 [R]. 2021版. 国家人工智能标准化总体组, 2021.

[2] 童庆禧, 张兵, 郑芬兰. 高光谱遥感——原理、技术与应用 [M]. 北京: 高等教育出版社, 2006.

[3] Erl T, Mahmood Z, Puttini R. 云计算: 概念、技术与架构 [M]. 龚奕利, 贺莲, 胡创, 译. 北京: 机械工业出版社, 2017.

[4] Kulisz M. The application of cloud computing and the internet of things in the manufacturing process[M]// Tomasz J, Mariusz K. Advanced Technologies in Designing, Engineering and Manufacturing. Research problems. [S. l.]: Perfekta info Renata Markisz, 2015.

[5] 高清竹, 干珠扎布, 刘春岩, 等. 主要农林生态系统固碳与减排技术研究与示范研究 [R]. 2013.

[6] 曾新华, 郑守国, 翁士状, 等. 农田生境感知关键技术 [R]. 2013.

[7] 余碧莹. 气候变化经济影响综合评估模式研究年度报告 [R]. 2019.

[8] 邢猛, 高龙琛, 李圣洁, 等. 基于多传感融合的交通灯配时策略支持系统架构设计 [C] //中国卫星导航系统管理办公室学术交流中心. 第十二届中国卫星导航年会论文集——S01卫星导航行业应用, 2021: 4.

[9] 赵光辉, 朱谷生. 互联网+交通 [M]. 北京: 人民邮电出版社, 2016.

[10] 于波. 城市轨道交通节能技术实践与展望 [M]. 北京: 中国建筑工业出版社, 2016.

[11] 关强, 刘禹. 面向舒适环境的建筑能耗智能管理系统研究 [C] //东北大学, IEEE 新加坡工业电子分会. 第27届中国控制与决策会议论文集(下册). 沈阳:《控制与决策》编辑部, 2015: 5.

[12] 王向宏. 智能建筑节能工程 [M]. 南京: 东南大学出版社, 2010.

[13] 马秀琴. 我国钢铁和水泥行业碳排放核查技术与低碳技术 [M]. 北京: 中国环境出版社, 2015.

[14] 交通运输部科学研究院. 交通运输碳达峰、碳中和知识解读 [M]. 北京: 人民交通出版社, 2021.

[15] 全球能源互联网发展合作组织. 中国2060年前碳中和研究报告 [M]. 北京: 中国电力出版社, 2021.

10

第十章 信息与通信碳中和技术

随着5G、物联网、云计算、人工智能、区块链等信息技术快速发展，信息与通信行业的规模增长迅猛，能耗急剧增长，也产生了大量的碳排放。如何实现"数字化"与"绿色化"协同，让数字技术与基础设施最大化低碳转型亟须关注。本章主要介绍信息与通信领域碳排放现状与能耗评价指标、绿色数据中心低碳技术、通信基础设施低碳技术，以及典型信息与通信企业碳中和技术。

第一节
信息与通信领域碳排放与能耗评价指标

一、信息与通信领域碳排放

信息与通信领域的能耗排序中，数据中心的能耗占比最大，其次为通信基础设施的能耗占比，然后是智能手机。据统计，2020年，全球信息与通信产业的碳排放量达到15.4亿t，而中国数据中心和通信基础设施（5G）用电量为2 011亿kW·h，占中国全社会用电量2.7%，CO_2排放总量达1.2亿t，占中国CO_2排放总量1%。

（一）通信基础设施碳排放

5G基站功耗包含主设备能耗（BBU和AAU[①]）、空调能耗、配电和其他能耗，各项占比如图10-1。根据全国碳排放因子计算，2020年全国5G基站碳排放量高达0.28亿t。

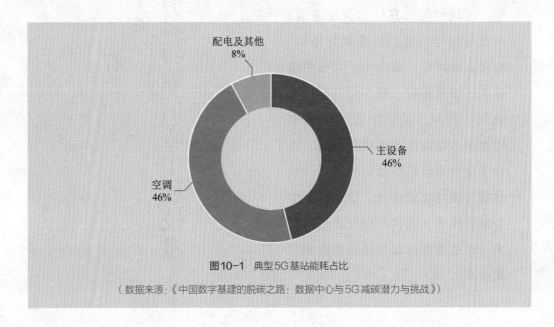

图10-1　典型5G基站能耗占比

（数据来源：《中国数字基建的脱碳之路：数据中心与5G减碳潜力与挑战》）

（二）数据中心碳排放

数据中心是承载互联网业务的核心，是信息与通信领域碳足迹的主要来源。以脸书（Facebook）为例，2019年其82.5%的碳排放来自数据中心。截至2020年全国数据中心机架数为428.6万架，到2035年预计将增加到1 491.1万架，全国数据中心机架增长趋势见图10-2。

基于全国各地区2020年数据中心电力消费量，得出2020年全国数据中心碳排放量高达0.95亿t。数据中心的耗能部分主要包括IT设备、制冷系统、供配电系统、机房照明系统及其他设施。各个部分的耗电比例如图10-3所示。

数据中心的IT设备与制冷系统能耗占数据中心总能耗的40%，比重最大。IT设备主要指服务器、交换机等负责进行信息存储、处理和传输交换的设备，而降低制冷系统的能耗是目前数据中心节能、提高能效的重点环节。电子信息设备能耗包括机房

---

① BBU，base band unit，基带单元，AAU，active antenna unit，有源天线单元。

中的服务器、存储、通信等设备能耗；空调系统能耗包括冷源子系统、空调水系统、空调风系统中的设备能耗；供配电系统能耗包括变压器空载、负载损耗、不间断电源转换损耗和线路损耗。

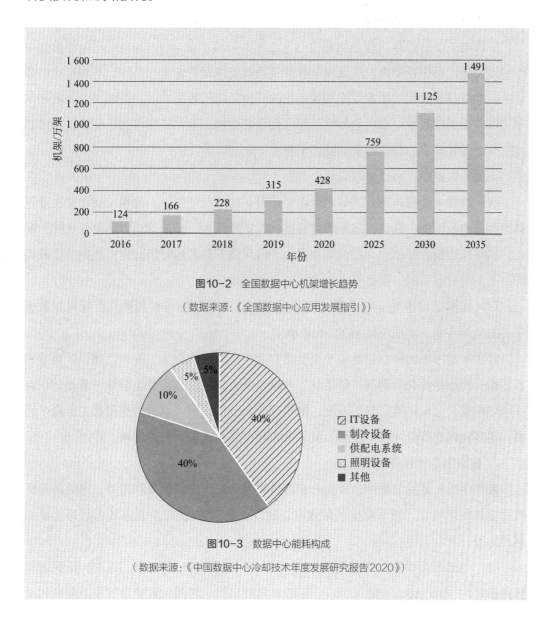

图10-2　全国数据中心机架增长趋势

（数据来源:《全国数据中心应用发展指引》）

图10-3　数据中心能耗构成

（数据来源:《中国数据中心冷却技术年度发展研究报告2020》）

二、主要能耗评价指标

信息与通信领域减碳主要是降低数据中心和通信基础设施的能耗，下面介绍其主要能耗评价指标。

（一）数据中心节能指标

1. 数据中心节能降碳措施

中国电子学会标准《绿色数据中心评估准则》（T/CIE 049—2018）对绿色数据中心的定义是：全生存期内，在确保信息系统及其支撑设备安全、稳定、可靠运行的条件下，能取得最大化的能源效率和最小化的环境影响的数据中心。而解决能源效率问题，关键要关注数据中心内全部的供配电和散热架构。散热架构包括小到微处理器芯片，大到为数据中心提供散热的空调系统。

高能效数据中心可以体现在两个方面：

（1）数据中心整体设计的科学合理性和设备的绿色节能性。绿色主要体现在通过科学合理的数据中心基础设施配置建设进行设计或改善，来形成动力环境最优化的配置，实现初始投入最小化；在保障数据中心机房设备稳定运行的同时，达到节能减耗的目的；同时服务器、网络等设备实现最大化的效能比。

（2）在满足 IT 系统运行的基本环境的同时，确保设施可扩展性，合理规划数据中心的使用寿命，实现总体 TCO[①] 的最小化。

绿色数据中心的核心思想是一整套贯穿全生命周期的规划、设计、建设、运维的方法论，而不是堆叠所谓的"低能耗"产品。绿色数据中心需要全面地理解和认识包括地理位置、气候环境、基础设施、物理建筑、系统建设、运维措施和员工等众多因素，需要同时兼顾设计科学合理、设备节能环保以及确保可扩展性质。

2. 数据中心能耗评价指标

数据中心在运行过程中，需要一些具体的指标来评价其能耗利用率。常见的指标包括电能利用效率、局部电能利用效率、制冷负载系数/供电负载系数和可再生能源利用率等。

（1）电能利用效率：电能利用效率（power usage effectiveness，PUE）是美国绿色网格组织（the green grid，TGG）在 2007 年提出的一种用以评价数据中心能源利用效率的指标，目前被国内外数据中心行业广泛使用，其计算公式为：

$$PUE = P_{total} / P_{IT} \qquad (10-1)$$

---

① TCO（total cost of ownership），即总拥有成本，包括产品采购到后期使用、维护的成本。

式中: P_{total} 为数据中心总耗电; P_{IT} 为数据中心中IT设备耗电。

数据中心机房的PUE值越大, 表示供电及冷却等数据中心配套基础设施所消耗的电能越大。国际上较为先进的数据中心机房PUE一般小于1.6, 而我国大多数据中心的PUE为2.0~3.0, 平均值为2.5, 这表示IT设备每耗电1 kW·h, 就有1.5 kW·h的电被非IT设备消耗。

(2) 局部电能利用效率: 局部电能利用效率 (partial PUE, pPUE) 是数据中心PUE概念的扩展, 可以对局部区域或设备的能效进行分析和评估。

$$pPUE = (N_1 + I_1) / I_1 \tag{10-2}$$

式中: $N_1 + I_1$ 为区域的总能耗; I_1 为区域的IT设备能耗。

pPUE用于反映数据中心的局部设备或区域的能效情况, 可以首先提升pPUE较大的设备或区域的能效, 从而达到提高整个数据中心的能源效率的目标。

(3) 制冷负载系数/供电负载系数: 制冷负载系数 (cooling load factor, CLF) 为数据中心中制冷设备耗电量与IT设备耗电量的比值; 供电负载系数 (power load factor, PLF) 表示数据中心供电配电系统耗电与整体IT设备耗电的比值。CLF和PLF可以看作PUE的扩展, 可以进一步深入分析制冷系统和供电配电系统的能源效率。

(4) 可再生能源利用率: 可再生能源利用率 (renewable energy ratio, RER) 用于衡量数据中心利用可再生能源的情况, 以促进太阳能、风能、水能等可再生、无碳排放或极少碳排放的能源利用。

(二) 通信基础设施节能降耗指标

1. 移动网络数据能量效率

欧洲电信标准协会 (ETSI) 定义了一个关键指标——移动网络数据能量效率 (mobile network data energy efficiency, $EE_{MN, DV}$), 用B/J (比特/焦耳) 表示, 如式 (10-3) 所示:

$$EE_{MN, DV} = DV_{MN} / EC_{MN} \tag{10-3}$$

这是性能指标 (DV_{MN}: 定义为在能量消耗评估的时间帧 T 期间由移动网络的设备传送的数据量) 与在一定时间段内的能量消耗 (EC_{MN}: 定义为包括在移动网络中的设备的能量消耗的总和) 之间的比: 在ETSI的标准中, 测量的最短持续时间为一周, 也建议每月和每年进行测量。

2. 网络碳排放强度

自2017年以来，TIM（前身为意大利电信）一直在通过使用一个指标来衡量其业务的"碳强度（network carbon intensity）"，该指标确定了向其客户提供的服务与公司直接和间接运营CO_2排放量（SBTi（swence based target initiatives）称为范围1和范围2排放量）之间的关系。

TIM的脱碳努力使其碳强度持续下降，该公司的网络碳强度从2017年的每TB（太比特）CO_2为10.6 kg降至2019年的7.05 kg。该公司的目标是到2025年每TB的CO_2排放量降到4.26 kg。

3. 社会环境治理碳强度指标

在碳强度的基础上综合考虑环境和社会治理的指标即社会环境治理碳强度指标（carbon intensity ESG KPI），ESG分别指环境（environmental）、社会（social）和公司治理（governance），KPI指关键业绩指标。该指标衡量的是相对于网络传输数据量排放的CO_2当量质量。关键绩效指标考虑了所有能源（燃料、天然气、区域供暖和电力）的总CO_2当量排放量。该定义与SBTi范围2的覆盖范围相当。数据卷包括所有传输的IP数据卷（包括VoIP、internet和IPTV）。

自2016年以来，德国电信（Deutsche Telecom）一直在报告其碳强度KPI。根据2020年的ESGKPI测量，整个德国电信集团排放了24.66亿kg当量CO_2，并提供了1.059亿MB（兆字节）的IP数据服务量。因此，ESG的总体年度关键绩效指标为CO_2 23 kg/TB。

一个更加通用的指标应该包括与所有信息和通信技术设备的电力消耗有关的碳排放。为了尽量减少信息和通信技术需求的每日、每周和季节性变化，指数测量应涵盖很长一段时间；它应包括在此期间提供的数字服务总量，以数据字节为单位；它应反映使用可再生能源和高能效设备的积极影响。我们称之为碳强度指数（network carbon intensity，NCI），并将其定义如下：

$$NCI = I_{碳排率} \times (1 - \Phi_{绿比}) / \eta_{能效} \tag{10-4}$$

式中：$I_{碳排率}$为使用传统能源的电网和发电机每千瓦时发电产生的碳排放量；$\Phi_{绿比}$为可再生能源在电网用电量中的比例；$\eta_{能效}$为网络的数据服务总量与其在同一时期内消耗的总电能之间的比率。

第二节
绿色数据中心低碳技术

目前，绿色数据中心的主要低碳技术包括：

一是IT基础设施能效提升技术：包括IT设备制冷节能技术和异构计算技术，提升服务器运行的能效；

二是数据中心虚拟化技术：通过对计算、网络、存储等资源进行虚拟化，实现资源动态调度，提升资源利用率，降低总能耗；

三是数据中心基础设施节能技术：包括提升数据中心机房的制冷效率、基于模块化技术提升数据中心建设效率和灵活性，以及提升数据中心机房的供电效率；

四是数据中心绿色运维管理技术：通过大数据分析、数据可视化和人工智能等技术手段，对数据中心进行全方位监控和管理，实现总体的高效节能；

五是其他绿色数据中心技术：包括废旧设备回收处理等，辅助实现节能减排。

一、数据中心IT基础设施能效提升技术

（一）IT设备制冷节能技术

将IT设备完全浸没在冷却液中直接散热，通过小功率变频泵驱动冷却液，板式换热器与水循环系统进行热交换，水循环系统再将换取的热量带到冷却塔进行冷却。

根据液体沸点的不同，可以分为两种形式，相变和非相变。相变是散热过程中液体从液态到气态再到液态的一种转换；非相变是指在热交换过程当中，液体的形态是没有发生变化的。

传统风冷和液冷对比如图10-4所示。

浸没式液冷技术原理如图10-5所示，在室内侧循环过程中，密闭腔体中的冷却液与发热器件进行热交换，冷却液升温沸腾形成冷却液气体。而在液冷换热模块（CDM）中，冷却液气体在与室外侧低温水进行热交换，经过冷凝和降温成为低温冷却液，重新输入到密闭腔体中，进而循环。

在室外侧循环中，低温水吸收气态冷却液携带的热量变为高温水，由循环水泵输

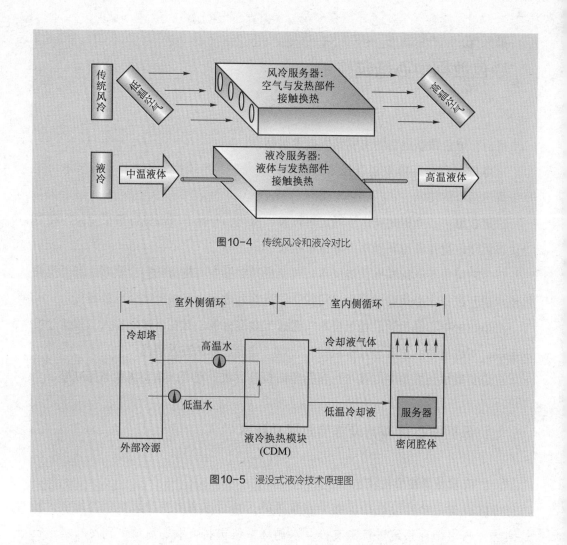

图10-4 传统风冷和液冷对比

图10-5 浸没式液冷技术原理图

入室外冷却塔。在冷却塔中,高温水释放热量,变成低温水再由室外侧进水泵输送进CDM中与气态冷却液进行热交换,完成循环。

中科曙光公司的TC4600E-LP冷板式液冷服务器,机柜功率密度达到160 kW,PUE低于1.1。阿里巴巴浙江仁和数据中心是全中国首座绿色等级达5A的液冷数据中心,其规划和建造中采用了服务器全浸没液冷等多项先进节能技术,PUE达到了国内领先的1.09。

(二)异构计算技术

异构计算(heterogeneous computing)是指使用不同体系结构的处理器进行联合计算方式。在AI、大数据分析领域,常见的处理器包括:CPU(X86, Arm, RISC-V等),

GPU（graphics processing unit）、FPGA（field programmable gate array）和ASIC（application specific integrated circuit）。

近年来，异构计算通过提升CPU频率和计算内核数量来提高计算能力的方式遇到了散热和能耗瓶颈，而GPU等专用计算加速单元的工作频率虽然较低，但总体性能/功耗比和性能/芯片面积比较高。

异构计算会对负载任务进行混合，具体包括控制密集型任务（如排序、搜索和分析）和数据密集型任务（如模拟和建模、图像处理、数据挖掘和深度学习）。这些任务也具有计算密集型的特点，其整体吞吐量与底层硬件的计算能力的关系紧密。每种类型的负载任务会以最高效的执行方式，在指定的硬件架构上执行。

2014年，美国微软（Microsoft）公司就将Altera FPGA运用在Bing搜索的业务中，使Bing的搜索时间缩短了29%，搜索处理量提升了一倍。2015年，微软进一步将FPGA运用于人工智能深度学习领域。现在微软数据中心的每一个服务器上均安装有一块FPGA卡。

国内百度公司也推出了FPGA版本的百度大脑，运用到线上服务。FPGA版百度大脑已运用于包括广告点击率预估模型、DNA序列检测、语音识别以及无人车驾驶等业务中。应用了该版本百度大脑后，广告点击率预估、语音在线服务等人工智能模型的计算性能提升了3~4倍。

二、数据中心虚拟化技术

（一）服务器虚拟化技术

服务器虚拟化技术可以让一个物理服务器运行多个虚拟机系统（virtual machine，简称VM）。服务器虚拟化提供了如虚拟CPU、虚拟BIOS、虚拟内存、虚拟设备和I/O接口等硬件资源抽象，使得虚拟机的运行安全性得到了保障。在一台物理服务器上的多个虚拟机系统可以共享存储、计算和网络资源，实现对资源的动态调整，按需分配。

国际数据公司IDC的分析报告指出，一台服务器每年的供电成本将很快超过其硬件本身的购买成本。现在多数物理服务器在开启后仅有8%~15%的时间处于使用状态，而空闲状态下仍需消耗正常工作负载所需电量的60%~90%，因此利用服务器虚拟化技术，可以有效提升资源利用率，降低能耗。

服务器虚拟化技术让每个虚拟机运行一个独立的操作系统（OS）。提供虚拟化的平台被称为hypervisor或者虚拟机监视器（virtual machine monitor，VMM），在其上运行的虚拟机被称为guest VM（客户机）。以VMware公司在X86架构上的虚拟化系统ESX（i）[①]为例，虚拟机拥有独立的操作系统，可独立运行各自的应用。根据VMM支持的虚拟机制的不同，其运行模式可分为半虚拟化（para virtualization）和全虚拟化（full virtualization）。

当前主流的虚拟化技术包括微软的Hyper-V、Linux中的KVM、开源的XEN和VMware的ESXI，其实现架构可分为三类：

1. Hypervisor模型

在该模型中，VMM是一个完整的操作系统，具备标准操作系统和虚拟化所需的功能，包括对CPU、内存和I/O设备在内的所有物理资源的虚拟化。VMM不仅要负责虚拟机环境的创建和管理，还需要对物理资源进行管理，如Hyper-V。

2. Host模型（宿主机）

在该模型中，host OS对物理资源进行管理。host OS是传统操作系统（比如Linux），并不是为虚拟化而设计的，因此本身并不具备虚拟化功能，实际的虚拟化功能由VMM来提供，如基于内核的虚拟机（kernel-based virtual machine，KVM）。

3. 混合模型

在该模型中，VMM位于最底层，拥有所有的物理资源，VMM会把大部分的I/O设备交由一个运行在特权级别的虚拟机服务系统（service OS）来处理，实现对当前操作系统的I/O设备驱动程序的利用，而VMM主要负责内存管理和CPU管理，如剑桥大学开发的一种开放源代码虚拟机监视器XEN虚拟技术。

（二）容器技术

该技术起源于Linux，是一种内核虚拟化技术，它提供了轻量级的虚拟化，实现进程和资源的隔离。

Docker是一个基于Linux Container的高级容器引擎，遵从Apache2.0协议开源，并基于go语言开发，由dotCloud公司开源。Docker成为第一个使容器在不同机器之间移植的系统。它简化了应用打包的流程、库和依赖关系，整个操作系统均可被打包

---

① Esxi是vmware公司推出的一款服务器级别的虚拟机产品，不依赖于任何操作系统。

成一个可移植的包，这个包可以在任何运行 Docker 的机器上使用。容器和虚拟机具有类似的资源分配和隔离方式，而容器技术将操作系统虚拟化，相比虚拟机技术更加高效和便携。

虚拟机通常需要占用大量主机系统资源，容量大小为数 GB。在虚拟服务器上运行应用程序还需要运行所需的 Guest OS 以及 Guest OS 所需的所有硬件的虚拟资源副本，增加了大量 RAM 和 CPU 资源消耗。迁移虚拟机上运行的应用程序有本地运行环境依赖，其迁移过程须同时迁移应用程序和操作系统。

容器技术不需要虚拟化整个操作系统，容器的守护进程可以直接与 host OS 进行通信，为各个容器分配资源；它还可以将主操作系统与容器隔离，并将各个容器进行隔离。虚拟机技术通常隔离不同的用户，而容器技术隔离不同的应用，例如前端 UI，后端业务以及数据库。

与虚拟机技术相比，容器技术主要具有以下优点：

（1）性能好：创建容器实例比创建虚拟机实例快，容量相比虚拟机也大大降低；

（2）生产效率高：通过移除服务冲突和依赖使开发者生产效率提高。每个容器都可以理解成一个不同的微服务，可以独立升级，而不用担心服务之间的同步；

（3）版本可控制：可以对创建容器的镜像进行版本控制，可追踪不同版本的容器，监控版本等差异；

（4）运行环境可移植：容器封装了所有运行应用程序所需的操作系统和所有依赖。容器镜像可以灵活地从一个开发环境移植到另外一个开发环境。比如，同一个镜像可以在 Linux、Windows 或 MacOS 中开发、测试和运行；

（5）标准化：大多数容器基于开放标准，可以运行在所有主流 Linux 发行版、Microsoft 平台；

（6）安全：容器之间的相互隔离是进程级的，因此任何一个容器的变化或升级不会影响其他运行容器。

（三）网络虚拟化技术

软件定义网络（software defined network，SDN）是网络虚拟化的一种新型实现方式。SDN 的核心技术是 OpenFlow，该技术将网络设备的数据面与控制面分离，实现了网络流量的灵活控制，使整个网络成为管道，管理更加智能，为核心网络交换及相关应用的创新提供了良好的平台。

网络流量被抽取到一个集中式的控制器（controller）中，数据流的接入、路由和转发都由控制器来控制。而交换机根据控制器所设定的规则对数据分组进行转发。通常数据中心由一个公司（单位、政府、研究机构等）建设和使用，符合SDN所需的集中控制要求，因此数据中心是SDN技术最主要的应用场景。

把SDN运用到数据中心主要有如下优点：

（1）可管理性：通过集中式的网络控制，运营者能及时掌握所有网络设备的状况，如网络设备是否正常工作，是否发生网络拥塞，网络服务质量水平等。这些都是传统的网络协议很难实现的。

（2）网络性能优化：在传统的分布式网络协议中，网络运营者对网络缺少细粒度的控制，通常只能降低网络利用率，从而保障网络服务质量在一定范围之内。通常情况下，核心网络的利用率只有30%~40%。而在数据中心中，运营者可以获知详细拓扑结构及核心应用的需求，因此可以大幅提高网络带宽利用率。最近Google公司利用SDN技术，把不同数据中心间的核心网络利用率提高到了一倍。提高网络带宽利用率意味着传输每比特的花费降低，即降低了前文所提到网络碳强度。

（3）新的网络功能引入灵活：在SDN中控制功能被集中，而各个网络设备只执行相对简单的分组转发功能，因此当需要引入新的网络功能，如实施新的网络接入控制策略或应用新的网络带宽分配算法时，只需要更改控制器中的软件部分。由于新功能只涉及软件更新，在进行更新之前可以在测试环境中对软件进行充分的测试，以解决分布式网络协议的更新、调试所面临的困难。

三、数据中心基础设施节能技术

（一）数据中心制冷技术

除了IT基础设施的能源消耗之外，还必须考虑用于热管理（冷却）、照明、配电和其他系统的能耗。在传统的数据中心，热管理产生的能耗占据了总能耗的25%~30%。传统的未进行节能规划设计的数据中心，制冷系统的能耗大致是IT设备的1.4倍。经过精心规划设计并最大可能地采用节能的制冷方案和设备后，在IT设备满负荷时，制冷系统与IT设备的能耗相比，在没有自然冷源的环境下可降到0.5左右，而在全年都有自然冷源的环境下，可降到0.2左右。

数据中心的制冷技术多种多样，本节只列举部分代表性技术：

1. 水蓄冷技术

由于峰谷电价之间的差异，数据中心可以在夜间电价低谷时段启动备用主机给蓄冷设备蓄冷，白天电价高峰时段释冷。当数据中心发生停电事故时，蓄冷设备切换为释冷模式，末端空调机、二次循环泵和循环水管路组成应急制冷系统为数据机房供冷。

2. 自然冷却技术

利用冬季或春秋季室外温度较低的空气作为冷源，或利用地下水、地表水作为冷源。冷空气可以通过过滤器吸入建筑物，或者用来冷却用于冷却数据中心内空气的液体。自然冷却技术可以减少热管理所需的电量，许多运营大型数据中心的网络运营者都在寒冷的气候下开放了相关设施。

3. 水平送风冷却技术

将数据中心机房与空调设备机房设置在同层，冷却空气可直接送入机房对IT设备进行冷却。通过改变空气流动方向，可以减少50%的气流转向，降低空气流动阻力，减少了风机能耗，并可取消架空地板设置。与传统精密空调设施相比，可省20%的电能消耗。

我国某省云服务数据中心采用自然风冷。当地特殊的地理条件使这里冷空气资源丰富，平均气温一般为0~18 ℃，明显低于周边地区。传统的冷却系统由自然冷空气冷却系统补充。当冷却塔水温低于15 ℃时且室外温度低于10 ℃时空调系统可停止工作，进入完全自然冷却模式。因此，一年中大约有10个月，用于制冷的电力微少，而当需要空调时，电力利用效率（PUE）下降了8%。

（二）模块化数据中心技术

模块化数据中心是将服务器和供电配电基础设施放入一台可移动集装箱或固定空间中的数据中心，也被称为便携式数据中心（portable datacenter）或集装箱数据中心（container datacenter）。

模块化数据中心是面向云计算和大数据的新一代数据中心的部署形式，主要应对云计算、集中化、虚拟化、高密化等服务器发展的趋势，对数据中心的设计采用模块化理念，极大地降低了IT基础设施对机房环境的耦合。集成了供配电、机柜、制冷、综合布线、气流遏制、动环监控等子系统，提高数据中心的整体运营效率，可以实现数据中心的快速部署、弹性扩展和绿色节能。模块化数据中心通常部署时间只需要几周；相比之下，传统的数据中心则需要耗费几个月，甚至几年的时间进行建造。

模块化数据中心具备以下优势：① 成本低，通用的低成本建筑材料和建筑方法为采用集装箱数据中心的用户降低了成本。在某些国家或地区，使用者还能享受税收监管方面的优惠政策。② 易于部署，集装箱数据中心可以部署在使用者指定的任何位置。③ 易于扩展，通过添加集装箱数据中心、预制单位或建筑面积可以灵活扩展。

目前，这些集装箱数据中心产品PUE值可达 $1.2 \sim 1.3$，并具有可观的计算容量。比如艾默生公司的模块化数据中心产品 Smart Cabinet 系列实现了机柜级模块化解决方案。一个标准机柜包括所有运行设施占地仅 $0.7 \sim 2.2$ m^2，在1天内可以完成部署，并提供22U服务器放置空间（约5 kVA）的容量。Dell公司的 Humidor 系统提出了2个集装箱的纵向堆叠架构：底层集装箱具有24个全尺寸的机架用来放置IT设备；顶层的双集装箱提供电力的转换、分配、电源和制冷散热系统。

（三）混合式数据中心技术

基于集装箱数据中心易于部署的特点，混合式数据中心利用在传统大型数据中心的基础上配备分布式的微型数据中心，形成了一种混合式系统。分布式的微型数据中心充分使用当地绿色能源，解决数据中心用能不环保等问题。同时，大规模的用户应用请求不必同时指向某个单一数据中心，而是被动态分配到合适的本地数据中心上进行处理。这种方式可以缓解计算负荷过大和用电密度过高的压力，也能缓解单一数据中心数据的拥塞问题。

在一个混合式数据中心架构下，网络资源条件较好的地区，数据流量可以较快上传到该地区的集装箱数据中心，它们共同组成的数据中心层也被定义为网络边缘层，用于处理用户交互比较活跃、实时性要求较高的请求，因此可以为其配置一些性能较好、能效比较高的服务器；而网络资源条件较差的地区，如果该地区用户活跃度较低，则可以作为网络边缘层的上一层，用于处理一些对响应时间不高的应用，这些区域的数据中心可以配置一些中端服务器；导航用数据中心，不用于用户交互，主要负责层与层之间的通信和运行状态查询，并保存一些历史冷数据，因此可以配置低端经济型服务器。这些集装箱数据中心与传统集中建设的大型数据中心组成了一种混合式的数据中心生态，可以进一步提升数据中心的电能利用效率。

（四）通信用240 V/336 V直流供电技术

通信用240 V/336 V直流供电技术是一种数据中心新型的不间断电源技术，如图10-6所示。其系统包括整流部分、交流部分和直流配电部分。

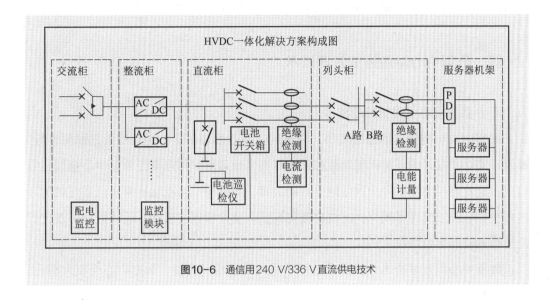

图10-6 通信用240 V/336 V直流供电技术

系统监控可采用集中管理或散控制的监控模式。系统功率因数（power factor）达到0.99，无需零线实现输入功率转化，转化稳定、效率高；系统可实时监控，在经济模式运行时，可将不运行的整流模块关闭，当运行模块无法承担负载时，开启整流模块，从而提高系统运行的可靠性和经济性；整流模块效率达到95%，直流供电技术具备多种保护程序，如限流功能，过压关机等，保护整流模块自身运行的稳定性和可靠性。根据客户负载上架率，节能效率不同，上架率在50%以下时，一般可节电10%~20%；上架率在50%以上时，可节电约10%；服务器一般可节电1%~2%。

腾讯公司的第三代数据中心供电系统采用了"市电直供+240 V高压直流"架构。在开启ECO节能休眠模式后的供电效率高达98%，比双路高压直流系统节能2%以上，比传统UPS节能6%以上，总系统节能达到10%以上。

（五）高效模块化不间断电源

不间断电源（uninterruptible power supply，UPS）主要用于对电源稳定性要求较高的设备，如数据中心，提供不间断的电源。数据中心在建设前，用户很难准确估计UPS容量，模块化UPS电源可以帮助用户分阶段进行建设和投资。当用户负载需要增加时，只需阶段性地购置和部署功率模块。

模块化UPS采用标准的设计结构，每套系统由功率模块、静态开关和监控模块组成。其中功率模块可并联分担负载。如遇故障，自动退出系统，由其他功率模块来承担负载，可垂直和水平扩展。所有的模块可以实现热拔插，并在线更换。

四、数据中心绿色运维管理技术

（一）数据中心可视化管理技术

数据中心可视化技术通过机房、设备的三维建模和仿真，对运维数据提供直观、高效、实时、友好的可视化辅助监控系统界面，使得用户可以掌控数据中心全局运行情况，有效应对突发事件，进行网络布局决策。数据中心可视化通常可以实现机房环境可视化、容量管理可视化、配线管理可视化、资产管理可视化、运维数据可视化以及运维人员的定位跟踪。

数据中心间互联技术创新推动数据中心与网络协同发展，数据中心规模大型化、业务应用云化的趋势使得数据中心间互联的需求不断涌现，如本地数据中心与互联网云数据中心、同一服务商的多个数据中心，以及不同服务商间的数据中心等均有互联需求。

（二）基于人工智能的数据中心节能优化技术

通过智能传感器技术对机房空间内的温湿度和空气流量等环境参数进行测量，建立气流模型并形成温度云图，实现室内气流能效优化。结合动态环境监控系统以及楼宇设备自控系统（building automation system, BA）的历史数据，通过机器学习对控制模型进行训练，优化数据中心节能运维管理。

在节能方面，谷歌（Google）公司开发了一种人工智能系统自动管理数据中心冷却设备的运行。该系统可以收集有关冷却设备的运行数据，为工程师提供关于如何优化电力使用的建议。该系统每隔一段时间（通常为5分钟）对数据中心内的冷却设备的运行参数进行"快照"，包括数千种不同指标，如设施温度、热泵运行状态等，AI模块根据这些信息来计算出当前最优的运行策略。如果出现问题，系统将快速地回退到用于管理冷却系统的默认自动化策略。谷歌的数据中心在部署AI模块之后，平均节能量达到30%。随着时间的推移，人工智能模块不断自我学习，可实现的节能效果也会不断提高。

图10-7为谷歌公司通过人工智能技术降低数据中心PUE值的数据示意图，可以看到当使用人工智能技术后，数据中心的PUE值可以迅速降低。类似地，华为公司利用大数据和AI技术，推出了iCooling-AI解决方案，推动大型数据中心走向"智冷"时代。该方案在优化数据中心PUE的同时，能耗也进一步降低。

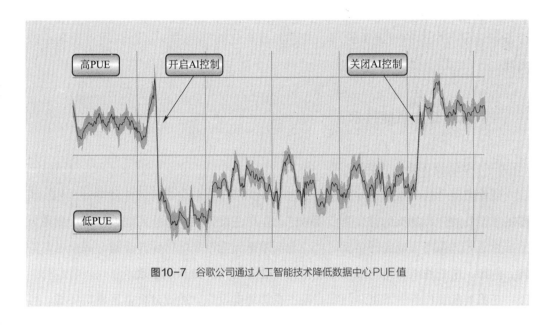

图10-7　谷歌公司通过人工智能技术降低数据中心PUE值

五、其他绿色数据中心技术

其他数据中心辅助技术包括数据中心废旧锂电池和铅蓄电池无害化处理和再利用技术，如以废旧二次电池为主要原料，采用拆解、检测及重组等梯次利用技术，以及焙烧、物理分选、湿法冶金等有价元素回收技术对废旧二次电池进行处理。

我国工业和信息化部于2020年11月5日发布了《国家绿色数据中心先进适用技术产品目录（2020)》，涵盖能源、资源利用效率提升技术产品，可再生能源利用、分布式供能和微电网建设技术产品，以及绿色运维管理技术产品等四大类共62个产品。

第三节
通信基础设施低碳技术

为降低通信网络的碳强度指数，信息与通信运营商需要使用可再生电力，同时采用更有效的节能技术来降低能耗。移动云计算能够提升网络设施及通信、移动设备和云服务中心的资源节约率，共享和虚拟化处理能力，从而合理地控制系统能耗。

一、基站设施节能技术

（一）基站设备硬件节能

硬件节能是指从基站各种工作设备方面减少碳排放。典型的硬件节能有两种，即基站主设备硬件节能及配套设施节能减排。基站主设备硬件节能可以通过采用更高级的芯片工艺、更高集成度的功能芯片、更高效率的电路来优化硬件设备，减少电力消耗。例如，中兴通讯采用高集成芯片简化了硬件架构，提升了能效。

在机房配套设备中，空调通常是最主要的耗电设备。通过分析机房建筑环境，可最大程度利用外界冷源，减少空调运行时间。当基站附近有连续、稳定、可利用的废热和工业余热时，空调系统可采用吸收式冷水机组，如图10-8所示，由工业废热加热发生器，结合气态冷凝剂，冷凝成液态之后输送给蒸发器，利用蒸发吸热，对循环水进行冷却，为机房提供冷源。吸收式制冷机利用"废热制冷"技术，将各种工厂的废热作为制冷机的动力热源，降低了基站制冷的能源消耗。

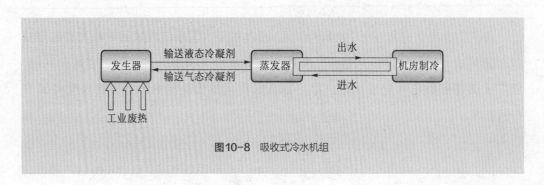

图10-8 吸收式冷水机组

（二）精简集成化基站

鉴于站点上存在多个前代无线接入技术，许多运营商根本没有足够的空间容纳额外的5G基础设施。通过提高设备能效，可以在保持性能的同时，进一步缩小远程无线电单元、基带单元、电源和电池的外形尺寸和重量，从而在现有站点上部署这些元件。不同的模块可以组合安装在更小的机柜中或直接安装在杆塔、墙壁或屋顶上。与传统基站相比，机柜和刀片式站点大大减少了占用的面积。此外，这些安装方法还可以使用自然风冷代替空调，从而降低功耗。

刀片式站点解决方案可以通过将有源3 GHz天线和有源大规模多进多出（multiple-in multiple-out，MIMO）天线系统集成到单个刀片式基带单元中，简化天线配置。类似地，电源和电池也可以整合到刀片中。所有5G单元都可以直接部署在塔台上，而无需将设备安装在机柜或掩体中。由于其重量轻，刀片也可以部署在电线杆或路灯上。

为减少运营商必须供电的站点数量，应尽可能整合信息技术（IT）和通信技术（CT）站点。因此，可以通过IT和CT基础设施共享电源和备用电池，从而节约成本和能源。

蜂窝站点正在从大型空调设备室转变为更小、耗电更少的部署形式。随着电子设备的小型化，基站组件可以安装在电线杆上，进一步减少移动基站的占地面积，不仅可以节省租赁费用，还具有更低的能源需求。

二、无线网络低碳技术

（一）5G无线传输技术和无线网络技术

随着5G融入云计算模式中，针对网络设施与通信的节能降耗将变得不可忽视。为了实现5G主导的云计算模式下的网络设施与通信的节能降耗，需要提升无线网络性能。无线网络节能降耗主要集中在基础硬件设施节能上，主要技术包括无线传输技术和无线网络技术。

1. 无线传输技术

在5G无线传输方面，一些技术能够深入挖掘频谱效率以提升自身潜力，进而节能降耗。大规模MIMO技术可以大幅度提升频谱效率，使得基站覆盖范围内的多个移动终端在同一时频资源上能够与基站同时进行通信。同时，它还可以使用大规模天线带来的分集与阵列增益，提升基站与用户通信的功效。此外，还有全双工技术、滤波器组多载波技术（filter-bank based multicarrier，FBMC）等。

2. 无线网络技术

在5G无线网络方面，超密集异构小区部署、统一的自组织网络、软件定义无线网络等技术将被更加智能和灵活地使用。

（二）无线通信网络中的"云基站"技术

随着近些年来无线电接入网络的流量需求增加，通信基站的数量大幅增长，伴随而来的是更多的能源损耗。将集中式处理、协作无线电和实时云型基础设施整合成为一体的云基站（cloud-radio access network，C-RAN）技术如图10-9所示。该云基站由远端射频模块和天线组成的分布式无线网络，以及由高性能通用处理器和实时虚拟技术组成的集中式基带处理池共同组成，其远端射频模块和基带处理单元之间由高宽带低延迟的光传输网络连接。该技术具有虚拟化与集中式的特点，通过架设云基站网络，可以在增加网络容量和扩大网络覆盖面积的同时，减少设备能耗。

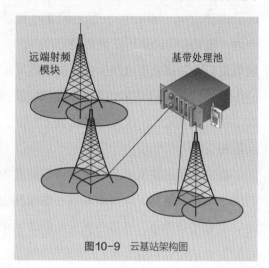

图10-9　云基站架构图

三、设备休眠节能技术

通常而言，网络设备的使用频率并不是一直处于高频阶段，也会有闲置状态，但是闲置状态时电能的消耗量同样非常大，资源浪费严重。休眠节能指自动休眠或关闭基站在休闲状态时没有参与工作的部分从而减少能耗。

（一）智能符号关断节能技术

在实际通信过程中，基站不是任何时候都处于最大流量的状态，发送信息的子帧中的符号也不是任何时刻都填满了有效信息。在没有数据发送时关闭PA电源开关，在有数据发送时打开PA电源开关，可以在保证业务不受影响的情况下降低系统电力功耗，这种节能方式称之为符号关断节能。

（二）载波关断节能技术

载波关断是一种根据容量层小区和基础覆盖层小区负荷变化开关载波的节能方式，其原理如图10-10所示。当本地载波（图中的容量层小区）上用户数较少时，将用户迁移到负荷允许的目标基础载波（图中的基础覆盖层小区）上，然后关掉本地载波，以节约能耗。其中本地载波与目标基础载波是系统内/系统间的同覆盖邻区关系，同覆盖邻区是指与源小区处在一个覆盖范围下的小区。

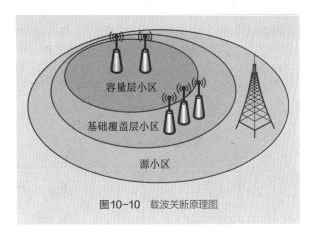

图10-10　载波关断原理图

（三）通道关断节能技术

当小区负荷较低时，根据小区的负荷水平不同，可以关闭不同数量的发射通道和接收通道，实现节能。

综上所述，当基站设备使用频率较低，合理选择以上三种休眠节能技术，可以减少设备耗电和通信过程产生的碳排放。

四、智慧基站能耗管理技术

除了提高通信网络设施设备效率，还必须对整个设施实施精确的能源管理，充分利用能源。

大多数运营商通过多个频段提供4G和5G服务。为了满足拥挤地区（如地铁站）的高容量需求，所有可用的频段在交通高峰期都将得到充分利用。然而，当移动业务需求较低时，只需保留单个载波，其他载波可以暂时关闭。如此就避免了无线电和基带不必要的功耗。通过智能网络管理，可以动态地改变网络，利用最少的能源匹配不断变化的需求水平。

建设基站能源管理运维系统、改变现有的能耗和用电管理模式是一种长期、可靠的降低基站能耗的途径。边缘计算和云计算能够提供实时的、海量的数据处理和分析功能，二者紧密结合可以在满足需求的同时不浪费更多的资源，所以云边一体的技术架构十分符合基站管理运维的需求，其系统总体架构如图10-11所示。

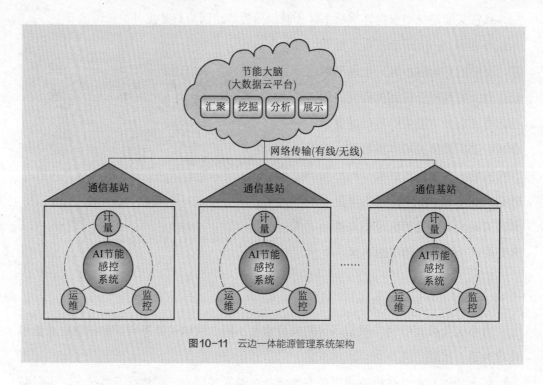

图10-11 云边一体能源管理系统架构

在云边一体能源管理系统中，每个通信基站都是边缘计算节点，可以随时监控能源消耗情况，并对数据进行统计计算，如有必要可以实时发送运维请求。统计的数据通过网络传输给节能大脑，使得数据可视化，便于管理、运维。

第四节
典型信息与通信企业碳中和技术

一、信息与通信企业可再生能源的应用

应用可再生能源可从根本上帮助数字基础设施产业减少碳排放。目前信息与通信

企业应用可再生能源的主要方式包括建设分布式可再生能源发电项目、投资建设大型集中式可再生能源项目、市场化采购可再生能源和采用绿电证书等，见表10-1。

表10-1 信息产业几种应用可再生能源的方式

方式	描述	经济效益	收益率	实施可行性
市场化采购可再生能源	直接购买绿电（风、光、水）	基于市场	基于市场	基于各省市电力市场实际情况，越来越多区域可行
投资建设分布式项目	在数据中心直接安装分布式光伏，自发自用	降低电费0.1元/kW·h	8%	可行
投资建设大型集中式项目	投资大型风电、光伏项目，直接使用或间接利用项目产生的绿电抵消数据中心用电	投资额较大（可通过融资和参股方式解决）	12%~99%	可行
购买绿色电力证书	非水可再生能源发电量的确认和属性证明，官方认可的绿色电力消费唯一凭证	增加电费	平价绿证0.02~0.05元/（kW·h），补贴绿证0.13~0.90元/（kW·h）	可行

（一）建设分布式可再生能源发电项目

分布式可再生能源发电是指接入配电网运行、发电量就近消纳的中小型可再生能源发电设施。分布式可再生能源技术包括分布式光伏、分散式风电等。

1. 分布式光伏

分布式发电项目可选择"自用为主、余电上网"或"全部自用"模式。通过消纳自有光伏电量，用户可以节省电费，同时反送电网的电量以规定的上网电价计算，获得售电收入。补贴方面，存量分布式光伏项目可享受国家及地方政府的补贴，新建项目在部分省市可享受地方政府补贴。由于技术的进步和成本的快速下降，在无补贴的情况下，分布式光伏项目也已具备市场开发的经济性。

对于数据中心等基础设施来说，分布式项目所发电量直接供给企业使用，电力绿色属性所属关系清晰。而且，分布式项目建设技术难度低，投资规模相对较小，用能企业可委托第三方开发商进行项目建设，流程相对简单，不需要增加人员投入。但是，目前分布式项目多为屋顶光伏，体量较小，对于用电大户来说单纯的自建项目发电很难100%满足企业绿电需求，企业还需要使用其他方式购买绿电。

此外，"5G基站+分布式光伏+储能"也成为应用分布式光伏的新方式，5G宏基站涉及范围广、基站功率大，一般建设在室外，需要储能系统作为备用电源以保证供电的稳定性。光伏可以对基站能耗进行补充，在有市电的情况下，光伏与市电互补为基站供电并给蓄电池充电，通过调度逻辑实现光伏优先、不足部分由市电补充。当光、电都无法满足时，蓄电池向负载供电。

山东济宁移动的首批26处5G基站储能项目，通过储能设备错峰用电，降低电费支出，实现"零成本"备电。此外，山东济宁移动还在基站试行屋顶建设分布式光伏发电站项目，实现了光伏发电对基站用电的有效补充。

合肥供电公司利用当前电网基础资源，建成集光伏电站、储能站、5G基站、电动汽车充电站、数据中心、换电站功能为一体的"多站融合"项目。该项目的"微网系统"含光伏电站88 kW，全年发电量约8.4×10^5 kW·h，供给站内数据中心、5G基站等设备使用；1.34 MW储能电站一方面保障着电力供应的平衡稳定，同时利用晚间充电、白天供电，起到了一定的"削峰填谷"作用。

2. 分散式风电

在离网状态下可建立由风电或光伏供能的自发电5G基站，还可将风电机组塔架作为5G基站的塔架，实现资源的共享，以降低建设成本。

(二) 投资建设大型集中式可再生能源

具备资金条件的企业也可以建设投资集中式风电、光伏电站。主要分为两种模式：一是选择在数据中心园区附近就近建设大型电站与变电站，并直接使用可再生能源电力；二是选择异地建设或入股大型电站，以促进可再生能源装机规模的增长。

企业投资建设大型集中式可再生能源项目可以通过电站运营获得一定的投资回报率。在其他购电途径有所限制的情况下，这是大型企业使用绿色电力的一种非常直接的方式。但在电站开发、建设和运维方面，一般企业也缺乏经验，需要与能源开发企业合作进行。

我国的山西省以"天河二号"吕梁云计算中心为主要负荷对象，建设100%可再生能源供电的绿色云计算中心能源互联网，探索能源互联网与云计算、大数据等战略新兴行业的融合模式。该项目规划建设5 MW/20 MW·h储能系统，包括5 MW光伏，50 kW风力发电，10个60 kW直流充电桩，以及10个交流充电桩等。

（三）市场化采购可再生能源

新一轮电力市场改革以来，全国逐步形成了30多个省级电力市场与2个跨区域电力市场并行的格局。在部分电力市场中，用电企业可直接（或间接通过售电公司）与发电企业签订购电合同，采购和使用可再生能源。

截至2021年，由于交易机制的限制，可再生能源可以参与的交易有限，仍以中长期交易为主，现货为辅。比如双边交易，基本仅在新疆、甘肃、宁夏等弃风弃光省份开展，集中竞价则通常与火电捆绑进行交易。但随着电力市场化改革的深入以及可再生能源自身技术的发展，风电和光伏必将更多地参与到电力市场交易中，市场化采购也将成为企业采购绿电的重要手段。

（四）购买绿色电力证书

绿证可以使数据中心摆脱限制其无法直接采购可再生能源的各种因素，实现扩大应用可再生能源的目标。2020年，风电绿证平均价格约为160.9元/MW，而光伏绿证则为655.2元/MW。这一价格下，采购绿证给企业带来过高的经济成本压力，严重影响了企业认购绿证的积极性。在风光平价的背景下，未来绿证价格有可能下降，企业采购绿证的意愿将会大幅度提高。

2020年11月，浙江电力交易中心有限公司发出首张"绿色电力交易凭证"。2021年1月，中国联通乌鲁木齐市分公司运营的490座5G基站通过3个售电公司，完成当月的月度合同电量转让交易，共计达成全绿电交易450万kW·h。

二、信息与通信企业其他碳中和技术措施

（一）数据中心

研究表明，数据中心的耗电量并不会与数据规模同步增长，效率的提高使能耗占比几乎保持不变，在很大程度上是由于越来越多的企业将其数据迁移到云或大型数据中心上。许多公司已开始研究降低数据中心能耗，优化电力使用效率（PUE）的措施，如表10-2所示。

表10-2　信息与通信企业绿色数据中心措施

企业	时间	措施
百度	2021	超大规模数据中心、GPU等
Facebook	2021	超大规模数据中心、开放计算项目服务器等
腾讯	2021	T-Block技术
亚马逊	2020	绿色数据中心、人工智能
华为	2021	绿色数据中心、人工智能

注：T-Block为腾讯第四代数据中心技术，全称Tencent Block（腾讯积木）

最广为接受的方法是向超大规模数据中心转型，通过更多的服务器共享系统（冷却和备份系统）来大幅减少用电量。同时，通过部署先进技术降低能耗，如统一的计算基础设施、定制化刀片服务、集中式存储以及先进的电源系统。

百度已采用建立超大规模的数据中心，配备GPU加速异构计算、市电＋不间断电源（UPS）及高压直流输电（HVDC）、ARM64架构服务器、LED灯、新一代供热系统等先进节能降耗技术。

Facebook于2011年开始自建超大规模数据中心，并在其中部署开放计算项目服务器（open compute project），这种服务器可以在更高的温度下运行，并采用人工智能模型来优化实施能效，从而使多数数据中心的PUE达到1.1或者更低。

2021年，腾讯公司提出腾讯的T-Block技术节能效果相当于每年种下3.6万棵树，为其数据中心节能减排提供了高效的实施技术。亚马逊和华为通过创新技术、结合人工智能来设计高能效、低能耗的数据中心。

（二）基础设施

企业的基础设施中碳排放量最大的就是电力消耗。苹果（Apple）公司在2020年宣布已经实现公司运行碳中和，在数据中心采用蒸发冷却、自然空气交换技术等来减轻电力消耗。谷歌（Google）公司在办公地点安装智能温度和照明控制装置，重新设计电源分配等来减少电力消耗。华为公司提出极简站点和极简机房两个概念，即站点形态简化，以机柜代替机房运用在新建场景中，并继续完善5G、F5G（the 5th Generation Fixed Networks）、IP网络建设及站点能源的各个环节，实现端到端的绿色智能互联。

（三）其他

据统计，脸书、谷歌以及苹果已经实现了100%利用可再生能源。2020年，亚马逊、谷歌、脸书共采购约4.9 GW可再生能源，大致相当于400万户普通家庭日常所需电力。一些节能降碳措施如表10-3所示。

苹果公司组织了保护哥伦比亚红树林、肯尼亚稀有草原等行动来抵消尚存的碳排放；微软公司积极开发负排放技术，包括造林、土壤固碳、生物能的碳捕获和储存（bioenergy with carbon capture and storage，BECCS）以及直接空气碳捕获（direct air capture，DAC）等技术；顺丰也提出了采用种植"顺丰碳中和林"、购买碳补偿额度等手段来抵消掉这类碳排放。

表10-3 信息与通信企业节能降碳措施

企业	时间	措施
亚马逊	2020	采购可再生能源等
微软	2021	碳捕获、碳消除技术等
苹果	2021	可再生能源、森林自然生态保护等
谷歌	2020	可再生能源基础设施建设
脸书	2020	采购可再生能源
顺丰	2021	顺丰碳中和林、购买碳额度等

除了利用绿色能源以外，各大企业还从环保材料、供应链、办公楼用电等一些方面入手。在环保材料方面，苹果公司打造定制铝合金而非使用原生锡，并在2019年减少了430万t的碳足迹；联想集团的PC制造业务中使用了低温锡膏（LTS）制造技术，该工艺可将印刷电路板组装工艺的能耗减少35%。在供应链方面，微软通过制定《供应商行为准则》来解决供应链的碳排放问题。在办公楼用电方面，脸书总部采用100%可再生能源，安装了3 MW的屋顶太阳能系统，来实现节能；京东总部的玻璃幕墙采用Low-E夹层玻璃，将可见光反射比降低至0.2以下，从而将热量保持在建筑物内，以减少电力需求。

综合所述，目前全球互联网企业实现自身碳中和途径可以分为三种：① 使用清洁能源，在自身领域加大可再生能源的使用，积极投资新能源项目；② 通过技术创新，融合智能提高自身效率，实现节能降耗；③ 采取碳补偿、碳抵消策略，通过组织森林保护等途径补偿自身不可避免的碳排放。

思考题

1. 简述信息与通信领域的主要能耗评价指标。
2. 你认为数据中心最重要的节能降耗措施有哪些。
3. 选取一个信息通信企业，如顺丰，试着规划其最适合采用的碳中和发展路径。
4. 为某地的数据中心设计一套合理的碳减排方案，包括但不仅限于基础设施和休眠技术等，可以对其周边环境进行一定假设。
5. 查找资料分析通信基础设施的主要碳排放来源有哪些，除文中所述碳减排技术还有哪些可用技术和方案？
6. 针对目前比较热门的"挖矿"产业，结合本章提到的低碳技术，简要分析哪些可以有效实现节能减排。
7. 信息通信企业对可再生能源的应用方式有哪些？它们分别有哪些应用场景？
8. 简述云计算和边缘计算协同技术在工厂碳中和领域有哪些具体计算场景。
9. 查阅相关资料，描述人工智能技术降低机房PUE的工作流程和原理。
10. 调研你所在单位或学校的信息系统情况，针对物理机部署和虚拟机部署两种不同的方式，在保证系统性能整体一致的情况下，分析两者的能耗的差异。

参考文献

［1］ Andrae A. New perspectives on internet electricity use in 2030[J]. Engineering and Applied Science Letters, 2020, 3(2): 19–31.

［2］ 全国信息技术标准化技术委员会. 数据中心设计规范: GB 50174–2017[S]. 北京: 中国计划出版社，2017.

［3］ 李继蕊，李小勇，高云全. 5G网络下移动云计算节能措施研究［J］. 计算机学报，2017，40（7）：1491–1516.

［4］ 邓维，刘方明，金海，等. 云计算数据中心的新能源应用：研究现状与趋势［J］. 计算机学报，2013，36（3）：582–598.

［5］ 李国柱，赵乃妮，郭阳. 我国绿色数据中心的政策、标准与发展展望［J］. 智能建筑与智慧城市，2021，4（2）：12–16.

［6］ 绿色和平组织. 中国数据中心能耗与可再生能源使用潜力研究［R］. 2019.

［7］ 中国电子技术标准化研究院. 绿色数据中心白皮书2019［R］. 2019.

［8］ 中国信息与通信研究院. 中国5G发展和经济社会影响白皮书（2020年）［R］.2020.

［9］ LBNL. United States Data Center Energy Usage Report[R]. 2016.

［10］ 中华人民共和国工业和信息化部. 国家绿色数据中心先进适用技术产品目录（2020）［R］，2020.

［11］ 绿色和平组织. 中国数字基建的脱碳之路：数据中心与5G减碳潜力与挑战［R］，2021–5.

［12］ 绿色和平组织. 迈向碳中和中国互联网科技行业实现100%可再生能源路线图［R］，2021–1.

[13] Informatech. The Path to Net Zero for ICT Requires Technology Innovation[R]. 2020–6–27.

[14] 王江, 刘修军, 鲁军. 5G基站高能耗分析与应对策略 [J]. 无线互联科技, 2021, 18（6）: 1–2.

[15] 黄俊, 田森, 张诗壮. 5G–NR基站软节能技术 [J]. 中兴通讯技术, 2019, 25（6）: 19–23.

[16] 富越, 张振. 5G接入网机房节能技术研究 [J]. 广东通信技术, 2021, 41（5）: 38–42.

[17] 奉媛. 智能符号关断技术在LTE系统的应用研究 [J]. 电信技术, 2017（2）: 9–12, 15.

[18] 宋彦峰. 论LTE载波关断节能功能研究 [J]. 电子技术与软件工程, 2017（11）: 36–36.

[19] 胡炳丽, 张坤. 数据中心能源管理系统的应用背景及功能概述 [J]. 科学技术创新, 2020（7）: 70–71.

[20] 陈凤, 项晖, 康孝. 分布式太阳能光伏发电系统在数据中心的应用 [J]. 电信快报, 2015（12）: 35–38, 46.

[21] 张秀梅, 王海东, 罗永强. 人工智能在智慧能源管理中的应用研究 [J]. 电信工程技术与标准化, 2020, 33（2）: 21–24, 30.

[22] 孙宏斌. 能源互联网 [M]. 北京: 科学出版社, 2020.

[23] 王雪峰. 节能机器人在数据中心中的应用研究 [J]. 上海节能, 2020（5）: 462–466.

[24] 侯小凤, 宋朋涛, 唐伟超. 分布式集装箱数据中心的绿色层次化管理 [J]. 计算机研究与发展, 2016, 53（7）: 1493–1502.

[25] 李丹, 陈贵海, 任丰原. 数据中心网络的研究进展与趋势 [J]. 计算机学报, 2014, 37（2）: 259–274.

[26] 黄韬, 刘江, 魏亮. 软件定义网络核心原理与应用实践 [M]. 3版. 北京: 人民邮电出版社, 2018.

[27] 付永红, 毕军, 张克尧. 软件定义网络可扩展性研究综述 [J]. 通信学报, 2017, 38（7）: 141–154.

[28] 刘文志, 陈轶, 吴长江. OpenCL异构并行计算: 原理、机制与优化实践 [M]. 北京: 机械工业出版社, 2016.

[29] 吴晨雪, 胡巧, 赵苗, 等. 磁光电混合存储技术研究综述 [J]. 激光与光电子学进展, 2019, 56（7）: 39–52.

[30] 余斌. 绿色数据中心基础设施建设及应用指南 [M]. 北京: 人民邮电出版社, 2020.

[31] 李雨前. 深入集群: 大型数据中心资源调度与管理 [M]. 北京: 电子工业出版社, 2021.

产业篇

4

工业、交通运输、建筑以及农业领域是我国国民经济重要支柱产业，同时也是温室气体主要的直接排放源。根据国家统计局《中国统计年鉴2020》数据以及IPCC活动水平部门分类标准，我国工业领域能源消耗总量最大，达253 006万t标准煤，其次分别是交通运输、建筑以及农业领域。结合重点产业的生产及排放特点，提出碳减排、碳零排和碳负排三大技术路径协同发力，支撑我国产业实现碳中和。本篇在第十一章、十二章、十三章、十四章分别介绍支撑工业、交通运输、建筑、农业领域碳中和的关键技术及应用实例。

工业领域能耗高、CO_2排放量大、减排难度大。其中，钢铁、化工、石化、水泥、有色金属冶炼行业是当前CO_2排放的主要来源。除CO_2以外，CH_4、N_2O、氢氟碳化合物（HFCs）、全氟化碳（PFCs）和六氟化硫（SF_6）等非CO_2温室气体，部分行业产生量也较大。本篇主要介绍钢铁、化工、石化、水泥及有色冶炼金属行业碳中和技术及应用实例。

11

第十一章

工业领域碳中和技术

第一节
钢铁行业

本节将涵盖钢铁行业重点碳排放工序，从"碳减排""碳零排""碳负排"三类技术出发，聚焦工业流程再造、燃料替代和碳捕集利用等手段，介绍钢铁行业碳中和技术路径，如图11-1所示。

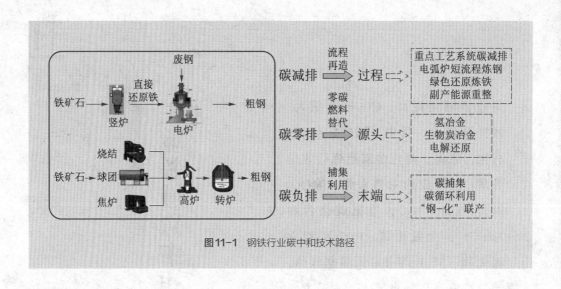

图11-1 钢铁行业碳中和技术路径

一、冶炼工艺流程碳减排技术

（一）重点工艺系统碳减排技术

钢铁生产是以碳还原氧化铁为主的高温化学过程，生产过程中会排放大量的CO_2。长流程高炉炼铁系统主要炼钢环节包括：焦化、烧结、高炉、炼钢、轧制五大工序，其中高炉和烧结环节是最主要的CO_2排放源。例如，高炉环节炼1 t铁需要0.5 t还原剂，CO_2排放量约1.5～2 t。

高炉环节的减排技术主要包括高炉喷煤技术、热风炉烟气双预热技术、高炉炉顶煤气循环技术、高炉煤渣综合利用技术、高炉喷吹废塑料技术、高炉煤气干法布袋除尘技术等。

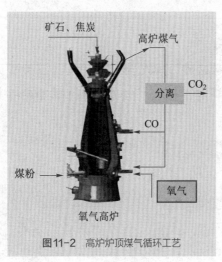

图11-2 高炉炉顶煤气循环工艺

例如，氧气鼓吹高炉炉顶煤气循环工艺可同时实现煤气的回收和碳减排，其工艺流程图如11-2所示。试验证明，随着氧浓度的提高，生产率提高，焦炭比降低，高炉的CO_2产生量也大幅度降低。回收得到的高纯度CO可作为碳还原剂代替焦炭，增加喷煤比，减少焦炭比，降低约30%碳排放。同时，捕集和后续化学利用CO_2，一般可进一步减少20%～30%的碳排放。

2021年，宝钢新疆八一钢铁有限公司氧气高炉鼓风氧含量达到35%，标志着"八钢"突破了全球传统高炉富氧极限。目前改造后氧气高炉可减少碳排放40%以上，产能提升40%左右。

（二）电弧炉短流程炼钢碳减排技术

电弧炉短流程炼钢可采用废钢为原料，在电弧炉里通过一系列工艺流程，得到合格钢水。其后续连铸、轧制等工序与长流程基本相同，但省去了采矿、选矿、烧结/球团和焦化工艺流程，能耗与碳排放量仅为长流程的1/3，废气、废水、废渣产生量与长流程相比分别降低95%、33%、65%，碳排放因子为0.6 tCO_2/t 钢左右。因此，以短流程炼钢替代长流程可以实现炼钢生产结构调整，显著降低 CO_2 总排放量。

目前，中国电炉短流程生产粗钢比例为10%左右，远低于世界28.8%的平均水平，成本是制约我国短流程炼钢发展的主要因素。这主要是由于用电成本较高，吨钢电耗约需400 kW·h，以及废钢资源供应较紧张，废钢价格较高。

（三）绿色还原炼铁碳减排技术

绿色还原炼铁技术以非焦煤等还原剂取代焦炭作为能源与还原剂，在低于铁矿石和氧化球团矿软化温度下进行还原，得到固态金属铁，其产品称为直接还原铁，可作为电炉炼钢的优质原料，工艺流程如图11-3所示。

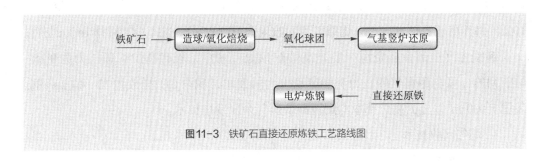

图11-3　铁矿石直接还原炼铁工艺路线图

直接还原炼铁技术与传统的高炉炼铁相比，采用了低碳甚至零碳还原剂代替焦煤，完全省去焦化工艺，并掺杂部分高品位铁精矿和球团矿减少球团工艺占比，脱碳环节可以减少 CO_2 排放约100~150 kg/t钢。

直接还原铁技术按所使用的还原剂的形态分为气基法（竖炉法、流化床法等）和煤基法（回转窑法、隧道窑法、煤基竖炉法、转底炉法等），其中气基竖炉占直接还原炼铁技术的主导地位。

2018年，中晋太行矿业有限公司开发了30万t/a直接还原铁工艺，是我国第一个气基竖炉产业化项目，也是世界上第一个以焦炉煤气为气源的直接还原铁的工业化生产项目。2021年，中国宝武钢铁集团有限公司在湛江钢铁建设2座百万吨级氢基竖炉直接还原炼铁示范工程，分别采用不同比例的焦炉煤气、天然气、氢气和电解水产生的氢气作为还原气体。

（四）副产能源重整碳减排技术

提高以煤气和显热形式存在的二次能源的利用效率，可减少钢铁行业间接CO_2的排放。目前副产能源重整碳减排技术主要有干熄焦技术、余热余能回收技术、煤气回收技术等。

1. 干熄焦技术

干熄焦技术利用惰性气体回收焦炉的红焦显热，并将加热后的惰性气体用于锅炉发电，平均熄1 t红焦可净发电约120 kW·h，CO_2减排约60 kg，实现了能源与介质闭路循环，是目前国际上较广泛应用的一项节能技术。

2. 余热余能回收技术

从焦化、烧结、高炉炼铁、转炉炼钢到最终的铸轧，整个工序总余能产生量约为487.18 kg标准煤/t钢。2020年我国大部分钢铁工业可回收利用30%~50%的余热，比如烧结工序中回收烧结烟气及烧结矿显热，其物理热约占烧结工序总热量的20%和40%，将其用于锅炉发电，1 t烧结矿可回收电力10 kW·h左右，CO_2减排10 kg左右。

钢铁生产中的余压资源主要是高炉炉顶煤气余压，现代高炉顶压力为0.15~0.25 MPa，可利用煤气的压力势能带动发电机发电，减少CO_2排放约20~40 kg/t钢。我国1 000 m³以上的高炉基本均配置高炉煤气余压发电技术。

3. 煤气回收技术

钢铁生产中煤气生产约占总能耗的40%，焦炉煤气、高炉煤气和转炉煤气的回收利用是钢铁企业节能的重要环节。一般情况下，回收煤气50%~80%用于钢铁生产中焦炉、热风炉和加热炉等的加热，剩余煤气用于自备电厂发电。

在日本及德国等发达国家，钢铁厂副产煤气基本上全部回收利用。在我国，2020年重点钢铁企业高炉煤气利用率约为98.03%，焦炉煤气利用率约为98.53%，转炉煤气回收为115.98 m³/t钢。

二、零碳能源/还原剂替代技术

零碳能源/还原剂冶金技术主要采用氢气、生物质、零碳电力等作为还原剂或能源，用于炼铁，大幅降低CO_2排放量。

（一）零碳能源冶金碳零排技术

1. 氢能炼钢

氢气直接还原炼铁技术采用氢气作为还原剂，将铁氧化物还原为直接还原铁，氢气与氧结合产生水，因此能大幅度降低CO_2排放量。其中，氢气制备及储存技术是此技术大规模应用的关键，本书第三章已经介绍了这部分内容。

2019年1月15日，中国宝武与中核集团、清华大学合作共同打造了世界领先的核氢冶金产业联盟，其技术路线如图11-4所示。经初步计算，一台60万kW高温气冷堆机组可满足180万t钢对氢气、电力及部分氧气的需求，每年可减排约300万tCO_2，减少能源消费约100万t标准煤，将有效缓解我国钢铁生产的碳减排压力。2021年，河钢集团有限公司规划在宣化、唐山、邯郸等地建设总计年产300万t的氢冶金项目。

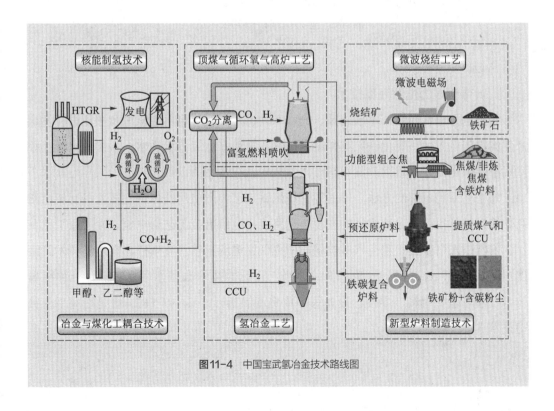

图11-4 中国宝武氢冶金技术路线图

2. 生物质炼钢

生物质是一种碳中性的可再生能源，生物质经炭化预处理得到的生物质炭是一种优质的固体碳源，可用作炼铁工艺的还原剂来替煤代焦，如图11-5所示。相关技术已在本书第六章介绍。

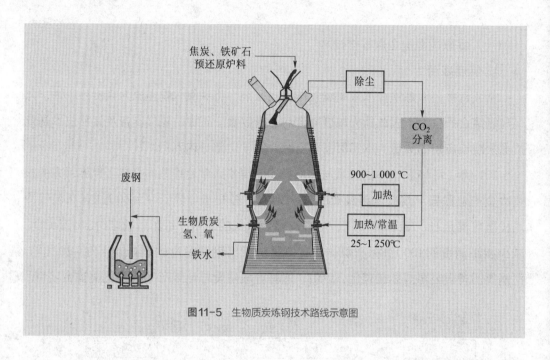

图11-5 生物质炭炼钢技术路线示意图

（二）零碳电力电解还原技术

零碳电力电解还原技术利用风、光、水力、生物质等可再生能源及核能进行发电产生的零碳电力加热氧化铁和其他金属矿物，从而产生氧气和铁水，最终使聚集在腔室底部的强化铁硬化成钢。其中零碳电力技术已在本书第二章介绍。

该工艺采用电解的方法，不需要传统炼铁工艺中所使用的焦炉、链篦机回转窑和高炉等设备。目前，电解炼铁的主要工艺路线是电解冶金工艺和电流直接还原工艺。

安赛乐米塔尔公司利用水基电解质研究低温电解工艺。该项目已经达到技术就绪度（technology readiness level，TRL）4级，也称为技术准备水平。TRL是一种衡量技术发展（包括材料、零件、设备等）成熟度的指标，其中，TRL4级是指对平台关键技术进行了验证。

三、二氧化碳循环利用及钢化联产碳负排技术

（一）烟气二氧化碳捕集技术

根据钢厂烟气含颗粒物和酸性物质的特点，CO_2捕集技术以物理吸附法和化学吸收法为主。日本新日铁住金开发了 ESCAP®（能源节约CO_2吸收工艺）低能耗CO_2分离工艺，工艺原理如图11-6所示，其优点是再生温度低和胺液腐蚀性小。当再生温度为95 ℃时，CO_2回收率可达90%，因此钢厂内110 ℃以下的低品位蒸汽可用于CO_2再生。

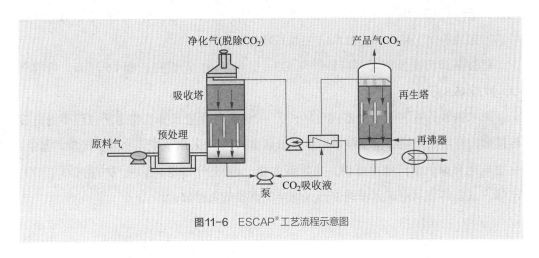

图11-6 ESCAP®工艺流程示意图

（二）二氧化碳循环利用炼钢技术

从表11-1给出的热力学数据可知，在炼钢温度（1 773 K）下，可利用CO_2的弱氧化性能进行炼钢，既可实现CO_2减排，也可降低成本并提高钢水质量。

表11-1 CO_2参与的相关化学反应及热力学数据

序号	元素	化学反应	ΔG^{θ}/J	$T \geqslant 1\,773$ K
1	C	$1/2O_2\,(g)+[\,C\,]=CO\,(g)$	$-140\,580-42.09T$	$\Delta G^{\theta}<0$
2	C	$O_2\,(g)+[\,C\,]=CO_2\,(g)$	$-419\,050+42.34T$	$\Delta G^{\theta}<0$
3	C	$CO_2\,(g)+[\,C\,]=2CO\,(g)$	$137\,890-126.52T$	$\Delta G^{\theta}<0$
4	Fe	$CO_2\,(g)+Fe\,(l)=(FeO)+CO\,(g)$	$48\,980-126.52T$	$\Delta G^{\theta}<0$
5	Si	$2CO_2\,(g)+[\,Si\,]=(SiO_2)+2CO\,(g)$	$-247\,940+41.18T$	$\Delta G^{\theta}<0$
6	Mn	$CO_2\,(g)+[\,Mn\,]=(MnO)+CO\,(g)$	$-133\,760+42.51T$	$\Delta G^{\theta}<0$
7	V	$3/2CO_2\,(g)+[\,V\,]=1/2V_2O_3\,(s)+3/2CO\,(g)$	$-161\,990+31.94T$	$\Delta G^{\theta}<0$

来源：严红燕，2018

近年来，北京科技大学突破"二氧化碳绿色洁净炼钢系列"关键技术，在首钢京唐300 t转炉实现粉尘排放减少9.95%，钢铁料消耗降低3.73 kg/t，节能4.37 kg标准煤/t。

(三)"钢－化"联产技术

钢铁工业尾气富含CO_2、CH_4和CO等C1化合物，其中的CO和H_2是羰基合成的重要化工原料，并且获取成本远低于煤造气工艺，所以可以从钢厂尾气，如高炉煤气、转炉煤气和焦炉煤气中大规模分离CO和H_2用于生产乙二醇、乙醇、甲酸、草酸等高附加值的化工品。相关技术已在本书第七章介绍。

首钢朗泽河北公司可利用转炉气约3.6亿标m^3/a，产燃料乙醇4.5万t/a，等同于CO_2减排15.3万t/a。

未来钢铁行业的碳减排方向包括：① 工业流程再造减少工业生产过程中的直接碳排放，利用副产能源重整技术间接降低碳排放；② 采用风能、水能、光能、氢能、生物质能等绿色清洁能源炼钢，实现碳零排；③ 充分利用钢厂尾气中的CO_2、CO、H_2等，加以转化利用或者辅助生产，均可实现碳的负排放。

第二节
化工行业

化工行业中化石燃料既是能源又是原材料，化工行业实现碳中和的路径包括全产业链碳减排技术、零碳原料/能源替代技术和CO_2制备化学品负排技术等，如图11-7所示。

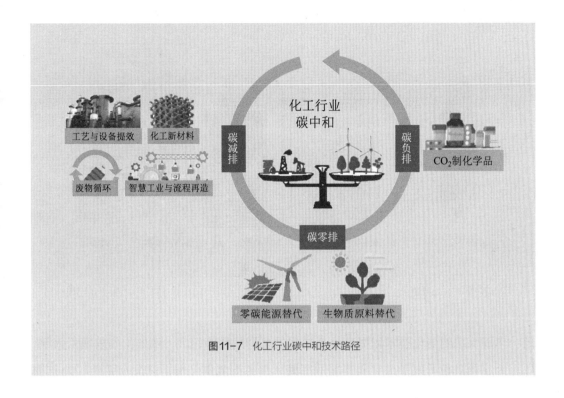

图11-7 化工行业碳中和技术路径

一、全产业链碳减排技术

（一）过程节能增效碳减排技术

1. 工艺的节能增效

常见的化工生产工艺有分离、精馏、纯化等，其中分离是耗能较大的一个工艺。据美国橡树岭国家实验室报道，美国化学、炼油、林业和采矿业的分离占其总能源消耗的5%~7%，分离工艺的节能增效技术最多可以减排CO_2约1亿t/a。华东理工大学在工业污水微通道脉动振荡分离方面发现微界面振荡现象及效应，揭示振荡离心力克服毛细作用力的新原理，如图11-8所示，构建微通道脉动黏附—颗粒群沸腾脱附—微界面振荡脱附分离过程，研发基于微通道脉动振荡的五倍级效率技术，克服膜法水处理通量低、抗污染能力差的弊端，促进五倍级效率技术在甲醇制烯烃反应废水高温、高压苛刻处理过程的应用，估算减排CO_2达50万t/a。

2. 催化剂的使用

《欧洲催化科学与技术路线图》提出，重点发展解决能源和化工生产中问题的催化剂及通向清洁和可持续的未来绿色催化剂，应用于化石燃料、生物质利用、CO_2利

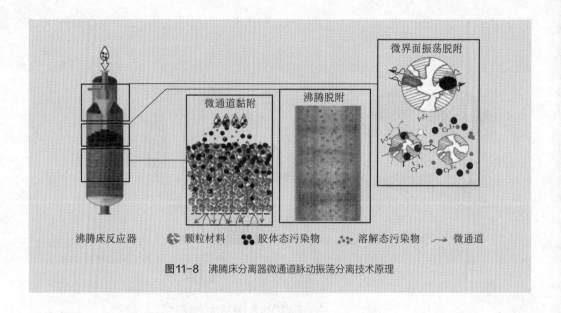

微界面振荡脱附

微通道黏附   沸腾脱附

沸腾床反应器　● 颗粒材料　● 胶体态污染物　∴ 溶解态污染物　→ 微通道

图11-8　沸腾床分离器微通道脉动振荡分离技术原理

用、环境保护的催化技术和提高化工过程的可持续性等领域。例如，华东理工大学、四川大学等单位开发了生物质热解液沸腾床加氢脱氧催化剂，拟投入年产1万t生物汽柴油工业示范项目，可减排CO_2约2万t/a。

3. 高耗能通用设备电气化改造

高耗能通用设备电气化改造是碳减排的重要方向，如蒸汽裂解装置电气化改造。蒸汽裂解器目前主要以化石燃料为能源，由于高温要求，蒸汽裂解装置电气化改造极为困难。比利时佛兰德斯、德国北莱茵-威斯特法伦州和荷兰的六家石化公司于2019年开始共同研究如何使用电力来操作石脑油或蒸汽裂解器。

（二）产品提质耐用碳减排技术

产品提质耐用主要包括发展高效耐用的化工新材料，与传统化工材料相比性能更优异或具备某种特殊功能，如轻质化等，一定程度上可促使航空航天、信息产业、新能源汽车、健康医药等领域原材料耗损减少，从而实现碳减排。并且，高效耐用材料与一些新型增材技术相结合，还可以进一步节省原材料。例如，3D打印技术仅需要消耗产品本身需要用到的材料量，可极大节省原料的使用。目前，3D打印技术主要以熔融沉积技术、选择性激光烧结技术和立体光固化技术为主。

近年来，四川大学攻克了聚合物基微纳米功能复合材料等高分子化工新材料应用于3D打印加工技术，突破了传统加工难以制备复杂形状制品和目前3D打印难以制备功能制品的局限。

（三）废弃聚合物循环碳减排技术

废弃聚合物可作为原料回收使用，使用这些"次级原料"可以降低从头合成所需的能源，并减少初级原料的用量，实现碳减排。

聚合物循环主要包括以下五个循环：

（1）基于可再生原料的循环；

（2）直接重复使用，约18%的聚合物可以直接重复使用；

（3）对材料要求重复使用，如汽车和包装塑料材料的再利用；

（4）化学循环，即使用化工产品作为二次原料，从而替代其他原料。例如将塑料废弃物经过一系列的化学反应，重新生成塑料和其他有价值的化学品；

（5）废弃聚合物的燃烧，以回收热能和利用所产生的 CO_2。

四川大学开发了一种聚对二氧环己酮聚合物，废弃后即可热解回收单体，单体回收率最高可达99%；对不宜回收的应用领域，可完全实现生物降解。

（四）工业流程再造碳减排技术

可利用大数据、物联网等信息工具对化工生产流程进行分析，结合 CO_2 减排，精简或延伸现有生产系统和流程来满足生产需求，实现工业流程再造碳减排。

例如，某磷化工集团采用低品位硫铁矿制硫酸联产铁精矿技术、湿法磷酸高效萃取净化技术、晶体磷酸一铵新技术、高品质白炭黑和氟化铵技术、磷矿石伴生碘资源回收技术等多种先进实用技术改进传统产业流程，不断调整产业及产品结构，将产业链延伸至伴生资源综合利用、废弃物资源化利用等，实现了资源高效利用，污染物及 CO_2 的减排。

（五）工业共生技术

不同部门或企业之间可进行材料、能源、水和副产品/废物交换的合作。共生的工厂、企业相互之间的依赖程度不断提高，形成了具有成本、规模、市场和创新竞争优势的产业集群，从而实现工业共生、绿色生产，促进碳减排。例如，在化工生产中，H_2 既是能源的清洁替代品，也可是重要的产品和化学反应的原料，通过产业集群可以创造一个内部的 H_2 市场，将生产和消费集中在一起。

西班牙电力公司Iberdrola与化肥制造商Fertiberia合作建造了绿色H_2生产厂，采用太阳能光伏电力，为电解槽提供动力，产生的绿氢用于化肥制备，从而大大减少了碳排放。

（六）非二氧化碳温室气体减排技术

化工行业非CO_2温室气体主要为N_2O和三氟甲烷（CHF_3），分别来自乙二酸、硝酸、己内酰胺及氟化工等生产过程。非CO_2温室气体来源不一样，其处理方式也不相同。

目前，在乙二酸生产中常用的N_2O处理技术分为催化分解法、热分解法和循环回收生产硝酸法三种：① 催化分解法在我国的神马化工和辽阳石化、德国的巴斯夫均有应用；② 热分解法主要在韩国和巴西的罗地亚生产厂、德国的朗盛化工有应用；③ 循环回收法主要应用于法国的罗地亚生产厂。

在硝酸生产领域中常用的N_2O处理技术也分为三类：① 一级处理法：主要是通过源头铂金网改良抑制N_2O产生；② 二级处理法：是在铂金网下方安装N_2O催化分解剂减少N_2O排放，又称高温选择性催化还原法；③ 三级处理法：是指在尾气中处理N_2O，又称尾气处理法。目前，实现工业化的有二级处理法和三级处理法。

CHF_3减排主要采用高温分解的方法，根据高温的获取方式，又可以分为燃气热分解技术、过热蒸汽分解技术和等离子体高温分解技术。

二、零碳原料和零碳能源替代技术

（一）零碳原料制备化学品技术

在化工生产中，采用可再生原料即生物质制备化学品可以避免使用化石原料作为碳原料，实现碳零排，如图11-9所示。本书第五章对生物质制备化学品技术已做介绍。

据美国《生物质技术路线图》规划，2030年生物基化学品将替代25%有机化学品和20%的石油燃料，2050年生物基化学品和材料占整个化学品和材料市场的50%；据欧盟《工业生物技术远景规划》指出，2030年生物基原料将替代6%~12%的化工原料和30%~60%的精细化学品，在高附加值化学品和高分子材料中，生物基产品将占到50%。

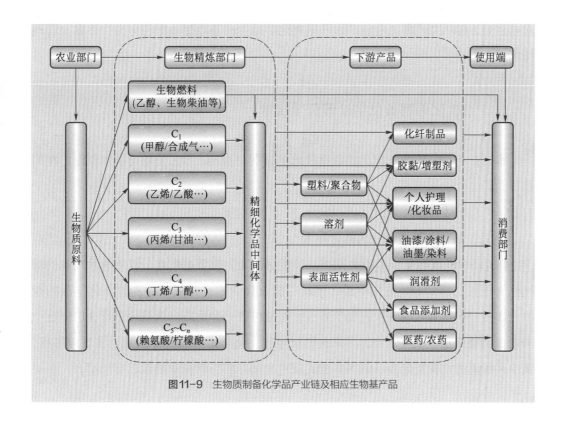

图11-9 生物质制备化学品产业链及相应生物基产品

我国生物基经济近年来保持20%左右的年均增长速度,总产量已达到600万t/a,部分技术接近国际先进水平。据规划,我国未来现代生物制造产业产值超1万亿元,生物基产品在全部化学品产量中的比重达到25%。

(二) 零碳电力及零碳非电能源替代

在化工生产过程中,以电代煤、以电代油、以电代气、以电代柴,采用清洁发电即零碳电力,让能源使用更绿色。本书第二章已对零碳电力技术进行了介绍。

零碳非电能源替代是以H_2或者生物质作为燃料,为化工生产提供热量。本书第三章对氢能技术进行了介绍。

零碳电力替代最适用于中低温度要求的化工行业,而氢能和生物质能可用于满足高温要求的化工行业。但目前,大部分化工厂使用零碳电力和零碳非电能源需要对硬件设施及装置进行升级改造。因此,化工行业可以通过逐步推进过程电气化和零碳能源替代,实现碳零排。

2021年5月,德国巴斯夫欧洲公司与莱茵集团在德国路德维希港共建一座总装机输出达到2 GW的近海风电场，为巴斯夫化学品生产基地提供绿色电力，并助力实现绿氢生产工艺。

三、二氧化碳制备化学品碳负排技术

本节介绍CO_2制备化学品碳负排技术的发展与应用。CO_2资源化技术原理已在第七章介绍。

（一）二氧化碳耦合绿氢的转化技术

CO_2耦合绿氢转化技术以太阳能、风能、核能为能源电解水，以电解水制备的绿氢作为原料，将CO_2转化为甲醇、甲酸等碳氢化合物、合成气等高价值化学品的技术，如图11-10所示。所得的化学品可作为原料进一步反应，形成化工行业价值链中的众多重要产品。其中，CO_2可来自燃烧尾气、化学工业过程等，从而实现碳零排。其中，绿氢的制备及储存、CCS等相关技术分别在第三章和第四章已有介绍。

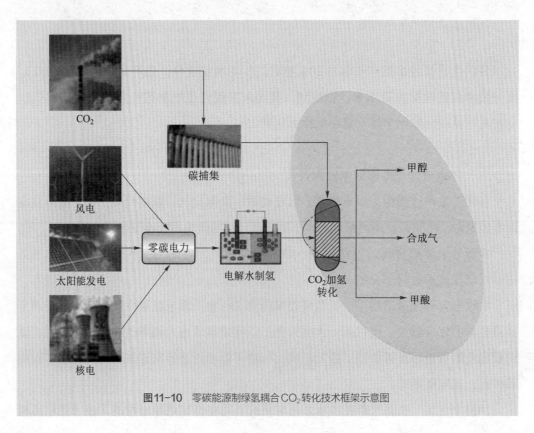

图11-10 零碳能源制绿氢耦合CO_2转化技术框架示意图

（二）二氧化碳直接转化碳负排技术

CO_2 直接转化碳负排技术以 CO_2 作为共聚单体生产具有高附加值的产品，如尿素、甲醇、有机酸酯、可降解聚合物、聚合物多元醇、碳酸盐矿等。

图 11-11 展示了 CO_2 直接转化碳负排技术的目标产品及其在欧洲的发展现状：目前，尿素、水杨酸、循环碳酸盐等技术最为成熟，已达商业应用阶段；无机碳酸盐、聚（丙烯）碳酸酯、甲酸、甲醇等技术处于中试阶段；有机酸、有机氨基甲酸盐、醛类、醇类、二甲醚等技术尚处于实验室开发阶段。

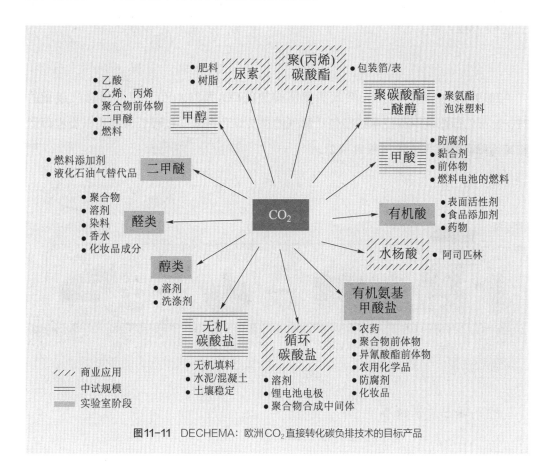

图11-11 DECHEMA：欧洲 CO_2 直接转化碳负排技术的目标产品

近年来，我国 CO_2 化工利用技术也取得了较大进展，部分技术完成了中试及示范，如合成甲醇技术、合成可降解聚合物技术、合成有机碳酸酯技术及矿化利用技术等。相关技术已在本书第七章介绍。

通过化工过程及装备的节能提效、绿色高效催化剂的开发等措施，可提高化学品及材料生产相关资源与能源利用效率，构建低碳发展体系。化工行业应推进电气化升级及清洁能源替代，加大采用生物质等零碳材料作为原材料，形成资源的最大循环利用，实现零碳能源和资源替代；加大CO_2的捕集用于制备化学品，实现碳负排。

第三节
石化行业

2019年，中国石油和天然气消费所排放的CO_2为21.1亿t，占全国总排放量的21%。石化行业碳中和技术路径包括油气的源头绿色开采、过程低碳利用、流程再造和减污降碳协同等技术（图11-12）。

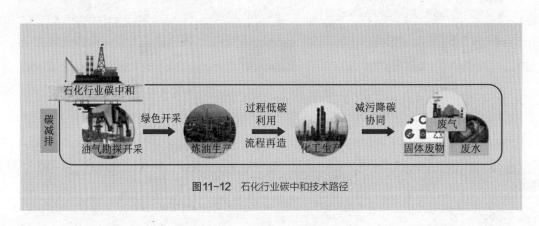

图11-12　石化行业碳中和技术路径

一、绿色开采技术

石化行业绿色开采主要包括CO_2压裂、CO_2驱油和CO_2水合物置换等技术，可实现碳减排并提高化石燃料产量。

（一）CO_2压裂技术

CO_2压裂技术主要适用于低渗、低压、水敏等非常规油气的储层改造，其最大特点是采用液态CO_2部分或者全部替代传统水基压裂液，充分利用CO_2自身的物理化学特性提高储层的改造效果。CO_2压裂技术对环境安全，节约水资源具有价值，且能提高石油和天然气产量。

CO_2压裂技术主要分为CO_2泡沫压裂技术、CO_2干式压裂技术、超临界CO_2压裂技术及一些特殊的CO_2压裂技术，如CO_2混合压裂技术、二次常压混砂准干式压裂技术、CO_2相变压裂技术。

CO_2压裂技术已实现商业化应用。2015年12月1日，油气勘探公司首口CO_2增能压裂井－子12井压裂成功，具有良好的增产增能作用。2020年，长庆油田首口页岩油水平井"无水压裂"试验成功。与常规水压裂技术相比，一口井可以节约用水约1万m^3，同时减少CO_2排放约120万m^3。

（二）CO_2驱油技术

CO_2驱油技术在提高驱油效率的同时，使大量的CO_2埋存地下，其存碳率达70%以上，把采出的CO_2再回收，就可以实现100%的碳埋存。

2021年8月，大港油田采用碳捕集、吞驱利用与封存工程技术方案，打造了6个CO_2采油开发示范区，完成82井次，注入4.5万tCO_2，封存2万tCO_2，增油5万t以上。截至2021年8月，大庆油田减少CO_2排放量超11万t/a，CO_2驱产油量近10万t/a，占中国石油集团CO_2驱油年产量的50%左右。

（三）CO_2水合物置换技术

CO_2水合物置换技术是在开采天然气水合物时，通过气体交换反应将CH_4置换出来，同时转化为封存的CO_2的技术，具有提取能源和封存温室气体的双重作用。此外，由于CO_2水合物与CH_4水合物具有相同的水合物结构，在置换过程中，沉积物地层可以得到很好的保存，可以取代热吞油和减压等通过分解天然气水合物层得到CH_4的传统开采技术。但该研究仍处于实验阶段，CH_4回收率和置换率仍然较低。

二、过程低碳利用技术

过程低碳利用技术主要包括化学品和氢能等生产加工过程中的低碳技术。主要包括低碳原料制化学品和石化副产氢等技术。

（一）低碳原料制化学品技术

低碳原料制化学品技术是指采用天然气、轻烃、液化气等低碳原料替代煤、石油等高碳原料制备甲醇等化学品，提高碳原子利用率，减少碳排放。例如，采用天然气制甲醇碳原子利用率为94.12%，较煤制甲醇提高43.67%。

将天然气（CH_4）转化为合成气（$CO + H_2$）并进一步加工成甲醇产品是目前国际上应用最广泛的甲醇生产技术，其工艺流程如图11-13所示。

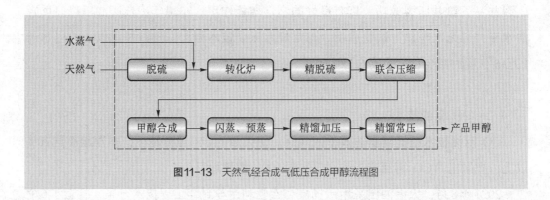

图11-13　天然气经合成气低压合成甲醇流程图

2017年11月，年产100万t甲醇转化炉整体模块项目在张家港港新重装码头成功发运，是国内首例天然气制甲醇转化炉整体模块。

（二）石化副产氢技术

传统炼油厂主要以煤、天然气等高碳化石能源为原料制氢。煤制氢技术生产1 t H_2一般排放11~25 t的CO_2，约为天然气制氢技术CO_2排放量的1.5倍。炼油厂重整副产氢和干气制氢技术为低碳制氢技术。

2020年9月，高桥石化高纯H_2生产示范装置开车成功，产品H_2纯度达99.999%，其原料是炼油装置副产H_2。2021年3月，英国石油公司（BP）宣布将在英国提赛德建设英国规模最大的蓝氢生产设施，预计2027年前投产，到2030年产能可以达到1 GW/a，占英国氢产量的20%，并将结合CCUS技术每年捕集和封存CO_2 200万t。

三、流程再造技术

（一）分子炼油技术

分子炼油是从分子水平认识石油加工过程，准确预测产品性质并优化工艺，将原料定向转化为产物分子，副产物少，能实现石油的高值化利用（图11-14）。

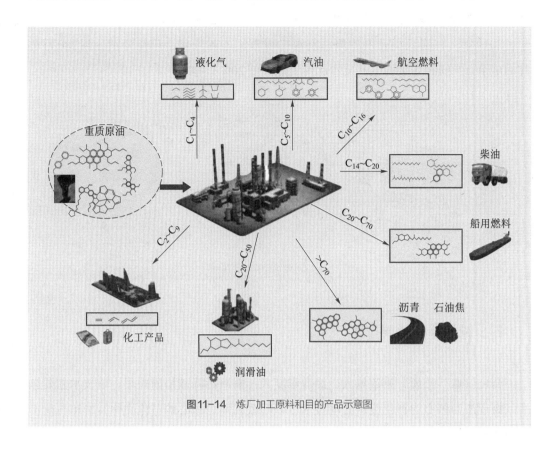

液化气　汽油　航空燃料

重质原油

$C_1\sim C_4$　$C_5\sim C_{10}$　$C_{10}\sim C_{16}$

$C_{14}\sim C_{20}$　柴油

$C_{20}\sim C_{70}$　船用燃料

$C_2\sim C_9$　$C_{20}\sim C_{50}$　<C_{70}　沥青　石油焦

化工产品　润滑油

图11-14　炼厂加工原料和目的产品示意图

分子炼油技术包括清洁汽油生产技术、清洁柴油生产技术、分子化重油加工技术、石脑油正异构烃分离技术和炼厂干气加工利用技术等。

分子炼油技术趋于成熟，现已实现工业化应用。2008年，镇海炼化导入"分子炼油"理念，优化原油资源、资源流向和能量配置，实现了炼油和乙烯整体效益最大化。茂名石化通过干气提浓装置把炼油干气中的C_2、C_3组分分离出来，供给蒸汽裂解装置作乙烯原料，减少燃料中C_2组分的浪费。

（二）原油直接生产化学品技术

原油直接生产化学品技术以低价值的原油为原料直接制备轻烯烃（乙烯、丙烯、丁烯和丁二烯）和芳烃等高价值的化学品，工艺具有流程短、能耗低、投资小、化学品收率高等优点（图11-15）。

目前，此工艺可分为4代，分别是：① 原油直接制烯烃；② 优化传统技术以生产更多的化工原料；③ 原油直接进入加氢裂化装置（通过脱硫、裂解、催化裂化等技术生产烯烃）；④ 通过加氢裂化技术提高原油制化学品的转化率。

2019年，在连云港开展的原油制对二甲苯和乙烯项目，产能分别达到280万t/a和110万t/a，同时其平均生产成本比传统炼厂低20%～40%。

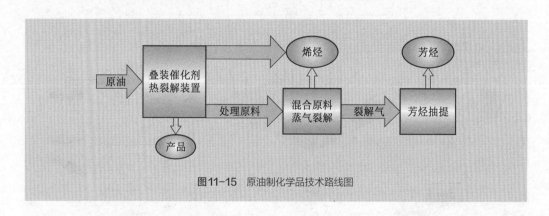

图11-15　原油制化学品技术路线图

四、减污降碳协同技术

石化行业"三废"排放量大、治理难度大，需减污降碳协同处理。该技术主要包括以物理法为核心的石化废水处理技术、以回收利用为核心的石化固体废物和石化废气处理技术。

（一）碳减排与石化废水协同治理技术

石化废水种类繁多且成分复杂，毒性大，含有石油类、苯系物、多环芳烃类、腈类、有机氯等多种有毒有害物质。目前常用的石化废水处理技术包括化学处理、生物处理和物理分离技术等。

化学处理技术利用化学反应的作用以去除石化废水中的杂质，但成本较高且碳足迹高。生物处理技术利用微生物的新陈代谢作用对污水进行净化，但此过程会排放大量的CO_2。以物理法为核心的石化废水处理技术，可减少治理过程中的碳足迹，实现石化废水的低碳处理及资源化回收。

华东理工大学开发了一种通过气旋气提从石化废液中回收有机物，并通过气流加速对无机颗粒进行分级的新工艺（图11-16）。该技术可回收柴油3 100 t/a、高活性催化剂647 t/a。华东理工大学还完成了多种石化废水物理法低碳处理工程装置，如海上采油平台回注水处理、海上采气平台生产水处理和石油炼制废水处理等，废水总量覆盖率达80%，化学药剂降耗约80%，油泥、VOCs减排约80%。

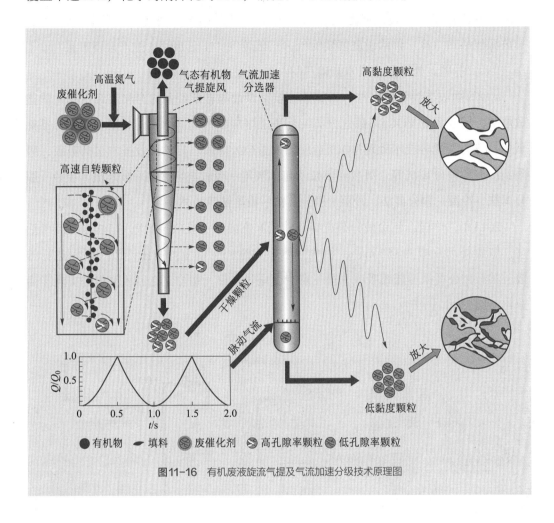

图11-16 有机废液旋流气提及气流加速分级技术原理图

（二）碳减排与石化固体废物协同治理技术

石化行业生产过程中产生的固体废物主要有炉渣、灰渣、油泥、重组分油和污水处理厂产生的"三泥"、废催化剂、废溶剂、废活性炭、废瓷球、废分子筛、碱渣等。一般地，石化固体废物常使用焚烧或安全填埋方法处置，产生大量CO_2和CH_4等温室气体。

海洋石油钻井平台固体废物可烧结用于制备硬度高的建材。石化污泥等危险废物资源可用于制备$CH_4 + CO_2$重整催化剂。废弃油基泥浆岩屑中有机物采用三维旋流湍流场中的自转与公转耦合技术，可成功回用。石化含油污泥采用裂解加氢方法及装置，可实现资源化。

（三）碳减排与石化废气协同治理技术

石化行业是VOCs排放的重点行业，石化废气VOCs包括挥发性有机硫化物（甲硫醇、硫醚、二甲二硫、噻吩类）、二硫化碳、苯系物和轻烃类等。石化行业VOCs排放源包括热（冷）供给设施燃烧烟气、工艺尾气、工艺废气、生产设备机泵/阀门/法兰等动/静密封处泄漏、废水集输/储存/处理处置过程逸散等。

VOCs回收主要针对汽油、石脑油、航空煤油等轻质油品储存和装卸过程中的逸散烃类，回收后的VOCs可经过分离纯化等工序加以再利用，可避免催化氧化、蓄热氧化、热力焚烧等技术处理VOCs造成的大量CO_2排放。具体回收技术包括吸收、吸附、冷凝和膜分离法等。组合回收技术包括吸附-吸收法、冷凝-吸附法、吸收-膜分离法、冷凝-膜分离法、冷凝-膜分离法-吸附法等技术。

2013年，中国石化金陵分公司将柴油低温临界碱液吸收技术应用于VOCs废气治理，装置处理规模为150 m^3/h，油气回收率高达95%以上，净化排放气可以达标排放。某石化公司采用压缩吸收＋膜＋真空变压吸附单元组合工艺回收油气并实现了商业化（图11-17）。

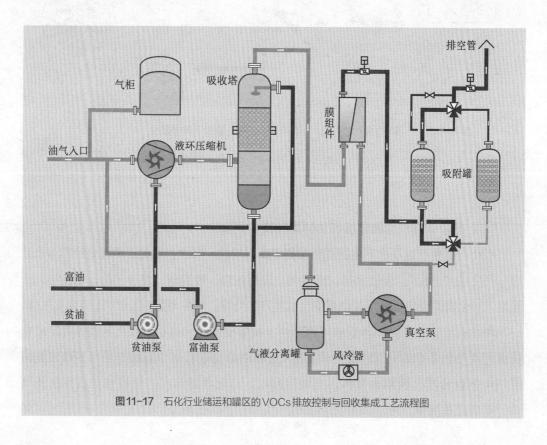

图11-17 石化行业储运和罐区的VOCs排放控制与回收集成工艺流程图

第四节
水泥行业

本节介绍水泥行业过程能效提升碳减排技术、燃料/原料替代碳零排技术和负碳水泥基胶凝材料技术三个方面，如图11-18所示。

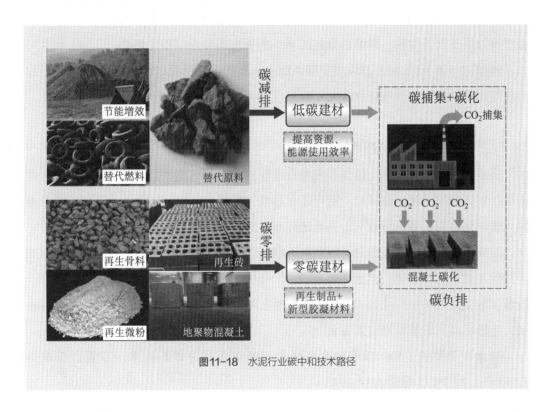

图11-18 水泥行业碳中和技术路径

一、过程能效提升碳减排技术

在水泥制备过程中，原料和水泥熟料的粉磨、水泥熟料的烧制消耗大量的燃煤和电能，采用相应的技术措施提升能源的使用效率，不仅能节约水泥生产的成本，而且对于水泥生产的碳减排具有重要意义。

提升过程能效的常用技术措施有立磨粉磨技术、高效篦式冷却机技术、多通道燃烧器技术、流化床窑技术和低温余热发电技术。

（一）立磨粉磨技术

生料立磨及煤立磨粉磨是利用料床粉磨的原理对原料或燃料进行粉磨的技术。立磨不同于其他单体（组）粉磨设备，可集粉磨、烘干和分级于一体，具有占地面积小、粉磨效率高、单位电耗低、粒度调整简单、负压生产及操控方便等优点，属于典型的节能环保型粉磨设备。

立磨粉磨技术比球磨粉磨系统节电约20%～35%，即每吨生料省电8～10 kW·h；节省研磨材料质量80%以上，节省研磨材料费用20%以上。可充分利用窑尾热废气源粉磨兼烘干制备生料，粉磨水分超过10%的原料需要配以辅助热源。

例如，2 500 t/d水泥生产线煤立磨系统投入运行，在相同细度模量下磨制无烟煤，用高细煤粉立磨比球磨省电10 kW·h/t以上，可减少碳排放50万t/a。

（二）高效篦式冷却机技术

高效篦式冷却机采用一组具有气流自适应功能的充气篦板，使之排列组成静止篦床进行熟料冷却供风，并采用一组可往复移动的推杆推动熟料层前进，具有主体无漏料、模块化结构、高热回收率、高输送效率、结构较紧凑及更利于节能等特点。

高效篦式冷却机电耗约为每吨熟料4 kW·h，热回收率可达74%以上，比原有的第三代篦式冷却机相比，热回收率提高4%～6%，熟料热耗降低60～90 kJ/kg；体积、质量仅为第三代的1/3～1/2，设备自身能耗也降低20%，冷却效率高、篦板使用寿命长、运转率高、节能减排效果显著。

某水泥公司的5 500 t/d水泥生产线采用高效篦式冷却机技术，节能合标准煤5 330 t/a，减少CO_2排放约14 391 t/a。

（三）多通道燃烧器技术

多通道燃烧器是通过合理设计燃烧器的风速和通道，有效利用二次风、降低一次风量、形成大推力的燃烧技术。该技术具有燃烧效率高、风速高、推力大、调节灵活、火焰形状可调等优点。

多通道燃烧器一次风用量较低，为7%～10%，较传统燃烧器低4%～7%；而一次风用量每降低1%，熟料单位热耗便可降低8 kJ/kg，因此多通道燃烧器可比三通道燃烧器降低热耗约33 kJ/kg。与传统燃烧器相比，可节煤10%左右。

某公司5 500 t/d水泥生产线采用此技术实现窑头燃烧器改造，节能合标准煤约

1 218 t/a，减少CO_2排放约3 289 t/a。

（四）流化床窑技术

流化床窑（FBK）技术将直径1.5~2.5 mm的颗粒原料燃烧成粉末。与传统的回转窑相比，FBK可以减少10%~12%的热量使用和CO_2排放，运行温度较低，NO_x排放量较少，整体能源使用较低，能够接受多种燃料。然而，将FBK熟料容量扩大到5 000~6 000 t/d较困难。

（五）低温余热发电技术

低温余热发电技术是在水泥熟料煅烧过程中，利用余热回收装置对窑头窑尾所排放的低品位废气余热直接回收，用于加热水产生蒸汽并推动汽轮发电机运转，实现"热能→机械能→电能"的转换过程。

通过废气余热的回收利用，一条5 000 t/d的水泥熟料生产设备每天可发电21万~24万kW·h，并在生产自用后可节省大约60%的电量，有效降低18%的产品综合能耗，可减少CO_2排放量约6万t/a，节约标准煤约25万t/a。

二、燃料/原料替代碳零排技术

（一）废弃物燃料替代技术

在水泥生产时，将化石燃料替换为具有一定含碳量和热值并且CO_2排放因子较低的废弃物，不仅可以显著减少碳排放，还可以减少处置固体废物带来的环境影响，实现废弃资源回收。

目前，可以用作替代燃料的主要有废弃生物质、废弃橡胶轮胎、城市生活垃圾、城市污水处理厂污泥等材料。例如，2015年，沙特阿拉伯城市水泥公司的6 000 t/d熟料水泥生产线上使用轮胎破碎入窑焚烧，该项目轮胎处置能力约为2~3 t/h。某熟料新型干法大坝水泥生产线，产水泥1 200万t/a，日协同处置生活垃圾约400 t。

（二）废弃物原料替代技术

水泥行业的主要原料为石灰石，石灰石煅烧生成氧化钙制备水泥熟料过程会排放大量的CO_2，约占整个流程的60%。因此，采用低碳酸盐原料作为替代原料，如电石渣、硅钙渣、钢渣、矿渣、磷石膏、尾矿、煤矸石、粉煤灰等废弃物，可显著降低CO_2排放量。以上替代原料的性质及替代工艺已在本书第六章介绍。

(三) 新型胶凝材料替代水泥技术

地质聚合物（简称地聚物）是一种典型的绿色胶凝材料。它是由天然固态硅铝酸盐和碱金属氧化物或硅酸盐溶液在低温下合成的凝胶材料，其兼具凝胶材料、高分子材料和陶瓷材料的优良性能。可利用碱激发富含Si、Al的工业废弃物（如粉煤灰，矿渣，炉渣等）来制备地聚物胶凝材料，用于代替传统硅酸盐混凝土中的水泥。

地聚物具有多方面的优势：① 原材料丰富。可以是天然铝硅酸盐矿物、高岭土等工业固体废物，还可以是建筑垃圾粉尘等；② 生产能耗低。其能耗是水泥的$1/6 \sim 1/4$、陶瓷的$1/20$、钢的$1/70$、塑料的$1/150$；③ 绿色环保。生产过程无NO_x、SO_x和CO的排放，而CO_2的排放量仅为生产相同质量水泥的$1/10 \sim 1/5$；④ 可再回收利用。废弃地聚物混凝土还可以制备再生地聚物骨料循环利用；⑤ 制备工艺简单。仅在原料中加入预制备的碱激发剂搅拌后装模成型及脱模养护即可制备成功；⑥ 不存在硅酸钙的水化反应，具有优异的力学性能、耐酸碱、耐高温、固定金属离子性能。总的来说，地聚物的主要性能基本符合工程使用要求，是水泥的替代物。

(四) 建筑废弃物循环利用技术

建筑废弃物循环利用技术是指将建筑废弃物经过一系列工艺处理转化成再生骨料、再生粉体、再生砖等建筑材料的原材料，可消纳废弃物，进一步提升工业副产品在建筑材料领域的循环利用率，减少水泥和天然资源的使用，替代和节约资源，降低温室气体过程排放。相关技术已在第六章进行介绍。

三、负碳水泥基胶凝材料技术

负碳水泥基胶凝材料技术是利用矿物生长过程吸收CO_2抵消水泥制造煅烧过程排放的CO_2，实现水泥行业近零排放。其包含两个方面，一方面是利用微生物生长过程中的酶化特性吸收空气中的CO_2，生成碳酸钙矿物作为水泥生产原料；另一方面是利用混凝土的碳化反应。混凝土碳化是在气相、液相和固相中进行的一个复杂的多相物理化学连续过程。混凝土内的主要碳化反应包括氢氧化钙、硅酸钙、水合铝酸钙，主要化学反应如式（11-1）至式（11-3）所示：

$$Ca(OH)_2 + CO_2 \longrightarrow CaCO_3 + H_2O \qquad (11-1)$$

$$3CaO \cdot 2SiO_2 \cdot 3H_2O + 3CO_2 \longrightarrow 3CaCO_3 + 2SiO_2 + 3H_2O \qquad (11-2)$$

$$4CaO \cdot Al_2O_3 \cdot 13H_2O + 4CO_2 \longrightarrow 4CaCO_3 + 2Al(OH)_3 + 10H_2O \qquad (11-3)$$

第五节
有色金属冶炼行业

有色金属冶炼行业是典型的流程工业，具有资源、能源密集的特点，属于高能耗、高污染行业。有色金属冶炼行业的主要金属品种包括铝、铅、铜、锌，可以分为采矿、选矿、冶炼等过程，其中冶炼为主要的 CO_2 排放环节。本节主要介绍我国有色金属冶炼行业节能减排关键技术。

一、电解铝行业碳减排技术

目前，在有色金属冶炼行业中，铝的能耗最大，电解铝是整个行业碳排放的重点。

（一）晶种分解节能技术

在拜耳法生产氧化铝过程中，晶种分解是决定氧化铝质量和能耗的关键环节之一。根据铝酸钠溶液结晶反应动力学进程需要，结合流体特性，合理分配机械能，采用微扰动与平推流结合方式，合理使用搅拌，消除多余搅拌无效能耗，可实现氧化铝生产过程的大幅降耗。

我国现有各类氧化铝种分槽约1 300余台，均属于高能耗装备。以40万t喷射压缩空气整体翻料式晶种分解生产线为例，压缩空气消耗量较传统方法减少92.78%，节约直接电耗约40%。

(二）铝电解槽节能技术

1. 新型稳流保温铝电解槽节能技术

新型稳流保温铝电解槽节能技术主要是通过对阴极内衬结构和材料进行改良，达到降低阴极铝液层的水平电流和电解槽阴极压降，以实现电解槽低电压高效率稳定运行的目的，并通过对阴极内衬的保温性能进行改良，使阴极内衬等温线分布得到优化。同时，通过减少电解槽的电能输入和热能损失，最终使电解槽的热工作状态得到改善，实现大幅节能。

截至2020年，新型稳流保温铝电解槽节能技术已在国内5家电解铝企业应用，吨铝节电500 kW·h以上。

2. 惰性阳极材料电解铝技术

现行生产铝的方法大都采用Hall-Heroult电解法，吨铝炭素阳极净耗量超过400 kg，发生阳极效应的同时还伴随有沥青烟气、酸性气体及强温室气体的排放（式11-4）。因此，以惰性阳极材料为基础的新型铝电解技术成为铝工业的重点研究对象之一（式11-5）。力拓公司（Rio Tinto）联合美国铝业公司，使用惰性阳极代替碳，开发了世界上第一个无碳铝冶炼工艺。

$$2Al_2O_3 + 3C \longrightarrow 4Al + 3CO_2 \qquad (11-4)$$

$$2Al_2O_3 \longrightarrow 4Al + 3O_2 \qquad (11-5)$$

国际上近年来重点研究的惰性阳极材料主要集中于金属合金、金属陶瓷、氧化物陶瓷等三大类材料，其中，金属合金由于具有强度高、导电性能好、抗热震性强、不易脆裂、易于加工成形、易实现与金属导杆间连接等优点而成为研究热点。金属合金作为阳极材料在冰晶石熔盐体系中要有较强的耐腐蚀性能，同时在合金阳极表面形成一层致密均匀、相对较薄且具有自修复能力的保护膜。

（三）非二氧化碳温室气体减排技术

据《2006年IPCC国家温室气体清单指南》，全氟化碳（PFCs）是强温室气体，主要产生于镁铝生产、集成电路或半导体制造、薄膜晶体管平板显示器制造，以及光电流、电力设备制造、使用和处理过程中。其中铝生产是最大的PFCs排放源，占总排放量的99%。

目前主要通过降低阳极效应排放、降低非阳极效应排放和改变生产工艺等技术途径减少PFCs的排放。

① 降低阳极效应排放的技术包括自动熄灭阳极效应技术、无效应铝电解技术、电解质体系优化技术等；② 降低非阳极效应减排技术包括氧化铝精确下料技术、电解槽磁场优化技术、提高炭阳极质量的工艺技术及提高国产氧化铝质量的工艺技术；③ 电解铝新工艺技术主要指惰性电极铝电解技术和低温铝电解新技术。其中低温铝电解新技术主要对低极距型槽结构设计与优化、低温电解质体系及工艺、过程临界稳定控制、节能型电极材料制备等方面进行集成创新应用，已在200 kA以上铝电解系列上集成应用，实现了铝电解生产直流电耗由平均13 100 kW·h/t左右降低到12 500 kW·h/t以下，减少PFCs排放量约50%。

二、铅冶炼节能碳减排技术

（一）氧气熔炼减碳技术

1. 氧气底吹熔炼技术

氧气底吹熔炼技术利用炉体下部设有的氧枪或还原枪，用于氧化硫化矿或还原氧化物。由于O_2浓度高、烟气量少、炉内衬耐火材料，以及无冷却水套热损失少，铅精矿均可不加任何燃料就实现自然熔炼，且系统设有烟气余热锅炉生产蒸汽发电，热能利用率高。氧气底吹炼铅是能耗相对较低的技术，减少碳排放的同时也适用于锌铜等金属的冶炼过程。

氧气底吹熔炼技术的显著特点之一是无碳热熔炼，富氧底吹造锍熔炼的配煤率为零，能够减排甚至不排CO_2。铅冶炼"氧气底吹熔炼－液态铅渣直接还原"可取代"氧气底吹熔炼－鼓风炉还原"，吨粗铅综合能耗可由360 kg标准煤降至200 kg标准煤，吨粗铅减排CO_2达422.4 kg。

2. 氧气侧吹熔池熔炼技术

氧气侧吹熔池熔炼技术集物料干燥和熔炼于一身，熔炼强度大，因此可充分利用原料自身的化学反应热，产生的烟气通过余热回收后进行发电，有效降低了能耗，减少碳排放，同时也适用于铜、镍、铅、锑、锡等金属的冶炼过程。

（二）奥斯麦特富氧顶吹减碳技术

奥斯麦特法是在熔池内的熔体、炉料、气体之间造成强烈的搅拌与混合，大大强化热量传递、质量传递，提高化学反应速率，如图11-19所示。技术改造后的"奥斯麦特富氧顶吹熔炼+侧吹还原熔炼"处理工艺，将氧化、还原熔炼过程分两炉进行，再配套改造后的烟化炉，形成"氧化炉—还原炉—烟化炉"呈阶梯布置、3台冶金炉独立完成各自单一冶炼功能的铅冶炼及渣处理工艺，新增设一台侧吹还原炉承接原有的奥斯麦特富氧顶吹与烟化炉，可取消电热前床，降低能耗，减少冶炼过程的碳排放。

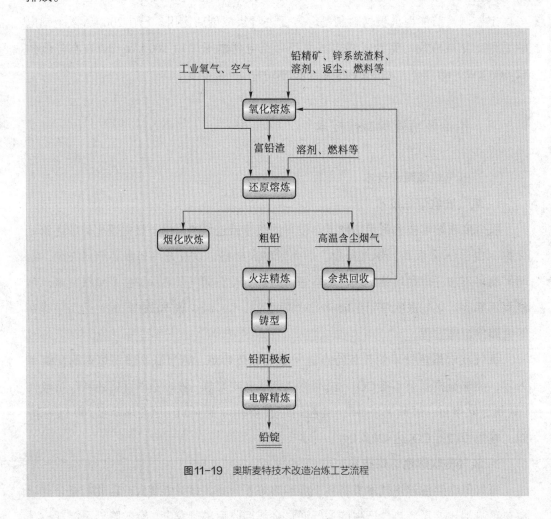

图11-19　奥斯麦特技术改造冶炼工艺流程

（三）液态高铅渣直接还原技术

液态高铅渣的还原熔炼会造成大量的热量损失，并存在熔炼过程中再熔化需要增加焦炭消耗量的问题。通过鼓风炉还原富铅渣工艺中热态富铅渣铸块过程可以有效解决上述问题，充分利用热渣的潜热来降低还原过程中的能耗。

该工艺特点：① 底吹炉所产粗铅直接除铜铸阳极板，减少了粗铅铸锭、熔化等过程，降低了能耗。② 侧吹还原炉采用煤＋煤气吹炼还原，相对于鼓风炉，入炉气量大大减少，烟气带走的热能少。无论是底吹还原技术还是侧吹还原技术，与鼓风炉还原相比均具有非常大的能耗优势，充分利用了热渣潜热，且熔池熔炼传热传质效率高，综合能耗大大降低。氧气底吹－侧吹还原－烟化炉工艺由于电热前炉的取消，综合能耗降低量合标准煤为50～180 kg/t，降低CO_2排放量约10万t/a。

三、铜冶炼降耗减排技术

（一）双侧吹竖炉熔池熔炼技术

该技术是通过双侧、多风道将含氧50%～90%的富氧空气吹入熔炼炉内的熔渣和新入炉物料的混合层，在强烈而均匀的搅拌和高温作用下，氧化反应更迅速、更均匀，使熔炼效率更高，同时鼓风压力更低、更节能。

（二）粗铜自氧化还原精炼技术

粗铜自氧化还原精炼技术取消了传统火法炼铜生产工艺的氧化和还原两个作业过程，通过鼓入惰性气体搅拌铜液，利用铜液中自身的氧和杂质反应，达到一步脱杂除氧的目的，技术路线见图11-20。此技术实现了还原剂的零消耗，不仅节约能源，而且减少CO_2排放。

（三）旋浮铜冶炼节能技术

旋浮铜冶炼工艺节能原理分为两部分，一是反应塔上部的O_2和物料颗粒间的反应，见式（11-5），二是反应塔下部过氧化颗粒和欠氧化颗粒间的碰撞反应，见式（11-6）～式（11-9）。

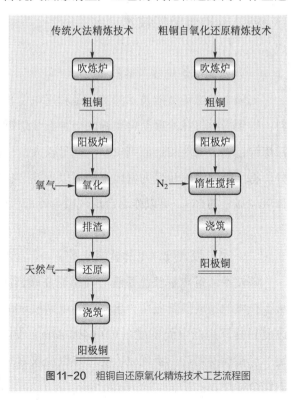

图11-20 粗铜自还原氧化精炼技术工艺流程图

$$2CuFeS_2 + O_2 \longrightarrow 2FeS + Cu_2S + SO_2 \qquad (11-6)$$

$$3Fe_3O_4 + FeS \longrightarrow 10FeO + SO_2 \qquad (11-7)$$

$$Cu_2O + FeS \longrightarrow FeO + Cu_2S \qquad (11-8)$$

$$2FeO + SiO_2 \longrightarrow Fe_2SiO_4 \qquad (11-9)$$

传统冶炼只有第一部分反应，没有第二部分反应，因而反应不完全。旋浮冶炼的碰撞反应机理确保整个熔炼和吹炼过程在各种工艺条件下都能反应充分，因而强化了反应过程，提高了炼铜效率，降低了能耗比。

选用旋浮铜冶炼节能技术，节能效果显著，以年产40万t阴极铜计，CO_2减排量约118 560 t/a。

（四）双炉粗铜连续吹炼节能技术

该技术开发了双侧吹造渣炉和顶吹造铜炉组成的粗铜连续吹炼系统，实现了粗铜吹炼过程的连续化，生产的粗铜品质高，粗铜含硫低、渣含铜低。该工艺烟气量小，粗铜综合能耗比传统卧式转炉吹炼工艺降低30 kg标准煤/t铜。例如，某年产12.5万t铜的大型铜冶炼企业，采用该技术减排CO_2约38万t/a。

四、锌冶炼节能技术

（一）密闭电炉炼锌节能技术

密闭电炉炼锌节能技术的实质是利用电能转化为热能进行还原挥发冶炼氧化锌物料，得到锌蒸气经冷凝获得粗锌的一种火法炼锌方法。电热法炼锌发展较快，但电热法炼锌过程中电能和还原剂焦炭消耗量较大，一般只适合于电力资源丰富的地区。另外，将半密闭电炉转变为密闭电炉可以有效节省热能的消耗。同时反应过程产生的气体90%以上为CO，可以作为合成气或者冷却气的原料使用，从整体降低碳排放量。

（二）高电流密度锌电解节能技术

该技术通过电解整流系统非同相逆并联谐波抑制技术、深度净化技术和ASEP阳极板技术的集成创新应用，可实现谷电期按600～800 A/m^2高电流密度的生产常态化，改变只能采用低电流密度（300～400 A/m^2）的传统生产工艺，使整流和电解系统关键节能指标得到进一步优化，提升硅整流效率，降低直流电耗，最终降低每吨锌提炼的综合能耗。

（三）高效节能电液控制集成技术

高效节能电液控制集成技术可实现系列装备的大型化、高速化、连续化、自动化及节能化，以提高电解效率，降低电耗，实现高效节能减排，如图11-21所示，该项目可实现节能1万t标准煤/t锌，减排CO_2约3万t/a。

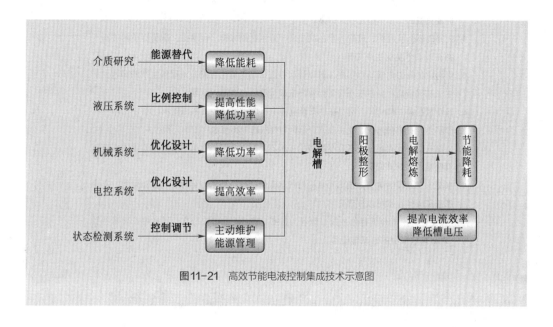

图11-21　高效节能电液控制集成技术示意图

思考题

1. 钢铁行业应该针对哪些重点环节开发碳中和技术? 试论述各种技术之间存在哪些差异。

2. 结合其他行业的碳中和技术路径,探讨其他行业中有哪些碳减排、碳零排、碳负排技术可以适用于钢铁行业,为什么?

3. 查阅3~5篇文献,试概述氢能炼钢技术、木炭炼钢技术的原理。思考发展这两种技术需要克服的技术壁垒及社会因素。

4. 查阅资料,从原料、过程、产品端出发,分别在碳减排、碳零排、碳负排技术类别下补充2~3个工业生产实例。

5. 生物质制备的化学品有哪些,可以替代目前市场上由化石能源为原料生产的哪些生产生活基础用品? 其对未来化工行业降低碳排放将起到何种贡献?

6. 试设想在碳中和时代,塑料在生产全流程中可以采用哪些碳中和技术?

7. 根据当前我国石化行业发展现状,你认为哪些碳中和技术应该率先被推广?

8. 当前水泥行业碳减排技术存在哪些优势和不足? 进一步提升这些碳减排技术需要克服哪些难点? 举例说明。

9. 水泥生产过程的碳减排技术和直接替代水泥的碳减排技术各有什么特点和优势? 其中哪些碳减排技术可以被优先推广?

10. 查阅资料,试分析有色金属冶炼各工艺部分的CO_2的排放特点,思考可发展哪些针对碳排放来源的碳减排技术。

参考文献

[1] 国家统计局. 中国统计年鉴2020 [M]. 北京: 中国统计出版社, 2020.

[2] 韩静涛. 钢铁生产短流程新技术 [M]. 北京: 冶金工业出版社, 2000.

[3] 王新东. 钢铁工业绿色制造节能减排技术进展 [M]. 北京: 冶金工业出版社, 2020.

[4] Zhang X Y, Jiao K X, Zhang J L, et al. A review on low carbon emissions projects of steel industry in the World[J]. Journal of Cleaner Production, 2021, 306: 127259.

[5] Jiang X, Wang L, Shen F M. Shaft furnace direct reduction technology-midrex and energiron[J]. Advanced Materials Research, 2013, 805−806(9): 654−659.

[6] Ren L, Zhou S, Peng T D, et al. A review of CO_2 emissions reduction technologies and low-carbon development in the iron and steel industry focusing on China[J]. Renewable and Sustainable Energy Reviews, 2021, 143(C):110846.

[7] Wang Q, Luo J Z, Zhong Z Y, et al. CO_2 capture by solid adsorbents and their applications: current status and new trends[J]. Energy & Environmental Science, 2010, 4(1): 42−55.

[8] Wang M, Lawal A, Stephenson P, et al. Post-combustion CO_2 capture with chemical absorption: A state-of-the-art review[J]. Chemical Engineering Research & Design, 2011, 89(9): 1609−1624.

［9］ Oak Ridge National Laboratory. Materials for separation technologies: energy and emission reduction opportunities[R]. Oak Ridge, TN, USA: EERE, EE-5A, 2005.

［10］ Sholl D S, Lively R P. Seven chemical separations to change the world[J]. Nature, 2016, 532(4): 435-437.

［11］ IEA. Technology roadmap-energy and GHG reductions in the chemical industry via catalytic processes[R]. Paris: International Energy Agency, et al, 2013.

［12］ 李立权, 汪华林, 袁远平, 等. 生物质热解液沸腾床加氢脱氧催化剂及其制备方法和应用: CN 110028982 A ［P］. 2019-07-19.

［13］ Rissman J, Bataille C, Masanet E, et al. Technologies and policies to decarbonize global industry: Review and assessment of mitigation drivers through 2070[J]. Applied Energy, 2020, 266(C): 114848.

［14］ 陈辉辉. 化工材料在3D打印领域的应用与发展 ［J］. 化工管理, 2018 （12）: 157.

［15］ 陈宁, 夏和生, 张杰, 等. 聚合物基微纳米功能复合材料3D打印加工的研究 ［J］. 高分子通报, 2017 （10）: 41-51.

［16］ Deloitte. The 2030 decarbonization challenge: The path to the future of energy[R]. London: Deloitte, 2020.

［17］ CEFIC. Chemical recycling[R]. Brussels: The European Chemical Industry Council, 2020.

［18］ Liu X, Tian F, Zhao X, et al. Multiple functional materials from crushing waste thermosetting resins[J]. Materials Horizons, 2021, 8(1): 234-243.

［19］ 王琪, 卢灿辉, 夏和生. 高分子力化学研究进展 ［J］. 高分子通报, 2013 （9）: 35-49.

［20］ 李瑾, 胡山鹰, 陈定江, 等. 化学工业绿色制造产业链接技术和发展方向探析 ［J］. 中国工程科学, 2017, 19 （3）: 72-79.

［21］ Liao Y H, Koelewijn S-F, Van den Bossche G, et al. A sustainable wood biorefinery for low-carbon footprint chemicals production[J]. Science, 2020, 367(6484): 1385-1390.

［22］ Corma A, Iborra S, Velty A. Chemical routes for the transformation of biomass into chemicals[J]. Chemical Reviews, 2007, 107(6): 2411-2502.

［23］ DECHEMA. Roadmap for the chemical industry in Europe towards a bioeconomy[R]. 2019.

［24］ 马隆龙, 唐志华, 汪丛伟, 等. 生物质能研究现状及未来发展策略 ［J］. 中国科学院院刊, 2019, 34 （4）: 434-442.

［25］ 白京羽, 林晓锋, 丁俊琦. 我国生物产业发展现状及政策建议 ［J］. 中国科学院院刊, 2020, 35 （8）: 1053-1060.

［26］ 袁振宏. 生物质能资源 ［M］. 北京: 化学工业出版社, 2020.

［27］ Daiyan R, MacGill I, Amal R. Opportunities and challenges for renewable power-to-X[J]. ACS Energy Letters, 2020, 5(12): 3843-3847.

［28］ 陈倩倩, 顾宇, 唐志永, 等. 以二氧化碳规模化利用技术为核心的碳减排方案 ［J］. 中国科学院院刊, 2019, （4）: 478-487.

［29］ DECHEMA, CEFIC. Low carbon energy and feedstock for the European chemical industry[R]. 2017.

［30］ 科学技术部社会发展科技司中国21世纪议程管理中心. 中国碳捕集利用与封存技术发展路线图 （2019年版）［R］. 2019.

[31] 中华人民共和国国务院新闻办公室.《新时代的中国能源发展》白皮书［R］. 2020.

[32] 国家能源局. 2021年能源工作指导意见［Z］. 2021.

[33] 马秀琴. 我国钢铁与水泥行业碳排放核查技术与低碳技术［M］. 北京：中国环境出版社，2015.

[34] Hasanbeigi A, Price L, Lin E.Emerging energy-efficiency and CO_2 emission-reduction technologies for cement and concrete production: A technical review[J]. Renewable and Sustainable Energy Reviews, 2012, 16(8): 6220−6238.

[35] Georgiopoulou M, Lyberatos G. Life cycle assessment of the use of alternative fuels in cement kilns: A case study[J]. Journal of Environmental Management, 2018, 216(8): 224−234.

[36] 黄川，李彤，李可欣. 城市污泥用作水泥行业替代燃料的可行性分析［J］. 安全与环境学报，2018，18（3）：1144−1149.

[37] 刘晶，汪澜. 应用替代原料减少水泥行业CO_2排放实例分析［J］. 新型建筑材料，2017，44（7）：97−118.

[38] 王肇嘉. 积极推进工业钢渣类固废替代水泥原料研究与规模化应用［N］. 中国建材报，2020−08−31（2）.

[39] Robayo-Salazar R A, Mejía-Arcila J M, de Gutiérrez, R M. Eco-efficient alkali-activated cement based on red clay brick wastes suitable for the manufacturing of building materials[J]. Journal of Cleaner Production, 2017, 166(10): 242−252.

[40] Mah C M, Fujiwara T, Ho C S. Life cycle assessment and life cycle costing toward eco-efficiency concrete waste management in Malaysia[J]. Journal of Cleaner Production, 2018, 172(4): 3415−3427.

[41] 樊俊江，於林锋. 再生混凝土的碳排放计算与分析［J］. 粉煤灰，2016，28（4）：32−34.

[42] Lippiatt N, Ling T-C, Pan S-Y. Towards carbon-neutral construction materials: Carbonation of cement-based materials and the future perspective[J]. Journal of Building Engineering, 2020, 28(C): 101062.

12

第十二章

交通运输领域碳中和技术

交通运输领域在全球范围内贡献了约25%的温室气体（以CO_2为主），其中72%来自公路运输。2018年，中国交通运输领域占全国终端能源消耗量的10.7%，公路、铁路、水路和民航运输分别占交通运输领域碳排放总量的73.4%、6.1%、8.9%和11.6%。与2008年相比，期间的变化见图12-1。

全球部分地区和国家的交通运输领域主要低碳政策实施路线见图12-2。本章主要介绍交通运输领域的能效提升、燃料替代和绿色能源替代技术。

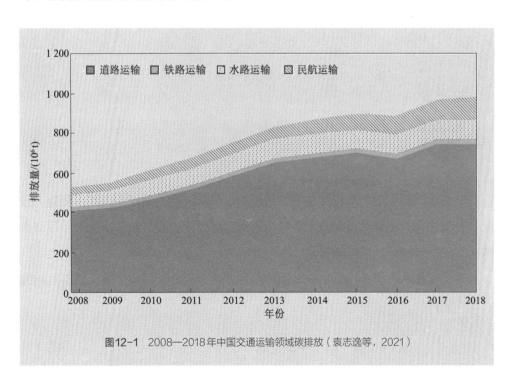

图12-1 2008—2018年中国交通运输领域碳排放（袁志逸等，2021）

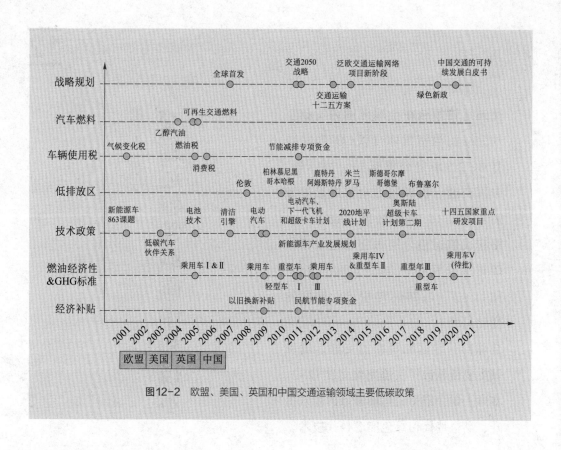

图12-2 欧盟、美国、英国和中国交通运输领域主要低碳政策

第一节
能效提升技术

交通运输领域的能效提升技术包括发动机优化、动力系统电气化、低阻力技术研发和轻量化等，主要通过提升发动机热效率、降低重（质）量和阻力等手段减少油耗从而实现能效提升，节能减排。

本节主要从汽车、飞机、铁路和船舶等方面分别介绍适用于各交通工具的能效提升技术。

一、汽车能效提升技术

（一）轻型汽车

1. 内燃机提升技术

内燃机是指将液体燃料或气体燃料和空气混合后，直接输入发动机内部燃烧产生热能再转变为机械能的装置。内燃机是内燃动力汽车的动力核心，也是碳排放主要来源，其提升技术对于降低汽车碳排放十分重要。

表12-1为目前领先的轻型车内燃机碳减排技术及其削减效果。

另外，通过在轻型汽车上配置稀薄燃烧缸内直喷及发动机喷水等技术，可以在现有基准技术上，实现3%~35%的碳减排。但可能会带来碳氢化合物和颗粒物等污染物排放增加的问题。

表12-1 轻型汽车内燃机碳减排技术

发动机技术	碳排放削减/%	存在问题和收益	应用状态
阿特金森循环	3~5	最大功率和扭矩降低	已应用
可变气缸停缸技术＋轻度混合动力	10~15	噪声、增动	
稀薄燃烧缸内直喷	10~20	高NO_x和PN排放	
可变压缩比	10	污染物减排	
火花辅助压燃点火	10	—	
汽油直喷压燃点火	15~25	高HC、低NO_x、碳烟和排气温度	开发中
喷水	5~10	高HC、低排气温度和NO_x	
预燃室燃烧	15~20	高PN、冷启动排放，低NO_x	
均质燃烧	15~20	高PM、低NO_x和HC	
专用废气再循环	15~20	需稳定的高稀释HC捕集	
两冲程对置活塞柴油发动机	25~35	需DPF＋SCR	
反应性压缩点火	20~30	运输负载范围降低	

注：摘自Joshi A, 2020；PN，颗粒物数量；HC，碳氢化合物；DPF，柴油颗粒过滤器；SCR，选择性催化还原

2. 动力系统电气化

汽车动力系统指将发动机产生的动力，经过一系列的动力传递，最后传到车轮的

整个机械布置过程。

动力系统电气化主要包括轻度混合动力、全混合动力、插电式混合动力、纯电池动力和燃料电池等方面，本节电气化主要指混合动力，纯电池动力和燃料电池在第三节介绍。

混合动力一般指油电混合动力，即燃料（汽油、柴油等）和电能的混合，可在汽车运行的不同阶段采用电能和燃料的交替或者混合使用，实现碳减排。图12-3为日产混合动力系统的工作原理示意图。

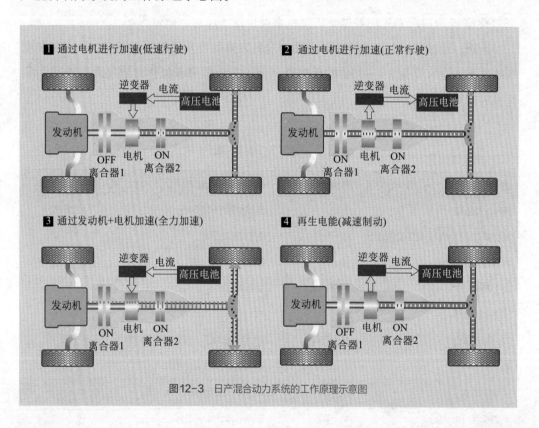

图12-3　日产混合动力系统的工作原理示意图

根据动力分配比例，混合动力汽车可分为轻度、中度和重度三类混合动力车型。

（1）轻度混合动力：以发动机为主要动力源，电机作为辅助动力，具备智能启停、电动助力、制动能量回收等功能，主要采用带式传动兼顾启动和发电功能的电机；

（2）中度混合动力：与轻度混合动力不同的是，在车辆加速和爬坡时，电机可向车辆行驶系统提供辅助驱动转矩，主要采用集成启动/发电一体式电机；

（3）重度混合动力：以发动机和电机作为动力源，且电机可以独立驱动车辆正常行驶。

部分混合动力汽车在原有发动机的基础上，增加驱动电机、智能电驱单元和大容量蓄电池等组成混合动力系统。通过蓄电池高压供电，在启停阶段实现纯电驱动，在加速阶段，电机与发动机同时工作，显著改善汽车燃料经济性和动力性。

对不同动力系统轻型汽车的生命周期碳排放综合研究结果表明：基于全球发电的平均碳排放强度，与内燃机轻型汽车相比，混合动力汽车、插电式混合动力汽车和燃料电池汽车的碳当量排放分别下降约20%、28%和19%。

上述动力系统轻型汽车生命周期CO_2当量（CO_2-eq）排放见表12-2。

表12-2　不同动力系统轻型汽车生命周期CO_2当量排放

排放环节	内燃机/t	混合动力/t	插电式混合动力/t
汽车组件	4.9	5.3	5.4
汽车组装	1.0	1.1	1.1
汽车电池	—	—	0.6
燃料生产	4.8	3.5	10.4
燃料注入	23.8	17.7	7.2
合计	34.5	27.6	24.7

注：摘自IEA.Global EV outlook 2020

3. 汽车轻量化

汽车轻量化是指在保证汽车的强度和安全性能的前提下，尽可能地降低汽车的整备质量。如图12-4所示，乘用车车重减少100 kg，每升油多行驶1 km。表明，轻量化提高汽车的动力性，从而减少燃料消耗和降低排气污染。

车身轻量化技术主要包括四个方面。

（1）对车型规格进行优化，在

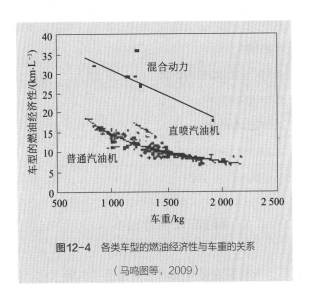

图12-4　各类车型的燃油经济性与车重的关系

（马鸣图等，2009）

确保主参数尺寸基础上，提升整车结构强度，降低材料用量；

（2）使用铝、镁和碳纤维复合材料等轻质材料；

（3）利用计算机进行有限元分析、局部加强设计等优化结构设计；

（4）减薄车身板料厚度，采用承载式车身。

截至2021年，中国主流轻型汽车车身的高强度钢板应用比例均达到50%，铝合金平均单车用量约为120 kg，镁合金单车用量不超过5 kg，距离国际领先水平尚有差距。

（二）重型汽车

重型汽车能效提升与轻型汽车路径大体相似，均主要从内燃机技术等方面进行提升。

根据美国中型和重型汽车油耗与碳排放的研究报告，在发动机提升基础上，对车辆进行改进，如减少空气动力阻力和车轮滚动阻力，预计到2030年可在2019年基础上减少碳排放量约30%；此外在城市驾驶条件下，混合动力的应用预计可将油耗降低20%～30%。

表12-3为可行技术和潜在的碳减排效果。

表12-3　重型车发动机碳减排技术

技术	碳排放削减 /%
55%制动热效率发动机	12～19
废热回收	3～4
车身轻量化	3～4
减少空气动力和车轮滚动阻力	8～20
动态气缸停缸技术	3.5～9
48 V轻度混合动力	10～20
高度混合动力化/城市应用	20～30

注：摘自Joshi A，2020

二、飞机能效提升技术

飞机能效提升技术主要包括飞机轻量化、结构改进和发动机效率提升技术等。

（一）轻量化技术

飞机轻量化技术可以分为轻量化材料应用、结构优化设计和先进制造工艺三种主要途径。

1. 轻量化材料应用

机体材料轻量化能够大大降低飞行油耗，减少碳排放。通过减轻飞机重（质）量等技术，当前客机平均能效相对于20世纪60年代提升了约80%。

飞机轻量化主要是采用碳纤维复合材料、铝合金、镁合金、高强度钢等轻量化材料，制造飞机的蒙皮和内部构造部分。例如，空客A380通过在中央翼盒使用复合材料，相比原有铝合金结构减重1.5 t，波音787-8飞机复合材料使用比例达到50%，实现减重20%，极大地减轻了飞机基本重（质）量。

2. 结构优化设计

结构优化设计包括尺寸优化、形状优化和拓扑优化：① 尺寸优化是确定结构最佳尺寸的最基本方法，主要对象是杆件截面积、板壳厚度等；② 形状优化主要针对结构外边界或孔洞形状；③ 拓扑优化用于确定设计域内最佳材料分布，从而使结构在满足特定约束条件下将外载荷传递到结构支撑位置，同时结构的某种形态指标达到最优，在实现结构减重的同时，也增强了结构的性能。

3. 先进制造工艺

先进制造工艺包括增材制造、先进金属制造工艺等。

可制造性是飞机结构设计过程中必须考虑的关键要素。在材料选择、结构优化设计过程中，必须考虑可制造性方面的问题。例如，钛合金具有非常高的比强度和其他优良性能，但其应用受到制造成本高的限制，拓扑优化设计的结果往往是复杂的几何形状，有时不能通过铸造等传统制造工艺制造。因此以增材制造（又称3D打印技术）为代表的新型制造工艺是飞机结构轻量化的关键。相对于传统对原材料去除、切削、组装的加工模式，增材制造是一种"自上而下"材料累积的制造方法，可以制造出具有复杂几何形状的结构，并且可以释放制造约束。

（二）结构改进

改进结构，减小阻力，也可以降低飞机能耗。

加装小翼为飞机结构改进技术之一。20世纪80年代中期，波音公司研发飞机小翼，通过加装翼尖小翼可大幅减少飞行时翼尖涡流带来的阻力，有效地实现了节省燃料和减少碳排放的目的，同时延长飞机航程，并提升有效载荷。

（三）发动机效率提升技术

传统飞机使用活塞和燃气涡轮发动机作为主要动力，存在能量转换效率低下的问题。发动机电气化技术是一种典型的效率提升技术，电能的转换效率能够由传统动力的40%提升到70%。

20世纪80年代，空客公司首次将电传飞控系统用于商业航班，进入21世纪后，多电/全电飞机问世，电能替代气压和液压开始成为部分机械装置的驱动力。但这部分能源消耗占飞机所需总能量的比例较低，仍需进一步完成飞机发动机电气化。

目前飞机发动机电气化主要有两条路线：一是小型飞机使用电池作为发动机供电，二是大型飞机仍需使用燃气涡轮发动机，但可在其驱动系统中加入电动机，构成混合动力系统。

为实现航空电机系统最终应用，仍需持续开发高功率密度高效电机、高温高频功率变换器和航空电机系统集成技术。

目前全球正在设计并联式混合电推进系统验证机，采用1台1 MW内燃机和由电池供电的1 MW电动机替换飞机中1台常规涡轮螺旋桨发动机，预计将节省30%的燃料。

三、铁路能效提升技术

铁路能效提升主要通过铁路电气化和铁路新型基础设施建设来实现。

（一）电气化铁路

电气化铁路是指能供电力火车运行的铁路，这类铁路的沿线都需要配套相应的电气化设备为列车提供电力保障。

电气化铁路是伴随着电力机车的出现而产生的，因为电力机车本身不自带能源，需要铁路沿途的供电系统源源不断地为其输送电能来驱动车辆。中国电气化铁路总里程已突破4.8万km，位居世界第一。但这也带来了巨大的能源消耗，2019年全国铁路总耗电量高达755.8亿kW·h，其中牵引能耗占据约60%以上总能耗（图12-5）。电气化铁路牵引供电系统仍需要解决耗电量大、系统损耗高和利用程度不足等技术问题。图12-6为飞轮储能、电池储能和超级电容储能三种主要列车能量回收技术对比。

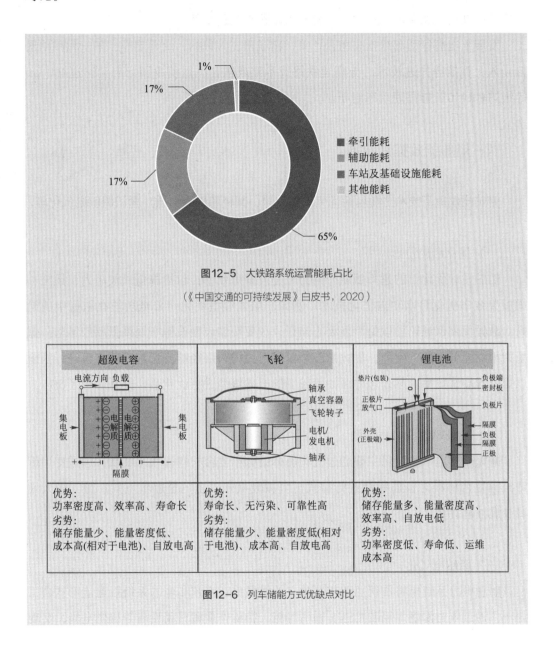

图12-5 大铁路系统运营能耗占比

（《中国交通的可持续发展》白皮书，2020）

图12-6 列车储能方式优缺点对比

（二）铁路新型基础设施

建设铁路新型基础设施主要包括铁路智能监测和发展智能高速动车组技术等。

铁路智能监测技术是指实现动车组、机车、车辆等载运装备和轨道、桥隧、大型客运站等关键设施服役状态在线监测、远程诊断和智能维护。监测技术包括轨道状态检测技术等，通过集成惯性导航、卫星导航、测量机器人和精密轨道小车等硬件，对轨道静态几何状态完成快速检测，提升铁路机车运行能效。

发展智能高速动车组指采用云计算、物联网、大数据、北斗定位、下一代移动通信、人工智能等先进技术，与高速铁路技术集成融合。目前中国已启动时速400 km等级的CR450智能高速动车组研制。

四、船舶能效提升技术

船舶能效提升技术主要包括优化船舶设计、减轻船舶重（质）量和船舶电气化等。

（一）优化船舶设计

船舶设计优化目的是降低航行阻力和提高推进效率，包括降低兴波阻力、风阻和螺旋桨效率优化等水动力优化技术。例如，船体线型优化可降低船舶在航行中的阻力；纵倾优化保证船舶以最节能姿态航行；改变船舶表面设施布局降低船舶风阻；低阻力漆面降低水线下阻力；优化螺旋桨设计，使用大直径螺旋桨对低速主机进行匹配以提升螺旋桨效率。某公司对原油运输船的船体线型进行优化后，油耗降低了5%。

（二）减轻船舶重（质）量

减轻船舶重（质）量主要通过优化船体结构和复合材料替代来实现，通过使用碳纤维等复合材料对普通钢材进行替代，可减轻40%以上的整船重（质）量，极大地减少燃油消耗量。

（三）船舶电气化

船舶电力系统指将传统船舶相互独立的机械推进系统和电力系统以电能形式合二为一，通过电力网络为船舶推进、通信导航、特种作业和日用设备等提供电能，实现全船能源的综合利用。

我国已开展船舶电气化项目的初步研究，研制了柴电混合动力拖轮，实现了柴油机单独推进、电机单独推进、油电混合推进模式，相同拖力下相比传统拖轮主推进柴油机装机功率减小20%，综合能效提升10%以上。

第二节
替代燃料技术

通过使用低碳或无碳的燃料可从源头减少交通运输领域的碳排放，替代燃料主要包括生物燃料、甲醇汽油、液化天然气和氨等清洁燃料。

一、生物燃料

生物燃料指利用生物质生产的液体或者气体燃料，应用于交通运输领域的主要包括生物柴油、生物航空煤油和乙醇汽油等。根据美国中型和重型汽车油耗与碳排放的研究报告，使用生物柴油等低碳燃料，可使油井到车轮的碳排放减少约80%。

目前生物燃料已经发展了两个阶段，第一阶段为常规生物燃料，是指以当前成熟技术进行大规模商业化生产的生物燃料，其原料主要以农作物本身为原料。第二阶段为先进生物燃料，主要以农林牧等有机废弃物为原料（并非农业作物本身），通过新型工艺提高燃料适用性，可更大比例与化石燃料掺混使用，对汽车发动机影响较小。

（一）生物柴油

生物柴油是指植物油、动物油、废弃油脂或微生物油脂与甲醇或乙醇经酯转化而形成脂肪酸甲酯或乙酯，生物柴油分子量与柴油较为接近，有较好的相溶性，可单独或与传统柴油混用于机动车，为优质的传统柴油替代燃料。

生物柴油制备技术等已在本书第五章详细介绍。

（二）生物航空煤油

生物航空煤油主要利用动植物油脂、木质纤维素和微藻等原料，使用加氢技术和催化技术制备生物航空煤油。由于其与航空煤油性质仍有一定差异，目前主要以低于1∶1的体积比与传统化石航空燃料混合，应用于航空器中。

生物航空煤油的主要合成技术路线中，微生物油脂、油脂加氢及费托合成具有显著的碳减排效益，是目前主要发展的技术方向。生物航空煤油制备技术及机理已在第五章详细介绍。

生物航空煤油受加工成本等限制尚不能广泛应用，80%的航空煤油目前仍为常规石油炼制得到。生物航空煤油开发在全球范围内尚属刚刚起步，航空煤油原料生产新技术也处于逐步开发中，如微藻养殖生产生物航空煤油技术，餐饮废油、地沟油加工生产航空煤油技术，以及秸秆热解－加氢脱氧生产航空煤油技术等。

（三）乙醇汽油

乙醇汽油是指由粮食及各种植物纤维加工成的燃料乙醇与普通汽油按一定比例（按照中国的国家标准，乙醇汽油是用90%的普通汽油与10%的燃料乙醇调和而成）混合形成的替代能源。

车用乙醇汽油的制备主要有化学合成法和生物质发酵法两种。

以E10（10%的乙醇加上90%的汽油及添加剂）乙醇汽油燃料为例，使用E10汽油汽车相比于传统汽油汽车尾气排放的典型大气污染物和CO_2均有下降，HC下降11%，NO_x下降0.2%，颗粒物下降35%，CO_2下降3%。从2000年后美国开始推动炼油厂使用乙醇作为汽油燃料的高辛烷值添加剂，目前已成为全球最大的乙醇汽油生产国。中国已开展11个省份乙醇汽油试点，准备在全国范围内推广使用车用乙醇汽油。

二、甲醇汽油

甲醇汽油是指国标汽油、甲醇、添加剂按一定的体积比经过严格的流程调配成的甲醇与汽油的混合物，甲醇掺入量一般为5%～30%。以掺入15%为最多，称M15甲醇汽油，它可以替代普通汽油，是主要用于汽油内燃机机车使用的车用燃料。国内甲醇生产原料主要为煤炭、天然气和焦炉气。

工业和信息化部在2012年启动了甲醇燃料汽车试点，其燃料为M100，即99%的精甲醇加上添加剂。在山西省试点研究了150辆M100燃料出租车，结果表明甲醇汽油在耐久性、甲醛排放、环境影响和人类健康影响方面取得了积极的成果，试点的M100甲醇动力乘用汽车HC、CO、NO_x和甲醛排放低于机动车国四标准限值。

三、液化天然气

液化天然气（LNG）是船舶传统化石燃料的主要替代品之一。LNG是天然气经压缩、冷却至其凝点温度后变成的液体，其主要成分为甲烷，用于专用船或油罐车运输，使用时重新气化。

国际气体燃料动力船协会研究发现，与当前的船用化石燃料相比，使用LNG的船舶全生命周期内可实现高达21%的碳减排。但是，甲烷为LNG的主要化学成分，在LNG运输和加注等过程中的泄漏和逸散均会导致碳排放。

中国LNG燃料动力船舶发展起步较晚，已研制出的LNG单燃料和LNG/柴油双燃料船用发动机技术尚未完善，下一步需提升燃气机关键零部件在排气高温和热负荷下的承受能力，提升燃气机的可靠性。同时需要完善LNG燃料动力船舶的总体设计，充分考虑和规划气罐位置、船舱布置等。

四、氨

氨气作为燃料在船舶领域的运用目前还处于研发阶段。氨易液化，液态氨的能量密度高于液态氢和锂电池。氨气生产的原材料来源较广，且成本低廉，合成氨的原料氢可由电解水或者天然气裂解制得，同时钢铁生产中的副产气也可以作为合成氨的原料。

氨气作为船用燃料几乎没有碳排放，但仍需要解决几个问题：① 氨气制造过程中需使用化石燃料，依然存在碳排放；② 船舶在使用氨气过程中，会造成NO_x排放，同时在不充分燃烧时会产生N_2O这种全球增温潜势值高于CO_2的气体；③ 氨具有毒性，船舱对于燃料密闭性要求更高，同时氨燃料相较于传统化石燃料需要更大的存储空间，增加了船舶运营成本；④ 氨被广泛使用于农业和化工行业中，如果大量使用氨作为船舶燃料会带来对其他产业的冲击。

芬兰和挪威联合研发的零排放氨燃料动力船舶，将成为全球第一艘商业化氨燃料动力船。上海船舶研究设计院18万t氨燃料散货船获得英国劳式船级社原则性批准，并签订氨燃料支线集装箱船合作开发协议。因此，未来将有更多氨燃料动力船舶应用于交通运输领域中。

第三节
绿色能源替代技术

绿色能源替代可有效减少交通运输工具的碳排放，本节主要介绍纯电动及氢燃料汽车和船舶。

一、纯电动

（一）纯电动汽车

纯电动汽车是指车辆的驱动力全部由电机提供，电机的驱动电能来源于车载可充电蓄电池或其他电能储存装置。纯电动汽车技术主要包括蓄电池技术和驱动电机技术等，见表12-4。

表12-4　纯电动汽车技术

主要技术类别	具体技术
驱动电机技术	1. 高效和低成本驱动电机设计与制造工艺 2. 电磁材料多域服役特性，多物理场协同正向设计，电磁部件物理底层建模，以及大数据自动优化算法的电机设计技术
蓄电池技术	1. 动力蓄电池主要进行高能量密度和具有成本经济性优势的开发和优化，以及寿命和充电等性能参数提升 2. 动力蓄电池系统主要开展高效成组技术、蓄电池管理技术和热管理技术等方面研究 3. 梯次利用和回收利用重点关注普遍适用性有价金属元素浸出、分离富集和萃取分离等技术研究，充换电技术、热管理技术和电子电器技术等

注：摘自中国汽车工程学会，2020

汽车电动化是交通运输部门大气污染物和 CO_2 协同控制的措施。为准确和充分地掌握纯电动汽车能源使用和碳排放，需要从生命周期的角度出发，考虑上游燃料、材料生产过程及车辆运行情况各个环节的碳排放。

根据中国汽车工程学会研究报告，从中国整体情况来看，使用全国平均水平电力时，纯电动汽车相比汽油汽车具有显著碳排放削减效果，削减比例为21%～33%。而在可再生能源占比较高的南方区域电网下，碳排放的削减比例可上升至35%～46%。

与汽油汽车碳排放主要来自燃料上游和车辆运行阶段不同，纯电动汽车车用材料周期的排放贡献不可忽视，占比达到了29%～40%。

（二）纯电动船舶

目前纯电动船舶主要应用于渡轮、游船和近海小型运输船等短途船舶中。中国在锂电池关键技术上取得了重大突破，但由于成本和安全问题，纯电动船舶发展存在一定不足，未来仍然需要打破充电速度、电池能力密度、使用寿命和电池管理系统等技术的局限，提升纯电动船舶的安全水平，才能将蓄电池动力技术广泛应用于大型、远距离航运船舶中。同时还需配套完善的岸基充电和船舶充电等配套设施。

国内已初步开展大型、远距离船舶研制：建造的2 000 t级纯电动自卸船，可满载行驶约80 km，电池容量为2.4 MW·h；建造的500 t级纯电动货船，航程达500 km，可航行约50 h；建造的旅游航线用纯电动客运船，船长达100 m。

二、氢燃料

（一）氢燃料汽车

氢燃料汽车指的是以氢作为替代汽油或柴油的燃料驱动内燃机的汽车，其原理是把氢输入燃料电池中，氢原子的电子被质子交换膜阻隔，通过外电路从负极传导到正极，成为电能驱动电动机。质子通过质子交换膜与氧化合为纯净的水雾排出，有效减少了化石燃料汽车造成的空气污染和碳排放问题。

氢燃料汽车以其高能量转化率和行驶阶段零排放的优点有着广阔的发展前景。IEA预测至2030年全球氢燃料汽车销量占比有望达到2%～3%，氢燃料电池技术有望替代大型客车、重型货车、船舶及客机的化石能源使用。

氢燃料汽车主要包括燃料电池系统、燃料电池汽车和氢基础设施三部分：① 燃料电池系统是以单电池通过组装形成发电单元，在必要的辅助零部件和氢气供应下，连续输出电能的装置；② 燃料电池汽车将车载氢气提供的化学能转化为电能，通过电动机驱动车辆行驶；③ 氢基础设施是由氢气的制取、运输、加注和储存构成，分为高压气态储氢和低温液态储氢。

未来需对氢燃料汽车技术进行持续改进：① 提升燃料电池系统的集成化和结构简单化，研发高度智能化的大功率高性能燃料电池系统；② 在已有公共交通和城市物流氢燃料汽车的基础上，推进乘用车和中重型货车的应用；③ 气态储氢向轻量化、大容积和高安全性发展，建设高工作压力的长输管道，实现大规模输氢。

中国初步形成京津冀、长三角、珠三角、华中、西北、西南、东北7个氢能产业集群，共计示范运营各类汽车约4 000辆。其中，东方电气示范的100台氢燃料电池公交车累计运营里程超过620万km，氢耗不到0.04 kg/km。同时，研制了"高原"氢燃料电池发动机，标志着中国企业自主掌握了适应高海拔、多山地、大温差等特性的氢燃料电池发动机技术。

但需要指出的是，氢燃料汽车在车辆运行阶段碳排放为零，但在上游制氢过程中需投入大量资源和能源，在其整个生命周期会带来碳排放和其他环境影响，如以电网电力（主要为燃煤，非风电和水电等可再生能源）为能源的电解水制氢的氢燃料电池汽车全生命周期碳排放高于汽油汽车，而使用可再生电力（风电和水电等）作为能源的电解水制氢和生物质制氢带来的碳减排可分别达到90%和80%以上。

以对中国轻型氢燃料电池汽车的全生命周期污染物排放评估为例：预计至2030年，内燃机汽车CO_2当量排放为218 g/km，以煤气化、天然气重整、焦炉煤气、煤气化＋碳捕集装置、生物质和风能电解水提供氢能的汽车，相对于内燃机汽车，每千米CO_2当量排放分别下降21%、48%、54%、76%、88%和92%。

（二）氢燃料船舶

船用氢燃料主要分为两种：一是将氢气作为直接燃料，通过内燃机将化学能转化为热能。二是通过燃料电池将化学能直接转化为电能。

与氨类似，传统的氢气合成方法存在碳排放，同时氢气难于液化，在运输、加注和使用中存在问题。未来仍需要大力发展船用氢气加注基站和氢燃料动力系统技术等配套基础设施和应用技术。

国内氢燃料电池船舶起步较晚，中国船舶集团有限公司研制的500 kW内河氢燃料电池动力货船是中国第一艘以氢燃料电池动力作为主电源的船舶。

思考题

1. 不同交通工具的内燃机能效提升技术有哪些差异？各种技术对于降低交通运输工具碳排放的环境经济效益如何？
2. 生物燃料对汽车和飞机碳减排的贡献有多大？发展前景如何？
3. 混合动力汽车的特点是什么？它对于未来交通运输领域降低碳排放会起到何种作用？
4. 飞机电气化的难点是什么？试阐述已成熟电气化技术，并分析经济可行的技术路线。
5. 船舶能效提升技术有哪些？试对比中国在该技术领域的研究水平与国外先进水平的优势与不足。
6. 纯电动车技术发展的局限性有哪些？你觉得如何突破？
7. 氢燃料汽车技术包括哪些？中国在该技术领域的研究处于何种阶段，已应用于哪些汽车车型？
8. 简述氢燃料汽车技术发展的局限性。
9. 汽车轻量化如何减排？当前材料技术研究对于轻量化将产生何种影响？
10. 生物燃料替代燃油车、纯电动汽车、氢燃料汽车，你会选择哪一种？为什么？

参考文献

［1］ Zhang L L, Long R Y, Chen H, et al. A review of China's road traffic carbon emissions[J]. Journal of Cleaner Production, 2019, 207: 569–581.

［2］ 袁志逸，李振宇，康利平，等. 中国交通部门低碳排放措施和路径研究综述［J］. 气候变化研究进展，2021，17（1）：27–35.

［3］ 中国汽车工程学会. 节能与新能源汽车技术路线图2.0［M］. 北京：机械工业出版社，2020.

［4］ Joshi A. Review of vehicle engine efficiency and emissions[J]. SAE Technical Paper Series, 2020, 2(5): 2479–2507.

［5］ Weiss M, Irrgang L, Kiefer A T, et al. Mass-and power-related efficiency trade-offs and CO_2 emissions of compact passenger cars[J]. Journal of Cleaner Production, 2020, 243: 118326.

［6］ IEA. Global EV outlook 2020[M]. Paris: International Energy Agency, 2020.

［7］ National Academies of Sciences, Engineering, and Medicine. Reducing fuel consumption and greenhouse gas emissions of medium-and heavy-duty vehicles, phase two: Final report[M]. Washington, DC: The National Academies Press, 2019.

［8］ Field J L, Richard T L, Smithwick E A H, et al. Robust paths to net greenhouse gas mitigation and negative emissions via advanced biofuels[J]. Proceedings of the National Academy of Sciences, 2020, 117(36): 21968–21977.

［9］ Yang Z W, Peng J F, Wu L, et al. Speed-guided intelligent transportation system helps achieve low-carbon and green traffic: Evidence from real-world measurements[J]. Journal of Cleaner Production, 2020, 268: 122230.

[10] Yu B Y, Ma Y, Xue M M, et al. Environmental benefits from ridesharing: A case of Beijing[J]. Applied Energy, 2017, 191(C): 141−152.

[11] Liu F Q, Zhao F Q, Liu Z W, et al. Can autonomous vehicle reduce greenhouse gas emissions? A country-level evaluation[J]. Energy Policy, 2019, 132（C）: 462−473.

[12] 王海林, 何建坤. 交通部门CO_2排放、能源消费和交通服务量达峰规律研究 [J]. 中国人口·资源与环境, 2018, 28（2）: 59−65.

[13] 吴小萍, 李雨思, 刘江伟. 中国铁路与世界主要国家铁路能源消耗对比分析 [J]. 科技导报, 2016, 34（2）: 313−317.

随着全球城镇化发展，建筑领域的能源、资源消耗量整体呈现持续上升趋势，相应的碳排放量也持续攀升。建筑领域的碳排放包括隐含碳排放和运行碳排放。其中，隐含碳排放来自建材生产、建造与拆除过程中，而运行碳排放可分为直接排放和间接排放。直接碳排放来自建筑物内部化石燃料燃烧过程，如炊事、生活热水、壁挂炉等的燃气使用和散煤使用；间接碳排放来自外界输入建筑的电力、热力。本章主要介绍建筑建造、构造与环境营造碳减排技术，建筑能源系统碳零排技术，建筑绿化系统碳负排技术。

第十三章
建筑领域碳中和技术

13

第一节
建筑建造、构造与环境营造碳减排技术

本节主要介绍工业化建造、建筑围护结构、建筑热环境营造及建筑光环境营造等碳减排技术。

一、工业化建造技术

工业化建造通过将建筑构件进行模块化、标准化生产和装配，大幅降低建材生产损耗、节约施工工序、提高组件回收利用率，进而实现源头减碳。相比传统现浇施工建筑，工业化建造在建材生产到施工建造阶段可节约材料20%左右、节约水资源60%左右、减少施工碳排放20%左右；且预制率越高，减碳效果越好。工业化建造对资源和能源的利用率也有不同程度的提高，如施工现场的建筑垃圾和废弃物相应地减少，建筑废弃物的回收率可达一半以上，这也可带来一定程度的碳减排。

以北京市和深圳市两个建筑面积相近项目为例。案例1位于北京市大兴区，建筑面积为50 461 m^2，采用了底层钢框架和顶层门式框架结构，结构安全等级二级、使用年限为50年；案例2位于广东省深圳市，建筑面积约为50 000 m^2，采用预制钢结构体系，预制率50%，预制构件厂运输车辆为柴油重型半挂牵引车、载重30 t，项目现场距离预制构件厂100 km。

如表13-1所示，案例1单位面积CO_2排放量为0.228 t/m^2，案例2的CO_2排放量则为0.056 t/m^2，即工业化预制装配式建筑物化阶段的碳排放量约为24.56%。其中，通过预制方式极大减少了混凝土和钢筋的浪费，使得案例2建材生产阶段碳排放量不到案例1的1/4。

表13-1　传统建造方式与工业化预制装配式建造方式碳排放量对比

案例	隐含碳排放量（CO_2）/t				CO_2排放强度/（$t \cdot m^{-2}$）
	建材生产	运输	施工	合计	
案例1：北京	10 905.5	139.3	461.6	11 506.4	0.228
案例2：深圳	2 460.3	320.2	28.7	2 809.2	0.056

二、建筑围护结构技术

建筑围护结构技术主要通过优化如墙体、屋面、地面及门窗等建筑围护结构性能，可以减少20%~50%的建筑能耗。建筑围护结构可以分为传统围护结构与新型围护结构。

（一）传统围护结构

传统围护结构减排方式包括增强墙体保温性能（如厚重型墙体、夹心保温墙体等）、增强围护结构气密性（如高气密性门窗构造）及采用相变墙体等方法。传统围护结构的被动式优化能够对特定气候下的建筑进行减排，大部分对严寒及寒冷地区适用。

这类技术主要包括呼吸式双层幕墙、特隆布墙及动态可调内外遮阳技术。

1. 呼吸式双层幕墙

呼吸式双层幕墙是一种节能环保型幕墙，主要由外层幕墙、空气交换通道、进风装置、出风装置、承重隔栅、遮阳系统及内层幕墙（或门、窗）等组成，且在空气交换通道内能够形成空气有序流动的建筑幕墙。呼吸式幕墙无须专用机械设备，可完全依靠自然通风，降低建筑能耗，是一种重要的建筑节能技术。

目前，呼吸式双层幕墙主要应用于高层建筑外围护结构，如图13-1所示。夏季，进、出风口打开，室外空气从底部进气口进入热通道，在热通道内进行热量交换加热后，在热压的作用下上升并从上部排风口排出，从而减少热能进入室内，节约建筑能耗。冬季，关闭进风口、排风口，可形成封闭的空气缓冲层，提高幕墙的保温性能，进而降低整栋建筑的能耗，减少碳排放。

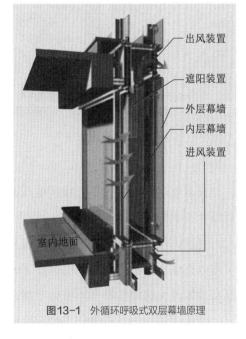

图13-1 外循环呼吸式双层幕墙原理

2. 特隆布墙

特隆布墙系统又称集热蓄热墙系统，由朝南的重质墙体与相隔一定距离的玻璃盖板组成，如图13-2所示。

在冬季，太阳光透过玻璃盖板，被表面涂成黑色的重质墙体吸收并储存起来，带有上下两个风口的墙体使室内空气通过特隆布墙被加热，形成热循环流动。玻璃盖板和空气层抑制了墙体所吸收的辐射热向外的散失。重质墙体将吸收的辐射热以导热的方式向室内传递。但是，冬季的集热蓄热效果越好，夏季越容易出现过热问题。目前采取的办法是利用集热蓄热墙体进行被动式通风，即在玻璃盖板上部设置风口；另外，利用夜间天空的冷辐射使集热蓄热墙体蓄冷或在空气间层内设置遮阳卷帘，在一定程度上也能起到降温的作用。

通过对位于辽宁大连农村地区采用特隆布墙的被动式太阳房进行实测，结果表明太阳房室内温度在夏季比对比房低5 ℃，冬季高9 ℃，说明特隆布墙确实能有效减少建筑冷热负荷，降低建筑能耗，减少建筑碳排放。

3. 动态可调节内外遮阳技术

动态可调节内外遮阳是指能够在遮阳的同时不遮挡景物，并且保持了室内通透感，还可以有效降低建筑能耗，如图13-3所示。

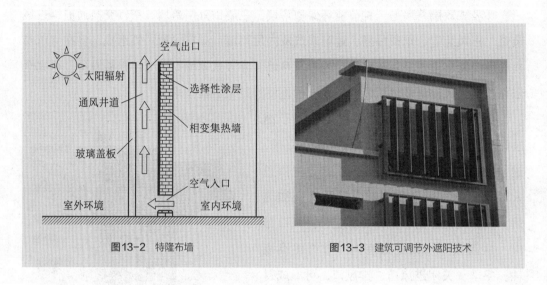

图13-2 特隆布墙　　　　　　　图13-3 建筑可调节外遮阳技术

在夏季遮阳百叶控制光线照度及减少室内辐射得热；在冬季遮阳百叶的自动调整可以保证太阳辐射热能的获取。

目前，可调节内外遮阳技术可应用于办公楼与公寓楼南侧外窗的遮阳，该技术既可有效降低夏季制冷能耗，同时在冬季可通过改善传热系数的方式降低采暖能耗，进而有效地改善居住建筑全年整体节能效果，减少建筑碳排放。

传统建筑围护结构受限于稳定性较差的动态调节能力，此类静态优化方式无法满足围护结构随室外环境及室内人员变化的动态响应需求。随着人们对室内环境舒适性需求的不断提升，通过传统方式很难在满足人们需求的同时达到理想的建筑节能效果。因此，近年来一些新型建筑围护结构被提出。

(二) 新型建筑围护结构

新型建筑围护结构主要包括机械可调、流动可调、外加磁场、记忆金属等方式。

1. 机械可调

机械可调是指通过对围护结构进行构件的机械调控以改变墙体的传热能力。如可在墙体组装空腔并在空腔内部布置保温板，如图13-4所示。左侧保温板完全闭合时，墙体热阻大传热能力差；右侧通过机械控制将保温板旋转开启一定角度后，墙体热阻逐渐减小。

另外，也可对墙体内部组装卷轴进行机械控制以实现传热可调，如图13-5所示。在空腔中放下卷轴形成狭窄的独立绝热空气层，此时墙体呈现高热阻；将卷轴收起后，空腔内部的大空间形成自然对流，此时墙体呈现低热阻。

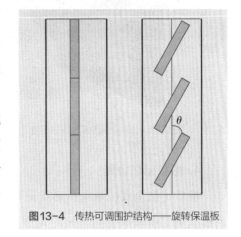

图13-4 传热可调围护结构——旋转保温板

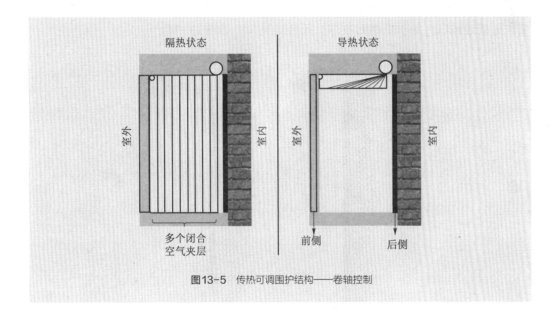

图13-5 传热可调围护结构——卷轴控制

2. 流动可调

流动可调是指在墙体内部布置管路，通过控制管路内流体的流动情况改变墙体热阻。当管内流体静止时，传热过程以导热为主，此时墙体热阻高；当管内流体流动时，传热过程从导热转变为强迫对流换热，墙体传热能力提升，如图13-6所示。

但值得注意的是，该方式需要泵提供额外的动力，因此需综合分析传热可调带来的收益与泵运行能耗之间的关系。此外，管内流体还可与水源、土壤源等自然冷热源

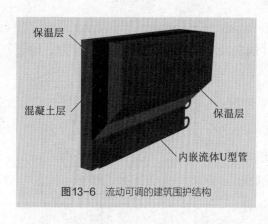

图13-6　流动可调的建筑围护结构

相结合，进一步优化节能。

3. 外加磁场

外加磁场是指在墙体内部布置管路，管路中流体含有可悬浮的磁性颗粒，通过外加磁场控制传热可调。无外加磁场时，墙体及管路内部正常导热；外加磁场后，管路内的磁性颗粒在磁性作用下线性聚集排布，形成导热通道，强化墙体传热。

4. 形状记忆金属

形状记忆金属技术是指形状记忆金属受温度控制产生形变，进而形成通风口。利用形状记忆金属制备的通风可调围护结构可受温度控制产生形变，进而形成通风口。与前文所提及的形状记忆金属有所不同，此类形状记忆金属在夏季高温时会发生形变，形成通风口；冬季低温时收缩，闭合通风口，如图13-7所示。

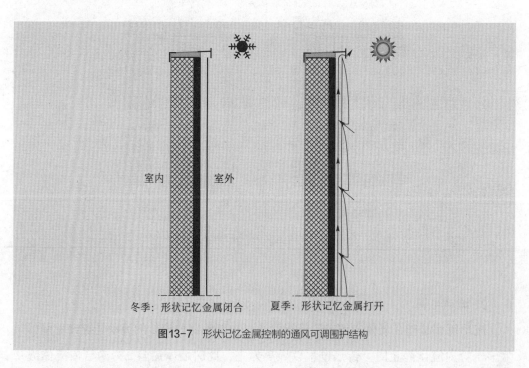

图13-7　形状记忆金属控制的通风可调围护结构

美国康奈尔大学科技校区的被动式节能宿舍楼高约82 m，共26层，堪称世界上最高的被动式节能大楼。通过低碳化设计，建筑室内取暖对电网电力依赖程度极低，应用技术包括围护结构被动式保温、热回收、遮阳和消除热桥等，用极小的能耗就能一年四季保持室温25 ℃左右，大幅降低了冬季采暖与夏季制冷的能耗。大楼比传统建筑节能70%～90%，一年可减排CO_2 882万t，相当于新种植5 300棵树木。

三、建筑热环境营造技术

建筑热环境营造技术是指能够控制影响人体冷热感觉的环境因素的技术，是对建筑供暖制冷需求的满足。

对于建筑供暖方面，适宜的室内环境营造的方式能够降低负荷强度，进而减少碳排放。如采用"部分时间、局部空间"的环境营造理念能有效降低室内环境营造负荷强度。近年来，一些轻薄型地暖设备被提出，出现一种架空式地板辐射供暖末端，架空的目的在于改善传统地板供暖末端热惯性大的问题，为间歇性供暖提供一定的思路，有助于通过环境营造方式以降低负荷强度，如图13-8所示。

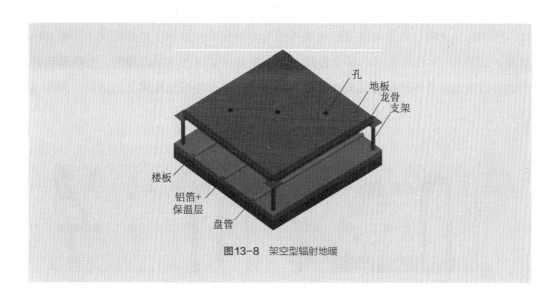

图13-8 架空型辐射地暖

在建筑制冷方面，辐射制冷是一种利用外围护结构实现建筑降温的有效途径。其原理是物体表面通过天空冷辐射向外太空辐射能量从而导致降温。例如，清晨树叶上的水珠，就是由于夜间树叶向天空辐射热量，进一步使得温度降低至露点以下而结露的一种现象。近年来，也有相关研究在尝试创新辐射制冷材料，应用于建筑围护结构外表面铺设，从而实现建筑降温。

四、建筑光环境营造技术

在建筑光环境营造方面,合理的遮阳能降低太阳辐射的热,但是需要权衡光热与自然采光的关系。其中,电致变色玻璃技术与光导管技术都是能够有效提升建筑光环境的手段。

(一) 电致变色玻璃

电致变色玻璃可以在电场作用下实现对光透过或吸收的主动调控性,从而选择性地吸收或反射外界热辐射和阻止室内热量散失,以达到降低温控能耗的目的,同时提高室内光线的舒适度。目前,电致变色玻璃已经成为新型建筑节能产品的重要发展方向,随着人们对建筑节能性与舒适度的要求越来越高,其应用前景会越加广阔。

电致变色玻璃可应用于办公建筑、居民建筑的外窗,它拥有两种状态。透明褪色态是电致变色玻璃变为透明时的状态,适用于室外照度水平不高的情况,如图13-9 (a) 所示;完全着色态是电致变色玻璃不透明时的状态,适用于室外照度水平较高的情况,如图13-9 (b) 所示。这使得建筑在可以调控室内光环境的同时,也能够选择性地吸收或反射外界热辐射和阻止室内热量散失,进而降低整栋建筑的能耗,减少碳排放。

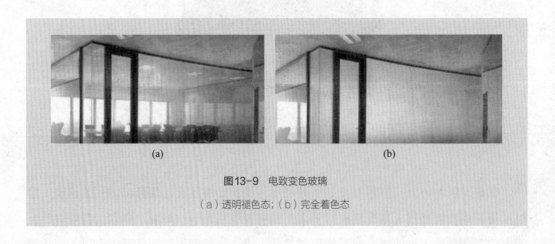

(a)　　　　　　　　　　　　　(b)

图13-9　电致变色玻璃

(ａ)透明褪色态;(ｂ)完全着色态

(二) 光导管技术

光导管技术是一种太阳能被动式技术,如图13-10所示。它是一种无电照明系统,白天可以利用太阳光进行室内照明。其基本原理是,通过采光罩高效采集室外自然光线并导入系统内重新分配，再经过特殊制作的光导管传输后由底部的漫射装置把自然光均匀高效地照射到任何需要光线的地方。在办公建筑、工业建筑等建筑屋顶设置光导管，可在节省室内空间的同时，也为室内提供照明，有效降低建筑照明能耗与碳排放。

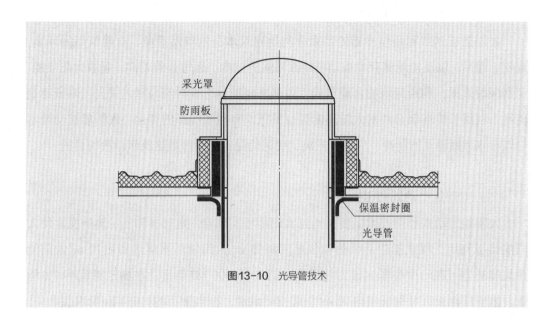

图13-10 光导管技术

第二节
建筑能源系统碳零排技术

建筑是用能大户，全面提高建筑电气化水平，一方面能有效降低化石燃料的直接燃烧，进而降低建筑用能的碳排放；另一方面电气化程度越高，建筑直接利用可再生能源的可能性越高。

本节主要介绍太阳能建筑一体化技术、风能与建筑表皮结合技术、热泵式空调技术、生物质锅炉技术和相变蓄冷/蓄热技术。

一、太阳能建筑一体化技术

太阳能建筑一体化技术是指通过被动与主动方式于建筑层面利用太阳能的技术。

（一）太阳能被动式利用技术

太阳能被动式利用技术指的是充分利用建筑本身的自然潜能，对建筑周围环境、遮阳、通风，以及能量储存中被动利用太阳能的技术。通过建筑朝向，吸收太阳热能，起到保暖效果；利用建筑的合理布局、内部空间加强空气对流与室内采光，降低建筑能耗；利用节能环保材料对太阳热能进行蓄存，有利于能源的转化。太阳能被动技术可以有效降低建筑的制冷、供热、通风、照明能耗，达到降低建筑碳排放的目的。

（二）太阳能主动式利用技术

太阳能主动式利用技术主要是通过太阳能板实现光－电转换和光－热转换，使太阳能得以利用，以承担生活供热和供电。每 15 m^2 太阳能热水集热器和 12 m^2 太阳能热风集热器可在一个冬季时段为住户提供超过 18 900 MJ 热量。在满足建筑 49.7% 能耗贡献率条件下，可保证平均 70 m^2 供暖空间供暖，相当于节约 1 054 kg 标准煤。

城市地面空间小，而建筑表面为太阳能光伏板大面积铺设提供可能。设计开发可与建筑融合的高效光伏组件，推广"光伏建筑一体化"技术是充分利用太阳能资源、建设低碳可持续建筑的有效途径。此外，还可通过在屋面铺设大面积太阳能光电板，扩大太阳能采集面积、优化铺设角度等方式将太阳能资源最大化利用。建筑屋顶层可装设可随季节变换和调整角度的叶片造型光电板。它能够根据外界条件，实时调节自身角度，最大化利用太阳能资源，为建筑提供充足的电力，极大地降低建筑能耗，实现建筑碳减排。

（三）"光储直柔"用能系统

相比于传统能源结构，可再生能源波动性高、随机性大。为适应新型能源结构，"光储直柔"用能系统是应对上述挑战的重要途径。

如图 13-11 所示，该系统是在光伏建筑一体化建设基础上，在建筑用能方面推广设备电气化与全直流化，开发直流供配电关键设备与柔性化技术；在建筑蓄能方面实现分布蓄电常态化，实现建筑用电总量与用电时间柔性可调。如在建筑周边全面配置

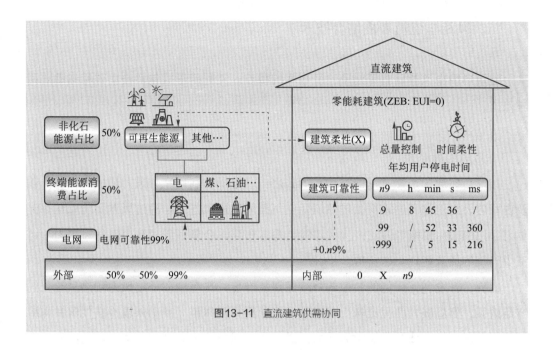

图13-11　直流建筑供需协同

智能充电桩，白天吸纳光伏发电和接受电网低谷电，同时向电动车供电，夜间向建筑供电，为建筑用电高峰期调峰提供保障。"光储直柔"将区域能源系统与建筑能源系统耦合，从"源网荷储用"多维匹配，实现可再生能源高效利用。

　　现阶段，国内已建设多个"光储直柔"示范项目。以1栋居住建筑及其周边公共设施为对象，探究社区"光储直柔"系统应用可行性与节能减碳潜力。该项目采用光伏板发电，铺设于公共区域屋顶，可产生约180 kW电能。蓄能侧配备容量为300 kW/600 kW·h的集装箱式储能系统，并建设400～600 kW充电桩，满足社区多向供电。用电侧包括建筑用电与公共区域用电，建筑内采用楼宇全直流方式用电，社区公共区域采用直流照明与供电，共约有1 000 kW直流负荷。在直流微网建设上实现多微网互联互通，实现直流电网间平衡与互补。通过综合能源服务的模式创新实现分布式光伏、储能、充电桩、建筑用能与电网的友好互动，保证系统高效稳定运行。

　　澳大利亚新南威尔士大学的泰瑞能源技术大楼是本科生和工程专业研究生的教育中心。技术大楼建筑面积约16 000 m^2，其中运用了多项构造减碳技术，曾获得澳大利亚绿色建筑委员会颁发的6星绿星设计等级。该大楼设有一个三代发电系统，功率为800 kW。大楼顶部铺设有1 100 m^2的150 kW光伏阵列，与三代发电系统共同连接到校园电网，其设计目标是减少55%的CO_2排放。在目前的条件和内部负荷下，泰瑞能源技术大楼光伏产电不仅能够自给自足，在白天还能向校园电网输出电力。

二、风能与建筑表皮结合技术

建筑环境中风能具有无污染、低成本的特点，其利用形式包括被动式和主动式两种方式。

（一）风能被动式

建筑自然通风是最常用的被动式形式之一，是一种利用室外风力造成的风压，以及由室内外温差和高度差产生的热压使空气流动的通风方式。通过风洞实验和计算流体力学（CFD）模拟等方法，优化建筑结构与布局，合理利用建筑自然通风潜力，可减少建筑的通风能耗与碳排放。

此外，开发利用风能的装配式外墙保温装饰板，具有削弱外墙风力和热量转化的有益效果：保温板为曲面结构，可对寒风流起到导流作用，减小外墙冷空气向室内扩散，同时风筒设计能转化风力为动力，进一步消耗外墙风力强度；风力转化成的动力能带动摩擦结构，产生热量提高外墙温度，进一步增强保温效果，减小冬季热量损失。计算表明，单个板材结构依靠风能可使温度提高 4.86 ℃，当用于严寒地区外墙时，墙体温度可提高 11.25 ℃。

（二）风能主动式

风能主动式利用是将风力发电装置与建筑结合，为建筑提供额外电能。为强化局部风能，提出了非流线体型、平板型、扩散体型等建筑集中器模型，充分利用屋顶风、风洞风和风道风，如图 13-12 所示。

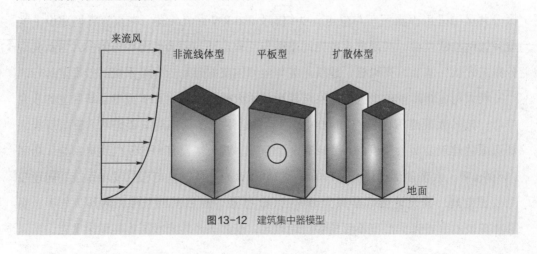

图13-12　建筑集中器模型

例如，巴林世界贸易中心三座直径为29 m的屋顶风力涡轮，可满足大厦每年11%～15%的耗电量；广州珠江大厦高303 m，设备层最大风速可达10 m/s，可有效为涡轮机提供动力，产生电能。

风能发电设备还可与建筑表皮结合，使其在满足正常的建筑围护结构功能的同时，产生额外的电能，减少建筑的碳排放。该技术适合应用于高层建筑。上海中心大厦作为一栋超高层建筑就采用了建筑风力发电一体化技术。在大厦外幕墙上，有与其整合在一起的270台500 W的风力发电机，每年可以产生118.9万kW·h的绿色电力，有效减少了上海中心大厦的电力消耗。

三、热泵式空调技术

在动力驱动下，热泵是可通过热力学逆循环连续地将热能从低温物体（或介质）转移到高温物体（或介质），并用于制冷或制热的装置。利用热泵技术，能将低温热源的热能转移到高温热源，从而实现制冷和供暖。

（一）太阳能直驱式空气源热泵

太阳能和热泵技术是节约常规化石能源使用最有前途的两种方式，两者有机结合的太阳能直驱式空气源热泵更能达到优势互补的目的。由于太阳能受季节和天气影响较大且热流密度低，各种形式的太阳能直接热利用系统在应用上会受到一定的限制。因此，热泵技术得到广泛的重视。太阳能直驱式空气源热泵系统的光伏阵列，能将接收到的太阳能转化为直流输出的电能，随后直流输出的电能通过具有最大功率点跟踪和基于后端压缩机负载频率进行变频调控的光伏逆控一体机，控制光伏组件输出自适应于其最大功率点，使其始终能够高效率运行，给空气源热泵机组提供能量来源。

以江苏某绿建设计三星办公楼为例，其采用一级太阳能直驱式空气源热泵（air source heat pump，ASHP）。系统中设置多台模块化ASHP机组并联。该办公楼建筑面积为6 758 m²，且位于夏热冬冷、室外温度相对较高的南通市。该办公楼设置自动监测系统，能对热泵系统机组及水泵关键参数进行实时监测，使空气源热泵实际制热能效比（COP）值达到2.8，与普通冷水机组相比，提升了能源利用效率，减少了建筑碳排放。

（二）水源热泵

与空气源热泵定义近似，水源热泵机组是以水为冷（热）源，制取冷（热）风或冷（热）水的设备。水源热泵机组工作原理实质上就是在夏季将建筑物中的热量转移到水源中；在冬季，则从相对恒定温度的水源中提取能量，水源热泵的能效比通常在4.0左右。

例如，绿建三星建筑上海世博中心采用水源热泵，夏季利用黄浦江水冷却制冷，冬季进行供热。与燃气供热相比，年运行一次能耗可减少40%~60%，年运行费用可减少50%~70%，年运行能耗节省5 740 MW·h。

（三）地源热泵

地源热泵机组是以土壤/土地等为冷（热）源，制取冷（热）风或冷（热）水的设备。如图13-13所示，地源热泵技术就是通过管路设备将浅层地热源中的低品质热量转化为高品质的热量，并应用于建筑的供热、制冷，地源热泵的能效比通常在4.0左右。

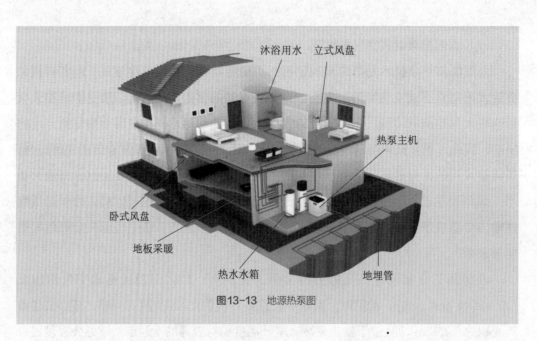

图13-13 地源热泵图

以绿色能源与环境设计先锋奖（LEED）金奖建筑成都来福士广场为例，其地下室、电影院区域，包括两栋写字楼的供冷供热，借助的都是地热源热泵。根据计算，与锅炉供热系统相比，采用地源热泵系统要比电锅炉加热节省2/3以上的电能，比燃料锅炉节省约 1/2 的能量。由于其热源更为稳定，与普通中央空调相比，地热源热泵的制冷、制热效率要高出 40% 左右，有效降低了建筑碳排放。

大型公共建筑可采用地埋管式地源热泵式空调，兼顾供热、供冷和免费冷却功能。其中地源热泵出水温度设置为两套，高温出水设备供应干湿风机盘管和辐射供冷供暖，标准出水设备用于新风系统的冷却除湿。地源热泵的使用，使建筑能够用最少的能源满足建筑的冷热负荷需求（表13-2）。

表13-2　各类热泵比较

项目	地源热泵	水源热泵	太阳能直驱式空气源热泵
原理	利用地下常温土壤或地下水温度相对稳定的特性，通过输入少量的高品位能源（如电能），运用埋藏于建筑物周围的管路系统或地下水与建筑物内部进行热交换，实现低位热能向高位热能转移的冷暖两用空调系统	利用从地球表面浅层的水源，如地下水、河流和湖泊中吸收的太阳能和地热能而形成的低品位热能资源，采用热泵原理，通过少量的高品位电能输入，实现低品位热能向高品位热能转移的一种技术	一种利用高品位能使热量从低品位热源流向高品位热源的节能装置。空气作为热泵的低品位热源
特点	利用可再生的地热能资源，经济、有效、节能，环境效益显著	水热容量大，传热性能好，一般水源热泵的制冷供热效率或能力高于空气源热泵	制热效率高
功能	供暖 + 空调 + 生活热水	供暖 + 空调 + 生活热水	供暖 + 空调
投资	高	高	低
运行能效	能效比可以达到4	制冷、制热系数可达3.5～4.4	受环境影响，需要太阳能提供电力作为辅助热源
适用地区	适用于建筑密度比较低的公共和住宅建筑；一次性投资及运行费用高，可能带来地质问题	适用于有持续水源区域	供暖效率随室外温度的下降而下降，在严寒或易霜地区不宜使用
安装要求	热交换是在地下进行的，必须通过地下打井进行热量传输，因此需要有足够的场地实现能量交换	合适的水源是使用水源热泵的限制条件，且水源必须满足一定的温度、水量和清洁度	不需要设专门的冷冻机房、锅炉房，机组可任意放置在屋顶或地面

四、生物质锅炉技术

生物质锅炉以生物质能源作为燃料，可分为蒸汽锅炉、热水锅炉、热风炉、导热油炉等。

燃料主要以玉米秸秆、小麦秸秆、棉花秆、稻草、树枝、树叶、干草、花生壳等生物质废弃物为原料，经粉碎后加压、增密成型制成。生物质燃料的加工成本低、利润空间大，价格远远低于原煤，可代替煤炭。

按照用途，生物质锅炉可分为两类：热能锅炉和电能锅炉。生物质热能锅炉直接获取热能，而生物质电能锅炉又将热能转化成了电能。其中，生物质热能锅炉应用最广泛且技术比较成熟。

以黑龙江省某小镇集中供热项目为例，该项目供暖面积为 23.5 万 m^2，通过集中供暖锅炉装备技术改造，用一台 14 MW 秸秆直燃锅炉替代了 10 t 老式燃煤锅炉热源。项目推广建设每个供热期消耗秸秆 1.48 万 t，替代燃煤 8 225 t，减排 CO_2 约 1.5 万 t，年生产生物质炭灰 2 600 t，替代化肥 43 t，减排 CO_2 约 300 t。

五、相变蓄冷/蓄热技术

（一）微胶囊相变悬浮液蓄冷技术

相变材料具有较高的储能密度，储能能力是同体积显热物质的 4~5 倍。将相变材料微胶囊化是一种新型的相变材料封装技术。该技术将导热系数较低的相变材料包裹到更具亲水性的高分子复合物壳体内。微胶囊化封装技术可以提高相变材料的蓄冷能力。由于相变材料具有特定的相变温度范围，所以相变材料可作为蓄冷介质使用在空调系统中，能够使蒸发器获得较高的蒸发温度，从而可以提高系统的使用效率，降低设备能耗。

微胶囊相变悬浮液蓄冷技术可应用于太阳能空调技术中，如图 13-14 所示。白天太阳能集热器可以吸收太阳辐射热能驱动制冷机运行，产生制冷效果。在没有冷负荷需求的时候，冷量储存在蓄冷箱体内，箱体内的相变材料会吸收冷量而发生相变。当用户末端需要提供制冷效果时，温度较高的冷冻水从室内将热量送至蓄冷箱体，箱体内固态的相变材料吸收热量发生相变，释放冷量给冷冻水，再由冷冻水供给用户。这种系统可以在太阳能充足的时候蓄冷，供给夜晚或者日光不充足的时候使用。并且可以在太阳辐射最大的时候集中蓄冷，使得效率得到优化，降低建筑能耗。

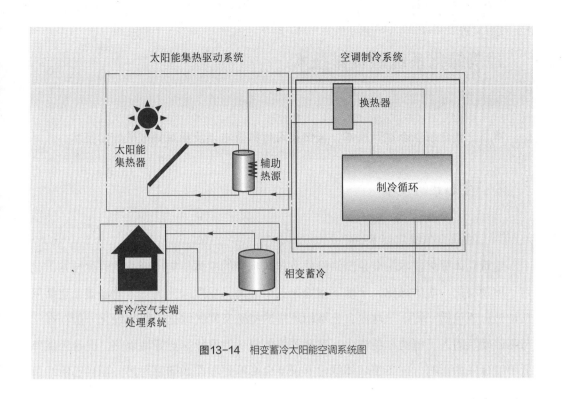

图13-14　相变蓄冷太阳能空调系统图

（二）带相变蓄热器的空气型太阳能供暖技术

带相变蓄热器的空气型太阳能供暖技术的系统主体由空气型太阳能集热器、集热器风机、相变蓄热器、负荷风机及辅助加热器组成。空气在太阳能集热器和相变蓄热器之间、相变蓄热器和负荷之间形成两个循环环路。相变蓄热器包含多个供空气流动的矩形断面的通道，这些通道相互平行并用相变材料隔开。相变材料蓄存日间的太阳能，并在夜间加热通道内送风，以满足夜间房间负荷的需要。

以内蒙古某空气式太阳能相变热泵供暖项目为例，该项目采用空气式太阳能热泵供暖系统代替原有的电锅炉为某建筑供暖。根据通辽市的气候特点，该系统由空气源热泵系统承担建筑的主要热负荷，太阳能集热器产生的热量作为热泵系统的主要低温热源，在无太阳能时，热泵系统也可从环境中吸取热量，电加热器作为辅助热源，保障室内供暖的连续性及舒适性。太阳能集热器、热泵系统及其辅助设备放置在屋顶，供暖末端采用散热器和风机盘管。系统制热能效比（COP）为2.6~4.3，COP变化受气候条件及环境温度影响较大，平均COP为3.6，相对于单一空气源热泵供暖，整体能效较高，节能效果显著。

第三节
建筑绿化系统碳负排技术

本节主要介绍生态建筑技术、天然建筑材料技术以及建筑集成碳捕集技术。

一、生态建筑技术

（一）建筑立体绿化技术

建筑立体绿化技术主要是围绕构件及建筑本身的主体结构所形成的绿化技术，包含了屋顶绿化、墙体绿化、半地下室绿化三个方面。屋顶绿化国际上的涵盖面包括屋顶种植，还包括一切不与地面、土壤相连接的特殊空间的绿化。墙体绿化一般存在于与基础砌筑的人工植物种植槽中，在夏季墙体绿化的设计能更好地隔热，而且还能降低辐射带来的影响；在冬季墙体绿化不仅不会影响到墙面太阳辐射热，而且还能给予一定的保护效果。

悉尼垂直绿化公寓（One Central Park）便运用了建筑立体绿化技术。植物在烈日下发挥遮热、断热与冷却的作用。另外，由于植物蒸腾作用带走室内热量，也可实现建筑的整体降温。这有效降低了建筑在夏季的冷负荷，减少了空调能耗，降低了碳排放，并且植物本身能够吸收 CO_2，进一步降低建筑碳排放。

（二）建筑垃圾资源化再生利用技术

建筑垃圾资源化再生利用技术，从再生骨料、再生混凝土及砂浆、建筑垃圾在道路工程中的应用等领域对建筑垃圾进行再利用。

上海市虹桥枢纽作为资源利用生态道路核心技术的一部分，其建设过程中产生的建筑垃圾及渣土等就有800万 m^3 左右。通过使用建筑垃圾资源化再生利用技术，近50万 m^3 的建筑垃圾及渣土在道路工程中得以转化应用。目前有一些代表企业，骨料资源化利用率可以达到95%以上。

二、天然建筑材料技术

低碳建筑的设计提倡使用可再生能源的建筑材料来达到建筑设计生态化，更多地使用可再生能源建材等天然节能型材料。天然建筑材料主要分为两种，第一种是天然的有机材料，如木材、竹、草等来自植物界的材料与皮革、毛皮、兽角、兽骨等来自动物界的材料；第二种是天然的无机材料，如大理石、花岗岩、黏土等。

表13-3中汇总了2020年全球十大碳中和建筑案例基本信息、主要建材和技术亮点，注重建筑结构体系的优化是其最主要特点。其中，建筑类型覆盖了办公、酒店、教育、住宅、农宅、公寓等，从1层到11层不等，其中大部分建筑以木质结构为主，或是以木材为主的复合结构（如预制厚纤维混凝土、钢木结构等）。

表13-3 2020年全球十大碳中和建筑案例

序号	项目名称	项目地点	类型	层高	主要建材	建筑技术亮点
1	鲍霍夫大街酒店	德国/路德维希堡	酒店建筑	4层	木材	装配式建筑，5天建成木质预制模块
2	浮动办公室	荷兰/鹿特丹	办公建筑	3层	木材	太阳能电池板、海水源热交换系统、自遮阳、木质结构
3	Paradise	英国/伦敦	办公建筑	6层	木材	采用复合层压木质材料
4	Telemark发电厂	挪威/西福尔	办公建筑	11层	木材	光伏系统、倾斜屋面、固定外遮阳等
5	A-Block建筑扩建	加拿大/安大略省	教育建筑	5层	木材	光伏系统、木质结构
6	被动房住宅	英国/约克	住宅	低层	—	空气源热泵、光伏系统等
7	Flat House	英国/剑桥郡	住宅（农村平房）	1层	大麻预制混凝土板	新型建筑材料：预制厚纤维混凝土（大麻），2天建成
8	GSH酒店扩建	丹麦/博恩霍尔姆岛	酒店建筑	3层	木材	几乎全部采用木质材料、交叉层压木材结构、太阳能光热系统、绿电
9	无足迹住宅	哥斯达黎加/某一村庄	住宅	2层	钢材、木材	装配式建筑、木质装饰面浮动钢结构、室内外空间功能灵活变换、太阳能光热系统、绿电
10	CLT Passivhaus	美国/波士顿	公寓	5层	木材	交叉叠层木材（CLT）板、太阳能光伏、保温外墙、CLT屋顶天篷

在各种建筑材料中，木材是唯一具有可再生、可自然降解、固碳、节能等环境特征的材料。木结构建筑在节能环保、绿色低碳、防震减灾、工厂化预制、施工效率等方面突显更多的优势。

从建材生产阶段来看，与仅使用钢筋混凝土的基准建筑相比，木材的使用，可使碳排放降低48.9%～94.7%。

另外，秸秆建材的发展势头也十分迅猛。秸秆建材是指以农作物秸秆为主要原材料，按照一定的配比，添加辅助材料和强化材料，通过物理、化学或两者结合的方式，形成具有特殊功能和结构特点的建筑材料的统称。秸秆建材具有无辐射、无污染、无毒害的众多优点，且建筑物的结构十分稳定。当前秸秆建筑材料主要有以下几种：秸秆砖、秸秆人造板材（分为使用胶黏剂和不使用胶黏剂）、秸秆水泥基复合材料。

天然建筑材料固碳技术的应用使建筑不仅在建造生产过程中的碳排放大大减少，且建筑运行时自身也能够发挥吸碳作用，有效减少建筑碳排放。2017年7月，缅甸落成700余 m^2 绿色建筑，几乎全部由秸秆建材建造而成。并且在缅甸夏季高温多雨的气候条件下，秸秆建筑群的建造和使用未受影响。

南洋理工大学新体育馆是新加坡乃至东南亚首个采用现代工程木结构层压胶合实木（mass engineered timber，MET）为主要材料的大型建筑，于2017年4月投入使用。MET是可持续性能最优良的建筑材料之一，在建筑材料中碳耗量最少，而且拆除后可重复利用。与混凝土相比，MET施工轻便，减少了对重型建造设施的需求。南洋理工大学新体育馆采用了两种形式的MET，即72 m大跨度弧形屋面结构及其他部分梁柱构件采用层板胶合木，以及墙体、楼板和室内装饰等采用正交胶合木。不仅如此，建筑结构的建造工期也比传统方法缩短了33%。

三、建筑集成碳捕集技术

目前，关于建筑碳捕集技术的研究非常有限。有学者研究了建筑集成碳捕集（building integrated carbon capture，BICC）的可能性，将建筑物的外墙作为从空气中吸收 CO_2 的人造叶子，并转化成对环境无害的有用副产品。得出结论，BICC在物理上是可以构建的，并且可以与其他技术（如碳纤维转盘）整合，以降低大气中 CO_2 浓度。

此外，碳捕集与封存技术已在国内外新型低碳建材中有了一定的应用。这种技术将含氢氧化钙、硅酸二钙、硅酸三钙等矿物成分的胶凝材料在低水胶比条件下经过碳化养护，最终将CO_2以盐酸盐的形式稳定地固定在材料中。本书第十一章第四节已介绍相关技术。

　　以麻制建筑保温材料Hempcrete为例，Hempcrete是一种将工业大麻茎和石灰、水等混合而成的建筑保温材料，此种植物纤维材料相比于其他墙体填充的保温材料而言，具有很好的固碳性能。同时兼具重量轻、强度高、防潮、防火、隔音、隔热、抗震、耐腐蚀、环保等特点，近些年已在英国、法国、美国、澳大利亚等国得到广泛应用。

思考题

1. 从技术实现难度、技术应用效果等角度，论述在建筑运行过程中有哪些环节是建筑碳减排的重点。

2. 除本章已提及的校园建筑碳减排案例，试查找相关资料，在校园中还有哪些建筑碳减排实例。你认为哪些案例对自己的校园具有示范意义？

3. 当前中国各地区太阳能资源并不均衡，我国哪些地区适合广泛采用太阳能建筑一体化技术？太阳能资源不丰富的地区又该如何利用太阳能？

4. 试查找国外绿色建筑评价体系，对比分析我国绿色建筑评价体系还应增加哪些指标，请提出你的改进意见。

5. 从建筑全生命周期角度出发，建筑运营碳排放和建筑隐含碳排放谁更重要？

6. 相比于建筑建造、构造与环境营造减排技术，建筑能源系统碳零排技术，建筑绿化系统碳负排技术有哪些特点？

7. 针对我国不同的气候分区，在建筑碳中和技术的选择上有什么共性与特性？

8. 根据当前我国建筑领域发展现状，哪些建筑碳中和技术应该率先被推广？

9. 建筑碳中和技术会对未来的建筑领域设计、施工、规划、运营带来哪些变化？

10. 现有的文献展示了许多建筑碳中和技术，假如让你设计一座零碳城市，你将会应用到哪些建筑碳中和技术？

参考文献

[1] International Energy Agency, UN Environment Programme. 2019 Global status report for buildings and construction[R]. 2019.

[2] 曹祺文，顾朝林，管卫华，等. 基于土地利用的中国城镇化SD模型与模拟 [J]. 自然资源学报，2021，36（4）：1062-1084.

[3] 清华大学建筑节能研究中心. 中国建筑节能年度发展研究报告2020 [M]. 北京：中国建筑工业出版社，2020.

[4] 彭渤. 绿色建筑全生命周期能耗及二氧化碳排放案例研究 [D]. 北京：清华大学，2012.

[5] 王玉，张宏，董凌. 不同结构类型建筑全生命周期碳排放比较 [J]. 建筑与文化，2015（2）：110-111.

[6] 中国建筑科学研究院，上海市建筑科学研究院. 绿色建筑评价标准：GB/T 50378-2019 [S]. 北京：中华人民共和国建设部，2006.

[7] European Commission. European green deal[R]. 2019.

[8] Japan. Fourth energy basic plan[R]. 2014.

[9] 工程建筑标准化编辑部.《"十三五"节能减排综合工作方案》印发住房城乡建设部牵头四项重点工作 [J]. 工程建设标准化，2017（1）：20-21.

[10] 高宇，李政道，张慧，等. 基于LCA的装配式建筑建造全过程的碳排放分析 [J]. 工程管理学报，2018，32（4）：30-34.

[11] FAO. Emissions due to agriculture. Global, regional and country trends 2000—2018[J]. FAOSTAT Analytical Brief Series, 2020(18).

[12] Zhai Y, Ma Y G,David S N, et al.Scalable-manufactured randomized glass-polymer hybrid metamaterial for daytime radiative cooling[J]. Science, 2017, 355(3): 1062.

[13] 谭世友. 内循环呼吸式幕墙设计浅析及工程应用 [J]. 建筑建材装饰, 2021（7）: 184−186.

[14] Dabbagh M, Krarti M. Evaluation of the performance for a dynamic insulation system suitable for switchable building envelope[J]. Energy and Buildings, 2020, 222(3): 110025.

[15] Pflug T, Bueno B, Siroux M, et al. Potential analysis of a new removable insulation system[J]. Energy and Buildings, 2017, 154(11): 391−403.

[16] Krzaczeka M, Kowalczuk Z.Thermal barrier as a technique of indirect heating and cooling for residential buildings[J]. Energy and Buildings, 2011, 43(4): 823−837.

[17] Cui H X, Overend M.A review of heat transfer characteristics of switchable insulation technologies for thermally adaptive building envelopes[J]. Energy and Buildings, 2019, 119(7): 427−444.

[18] Formentini M, Lenci S.An innovative building envelope (kinetic façade) with shape memory alloys used as actuators and sensors[J]. Automation in Construction, 2018, 85(1): 220−231.

[19] Tällberg R, Jelle B P, Loonen R, et al. Comparison of the energy saving potential of adaptive and controllable smart windows: A state-of-the-art review and simulation studies of thermochromic, photochromic and electrochromic technologies[J]. Solar Energy Materials and Solar Cells, 2019, 20(9): 109828.

[20] Freewan A, Shaqra L. Analysis of energy and daylight performance of adjustable shading devices in region with hot summer and cold winter[J]. Advances in Energy Research, 2017, 5(4): 289.

[21] Wu Y F, Sun H L, Duan M F, et al. Novel radiation-adjustable heating terminal based on flat heat pipe combined with air source heat pump[J]. Engineering, 2022.

[22] Wang D J, Wu C J, Liu Y F, et al. Experimental study on the thermal performance of an enhanced-convection overhead radiant floor heating system[J]. Energy and Buildings, 2017, 135(11): 233−243.

[23] 江亿, 郝斌, 李雨桐, 等.直流建筑发展路线图2020—2030（I）[J]. 建筑节能, 2021, 49（8）: 1−10.

[24] 江亿, 郝斌, 李雨桐, 等, 直流建筑发展路线图2020—2030（Ⅱ）[J]. 建筑节能, 2021, 49（9）: 1−10.

[25] 江亿, 郝斌, 李雨桐, 等.直流建筑发展路线图2020—2030（Ⅲ）[J]. 建筑节能, 2021, 49（10）: 1−17.

[26] 袁行飞, 张玉. 建筑环境中的风能利用研究进展 [J]. 自然资源学报,2011,26(5): 891−898.

[27] 曹茂庆, 马龙, 刘煜, 等. 风能利用的装配式外墙保温装饰板设计研究 [J]. 新型建筑材料, 2020, 47（8）: 144−148.

[28] 张时聪, 杨蕊岩, 徐伟, 等.现代木结构建筑全寿命期碳排放计算研究 [J]. 建设科技, 2019（9）: 45−48.

[29] Bryan H, Salamah F B.Building-integrated carbon capture: development of an appropriate and applicable building-integrated system for carbon capture and shade[J]. Civil Engineering and Architecture, 2018, 6(3): 155−163.

14

第十四章
农业领域碳中和技术

联合国政府间气候变化专门委员会（IPCC）第6次评估报告指出，农业生产对全球温室气体总排放的贡献率约为22%。与能源、工业领域不同，农业对 CO_2 的吸收与排放达成一种自然平衡，因此 CO_2 排放不作为温室气体统计，其温室气体排放主要体现为 CH_4 和 N_2O 等非 CO_2 温室气体。农业农村实现碳中和的途径主要包括三方面：降低农业排放强度，提高农田固碳能力，推进资源循环与可再生能源替代。本章主要介绍种植与养殖碳减排技术、农田土壤固碳增汇技术、农业有机废弃物资源化利用技术。

第一节
种植与养殖碳减排技术

非 CO_2 温室气体减排是控制农业温室气体排放的关键。稻田、施肥、牲畜肠道、牲畜粪便产生的温室气体排放分别占我国农业温室气体排放总量的43%、20%、26%、10%。本节主要介绍稻田 CH_4 减排、土壤 N_2O 减排、牲畜肠道及粪便 CH_4 减排技术，以及现代机械化、信息化农业效率提升技术。

一、高效种植技术

在种植方面，通过改良水稻品种、优化水稻水分养分管理、优化施肥方式、提高农业生产效率等技术提升农田生产系统固碳减排能力。

（一）稻田甲烷减排技术

我国是水稻种植大国，种植面积为世界第二，占世界种植总面积的27%。稻田是CH_4的主要排放源之一。

1. 稻田CH_4的产生

稻田CH_4的排放是土壤CH_4产生、再氧化及排放传输三个过程综合产生的结果（图14-1）。① CH_4产生：稻田CH_4是产甲烷菌在厌氧环境下利用根部的有机物质转化而来，这部分贡献70%~80%的CH_4排放；② CH_4氧化：产生的CH_4大约19%~97%在输入大气前被土壤甲烷氧化菌氧化，这个过程主要发生在水稻根际及土壤-水交界面两个区域；③ CH_4传输：CH_4的传输方式有扩散和通过植株排放，其中95%以上的CH_4通过水稻植株排放，剩余的部分则以扩散的方式排放。

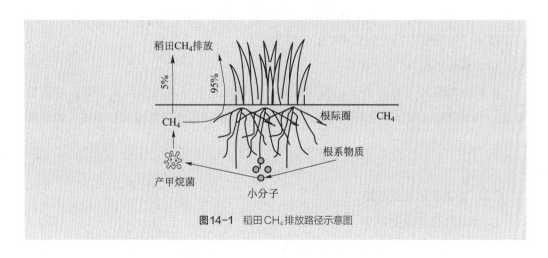

图14-1 稻田CH_4排放路径示意图

2. 稻田CH_4减排技术

目前，稻田CH_4减排技术主要包括合理的水分管理措施、选择适宜的水稻品种、合理的田间管理方式及合适的施肥措施。

（1）水分管理

稻田常规淹水发生时，CH_4的排放量会大量增加，因此发展合理的水分管理措施技术可以显著降低稻田CH_4排放。采用季节中期排水和间歇性灌溉而不是连续供水可以减少排放，特别是在中国西南地区，采用间歇灌溉模式，可有效减少CH_4排放量高达59%。

（2）新品种选育

不同水稻品种种植的稻田CH_4排放量差异较大。一般来说，稻田CH_4排放与水稻生物量成反比，水稻生物量越大，可以把更多的碳固定在植株中，从而减少CH_4排放。中国科学院研究发现，与普通水稻相比，杂交水稻的CH_4排放率低5%~37%。通过现代水稻育种可减少水稻种植过程中7%~10%的CH_4排放。

（3）覆膜栽培技术

覆膜栽培技术指的是在稻田中开沟起厢，塑料膜覆盖在厢面上，然后在塑料膜上打孔方便水稻移栽。灌溉的时候确保厢面无水，沟内有水，保持土壤湿润。

覆膜栽培技术减少CH_4排放的原理是：① 增加农膜覆盖度能有效增加土壤表层温度并维持最佳的土壤湿度，从而增加土壤中微生物的生物含碳量，进而使土壤中微生物活性增强，并加大与产甲烷菌竞争消耗土壤残留物的能力与效率，可以减少CH_4的产生和释放。② 覆膜栽培技术能增加CH_4在土壤中的存留时间，使CH_4被各类反应消耗，从而降低CH_4排放。③ 覆膜栽培技术可在非稻田生育季节最大程度将淹水稻田排干，可以有效减少稻田中CH_4的排放。

（4）联合措施

多种措施联用可显著提高碳减排效益。中国农业科学院试验结果表明，施用缓释肥、节水灌溉及两种措施配合技术，可分别减少稻田温室气体排放约19%、21%和41%。

（二）土壤氧化亚氮减排

1. 土壤氧化亚氮的产生

土壤的N_2O排放包括直接排放和间接排放，主要通过硝化作用和反硝化作用完成，如图14-2所示。在有氧条件下，NH_3或NH_4^+通过土壤微生物的作用被氧化成NO_2^-和NO_3^-。其中产生的NO_2^-能通过化学作用分解为N_2O。在厌氧状态下，土壤中的NO_3^-和NO_2^-能够通过土壤微生物还原成气态氮氧化物（NO_x），N_2O也是其中的一种产物。

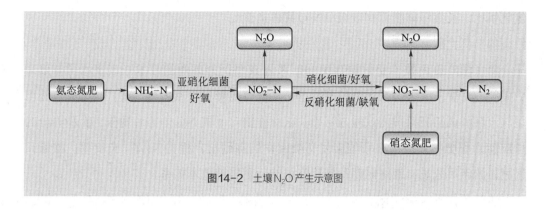

图14-2 土壤 N_2O 产生示意图

外源氮肥（氮肥和有机肥）是农田 N_2O 排放的重要影响因素。外源氮肥的投入会直接影响土壤氮素的供应，进而影响土壤 N_2O 的产生。由氮肥施用及生物固氮作用产生的 N_2O 量约占年排放量的60%。

2. 土壤氧化亚氮的减排技术

减少土壤 N_2O 排放主要从减少 N_2O 的产生、减少氮肥施用并提高氮肥利用率的角度进行，主要调控措施包括：氮肥减量施用、添加抑制剂、长效缓释氮肥施用、配方施肥及多种措施联用。

（1）氮肥减量施用

一般情况下，氮肥当季利用率低（<30%），投入土壤的氮素得不到充分利用，这就导致了我国氮肥用量在持续快速增长的同时，粮食产量增加缓慢。因此，提高氮肥利用率，降低氮肥投入，可有效降低农田 N_2O 排放。一般来说，与常规施肥相比，氮肥减量处理下，玉米农田系统可以转化为温室气体的碳汇。

（2）添加抑制剂

在偏酸性土壤中减量施用氮肥，并添加氮抑制剂，在向土壤中施用氮肥的同时施用生物炭，或者石灰等改良剂，可有效减少土壤中 N_2O 排放。如在酸性土壤上使用控释氮肥、添加氮抑制剂（脲酶抑制剂或亚硝酸盐抑制剂，如二氰胺和3,4-二甲基磷酸盐）、施用生物炭、石灰、白云石粉和其他改良剂，可以减少28%~48%的 N_2O 排放。生物炭施用可以减少10%~90%的 N_2O 排放，pH改善物质（如石灰）可以减少约40%的 N_2O 排放。

（3）长效缓释氮肥施用

我国常用的氮肥是碳酸氢铵和尿素，二者肥效短，挥发损失量大，氮素利用率低。选用长效缓释氮肥可在提高氮肥利用率的同时有效减少温室气体排放。与常用的氮肥相比，长效缓释肥可有效减少 N_2O 排放达 50%。

（4）测土配方施肥

测土配方施肥技术是以调节 N、P、K 元素平衡为原理的技术，该技术可有效减少氮肥的用量，大大提高氮肥的利用率，从而有效降低土壤 N_2O 排放。测土配方施肥是以土壤测试和肥料田间试验为基础，根据作物对土壤养分的需求规律、土壤养分的供应能力和肥料效应，在合理施用有机肥料的基础上，提出 N、P、K 及中、微量元素肥料的施用数量、施用时期和施用方法的一套施肥技术体系。

该技术体系包括"测土、配方、配肥、供肥、施肥"五个环节（图 14-3）。测土配方施肥的减排效益体现在：① 使施肥量和施肥时期更符合作物对养分的需求，提高作物产量；② 提高了化肥的利用率，避免化肥过量施用，有利于节本增收，减少化肥流失量，进而减少由于氮肥过量施用造成的 N_2O 排放量，是一项兼顾粮食安全和生态安全的环境友好的减排技术。

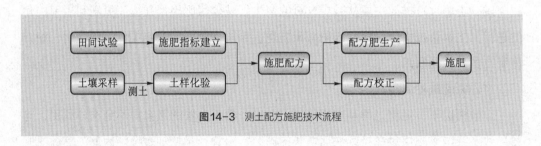

图14-3　测土配方施肥技术流程

（5）多种措施联用

肥料既是作物高产优质的物质基础，又是潜在的环境污染因子，不合理施肥就会造成环境污染。施肥既要考虑各种养分的资源特征，又要考虑多种养分资源的综合管理、养分供应和需求，以及施肥与其他技术的结合。多种措施联用可以加强土壤固碳能力。研究发现，较长的秸秆还田年限（6~10年）配合适当的免耕措施及减量施用氮肥等措施更有利于土壤有机碳的增加。

二、高效养殖技术

畜牧业排放的温室气体占全球温室气体排放总量的 18%。牲畜向大气排放温室气体包括两种途径，一是牲畜通过胃肠道体内发酵产生 CH_4 以嗳气或屁的形式释放到大气中；二是牲畜排出的粪、尿等有机物通过体外厌氧发酵产生的温室气体释放到大气中。肠道发酵占温室气体排放的90%，而粪便管理占剩余的10%。

高效养殖碳减排技术主要是通过精细管理，在粪便管理、饲料利用效率、物流筹划等方面较散养更易实现碳减排。如可通过繁育动物新品种、动物基因改造、改善牲畜饲料、有效粪便管理及实现规模化养殖等技术，降低动物饲养过程中的碳排放，从而达到养殖业温室气体减排的目的。

（一）牲畜肠道甲烷减排技术

1. 肠道甲烷的产生

胃肠道CH_4排放主要来自瘤胃（87%～90%），其余来自后肠（10%～13%）；瘤胃CH_4主要通过嘴和鼻子释放到大气中。反刍动物（如牛、羊）可通过瘤胃和后肠发酵产生CH_4，而对非反刍动物（如单胃动物）主要通过后肠发酵产生CH_4。

由于反刍动物瘤胃内的厌氧环境，并且存在大量的纤维分解菌、产甲烷菌及其他厌氧微生物，牲畜采食饲粮后，被吞食的饲粮在瘤胃中微生物的作用下进行厌氧发酵，瘤胃内的微生物将糖类和单胃动物难以降解的纤维素发酵降解成挥发性脂肪酸、H_2、CO_2等。产生的CO_2、甲酸、乙酸、甲胺等被机体继续消化和利用，在产甲烷菌（如反刍家畜甲烷短杆菌、甲酸甲烷杆菌、巴氏甲烷八叠球菌和可活动甲烷细菌）的作用下合成CH_4。其中，瘤胃内产生CH_4的主要途径是H_2和CO_2的氧化还原反应。

2. 肠道甲烷的减排技术

肠道排放CH_4是维持瘤胃微生态的必要过程，不能完全消除。农业生产中，需要综合采用饲养管理改进和饲料调控技术来实现胃肠道CH_4减排。饲养管理改进主要分为喂养方式和饲料加工；饲料调控技术主要包括调整饲粮精粗比例、添加脂类物质或植物提取物等。通过改进饲养技术，如增加粗饲料中浓缩物的比例和在牲畜饲粮中添加抑制剂，可减排20%～40%。

（1）饲养管理

一般而言，饲料分为粗料和精料，其中粗料包括干草、青贮料和秸秆等，它们能够保持瘤胃食物结构层的正常作用，而精料包括谷物、含淀粉丰富的根茎等。

可通过三种饲养管理措施减少CH_4生成：① 饲喂时先喂食粗料后精料时，通过瘤胃的能量会更多，CH_4生成量就会减少；② 在饲粮中添加能量蛋白，可以提高饲料利用率，减少饲料营养成分在瘤胃中的分解率，抑制瘤胃发酵，提高动物机体对饲料的吸收利用等；③ 采取少量多次的饲喂方式或增加粗料采食量，增加水的摄入量，使更多的饲粮营养经过瘤胃，以此来达到减少瘤胃CH_4产生的目的。

（2）饲料加工

牧草的化学处理和物理加工（如切碎、碾碎、制粒）都能够影响瘤胃的CH_4产量。一般可通过改变饲料物理结构、饲料精粗比例和加入添加剂的方式来降低牲畜CH_4肠道产生量。

1）改变饲料粒径

饲料的颗粒大小可以影响饲料的消化利用率，饲料经粉碎或制粒后可显著减少动物CH_4产量。饲料加工可以破坏细胞壁，动物自由采食被磨碎或制粒后的饲粮，使瘤胃食糜的流通速率加快，降低微生物对细胞壁糖类的消化率，提高饲粮利用率，从而降低CH_4产量。有研究表明，以氨化和切短的秸秆作为饲粮，瘤胃CH_4减少量可大于10%。

2）调整精粗比例

日粮的不同精粗比例与瘤胃CH_4的生成量有直接关系。精饲粮糖类以丙酸形式发酵，丙酸作为氢的受体消耗H_2，从而减少CH_4的产生。粗饲粮糖类以乙酸形式发酵，纤维素分解菌大量增殖，瘤胃进行乙酸发酵，产生大量CO_2和H_2，瘤胃氢分压升高，产甲烷菌大量生长繁殖，CH_4合成增加。因此，适当增加饲粮中的精料比例，选用优质粗饲料，可以有效减少CH_4排放量，提高饲料的利用效率及动物的生长性能。

3）加入添加剂

在日粮中添加脂类物质（脂肪或脂肪酸）可通过改变瘤胃发酵类型来减少瘤胃CH_4的产生，是最自然的一种瘤胃CH_4合成的调控措施。其作用机制有：① 日粮中的脂类物质在瘤胃中发生氢化作用，不饱和脂肪酸竞争性利用氢，打破氢平衡，进而降低CH_4的生成量；② 当日粮中加入脂肪时发酵类型改变，在丙酸发酵的过程中直接抑制产甲烷菌的活动。已有研究表明，月桂酸、亚麻油酸、豆蔻酸是目前抑制CH_4生成最有效的三种脂类。

美国加利福尼亚大学戴维斯分校开发了以海藻作为添加剂的牲畜饲料，研究发现向牛饲料中添加不同种类的海藻能够减少多达90%的CH_4排放。奶牛瘤胃中的古菌通过酶来分解有机物从而产生CH_4等气体，而海藻中的一些成分能够干扰这些酶的作用，使得古菌难以完成合成过程从而减少CH_4的产生。瑞士的Mootral农业技术公司以大蒜为原料生产的饲料添加剂能够减少40%的CH_4生成。

研究表明，给北澳大利亚的肉牛补充Desmanthus热带豆科植物可以减少体内CH_4

的排放；补充葡萄残渣可以显著降低体外瘤胃培养单日产气量中CH_4的比例；补充青蒿提取物可减少CH_4生成，可作为调控奶牛瘤胃CH_4抑制的绿色添加剂；培育高生产性能的动物，通过调高饲喂能量饲料的比例，减少CH_4气体的释放；CH_4生产可能潜在地被动物个体瘤胃形态学和功能差异影响，动物遗传学可能会影响CH_4生产机理。

（二）牲畜粪便管理温室气体减排

养殖场产生的粪便废弃物（包含粪、尿、冲洗水）中有机物占8%~10%、水溶性蛋白质约占1%。表14-1显示我国规模化养殖场猪粪的化学成分。粪便主要污染物包括化学需氧量（chemical oxygen demand，COD）、悬浮物（suspended solids，SS）、氨氮、磷，可生化性好，污染负荷高，属于高浓度有机废弃物。粪便在收集及堆放过程中均会产生温室气体，其中堆放过程占主导。

表14-1 中国规模化养殖场猪粪的化学成分

组分	含量/%
干粪	29
猪尿	31
总氮	0.46
总磷	0.14
铜	0.002 7
锌	0.004 3
挥发性固体	6.91

牲畜粪便温室气体减排措施主要包括收集和堆放方式。

1. 粪便收集

我国畜禽粪便收集方式主要有干清粪、水清粪、水泡粪3种清粪方式。其中水泡粪、水清粪会消耗大量水，增加粪便产生量。同时这两种方式可形成厌氧环境，增加CH_4产生量。干清粪方式不仅能减少粪污产生量，还可减少CH_4产生量，具有一定优势。

2. 粪便堆放

粪便中含有大量的有机物、氮、水，这些物质可在微生物作用下分解为CH_4、N_2O。粪便的有效管理及处理，可降低环境污染，减少温室气体排放。在粪便堆放过程中，可添加黄土、膨润土、黏土等吸附剂，降低堆放过程中温室气体的排放。

(三) 牲畜基因改造

转基因动物的产生是使用基因工程技术将选定的母基因导入动物染色体组合，并表达和遗传的过程。携带和表达外源基因的动物称为转基因动物。基因编辑技术是采用基因剔除、诱变、基因整合等方式，有目的地改造动物基因的方法。下面介绍环境友好型牲畜基因改造技术。

可通过阻碍消化酶与食物的接触，减少营养物质沿肠道的扩散速度，影响养分物质的吸收和利用。如在饲料中添加酶抑制剂，可有效提高饲料消化效率，同时减少C、N、P的排放。然而酶抑制剂受温度、储存时间影响较大。因此，利用基因改造技术可规避这个缺点。如用原核注射方式可获得含转纤维素酶的转基因猪，提高纤维的消化率。腮腺特异表达植酸酶转基因猪、腮腺特异表达木聚糖酶转基因猪，可充分利用饲料中的P、N，减少粪便中P、N的排放，其减少量分别达46.2%、16.3%。

三、农业效率提升技术

农业效率的核心在于农业生产以最小的资源投入和环境代价，获得最大的经济、社会及生态价值。

(一) 电气化信息技术

在农业生产上的电气化主要是电能使用和农业生产中的机械化和自动化。积极推进耕作机、收割机、精准施肥机、变频水泵等在农业中的应用，可提升农业效率，并实现减排目的。下面以精准施肥机和变频水泵为例介绍。

1. 精准施肥机

我国农业生产中化肥利用效率十分低，仅为33%，远低于欧美发达国家50%~60%的平均水平。较低的化肥利用效率不仅会加剧土壤、地下水污染和温室气体排放，也严重影响我国现代化农业的发展。究其原因是传统的施肥过程主要根据个人经验及劳动意愿进行，势必会导致土壤肥料盈余或不足（其中2/3的化肥属于过量施用），从而引起土壤污染，造成土壤质量下降，降低农田的生态效益。精准施肥机能够结合具体生产情况，自动调节施肥量，优化施肥技术，提高化肥利用效率，减少施肥带来的环境污染。

2. 变频水泵

在灌溉方面，传统的漫灌会消耗大量水资源，同时柴油燃烧会带来一定的空气污染，增加温室气体排放。结合电子技术推动变频水泵，应用变频水泵进行灌溉，根据实际情况，对灌溉水流量进行科学的调节，从而节约水、电资源，提高生产效益，降低环境风险。

在农业机械生产方面，有效保障农业耕作时间、合理规划农机配置，可有效提高农业机械的工作效率。合理安排农机之间的衔接时间，使得整地、播种、施肥、收获等作业工序在恰当时间开始，同时一定程度上增加季节性农业机械使用时间，减少农机空转时间，提升使用效率。

（二）规模养殖信息化技术

畜禽产品的大需求量促进了畜禽的规模化、集约化养殖。与传统的散养相比，规模化养殖可提高饲料转化比、提高产量、降低养殖成本。同时，规模化养殖还具有缩短畜禽生长周期、便于管理等优点。如畜禽产生的粪尿可集中排放、处理，减少管理成本及环境压力。

可借助信息技术，通过智能设备运行管理，大大节约人力物力成本，提高养殖效率。具体信息化技术已在本书第九章详细介绍。

第二节
农田土壤固碳增汇技术

农田土壤固碳增汇技术以高产、低排、高效为目标，以增汇、减排、低能、促循环为思路，从作物品种、种植模式、耕作方式、管理措施等方面协调农田系统的碳源和碳汇。

农田土壤固碳增汇技术主要从控制碳的生产性输入及消耗、减少农田生产系统的碳排放、增加农田生产系统的碳汇，以及提高农田生产系统的碳循环利用出发，包括保护性耕作、有机肥施用、复合种养、节水灌溉和秸秆还田等，如图14-4所示。

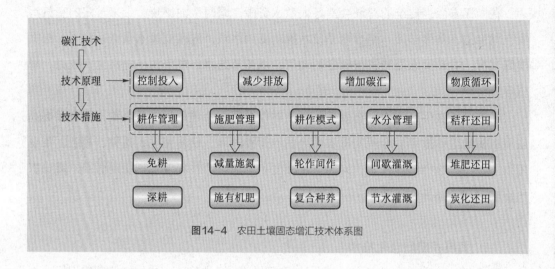

图14-4　农田土壤固态增汇技术体系图

一、保护性耕作

农田耕作方式主要有免耕、深耕、翻耕和旋耕。耕作主要通过对土壤的扰动，改变土壤水分、温度、微生物活性及根系变化，进而影响土壤呼吸和土壤有机碳储量。可采用保护性耕作（如深耕、免耕）来代替常规的耕作措施，减少对土壤的扰动，降低表层土壤的碳排放。

深耕因打破犁底层、有效促进作物根系生长、提高水分利用效率而被广泛应用。如在黄土高原地区种植玉米时，深耕可使土壤CO_2日排放速率显著低于其他耕作方式，这可能是由于深耕增加土壤孔隙度、增强通气性，使得土壤温度快速降低，致使表层土壤微生物呼吸速率降低，利于土壤固碳减排。

免耕可以有效降低微生物的呼吸作用，降低土壤有机质矿化，增加有机碳储量，减少土壤碳排放。同时，免耕还可减少机械耕作引起的碳排放，达到间接减排的效果。研究发现，免耕可降低土壤碳排放的幅度为7.7%~41.3%。

二、有机肥施用

有机肥代替化肥施用是有效降低水稻产生温室气体的手段之一。如在常规施肥下，稻田表现为碳源，其温室气体（CO_2当量）净排放量为203 kg·hm^{-2}·a^{-1}；而施用有机肥的处理下稻田温室气体（CO_2当量）排放速率为 −311 kg·hm^{-2}·a^{-1}，表现为碳汇。研究发现常规施肥，农田表现为温室效应的源，而有机肥代替50%氮肥、有机肥处理均能将农田系统变为碳汇。

有机肥施用处理较化肥施用处理可减少温室气体排放，主要体现在（图14-5）：① 有机肥处理下可显著提高土壤微生物活力，促进养分的循环及转化，为作物提供更多的有效养分，增加作物碳储量；② 有机种植可降低N_2O排放，化肥处理下稻田N_2O排放是有机肥处理的5倍左右；③ 化肥种植模式下的运输成本是有机肥处理的6倍；④ 有机种植可通过增加有机物的输入，增加土壤有机碳储量；⑤ 与化肥处理相比，有机种植降低对外部投入的依赖；⑥ 施用有机肥可显著提高土壤黏粒含量，一般的土壤黏粒含量越高，越利于土壤碳的储存。因此，有机肥种植可提高碳稳定性。

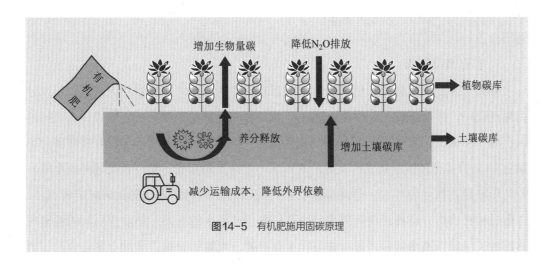

图14-5 有机肥施用固碳原理

三、秸秆还田

（一）秸秆还田固碳效益

秸秆直接还田是当前土壤改良有效途径之一。秸秆还田不仅可以充分利用农作物废弃资源，还利于土壤有机碳积累，增强农田生态系统的固碳能力。然而，秸秆施用可增加土壤活性有机碳，为微生物提供更多碳源，刺激微生物生长，从而增加有机碳矿化，进而促进温室气体排放。可见秸秆还田既具碳汇潜力，又是重要的碳排放源。整体而言，秸秆还田增加的固碳量远大于土壤呼吸引起的CO_2排放量，是农田固碳减排措施之一。

在稻田系统研究发现，秸秆还田可减少N_2O排放，增加稻田土壤中有机碳储量。此外，秸秆还田还可与有机肥配施，强化土壤碳汇能力。研究发现，与免耕、施用有机肥处理相比，秸秆还田和有机无机肥配施的增汇潜力最大。

秸秆还田的固碳效果与作物品种、施氮量、耕作方式、秸秆还田年限等因素有关。稻田秸秆还田有机碳增加量比小麦、玉米秸秆还田更高。高施氮量（>240 kg/hm²）不利于有机碳的固定，施氮量为120~240 kg/hm²利于作物生长和土壤固碳。与单作相比，轮作条件下可增加深层土壤（>40 cm）有机碳含量。较长的还田年限（6~10年）与适当的耕作（免耕结合旋耕翻耕）等更利于土壤有机碳的增加。

（二）秸秆还田方式

根据秸秆前处理的方式，可将其还田模式分为：直接还田、堆肥还田及炭化还田。

1. 秸秆直接还田

秸秆直接还田是将新鲜秸秆按照不同方式直接施入土壤。根据施入方式，可以分为翻压还田、覆盖还田、留高茬还田。① 翻压还田是通过机械把秸秆粉碎后，直接翻入土壤；② 覆盖还田是把秸秆粉碎后直接覆盖在地表，或者不粉碎整株直接覆盖在土壤上；③ 留高茬还田是指农作物收割时留下一定高度的秸秆，然后直接翻种到土壤。

秸秆经过微生物作用，逐渐腐解。秸秆还田需要适当加入一些氮磷肥或者石灰，以促进秸秆腐烂。秸秆还田可有效减少秸秆搬运过程中的人力、燃油等引起的温室气体排放。另外，施用秸秆可显著提高土壤有机质、全氮的含量，增加土壤碳含量，增加土壤碳汇功能。

2. 秸秆堆肥化还田

堆肥是农林废弃物处理的有效技术，也是有效减少温室气体排放的手段之一。堆肥是在微生物作用下将有机质分解为腐殖质，同时释放大量有效N、P、K等养分，供给作物生长。堆肥可将秸秆转化为相对稳定的有机肥和土壤改良剂，并添加到土壤中，转化为稳定的土壤碳，可减少有机废弃物中的碳降解率，达到减排的目的。

秸秆炭化还田已在第八章介绍。

四、其他

（一）复合种植系统
1. 轮作及间套作系统

与单作相比，轮作、间套作能增加农田系统的多样性，提高系统的固碳能力。不同的种植模式，如作物种类、密度和种植时间、方式等都会影响系统的固碳效果。研究发现油菜–水稻种植系统有利于提高系统年产量，可减少稻田CH_4排放，提高系统固碳能力；相比于双季稻和中稻系统，再生稻的农资投入和稻田CH_4排放显著降低，且植株固碳量较高。油菜–再生稻系统在高产的同时，能够减少水稻种植系统农资投入和温室气体排放，提高系统固碳能力。

2. 农林复合种植系统

相对于单一的农田或者林业模式，适宜的农林复合系统如苹果–作物复合系统能改变土壤理化性质，提高土壤水分利用效率，有效增加凋落物数量和质量，增加土壤有机碳输入，提高土壤有机碳储量。复合系统能够更有效地捕获和利用光、水分、养分，通过增加植物生物量来提高固碳能力（图14-6）。农林复合系统可使0~1 m土层土壤有机碳储量提高30~300 Mg C/hm^2。

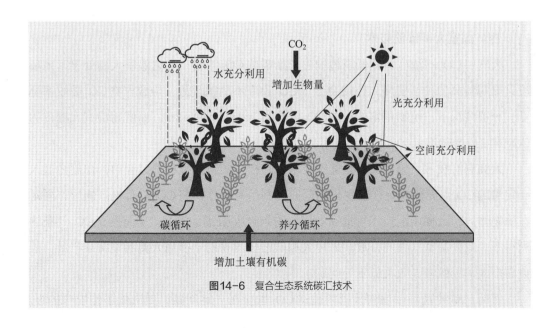

图14-6 复合生态系统碳汇技术

3. 种养结合模式

种养结合是一种较好的田间管理模式，有利于降低稻田温室气体排放。与水稻单作相比，稻虾模式可降低 CH_4 排放，降低幅度为 19.0%~19.5%，且增加了水稻产量。整体而言，种养结合模式有利于温室气体的减排，其减排潜力约为 284~476 kg CO_2(eq)·hm^{-2}·a^{-1}。

（二）水分管理技术

水分管理是农田生产中一种重要的农业管理措施，特别是在干旱与半干旱地区，灌水是获得农业高产稳产的重要手段之一。土壤水分是农田碳循环（植物光合作用、CO_2 及 CH_4 排放）的关键因子。在一定变化范围内，灌水量与农田净初级生产力固碳量和土壤 CO_2 排放量具有显著的相关性。不同灌溉方式也影响碳循环，研究发现与漫灌相比，滴灌处理可提高系统碳含量约 25%。

（三）地膜覆盖技术

地膜覆盖技术可以有效地利用光、热、水、土壤等自然资源，实现农田高产增效。地膜覆盖技术对农田系统碳循环的影响表现在：① 地膜覆盖可提高土壤温度和水分，提高养分供应，提升生物质碳含量；② 地膜覆盖可通过生物量的提高来增加农田生态系统的碳输入。

（四）温室大棚碳汇技术

大气中 CO_2 的浓度普遍低于植物生长所需的 CO_2 浓度，加之温室大棚处于密闭环境且具有较高的种植密度，往往会出现 CO_2 供应不足的现象，导致作物 CO_2 吸收率降低。一般情况下，植物正常生长的 CO_2 浓度为 700~2 500 g/m^3，而密闭温室大棚内的 CO_2 浓度最低时不足 400 g/m^3，极不利于植物的光合作用。

大棚碳汇技术（即 CO_2 气肥增施技术）是指在塑料大棚种植过程中，向棚内通入一定量的 CO_2，充分满足作物生长的同时再利用光合作用将 CO_2 以有机碳的形态固定在植物体内。大棚碳汇技术可提高农作物的碳吸收和储存能力，从而提高 CO_2 气肥的利用率，减少温室气体的排放。采用大棚碳汇技术有助于提高大棚温室蔬菜产量，避免高投入、见效慢、效益低下等问题。

然而，单纯且盲目地向大棚内输送 CO_2 也存在一定问题，如降低了作物中的 N、

P等元素含量，提高了作物纤维素含量，降低了果实营养，口感变差。另外，简单延长CO_2气肥增施时间，增产效果会逐渐减弱。因此，在大棚农业生产中，大棚碳汇技术的关键是控制CO_2浓度，以适量的CO_2进行适时输送，既能满足作物对CO_2的需要，又不至于造成CO_2过多向外界环境排放，使土壤pH和空气中CO_2浓度过大，引起作物无氧呼吸，根茎腐烂，甚至发生各种霉变，造成作物减产等严重的经济损失。这就要求在作物生长过程中对CO_2需求及环境中CO_2浓度进行实时监测。

（五）土壤微生物固碳技术

微生物对碳的固定主要有异养固定、自养固定和兼养固定3种类型。异养固定是指异养微生物把有机化合物分为碳源和能源，在自身的代谢过程中将CO_2储存在细胞内或受体分子上。自养固定是指自养微生物利用光能或化学能同化CO_2，生成中间代谢产物或微生物自身细胞组成的过程。

自养微生物根据其利用能量的不同又分为光能自养和化能自养两类。化能自养微生物在土壤中广泛存在，在没有光和有机物的情况下，通过无氧和有氧呼吸从无机物中获得能量，这类微生物主要有铁细菌、硝化细菌、硫化细菌、氢细菌等。光能自养微生物在细胞内都含有光合色素，可以利用光能将CO_2转化为有机物，这类微生物主要有微藻类和光合细菌（蓝细菌、红细菌、红螺菌、绿弯菌、绿硫菌等）。自养微生物广泛分布于农田生态系统中，其对环境适应能力较强，且在CO_2固定方面有巨大潜力。

不同耕作措施可影响自养微生物群落的丰度及固碳速率。研究发现，在黄土高原半干旱区长期进行免耕秸秆覆盖能够增加土壤细菌群落多样性、丰富度，以及自养固碳微生物碳源利用能力和代谢功能多样性，进而提高土壤质量，增加土壤碳固存。

第三节
农业有机废弃物资源化利用技术

农业有机废弃物是指农民在进行农业生产活动中产生的废弃物，主要包括粪便和秸秆。我国每年因秸秆、畜禽粪便产生的潜在温室气体排放量分别达 6.51×10^{15} g CO_2 (eq)、1.23×10^{14} g CO_2 (eq)。合理利用农业有机废弃物,不仅可以减少资源的浪费,降低生产成本,还可有效缓解环境压力,减少农业温室气体排放,实现生态循环农业。同时,农业有机废弃物替代部分化石资源可在减少农业碳排放的同时解决我国能源短缺问题。本节主要介绍农业有机废弃物资源化和能源化技术。

一、农业有机废弃物资源化

粪便、秸秆等农业有机废弃物进行适当的处理如堆肥或发酵后再利用,可显著减少农业温室气体排放,主要体现在:① 粪便处理后可有效减少其在堆放过程产生的温室气体;② 粪便处理后还田还可显著提高土壤固碳量。

(一) 好氧堆肥还田

粪便、秸秆等农业有机废弃物均含有大量的养分,其肥效与化肥相似,且肥效更持久,是成本低廉的优质有机肥。好氧堆肥是一种将粪便(或秸秆)在高温湿润环境下发酵、无害化的处理方式。

1. 好氧堆肥原理

好氧堆肥原理是通过控制堆肥物料的碳氮比(C/N)和含水量,在有氧的条件下使得堆肥中的微生物大量繁殖,并利用微生物降解有机物,最终形成腐殖质的过程。好氧堆肥前期碳源充足,微生物活动剧烈,使得物料快速升温(可达 $50 \sim 70$ ℃)。在高温下,病原微生物被杀死,达到无害化处理目的。一段时间后,碳源减少,堆体温度下降,并进入长时间的腐熟阶段,形成安全无害且养分含量高的有机肥。这类有机肥具有较高的腐殖酸、碳、氮、阳离子交换量等,利于微生物及植物吸收。

好氧堆肥可将粪便的有机质固定,以降低粪便 CH_4 排放。堆肥后产生的粪便有机肥施用于农田,可有效提高土壤、植物固碳量,降低农田碳排放,使得整个系统增加固碳量。这主要是因为:① 施用堆肥后的粪便可显著提高土壤有机质,促进土壤形成团聚体,改善土壤通气性、提高保水保肥能力,提高土壤固碳能力;② 粪便有机肥施用还可提高土壤微生物多样性、土壤酶活性、土壤养分含量,从而有效提高植物固碳量。

2. 好氧堆肥工艺

一般堆肥过程采用好氧发酵工艺。好氧堆肥是指在好氧环境下，微生物对原料进行吸收、氧化及分解的过程。堆肥原料通常需要以一定的比例混合，人为地将堆料中的C/N、含水率、pH、温度等条件控制在适合微生物新陈代谢的范围。有机物质堆肥过程中经历腐殖化、无害化、矿质化过程，使有机物质降解为可被植物吸收的N、P、K，并构成土壤肥力的活性物质——腐殖质。

3. 影响好氧堆肥腐熟的因素

好氧堆肥过程受物料种类、温度、含水率、氧气含量、pH、C/N、原料粒径、添加剂等因素影响。

（1）物料种类：不同物料元素组成及性质不同，导致堆肥腐殖化特征不同。堆肥常用的物料有粪便、秸秆等有机废弃物。一般动物粪便含水量高，C/N低，孔隙率低；秸秆等含水量低、C/N高、孔隙度和木质化程度高。一般C/N高的有机物堆肥产生的腐殖质含量较高，如秸秆堆肥较动物堆肥腐殖质高。当含水率较高时，其有机物的降解率较慢，堆肥时间相对延长。

（2）温度：根据温度的变化，堆肥过程可分为升温、高温、降温、腐殖化四个阶段。高温有利于微生物对多糖、蛋白质和脂肪的降解，且高温阶段发生得越早，有机物降解和稳定的时间越早。高温条件下，木质纤维素降解产生的酚、醌等物质，这些是形成腐殖质的重要前体物质。但当温度过高，超过微生物的耐受温度，会导致微生物死亡，温度迅速下降，堆肥停止。

（3）含水率：含水率影响堆肥体积密度、空气渗透性和热导率等物理特性及营养物质代谢、转移和运输等生物过程。当含水率过高会阻碍气流通过基质，形成厌氧环境；当含水率过低会降低微生物活性，影响堆肥腐熟进程。可以加入调理剂改变含水率。一般堆肥基质中含水率控制在50%~60%。

（4）含氧量：氧气含量影响微生物活性，从而影响堆肥品质。氧气缺乏可造成厌氧发酵，降低堆肥治理，但氧气过高可导致有机物料过分分解，减少腐殖质形成。堆肥腐熟需要在连续供氧条件下进行，一般采取强制通风或翻堆的方式供氧。

（5）pH：pH可直接影响微生物活性，从而影响堆肥腐熟过程。在好氧堆肥过程中，微生物活动可释放有机酸，降低pH，而有机酸的降解及氨类碱性物质生成可提高pH。

（6）碳氮比（C/N）：较高的C/N有利于有机物的氧化，从而使其快速稳定；较低的C/N则有利于有机质的积累，降低腐熟程度，增加氮损失。加入添加剂可调节堆肥C/N，促进腐熟过程。一般，初始C/N为25~30是最佳的。随着堆肥的推进，C/N会表现出降低的趋势，主要是因为氮矿化的速率高于碳矿化的速率。

(7) 原料粒径：粒径的大小可影响堆肥中体系的通气程度和水、气交换，从而影响堆肥产品的持水能力。粒径过大会导致氧气在堆肥物料中停留时间短，微生物反应不充分；粒径过小容易形成致密物质，降低堆肥产品的孔隙度，不利于水、空气传质。

(8) 添加剂：大部分原料由于自身性质的原因，导致堆肥腐熟困难，需要加入添加剂改善堆肥发酵环境，可通过加入有机物质、无机物及微生物菌剂进行调理。例如，当堆肥物料颗粒较小或含水率高时，可添加秸秆、木屑、废纸等有机物质，以增加孔隙度，提高堆肥产品的保水性，促进腐殖质形成；可额外添加生物炭、沸石等吸附性能较好的物质，减少堆肥碳排放、氮损失；添加鸟粪石可在减少氮损失的同时提高堆肥温度；微生物菌剂可促进纤维素降解，促进堆体化学反应，提高腐殖质含量，加速堆肥腐熟。

4. 堆肥腐熟度评价

腐熟度是用来衡量堆肥产品腐熟程度的参数，是指堆肥过程中有机物在微生物作用下经过矿化、腐殖化后，达到稳定化、无害化，确保在施入土壤后不会对植物造成伤害。腐熟度一般可以用物理、化学、生物学方法来进行鉴定。

(1) 物理指标：包括堆体颜色、气味、温度等。堆肥经过升温、高温、降温期，而堆肥成熟的堆体温度较低。堆肥发酵过程中会产生NH_3等气体，而腐熟后这些臭气消失。堆肥后堆体中有结块现象，并呈现黑褐色。堆体呈现以上特征则表明堆肥已经达到腐熟程度。

(2) 化学指标：堆肥腐熟后堆体中的化学反应趋于稳定。可以根据堆体中有机物的化学成分、性质来判定物料的腐熟程度。一般当堆体中的铵态氮/硝态氮为0.03%~0.19%、腐殖化系数大于1.9、C/N为0.53~0.72时，表示堆肥达到腐熟。

(3) 生物指标：可以用生物毒性指标来指示。当发芽指数达到80%~85%时，认为堆肥对植物没有毒性，达到腐熟程度。

（二）厌氧发酵利用

厌氧发酵是指粪便（或秸秆）等废弃物在合适的水分、温度条件下进行厌氧发酵，在微生物作用下进行分解、代谢，最终形成CH_4、CO_2等混合气体的过程。

1. 厌氧发酵过程

一般将厌氧发酵分为水解、酸化、产氢产乙酸、产甲烷四个阶段（图14-7），其中发挥主要作用的菌群为非产甲烷菌和产甲烷菌。

（1）水解阶段：水解阶段为有机物质被分解为葡萄糖等单糖和氨基酸等简单物质的过程。大分子有机物无法通过被动运输的方式直接渗透细胞膜进入细胞，而是需要酶的水解作用，转化为小分子后才能直接被植物吸收。

（2）酸化阶段：酸化是指微生物利用溶解性有机物进行代谢的过程。其产物受

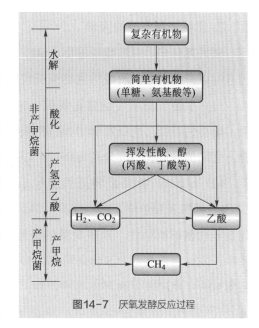

图14-7 厌氧发酵反应过程

厌氧发酵条件、底物类型和微生物种类影响。如以糖、氨基酸等为底物进行厌氧发酵，二者酸化的最终产物是乙酸，同时产生CO_2、H_2O等小分子。酸化过程的pH为4，此环境不利于产甲烷菌生长，因此，酸化过程一定程度上会影响CH_4的产生。

（3）产氢产乙酸阶段：在产氢产乙酸菌的作用下，挥发性酸、醇类物质转化为乙酸、H_2、CO_2。乙酸形成过程中，产乙酸菌可以通过代谢调节发酵体系的氢分压，以降低氢分压，从而促进乙酸的形成。

（4）产甲烷阶段：产甲烷阶段是严格的厌氧过程。这个过程中，产甲烷菌利用乙酸、H_2、CO_2等物质作为基质，生成CH_4、H_2O。

按照营养类型不同可将产甲烷菌的产甲烷途径分为三类：① 产甲烷菌在H_2存在条件下还原CO_2生成CH_4，见式（14-1）。这类反应为H_2/CO_2途径，在自然界最为普遍。② 产甲烷菌利用乙酸作为基质，还原乙酸生成甲烷，见式（14-2）。这类反应为乙酸发酵途径，贡献了自然产生甲烷的70%，是主要的来源。③ 产甲烷菌通过Mtr酶将甲基化合物活化，见式（14-3），一部分通过H_2/CO_2途径生成CH_4，一部分则还原为CH_4，见式（14-4）。

$$CO_2 + 4H_2 \longrightarrow CH_4 + 2H_2O \tag{14-1}$$

$$CH_3COOH \longrightarrow CH_4 + CO_2 \tag{14-2}$$

$$4CH_3OH \longrightarrow 3CH_4 + 2H_2O + CO_2 \tag{14-3}$$

$$CH_3OH + H_2 \longrightarrow CH_4 + H_2O \qquad (14-4)$$

2. 影响厌氧发酵的因素

厌氧发酵产甲烷过程受温度、pH、氧化还原电位、C/N等因素影响，控制好这些因素可以有效调控各阶段微生物生长代谢，优化发酵工艺。

（1）温度：温度可通过影响微生物酶活性影响微生物代谢。一般来说，温度越低，酶活性越低。厌氧发酵中微生物根据其适宜温度可分为嗜冷、嗜中温、嗜热微生物，它们的最适宜温度分别为$0\sim20$ ℃、$20\sim42$ ℃、$42\sim75$ ℃。

（2）pH：pH直接影响厌氧发酵系统中微生物的生长代谢，其作用机理包括：① 改变细胞表面点位，影响跨膜运输；② 改变营养物质供给平衡；③ 影响参与微生物生长代谢的酶活性。产甲烷菌的最适宜生长pH为$6.8\sim7.8$。当体系pH较低时，体系中挥发性脂肪酸和H_2S含量增加，抑制产甲烷菌活性；当pH过高，游离的NH_4^+转化为NH_3，会对微生物产生毒害作用。可通过调节pH和维持体系缓冲来调节体系的pH。

（3）氧化还原电位：氧化还原电位会随着发酵液的溶氧过程而升高，过高的氧化还原电位会对产甲烷菌可产生毒害作用，破坏厌氧发酵系统稳定性。对于严格厌氧的产甲烷菌而言，需要保证系统的氧化还原电位为$-400\sim-150$ mV。

（4）C/N：碳、氮是厌氧菌发酵过程中的必要元素。碳为微生物的细胞结构提供物质基础，并为其生命活动提供能源。氮是合成蛋白质、核酸、酶的主要成分，对新细胞的产生至为关键。一般而言，C/N为$20\sim30$时，最为适宜，过高或过低都会影响发酵的稳定性。可以通过添加含碳或含氮较高的物质等来调节系统的C/N。

3. 厌氧发酵产物

发酵产生的气体为沼气，剩余部分为沼肥（包括沼液、沼渣）。不同原料、不同发酵工艺制备的沼渣、沼液性质不一样（表14-2）。发酵的产物是一种较为复杂的有机复合体，一般呈黑色或灰色，碱性。在物理形状上，沼液为一种浆状胶体，而其固态部分成为沼渣。

表14-2　不同原料发酵后的产物理化性质差异

原料	pH	总氮/%	总磷/%	总钾/%	总碳/%
猪粪	7.7	1.74	1.52	0.91	43.2
鸡粪	6.6~8	1.31	0.88	1.28	—

原料	pH	总氮/%	总磷/%	总钾/%	总碳/%
牛粪	6.6~8	1.68	1.05	1.45	35.9
秸秆	—	1.92	0.21	1.45	—

沼渣、沼液中含有多种营养物质,是高品质的肥料,可用于还田,实现废弃物资源化利用。经过发酵后,90%的营养物质得以保留,其中P、K回收率达80%~90%,因此,沼渣、沼液含有丰富的养分物质。在组分上含有机质30%~50%、腐殖酸10%~25%、N 0.8%~1.5%、P 0.4%~0.6%、K 0.6%~1.2%。沼渣、沼液还含有腐殖酸、蛋白质、氨基酸、雌激素、维生素等,有利于植物生长。此外,沼渣、沼液中含有大量的有益微生物。以上性质为沼渣、沼液的农用提供了重要的物质基础。同时,沼渣、沼液的施用可显著提高土壤的固碳能力。此外,沼气工程还可以产生沼气供给村民使用。该方法具有较好的固碳减排效益。具体关于沼气工程的内容已在第五章介绍。

然而,粪便中还含有一定的重金属、抗生素等污染物,其在发酵过程中不能完全去除,从而导致沼渣、沼液还田可能有一定的风险。因此,在发酵过程中添加钝化剂如粉煤灰、活性炭等,可以去除产物中的污染物,降低其还田危害。

4. 发酵产物农用技术

从养殖场循环经济角度考虑,将沼渣、沼液还田是最直接、有效的处理方式。目前较为常用的农用模式有以下三种。

(1)浇灌:将沼渣、沼液直接浇灌,或加一定比例的清水混合后浇灌,或先简单沉降后用上部分含固体物质较少的清液与清水混合浇灌。沼渣、沼液直接浇灌简单易行,N挥发量较少,但沼渣难渗入土壤,影响耕作和环境。

(2)沼渣制备有机肥:沼渣营养成分丰富、养分含量全面,是一种优质的土壤改良剂和有机肥。然而未经处理的沼渣可能含有植物毒素和刺激性气体。因此,沼渣在施用前有必要进行适当处理。沼渣脱水后制备成有机肥或有机无机复合肥施用,是一种较好的提升肥效、改善土壤质量的方式。脱水可以有效提高运输距离,但氮素挥发量较大。采用好氧堆肥方式处理沼渣,可以提高有机肥品质。在堆肥过程中可能存在氮素损失现象,从而降低沼渣的营养价值,可以通过加入添加剂、覆膜等方式减少氮损失。

(3)沼液灌溉与叶面喷施:沼液中含有大量小分子氨基酸、蛋白质、生长素、维生素等水溶性养分物质，可以刺激植物生长，是一种优质的高效的有机液肥。与普通有机肥相比，沼液中氮、磷、钾含量分别比有机肥高22.1%、17.5%、20.1%。此外，沼液中含有丰富的Fe、Mn、Zn等微量元素，是一种多元的复合肥，具有较大的应用价值。

沼液灌溉：沼液经过曝气、沉淀工艺后，沼液中部分有机物被分解，随后去除悬浮颗粒物；并将滤液通过过滤系统，去除沼液中的颗粒和胶体物质。经处理，达标后的沼液方可用于农田系统。施用方式包括：① 引入农田灌溉系统；② 通过外源添加营养物质生产有机液肥，代替部分化肥施用于农田。

沼液农用可显著提高土壤酸碱度，防止土壤酸化。沼液农用还可提高土壤有机质含量，提高土壤缓冲性和保肥性，促进土壤团粒结构形成，增加土壤碳储量。

叶面喷施：沼液中含有植物生长所需的多种水溶性养分，可作为叶面肥直接喷施于叶类蔬菜。厌氧消化的沼液不能直接进行喷施，主要是因为养分含量较高，特别是氨氮，会烧坏作物，需要进行简单的过滤、稀释后施用。

（三）有机废弃物资源化固碳效益分析

粪便、秸秆经堆肥、发酵处理后，进行农用处理具有较好的固碳减排效益。

1. 种植系统

在种植系统的减排效益包括：① 通过堆肥或沼渣、沼液还田，增加了土壤固碳能力，减少了作物种植过程释放的净温室气体；② 秸秆用于堆肥或者发酵，减少了秸秆燃烧带来的温室气体排放；③ 通过发酵工程产生的沼气用于代替化石燃料，减少了因化石燃料等能源燃烧带来的温室气体排放；④ 通过有机堆肥或沼渣、沼液还田，可代替部分化肥的施用，减少了用于生产化肥所带来的温室气体排放，同时还减少了因过量的化肥（特别是氮肥）施用带来的N_2O排放。

2. 养殖系统

在养殖系统的减排效益包括：① 粪便进行堆肥化或能源化利用，减少了粪便直接排放的温室气体；② 发酵工程产生沼气，生产了更清洁的能源，减少了化石燃料燃烧。研究发现，粪便发酵模式的温室气体减排能力高于粪便还田模式。

以发酵还田模式为例，分析其碳汇效益，发现利用沼气工程资源化农业有机废弃物是有效的减排技术（图14-8）。据统计，如果我国所有的农业废弃物均用于沼气工程，可产生约4.23×10^{11} m^3沼气。去除物料投入、沼气泄漏、沼气燃烧带来的温室气体排放，利用沼气工程处理农业废弃物可有效减少温室气体排放的量达 $3.98 \times 10^4 \, kg \, CO_2 \, (eq) /a$。厌氧发酵技术可促进生态循环农业的发展，不仅有效减轻了粪便排放和化肥过量施用造成的面源污染，还减少了农业温室气体排放，促进实现农业节本增效。

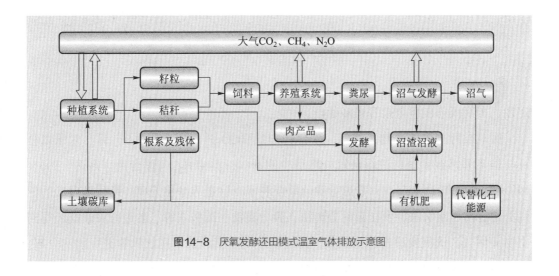

图14-8　厌氧发酵还田模式温室气体排放示意图

畜禽养殖废弃物资源化模式的处理工艺包括：好氧堆肥处理工艺、固液分离工艺。采用的设备包括喷灌、输送管道、沼液储存罐、粪肥撒施机、粪污收集机，集成了畜禽养殖废弃物资源化处理体系。通过与种植户、养殖场开展合作，建立了较好的废弃物无害化资源化系统：养殖场→粪污→沼气发酵→沼渣、沼液→堆肥发酵→种植。

二、农业有机废弃物能源化

（一）有机废弃物气化技术

生物天然气是指以有机废弃物（如畜禽粪污、农作物秸秆）为原料，经厌氧发酵和净化提纯后与常规天然气性质（CH_4 含量>97%、热值>31.4 MJ/m³）基本一致的可再生燃气，生物天然气可作为常规天然气的重要补充。

1. 生物天然气生产工艺

一般由原料预处理、厌氧发酵、沼气净化及提纯系统、固液分离、有机肥生产等过程组成（图14-9）。以秸秆与畜禽粪污混合原料厌氧发酵，具有可稀释抑制物与有毒组分、增加有机质含量、充分利用反应器的体积、调节 C/N、增强厌氧反应过程稳

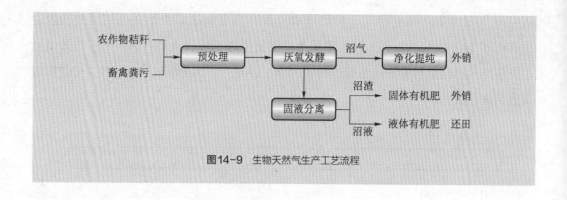

图14-9 生物天然气生产工艺流程

定性、提高厌氧发酵效果等诸多优点。

厌氧发酵产生的生物天然气，除含有CH_4和CO_2外，还含有H_2S气体；对于以秸秆与畜禽粪污混合原料进行厌氧处理产生的沼气，其中H_2S气体含量可高达$1\,500\times10^{-6}\sim2\,000\times10^{-6}$（$g/m^3$），需进行脱硫以及脱水、除杂等净化处理。净化处理后的沼气再通过高压水洗法、变压吸附分离法、膜分离法、醇胺法等工艺进行脱碳提纯得到生物天然气。厌氧发酵产生的渣液，通过螺旋挤压机、板框压滤机等进行固液分离。分离后得到的沼渣经过堆沤发酵、腐熟、造粒等过程制备固体有机肥。分离后得到的沼液则通过一般浓缩或膜浓缩等方式制备液体有机肥。

2. 生物天然气的应用

采用有机废弃物发酵后得到的天然气，可进行发电、供暖，代替不可再生资源供给农村使用，以抵消化石燃料等燃烧引起的CO_2排放，具有碳减排效益。如辽宁省铁岭市昌图县三江村采用秸秆打捆直燃集中供暖，安装2台6 t蒸发量的锅炉，供暖面积达到9万m^2，为全村集中居住的660户农户及中心小学、镇政府等集中供暖，据测算，年消耗秸秆6 984 t，可替代3 492 t标准煤，实现减排CO_2当量9 184 t。

某沼气发电示范项目汇集了面粉、挂面、饲料、生猪养殖、物流、有机蔬菜种植、沼气发电、污水处理等多个产业（图14-10）。村民的生活污水、养殖场的畜禽粪水、农作物秸秆等收集进行厌氧发酵，产生沼气后进行提纯，进入电厂发电，产生的电能并入电网进行输送，产生的沼渣、沼液部分还田，部分进行有机肥的生产。该沼气工程产生的能源代替无烟煤后，可减少CO_2排放约3 300 t，是有效的碳减排工程。

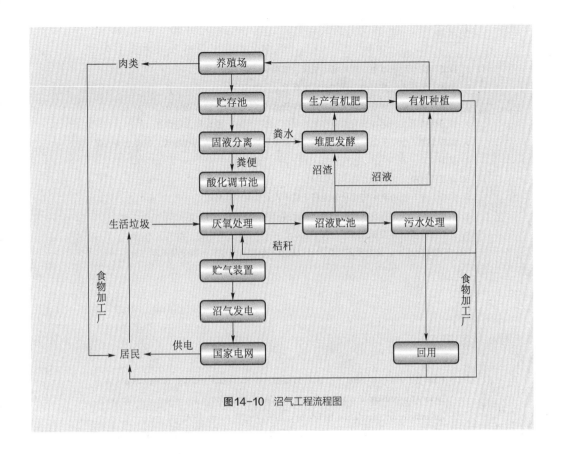

图14-10 沼气工程流程图

（二）有机废弃物发电技术

生物质发电技术是最成熟、发展规模最大的现代生物质能利用技术。通过耦合农业废弃生物质发电和碳捕集与封存，将发电过程中释放的 CO_2 捕集起来并封存于地下深部储存，可实现碳负排。相关内容已在本书第五章详细介绍。

思考题

1. 概述稻田产甲烷过程。阐述稻田甲烷排放对全球碳排放的意义。
2. 高效养殖技术包括哪些？哪种技术更有效，为什么？
3. 当前我国养殖业碳排放源头有哪些？哪些途径可以降低养殖业碳排放？
4. 针对碳排放，阐述我国有机废弃物处理存在哪些问题，并提出改进措施。
5. 针对土壤－小麦生态系统，试分析哪些措施可以降低该系统的碳排放，提高土壤固碳能力。
6. 简述沼气净化提纯的方法。
7. 分析农业有机废弃物资源化为何利于减少农业温室气体排放。
8. 阐释我国沼气工程发展情况，并分析我国沼渣、沼液农用存在的问题。
9. 分析生物质制备天然气如何有利于固碳。
10. 在现实生活中，作为普通民众，可以从哪些角度为实现农村碳中和贡献力量？

参考文献

[1] Chen Y J, Zhi G R, Feng Y L. et al. Measurements of black and organic carbon emission factors for household coal combustion in China: Implication for emission reduction[J]. Environmental Science and Technology, 2009, 43(24): 9495−9500.

[2] Jiang S R, Li Y Z, Lu Q Y, et al. Policy assessments for the carbon emission flows and sustainability of Bitcoin blockchain operation in China[J]. Nature Communications, 2021, 1938(4): 1−10.

[3] La Scala N Jr., Marques J Jr., Pereira G T, et al. Carbon dioxide emission related to chemical properties of a tropical bare soil[J]. Soil Biology & Biochemistry, 2000, 32(9): 1469−1473.

[4] McKinsey. Agriculture and climate change: Reducing emissions through improved farming practices[R]. New York: McKinsey & Company Report, 2020.

[5] Tollefson J. China's carbon emissions could peak sooner than forecast[J]. Nature, 2016, 531(3): 425−426.

[6] Vijn S, Compart D P, Dutta N, et al. Key considerations for the use of seaweed to reduce enteric methane emissions from cattle[J]. Frontiers in Veterinary Science, 7: 597430.doi: 10.3389/fvets.2020.597430.

[7] Zhang W, Yu Y Q, Huang Y, et al. Modeling methane emissions from irrigated rice cultivation in China from 1960 to 2050[J]. Global Change Biology, 2011, 17(7): 3511−3523.

[8] Zhang Y J, Liu Z, Zhang H, et al. The impact of economic growth, industrial structure and urbanization on carbon emission intensity in China[J]. Natural Hazards, 2014, 73(9): 579−595.

[9] 韩伟铖, 颜成, 周立祥. 规模化猪场废水常规生化处理的效果及原因剖析 [J].

农业环境科学学报，2017，36（5）：989-995.

[10] 纪丽丽，祁根兄，王维乐，等. 减少畜牧业甲烷排放策略研究进展［J］. 饲料研究，2021（8）：139-142.

[11] 罗欣欣，李文涛，王美净，等. 秸秆与畜禽粪污厌氧发酵制气关键技术［J］. 西北水电，2020（S1）：125-128，132.

[12] 马隆龙，唐志华，汪丛伟，等. 生物质能研究现状及未来发展策略［J］. 中国科学院院刊，2019，34（4）：34-442.

[13] 王强盛. 稻田种养结合循环农业温室气体排放的调控与机制［J］. 中国生态农业学报，2018，26（5）：633-642.

[14] 武斌，王新，闫秋良，等. 肉羊甲烷排放调控研究进展［J］. 畜牧业环境，2020（10）：9-12，26.

[15] 叶韬，颜成，王电站，等. 规模化猪场粪污废水生物聚沉氧化新工艺及其生产性实验效果研究［J］. 环境工程学报，2018，12（9）：2521-2529.

[16] 张灿强，王莉，华春林，等. 中国主要粮食生产的化肥削减潜力及其碳减排效应［J］. 资源科学，2016，38（4）：790-797.

[17] 张卫建，张艺，邓艾兴，等. 我国水稻品种更新与稻作技术改进对碳排放的综合影响及趋势分析［J］. 中国稻米，2021，27（4）：53-57.

[18] 周立祥. 固体废物处理处置与资源化［M］. 北京：中国农业出版社，2007.

5

决策篇

为了实现碳中和目标，不同国家和地区在决策规划和低碳转型发展路径的选择上存在显著差异。这就要求必须基于我国国情，综合考虑能源安全、经济发展、技术创新等多方面因素，解决绿色低碳发展转型中的关键管理科学问题，做出适合国情的正确决策。本篇阐明如何进行科学分析与综合研判，以科学证据支撑战略决策——包括低碳战略制定、低碳路径选择及低碳措施评估，从而实现对企业、社区、地区、国家等不同层面的低碳转型科学管理。第十五章将介绍碳排放监测与核算、低碳转型情景分析、技术发展路径等多个科学决策手段。

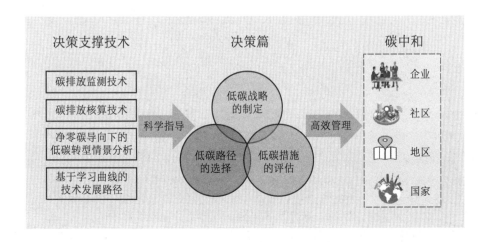

15

第十五章
碳中和决策支撑技术

强有力的决策支撑技术对于低碳战略的制定、低碳路径的选择及低碳措施的效益评估具有重要的意义，是企业—社区—地区—国家实现高效低碳管理必不可少的手段，它将为碳中和目标的实现提供科学指导。本篇主要介绍碳排放监测技术、碳排放核算技术、净零碳导向下的低碳转型情景分析，以及基于学习曲线的技术发展路径。

第一节
碳排放监测技术

通过综合观测、数值模拟、统计分析等手段，对碳排放强度、环境中 CO_2 浓度、生态系统碳汇等进行实时监测，并及时跟踪其变化趋势，能够给碳中和研究及管理工作提供服务和支撑。本节主要介绍在线监测技术、遥感卫星反演技术、大数据监测平台，以及天地一体化的监测网络。

一、在线监测技术

碳排放直接在线监测技术具有计量简便、可高效收集数据的优点，并且人为干扰少，因此被广泛应用。

（一）环境CO_2浓度监测

自2008年起,我国陆续建成16个国家背景监测站,其中11个站点可实现对环境CO_2浓度的实时监测。在福建武夷山、四川海螺沟、青海门源、山东长岛、内蒙古呼伦贝尔等5个站点完成了温室气体监测系统升级改造,CO_2监测精度达到世界气象组织全球大气观测计划(WMO/GAW)针对全球背景观测提出的要求。

（二）固定源排放企业的CO_2浓度监测

固定源排放企业的CO_2浓度监测技术主要包括烟气排放连续监测技术和光学检测技术。

1. 烟气排放连续监测技术

2018年4月,国家发展和改革委员会应对气候变化司明确提出了"开展烟气排放连续监测系统(CEMS)在碳排放监测领域的应用研究",旨在有效推动碳排放在线监测技术应用在钢铁、电力、水泥等固定源排放行业。

以烟气排放连续监测系统在发电企业的碳排放监测中的应用为例,对该监测技术进行介绍。发电企业的碳排放主要来源于以下几个方面:化石燃料燃烧、脱硫过程及企业消费的净购入电力。将在线监测系统安装在机组尾部的烟道处,可直接监测碳排放数据,包括化石燃料燃烧和脱硫过程产生的碳排放。围绕总体碳排放率和碳排放计量方法,主要通过监测几个关键指标——尾部烟道中碳体积分数、烟气流量,结合烟气温度、含湿量、烟气压力等来分析计算。

受烟道内复杂环境条件及干扰因素影响(如温湿度变化、粉尘杂质、运行振动等),目前技术水平较高的激光原位测量方式应用受限,稳定性与可靠性难以达到连续监测的标准要求。因此,碳排放在线监测系统采用烟气取样、预处理、后测量方式,主要组成部分包括烟气取样模块、浓度检测模块、数据采集与运行控制模块、数据处理与统计模块等,如图15-1所示。

(1)烟气取样模块:基于网格法测量原理,应用便携式烟气分析仪测量该处烟道截面的CO_2浓度分布及差压分布。烟气流速采用CEMS环保监测数据(该数据为国家环保监测认可的流量数据)。此外,考虑到对烟道截面CO_2浓度真实值的充分表征,系统采用3路具有不同深入长度的取样探头(如1 m、2 m、3 m),可有效获得不同空间位置的烟气,进而在充分混合均匀条件下测定。

(2)浓度检测模块:为充分保证该系统运行连续且稳定可靠,浓度检测模块应用

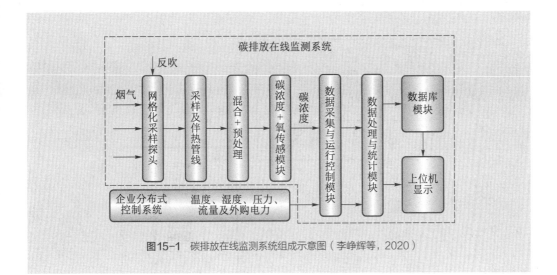

图15-1　碳排放在线监测系统组成示意图（李峥辉等，2020）

MODEL1080烟气分析仪，以测量CO_2浓度为主，并实现CO和O_2浓度的同步测量。CO_2、CO浓度测量选用已应用广泛的NDIR分析方法，连续测定烟气中CO_2和CO浓度。O_2浓度测量则基于电化学原理连续获得烟气中O_2浓度。

（3）数据采集与运行控制模块：该模块控制并保障系统正常运行，实现烟气取样、测量浓度及系统反吹等功能，并完成烟气CO_2/O_2浓度、温度、湿度、压力、烟气流量、机组发电功率、外购电力等数据的采集。

（4）数据处理与统计模块：该模块负责计算处理采集到的数据，获得总碳排放量、碳排放速率、外购电力碳排放、单位发电碳排放等主要参数，并以不同时间序列（如分钟、小时、天、月、季度等）对碳排放量进行计算和统计，并将最终计算与统计结果存储入数据库，并由上位机在线实时显示，便于人机交互。

该系统的现场安装示意图如图15-2所示。

2. 光学检测技术

光学检测技术基于分子吸收光谱原理，以光电检测和计算机联用为基础，利用气体吸收光强程度计算待测气体的浓度。

常见的光学检测技术有差分吸收激光雷达技术（DIAL）、差分光学吸收光谱技术（DOAS）、非分散红外检测技术（NDIR）、可调谐半导体激光吸收光谱技术（TDLAS）等。这些光学检测技术不仅具有可靠的测量精度，而且响应时间短、可非接触测量。部分技术已经实现了对CO_2的定量分析。

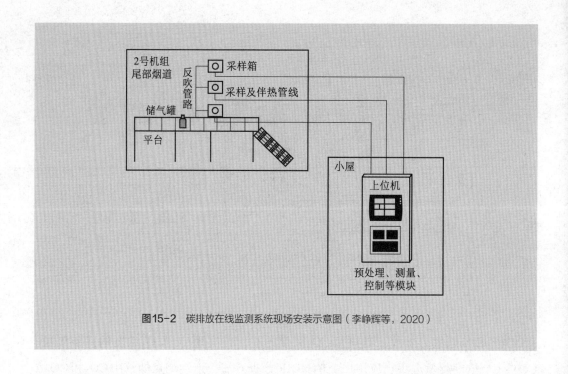

图15-2 碳排放在线监测系统现场安装示意图（李峥辉等，2020）

但是由于发展时间较短，光学CO_2在线检测技术也有很多不足。例如NDIR无法消除碳氢化合物和水汽的干扰，需要对被测样品进行预处理，会延长响应时间；DIAL难以应用于空气环境复杂的工业现场；TDLAS会受到工业现场飞灰的阻隔及对反射镜面和接收镜面的污染腐蚀，还有震动影响探测器与激光偏离等情况。

二、遥感卫星反演技术

随着大气探测和模型模拟技术的飞速发展，通过大气CO_2浓度观测溯源碳排放的方法，被认为是评估温室气体减排成果的有效方法之一。大气CO_2浓度测量法依赖于观测和模拟。

在观测方面，卫星遥感由于特殊的观测地点和方式，可以在CO_2全球观测中发挥较大作用，特别是在全球覆盖高分辨率的观测上，能够做到看得广、看得清，较地面布设的固定观测，具有覆盖范围广的显著优势。通过卫星遥感观测可获取超高光谱分辨率数据，实现对全球大气CO_2浓度的动态监测，还能高精度监测提取植被叶绿素荧光信号。通过叶绿素荧光遥感来直接探测植被光合生产力这一新方法，结合反演得到的大气CO_2浓度数据，二者协同能够显著提升全球碳收支的观测分析能力。

（一）碳卫星

2009年日本和2014年美国分别发射了两颗全球CO_2监测科学实验卫星，又称碳卫星。2016年，中国自主研制的首颗碳卫星，发射升空，成为世界第三颗温室气体卫星。它们能从太空高精度监测地球温室气体排放，为碳排放科学研究提供科学资料。

1. 探测原理

碳卫星实现大气温室气体探测是基于大气吸收池原理，由于CO_2、O_2等气体在近红外至短波红外波段存在较丰富的气体吸收，从而形成特征大气吸收光谱，通过严格定量测量吸收光谱的强弱程度，结合气压、温度等关键信息，将大气悬浮颗粒等干扰因素排除后，应用反演算法即可计算出卫星观测路径上CO_2柱浓度。

通过对全球CO_2柱浓度的序列分析，并借助模型计算，从而推演出全球CO_2的通量变化，为全球的碳循环研究奠定核心数据基础。

2. CO_2探测仪

为获取高精度的大气吸收光谱，就必须使用碳卫星的主传感器——高光谱及高空间分辨率CO_2探测仪。CO_2探测仪采用大面积衍射光栅对吸收光谱进行细分，能够探测2.06 μm、1.6 μm、0.76 μm三个大气吸收光谱通道，最高分辨率达到0.04 nm。

碳卫星另一台传感器——多谱段云与气溶胶探测仪则可测量云、大气颗粒物等信息，从而实现对CO_2浓度的精确反演，剔除干扰因素。

3. 卫星平台

在实际运行中，还必须针对卫星平台采用灵活的观测模式。CO_2探测仪与卫星平台配合，通过主平面天底和耀斑两种主要观测模式，从而对全球陆地和海面不同路径上CO_2的吸收光谱开展精确测量。并且，为保证在轨获取光谱数据的精度，载荷必须要在轨进行对日、对月定标，这也需要卫星平台频繁调整姿态。

4. 其他系统

此外，还需要多个大系统的协调配合，包括运载、发射场、测控、应用四个系统。碳卫星发射运行后，依托风云系列地面接收站下传的数据还不能直接作为可发布的CO_2浓度数据。经过大气物理学家对全球CO_2分布进行高精度的反演计算后，才能最终成为全球CO_2观测数据，后续形成遥感产品实现数据共享发布。

（二）高光谱遥感技术

除了碳卫星的应用，高光谱遥感也是当前遥感的前沿技术。它利用很多很窄的电磁波波段从感兴趣的物体获取有关数据，能够在电磁波谱的紫外、可见光、近红外、短波红外及中红外区域，获取许多非常窄且光谱连续的图像数据。高光谱遥感技术已经广泛应用于生态环境、林业、气象和地理等研究领域。

植物的光合作用波谱特征对红光、蓝紫光等波段有不同表现，高光谱遥感技术利用这一特点来反映植被的参数和信息，从而对植被的碳汇功能进行反演。

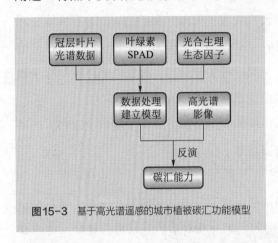

图15-3 基于高光谱遥感的城市植被碳汇功能模型

例如，用高光谱遥感技术研究城市植被碳汇功能，其研究模型如图15-3所示。

首先，选取几种代表性的城市绿化植物作为研究对象，实测其净光合速率并估算出其碳汇能力。采用不同的方法建立植被碳汇能力和特征波长下植被反射率之间关系的数学模型，筛选出较稳定的数学模型，并结合MODIS高光谱遥感数据对某个区域绿色植被的碳汇能力进行反演。利用高光谱遥感技术研究植被的碳汇功能，为优化碳中和措施提供了有力的参考和借鉴。

三、大数据监测平台

大数据监测平台依托物联网、云计算等技术基础，以信息化智能系统实现能源消耗及CO_2排放的可视化、可量化和智能化分析，便于政府和企业实时了解最新能耗和CO_2排放情况。大数据平台以开放式的功能架构，从基础的能耗及碳排放数据监测、大数据分析发展到后台专家库定向跟踪服务、能耗及碳排放预警、能源结构模型构建等功能模块，为碳中和提供最大助力。

（一）大数据碳排放监测平台

本节主要介绍两个已经应用的大数据监测平台。

1. 智慧能源及碳排放监测管理云平台系统

智慧能源及碳排放监测管理云平台系统的总体规划如图15-4所示，它由监控云平台、工程技术团队、设备服务团队3大部分组成。其中监控云平台是智慧能源及碳排放监测管理系统的核心，包含数据处理中心、Web 交互界面、大屏幕投影等；工程技术团队是为了进一步大量增加数据采集点和设备维护而建立的工作团队；设备服务团队是为了适应不同客户的需求和对系统持续优化更新的需要而设立的。

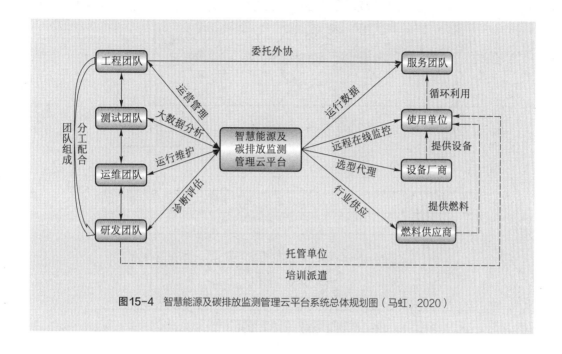

图15-4 智慧能源及碳排放监测管理云平台系统总体规划图（马虹，2020）

智慧能源及碳排放监测管理云平台系统设计方案如图15-5所示，由用户应用层、中心管理层、信号采集层和监测对象共 4 大功能部分组成。

用户应用层包含综合管理端、政府端、企业端、公众端等端口。可以为政府在线监测、企业咨询服务、单个用户需求及服务管理提供端到端解决方案。

中心管理层由数据库服务器、数据采集服务器、分析计算服务器、Web 服务器、防火墙、数据交换机、系统软件等部分组成。一般设置在中心机房和服务展示大厅。

信号采集层是服务前端的各类数据采集点，通过不同的传感器和通信节点完成。从节能减排方面监测，涉及的主要内容有用电量、气体排放、煤消耗等方面的数据采集。

监测对象是根据政府相关部门的要求来确定的，这里主要研究的是对象特点和选用数据采集的技术方案。

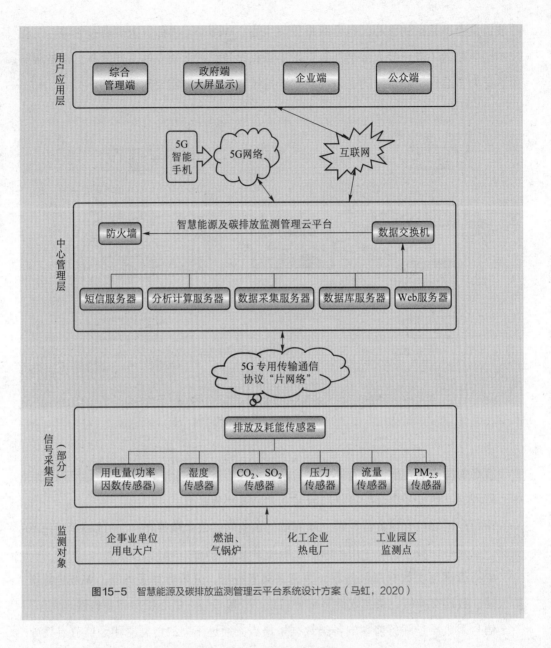

图15-5 智慧能源及碳排放监测管理云平台系统设计方案（马虹，2020）

2. 能源计量数据在线采集与碳排放在线监测公共平台

福建省计量院建立的能源计量数据在线采集与碳排放在线监测公共平台如图15-6所示。该平台建设以准确、有效的计量器具为基础，结合计算机和网络通信技术，实时监测企事业单位的能源运行数据，形成各个行业的能源运行图。

该平台主要分为能源计量器具档案管理系统、总能耗分析管理系统、锅炉热效率监测系统、单位产品能耗分析系统、碳排放统计系统、政府综合分析统计系统、水泥企业能源管理系统等七大系统，以及公共机构能耗监测平台，通过对重点用能单位煤、油、电、气等主要能源计量数据的科学采集、综合分析和有效应用，实现对重点耗能企业主要能源品种能耗数据（即能源消费总量）的数据监测，部分行业已实现单位产品能耗的数据监测。

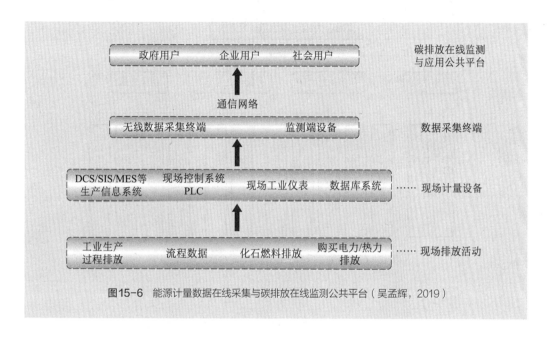

图15-6　能源计量数据在线采集与碳排放在线监测公共平台（吴孟辉，2019）

该平台可根据国家统计局、国家机关事务管理局统计要求自动生成相应的能源统计报表；亦可根据国家发展和改革委员会"合理控制能源消费总量"需求，对全省、各地区或重点用能单位能耗使用情况进行超限自动报警。不仅实现了物联网技术在能源计量工作中的实际应用，为政府的宏观调控、能源消费总量和碳排放总量的控制提供一手、真实、准确的计量数据，还实现了政府和企业对能源利用和碳排放数据的"可测量、可报告、可核查"目标，为各级政府和有关部门实施能源能耗统计与监测、制定城市能源规划、落实节能减排管理措施等提供权威、准确、统一的计量数据和技术保障，为社会、政府和企业节能减排提供有力的技术支撑。

（二）基于大数据对碳汇的监测

基于大数据对碳汇的监测也实现了应用。以农田碳汇监测为例，利用物联网和有机碳模型的农田土壤有机碳因子采集与有机碳含量估算方法，可以为研究小麦、玉米等作物生长期农田土壤有机碳的变化打下基础，一方面有助于小麦、玉米等作物增产增收，为制定和实施农田增汇措施提供参考，另一方面产生的固碳效应也能够缓解碳排放。

基于物联网的农田土壤有机碳含量估算系统模块如图15-7所示。

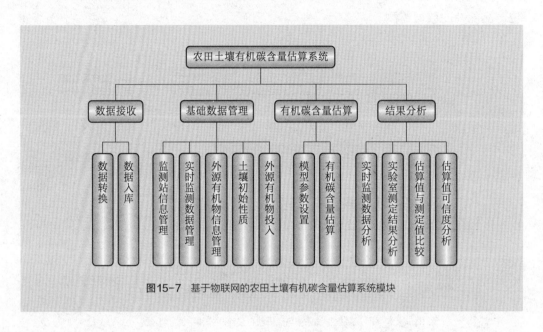

图15-7 基于物联网的农田土壤有机碳含量估算系统模块

该系统可以实现对相关数据的实时监测、收集，并通过物联网采集数据和统计数据；在土壤有机碳含量估算模块，再基于物联网采集的数据和统计数据，利用构建的相关模型，完成农田土壤有机碳含量的估算；最后通过结果分析模块以可视化的形式显示土壤有机碳的动态变化。该系统可以为农田土壤有机碳研究提供一个数据平台，便于开展数据管理、分析统计，为决策部门实现可视化展示、智能化操作，制定和实施农田增汇措施提供参考。

四、天地一体化的监测网络

耦合在线站点监测技术、卫星遥感监测技术及大数据技术，通过充分剖析碳排放监测需求，科学布设观测站网，结合现有的地面温室气体试验观测站，形成天地一体化、长期高精度的温室气体科学业务化监测网络。

依托天地一体化的温室气体全面观测资料、我国地球系统模式、气象预报数值同化及再分析等，建立"自上而下"的碳同化业务运行系统，支撑全国碳排放计算结果的测量、报告、核查，从而有效开展碳中和有效性及潜力的评估，在重点领域评估碳中和各种计划、行动和措施的效果，为我国如期实现碳达峰和碳中和提供重要科技支撑。

第二节
碳排放核算技术

有效的碳排放核算是准确把握我国碳排放变化趋势、制定各项碳减排政策、推动碳减排措施，实现绿色低碳转型的重要前提，是实现碳中和目标的重要决策支撑技术。碳排放核算技术框架交错复杂——大到国家、小到企业，这个核算技术框架是从生产端出发的直接碳排放的核算。另外，从消费端出发，对一个产品及一项技术的整个生命周期过程所直接与间接产生的碳排放量进行核算，对于碳减排效应的评价也具有重要的支撑意义，这种核算被称为碳足迹的核算。此外，仅仅对碳源进行核算难以支撑判断是否实现净零排放，因此对于碳汇的核算技术同样必不可少。

一、分尺度的直接二氧化碳排放核算技术

（一）温室气体清单指南

在不同尺度上，核算技术参考的指南存在一定的差异性。

在国家尺度上，《IPCC 2006 年国家温室气体清单指南 2019 修订版》（以下简称《IPCC 指南》）是世界各国进行碳排放核算的主要方法和规则。

在省级尺度上，碳排放核算是以在 IPCC 方法指南的基础上由国家发展和改革委员会应对气候变化司编写的《省级温室气体清单编制指南（试行）》（以下简称《省指南》）为指导。与《IPCC 指南》相比，《省指南》特别之处在于针对跨省电力调度造成的碳排放问题设置了排放因子，电力调入（出）CO_2 间接排放 = 调入（出）电量 × 区域电网供电平均排放因子。

在城市尺度上，至今未有如《IPCC指南》和《省指南》这样公认的核算指南出台。因此，城市尺度的碳排放核算并未采用统一的标准对核算内容、核算方法等进行规范。考虑到城市碳排放清单的核算边界介于省份排放清单及企业排放清单之间，现在的城市碳排放清单的核算借鉴了这两类清单核算指南。

在企业层面，国家发展和改革委员会发布的《24个行业企业温室气体排放核算方法与报告指南》（以下简称《企业指南》）覆盖了高碳排放的全部重点行业，规范了企业与核查机构碳排放数据核算。

此外，考虑到一批低碳实践园区和低碳示范社区在全国部分城市开始建立，例如，上海在"十四五"期间积极推进低碳示范园区和社区建设工作，因此出台了低碳发展实践区和低碳社区等《各类低碳示范创建的碳排放核算方法建议》。

（二）省级碳排放核算技术

尽管不同尺度的碳排放核算技术在细节上存在一定的差异，但是在国家-省级-城市宏观尺度上的整体核算技术框架具有一致性，下面以省级碳排放核算为例，介绍宏观尺度上的碳排放核算技术框架。

省级碳排放核算主要包括五部分：能源活动、工业生产过程、废弃物处理、农业，以及土地利用变化和林业。这里只介绍能源活动、工业生产过程、废弃物处理带来的碳排放。前文已提及外调电隐含的碳排放核算，土地利用变化和林业相关的碳排放核算将在后文第三小节碳汇核算技术中介绍。

1. 能源活动碳排放

能源活动产生的碳排放来自化石燃料燃烧。分部门的化石燃料燃烧活动排放源可分为农业部门、工业和建筑部门、交通运输部门、服务部门（第三产业中扣除交通运输部分）、居民生活部门。其中，工业部门可进一步细分为钢铁、有色金属、化工、建材和其他行业等，交通运输部门可进一步细分为民航、公路、铁路、航运等。

结合《中国能源统计年鉴》中终端消费量的统计内容，确定能源消费碳排放的测算项目包括原煤、洗精煤、其他洗煤、型煤、焦炭、焦炉煤气、高炉煤气、其他煤气、其他焦化产品、原油、汽油、煤油、柴油、燃料油、液化石油气、炼厂干气、其他石油制品、天然气、热力和电力。

因此，获得分行业分品种的能源消费量数据是清单编制的基础，也作为活动水平数据应用于碳排放核算中。能源消费相关的碳排放参照《IPCC指南》和《省指南》

提供的方法进行估算,具体的计算公式为:

$$C_{\text{energy}} = \sum_{i=1}^{n} (E_i \times \text{NCV}_i \times \text{CEF}_i \times \text{COF}_i) \qquad (15-1)$$

式中:C_{energy} 为能源消费碳排放量;n 表示能源种类数量;E_i 表示第 i 种能源消耗的实物量;NCV_i 表示第 i 种能源的平均低位发热量;CEF_i 为第 i 种能源的单位热值当量的碳排放因子;COF_i 为第 i 种能源的碳氧化因子。各类参数的数值来源于《综合能耗计算通则》(GB/T 2589—2020)和《IPCC 2006 年国家温室气体清单指南》。

2. 工业生产过程碳排放

工业生产过程碳排放是指工业生产中能源活动温室气体排放之外的其他化学反应过程或物理变化过程的碳排放。工业生产过程中水泥、石灰和玻璃的生产等是重要的碳排放来源。

由于工业生产过程的碳排放测算非常复杂,难以进行全盘估算,综合考虑到数据的可获取性和可用的碳排放估算方法等因素,目前主要估算合成氨、水泥、玻璃、钢和铝等碳排放量较大工业产品生产过程的碳排放。具体的计算公式为:

$$C_{\text{industry}} = \sum_{i=1}^{n} (Q_i \times F_i) \qquad (15-2)$$

式中:C_{industry} 为工业生产过程碳排放量;n 表示工业产品种类数;Q_i 表示第 i 种工业产品的产量;F_i 表示第 i 种工业产品生产过程的碳排放因子。

3. 废弃物处理碳排放

废弃物包括固体废弃物和废水。固体废弃物包括城市固体废弃物、工业固体废弃物、污泥和其他固体废弃物;废水包括生活污水和工业废水。

城市固体废弃物、生活污水和工业废水的处理是温室气体的重要来源,包括城市固体废弃物焚烧处理产生的 CO_2 排放量、城市固体废弃物填埋处理产生的 CH_4 排放量、生活污水和工业废水分别处理产生的 CH_4 和 N_2O 排放量。

(1)城市固体废弃物焚烧处理产生的 CO_2 排放量

估算公式为:

$$E_{CO_2} = \sum_{i} (\text{IW}_i \times \text{CCW}_i \times \text{FCF}_i \times \text{EF}_i \times 44/12) \qquad (15-3)$$

式中:E_{CO_2} 指城市固体废弃物焚烧处理产生的 CO_2 排放量;i 分别表示城市固体废物、危险废物、污泥;IW_i、CCW_i、FCF_i 和 EF_i 分别指第 i 种类型废弃物的焚烧量、碳含量比例、矿物碳在碳总量中的比例及焚烧炉的燃烧效率；44/12指碳转换成CO_2的转换系数。

（2）城市固体废弃物填埋处理产生的CH_4排放量

估算公式为：

$$E_{CH_4} = (MSW_T \times MSW_F \times L_0 - R) \times (1 - OX) \tag{15-4}$$

式中：E_{CH_4}指城市固体废弃物填埋处理产生的CH_4排放量（万 t CH_4/a）；MSW_T指总的城市固体废弃物产生量（万 t 废弃物/a）；MSW_F指城市固体废弃物填埋处理率；L_0指各管理类型垃圾填埋场的CH_4产生潜力（万 t CH_4/万 t 废弃物）；R指甲烷回收量（万 t CH_4/a）；OX指氧化因子。

（3）生活污水处理产生的CH_4排放量

估算公式为：

$$E_{CH_4} = TOW \times EF - R \tag{15-5}$$

式中：E_{CH_4}指清单年份的生活污水处理甲烷排放总量（kg CH_4/a）；TOW指清单年份的生活污水中有机物总量（kg BOD/a）；EF指排放因子（kg CH_4/kg BOD）；R指清单年份的甲烷回收量（kg CH_4/a）。

（4）工业废水处理产生的CH_4排放量

估算公式为：

$$E_{CH_4} = \sum_i \left[(TOW_i - S_i) \times EF_i - R_i \right] \tag{15-6}$$

式中：E_{CH_4}指工业废水处理产生的CH_4排放量（kg CH_4/a）；i表示不同的工业行业；TOW_i指工业废水中可降解有机物的总量（kg COD/a）；S_i指以污泥方式清除掉的有机物总量（kg COD/a）；EF_i指排放因子（kg CH_4/kg COD）；R_i指甲烷回收量（kg CH_4/a）。

（三）企业碳排放核算技术

在微观尺度上，以企业碳排放核算来说，其技术框架由三部分组成，如图15-8所示。第一步是根据开展核算的目的，确定碳排放的核算边界；第二步是进行碳排放核算，具体包括识别碳排放源、选择核算方法、选择与收集碳排放活动数据、选择或测算排放因子、计算与汇总温室气体排放量；第三步是核算工作质量保证，形成排放报告。

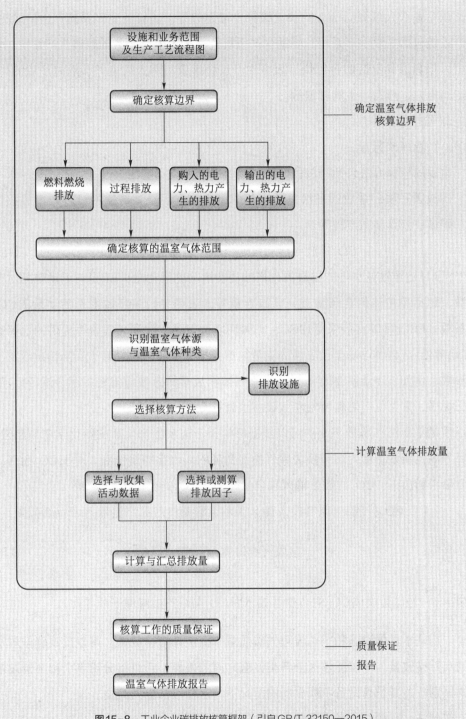

图15-8　工业企业碳排放核算框架（引自GB/T 32150—2015）

1. 确定碳排放核算边界

以企业法人或视同法人的独立核算单位为边界，核算其生产系统产生的碳排放。生产系统包括主要生产系统、辅助生产系统及直接为生产服务的附属生产系统。具体而言，核算边界包括燃料燃烧排放、生产过程排放、购入的电力、热力产生的排放，输出的电力、热力产生的排放等。

2. 碳排放核算

（1）选择核算方法

常用的核算方法包括排放因子法、物料平衡法及实测法。

排放因子法：排放因子法是适用范围最广、应用最为普遍的一种碳排放核算方法。碳排放核算基本方程为：

$$CO_2排放 = 活动数据（AD）\times 排放因子（EF） \tag{15-7}$$

式中：AD是导致温室气体排放的生产或消费活动的活动量；EF是与活动数据对应的系数，包括单位热值含碳量或元素碳含量等，表征单位生产或消费活动量的CO_2排放系数。EF既可以直接采用IPCC、美国环境保护署、欧洲环境署等提供的已知数据（即缺省值），也可以基于代表性的测量数据来推算。我国已经基于实际情况设置了国家参数，例如《工业其他行业企业温室气体排放核算方法与报告指南（试行）》的附录二提供了常见化石燃料特性参数缺省值数据。

质量平衡法：质量平衡法可以根据每年用于国家生产生活的新化学物质和设备，计算为满足新设备能力或替换去除气体而消耗的新化学物质份额。对于CO_2而言，在碳质量平衡法下，CO_2排放由输入碳含量减去非CO_2的碳输出量得到：

$$CO_2排放 = （原料投入量 \times 原料含碳量 - 产品产出量 \times 产品含碳量）$$
$$\times \frac{44}{12} - 废物输出量 \times 废物含碳量 \times \frac{44}{12} \tag{15-8}$$

式中：$\dfrac{44}{12}$是碳转换成CO_2的转换系数（即CO_2与C的相对原子质量比）。

采用基于具体设施和工艺流程的碳质量平衡法计算排放量，可以反映碳排放发生地的实际排放量。不仅能够区分各类设施之间的差异，还可以分辨单个和部分设备之间的区别。尤其是当设备不断更新的情况下，这种方法更为简便。

实测法：实测法参考本章第一节的碳排放监测技术内容。

核算方法的选择可参考核算结果的数据准确度要求、可获得的计算用数据情况及排放源的可识别程度三个因素。

（2）选择与收集活动数据

固定燃烧源和移动燃烧源的活动数据来自企业能源平衡表，过程排放源的数据来自原料消耗表、水平衡表、废水监测报表和财务报表，购入电力、热力或蒸汽的活动数据及生物燃料运输设备的活动数据来自企业能源平衡表、财务报表和采购发票或凭证，固碳产品的活动数据来源于产品产量表和财务报表。

（3）选择或测算排放因子和计算碳排放量

首先，选择工业企业内的直接测量，或由能量平衡或物料平衡等方法得到的排放因子或相关参数值。其次，选择相关指南或文件中提供的排放因子。

（四）碳排放核算案例

1. 火电行业 CO_2 排放核算案例

某火电厂主要利用原煤发电，某年共使用原煤 206 272 t，该原煤的硫分为 1.05%，假设具有脱硫设施，脱硫效率为 90%。请核算这个火电厂该年产生的 CO_2 排放量。

（1）能源燃烧产生的 CO_2 排放量

CO_2 排放量 $= 206\ 272 \times 29\ 270.61 \times 98 \times 94\ 600 \times 0.714\ 3 / 1\ 011 = 399\ 825$（t）

（2）脱硫产生的 CO_2 排放量

脱硫产生的 CO_2 排放量 $=$ 原煤总消耗量 × 具有脱硫设施电厂中消耗煤的比例

$$\times\ 含硫率 \times 脱硫效率 \times 44/32$$

$$= 206\ 272 \times 1.05\% \times 90\% \times 44/32 = 2\ 680.2\ （t）$$

由于该电厂没有 CO_2 捕集与储存设施，因此 CO_2 排放量等于能源燃烧和脱硫的 CO_2 排放量之和，即为 40.25 万 t。

2. 钢铁行业 CO_2 排放核算案例

某钢铁生产企业生产过程中消耗溶剂 1 000 t，其中石灰石 500 t，菱镁矿石 300 t，白云石 200 t，年消耗煤炭 300 t，企业自产并消耗焦炭 40 万 t，焦炭氧化率为 95%，年产生铁 20 万 t，其中生铁含碳量 3%，通过炼钢并锻压等工序全部转化为钢材，每年产生钢筋 10 万 t，含碳量 0.25%，生产板带 9 万 t，含碳量 0.23%，计算企业的年 CO_2 排放量。

（1）能源消耗产生的CO_2排放量

$$E_i = \sum_j \delta_j \times Q_j \times O_j \times D_j$$

$$= (3\,000\,000 \times 98 \times 94\,600 \times 29\,270.61 \times 0.714\,3/10^{11}) - [400\,000 \times (1-95\%)$$

$$\times 98 \times 107\,000 \times 29\,270.61 \times 0.971\,4/10^{11} = 5\,755\,386\,(t)$$

（2）生产过程CO_2排放量

其中溶剂使用排放量为 $= 500 \times 0.429\,8 + 300 \times 0.278\,7 + 200 \times 0.427\,27 = 384$ t

其中炼钢降碳过程排放量为 = （炼钢生铁含碳量 - 钢含碳量）× 44/12

$$= [(\sum O_{铁_i} \times C_{铁_i} - \sum O_{铁_z} \times C_{铁_z}) - \sum O_{刚_i}$$

$$\times C_{刚_j}] \times 44/12$$

$$= [200\,000 \times 3\% - (100\,000 \times 0.35\% + 90\,000 \times 0.23\%)]$$

$$\times 44/12 = 19\,958\,(t)$$

综上，该钢铁生产企业合计CO_2排放量为577.57万t。

3. 固体废弃物填埋处理的CH_4排放核算案例

某县城在6年内的垃圾填埋处理量为489 593 t，甲烷回收量为3 150 t。请核算该过程产生的CH_4排放量。

甲烷修正因子（MCF）取管理类型填埋场的缺省值1.0；可降解有机碳（DOC）根据该县城的填埋垃圾成分和可降解有机碳占湿废弃物的比例计算得DOC为0.191；可分解的DOC的比例（DOC_f）取指南推荐值0.5；甲烷在垃圾填埋气体中的比例（F）取指南推荐值0.5；甲烷回收量（R）为3 150 t，氧化因子（OX）根据县城实际情况取0。

根据固体废弃物填埋处理CH_4排放核算方法计算得出，该县城6年内的固体废弃物填埋处理过程的CH_4排放量为20 166.9 t。

4. 生活污水处理的CH_4排放核算案例

某县城某年全县污水处理厂去除的生活污水COD含量为1 371.5 t。请核算该过程产生的CH_4排放量。

根据该县城所在地区的BOD与COD转换系数（0.51）将COD含量转换为BOD含量。甲烷修正因子（MCF）取全国平均值0.165（集中处理类）；甲烷最大产生能力（B_0）采用指南推荐的生活污水为0.6 kg CH_4/kg BOD；甲烷回收量（R）根据该县城实际情况取0。

根据生活污水处理甲烷排放核算方法计算得出，该县城这一年的生活污水产生的 CH_4 排放量为 69.2 t。

二、基于全生命周期的碳足迹核算技术

生命周期评价（life cycle assessment，LCA）方法用于评价某一产品、工艺或服务从原材料采集，到产品生产、运输、使用及最终处置的全生命周期过程的能源消耗及环境影响。

LCA 已成为微观层面特别是产品尺度最主要的碳足迹核算方法。在碳足迹核算的系统边界及所包含的温室气体种类方面，一部分学者认为碳足迹是指产品或服务在生命周期内的碳排放量；还有一部分学者将碳足迹视为最终消费及其生产过程所产生的所有温室气体排放量。"碳足迹"原为 LCA 休系中的"气候变化"影响评价指标，因而具有生命周期的视角。

（一）生命周期评价的基本结构

国际标准化组织（ISO）规定，LCA 的基本结构分为四个部分：目标与范围定义、清单分析、影响评价和结果解释，如图 15-9 所示。

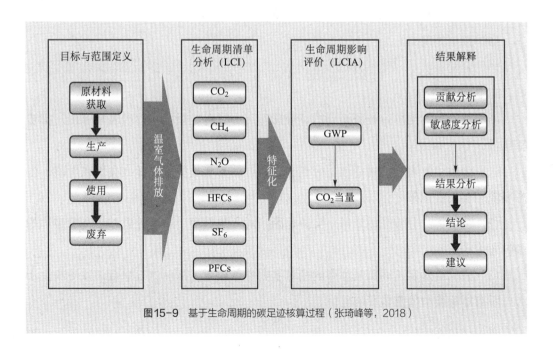

图15-9 基于生命周期的碳足迹核算过程（张琦峰等，2018）

1. **目标与范围定义**

（1）定义目标：说明评价的原因、目的及评价结果的可能应用（服务对象，即研究结果的接受方）；

（2）确定范围：定义研究的系统，确定系统边界、说明数据要求、指出重要的假设和限制；

（3）功能单位：是量度产品系统输出时采用的单位，目的是为有关的输入和输出数据提供参照基准，以保证LCA结果的可比性。

2. **清单分析**

清单分析是对一种产品、工艺或活动在其整个生命周期内的能量与原材料需要量及对环境的排放进行数据为基础的客观量化过程。其过程包括：

（1）建立生命周期模型：追溯上下游，建立生命周期模型与过程图（上游材料、下游使用与废弃过程），过程图开始于原材料的采掘，结束于环境排放和最终处理填埋，所有过程涉及的物质转化和使用状况都要表示出来；

（2）数据收集：清单数据集描述一个过程（生产消费活动）的单位产出及其相应的输入（原料、能耗消耗）和输出（排放、废弃物）的一组数据组；

（3）数据核实：是否完整、是否与其他渠道的数据相符；对每个单元过程作简单的物料和能量衡算，利用总输入＝总输出；

（4）进一步完善系统边界：敏感性分析，可确定各数据的重要；

（5）数据处理与汇总；

（6）分配。

3. **影响评价**

影响评价为对清单分析所识别的环境影响压力进行定量或定性的表征评价。其步骤包括：

（1）分类：将来自清单的数据分到一些较大的影响类型中，即人类健康影响，生态环境影响和资源破坏；

（2）特征化：分析并估计每一类胁迫因子对人类健康、生态健康以及资源破坏的影响力大小；

（3）估价：确定不同影响类型的相对重要性或权重，从而进行综合，以使决策者考虑所有影响类型的整体影响范围。

4. 结果解释

结果解释为对清单分析和影响评价结果进行辨识、量化、核实和评价的系统技术，提出产品设计或改进建议；其目的是以透明的方式分析结果，形成结论，提出建议，尽可能提供对评价结果易于理解的、完整的和一致的说明。

(二) 全生命周期的碳排放案例

基于LCA的碳足迹核算同时考虑了系统在生命周期内的直接和间接碳排放，精度较高，适用于产品等微观层面的碳足迹核算。

以广西某50 MW风电项目为例，通过构建风力发电全生命周期的碳排放测算模型，系统、全面、定量地测算风电系统全生命周期中的碳足迹，并进行减排量计算，得出一个典型的风电场实现碳中和的时间期限（碳回收期）。

风电系统边界是从风机各种原材料的获取与生产直至退役期设备的回收与处置。系统边界包含了风电场4个生命阶段，如图15-10所示。即风机生产与制造阶段、风电场建设施工及设备运输阶段、运营维护阶段、退役阶段（从完整生命周期考虑，该阶段为预估阶段）。

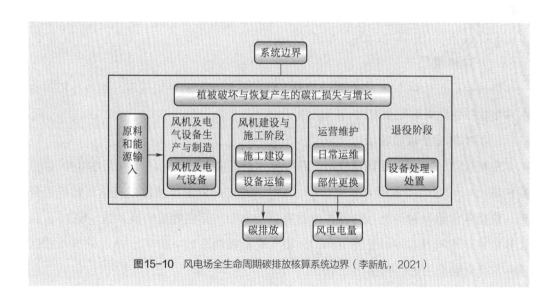

图15-10 风电场全生命周期碳排放核算系统边界（李新航，2021）

风电场生命周期CO_2排放量计算公式如式（15-9）：

$$E = E_{设备} + E_{建设} + E_{运维} + E_{处置} \qquad (15-9)$$

式中：E为生命周期温室气体（CO_2）的排放总量，t。$E_{设备}$、$E_{建设}$、$E_{运维}$、$E_{处置}$分别为设备生产制造阶段、施工建设阶段、运营与维护阶段、拆除处置阶段的温室气体（CO_2）的排放量。

在运维阶段，风电场上网电量因为理论上替代了该部分的火电电量，由此产生了碳减排量。根据风电在运营期内预估的上网电量可以计算出生命周期内的碳减排量，对比全生命周期的 CO_2 排放量，可以计算出风电场的碳排放回收期。

三、碳汇核算技术

碳汇包括陆地碳汇和海洋碳汇。陆地碳汇的核算尤其是森林碳汇的核算有了明确的指南与标准，但是海洋碳汇技术尚处于起步阶段，碳汇量以监测为主，暂未形成完整的核算技术框架。因此，这部分主要介绍陆地碳汇的核算技术。

陆地碳汇包括森林碳汇、草原碳汇、湿地碳汇以及农田碳汇四部分。森林碳汇核算依据当地的《指南》中土地利用变化和林业部分的碳排放核算方法以及林业行业标准《森林生态系统碳储量计量指南》。草原碳汇、湿地碳汇、荒漠碳汇和农田碳汇暂未出现官方核算指南和标准，这里以领域内资深学者常用的核算方法作为参考进行介绍。

（一）森林碳汇

森林碳汇包括乔木林（林分）、竹林、经济林和国家有特别规定的灌木林和其他木质生物质生物量碳贮量变化。

1. 乔木林生长碳吸收

根据当地的森林资源调查数据，获得乔木林总蓄积量（$V_乔$）、各优势树种（组）蓄积量（V_i）、活立木蓄积量年生长率（GR）；通过实际采样测定或文献资料统计分析，获得各优势树种（组）的基本木材密度（SVD）和生物量转换系数（BEF），并计算全省平均的基本木材密度（$\overline{SVD}$）和生物量转换系数（$\overline{BEF}$），从而估算本省区市乔木林生物量生长碳吸收（$\Delta C_乔$）：

$$\Delta C_乔 = V_乔 \times GR \times \overline{SVD} \times \overline{BEF} \times 0.5 \tag{15-10}$$

$$\overline{SVD} = \sum_{i=1}^{n} \left(SVD_i \cdot \frac{V_i}{V_乔} \right) \tag{15-11}$$

$$\overline{\text{BEF}} = \sum_{i=1}^{n} \left(\text{BEF}_i \cdot \frac{V_i}{V_{\text{乔}}} \right) \qquad (15-12)$$

式中：0.5 为生物含碳率，下同。

2. 竹林、经济林、灌木林生物量生长碳吸收

它们通常在最初几年生长迅速，并很快进入稳定阶段，生物量变化较小。因此主要根据竹林、经济林、灌木林面积变化和单位面积生物量来估算生物量碳贮量变化。具体公式为：

$$\Delta C_{\text{竹/经/灌}} = \Delta A_{\text{竹/经/灌}} \times B_{\text{竹/经/灌}} \times 0.5 \qquad (15-13)$$

式中：$\Delta C_{\text{竹/经/灌}}$ 为生物量碳贮量变化，t 碳；$\Delta A_{\text{竹/经/灌}}$ 为面积年变化，hm^2；$B_{\text{竹/经/灌}}$ 为平均单位面积生物量，t 干物质。

3. 散生木、四旁树、疏林生物量生长碳吸收

与乔木林类似。

4. 活立木消耗的碳排放

根据当地省份森林资源调查数据，获得活立木蓄积量（$V_{\text{活木林}}$），即乔木林、散生木、四旁树、疏林的蓄积量总和。根据活立木蓄积消耗率（CR）、全省平均基本木材密度（$\overline{\text{SVD}}$）和生物量转换系数（$\overline{\text{BEF}}$）估算活立木消耗造成的碳排放 $\Delta C_{\text{消耗}}$：

$$\Delta C_{\text{消耗}} = V_{\text{活木林}} \times \text{CR} \times \overline{\text{SVD}} \times \overline{\text{BEF}} \times 0.5 \qquad (15-14)$$

森林碳汇为各林木碳吸收量之和减去消耗量：

$$\Delta C_{\text{生物量}} = \Delta C_{\text{乔}} + \Delta C_{\text{竹/经/灌}} + \Delta C_{\text{散四疏}} - \Delta C_{\text{消耗}} \qquad (15-15)$$

（二）草原碳汇

草牧场防护林植被下总固碳量为 65.97 t/hm^2，草原天然植被为 14.65 t/hm^2。草原碳储量在土壤、根系和地上草本植物的比重分别为 76.92%、16.92 和 6.16%。依据此，可以核算出草原总面积及落实承包草原面积、草原生态治理工程围栏面积、人工种草累计保留面积、禁牧休牧轮牧面积的碳汇变化。

（三）湿地碳汇

湿地碳汇主要存储在湿地植被和土壤中，一般湿地植被生长繁茂时，土壤呼吸相对较小，湿地有机碳汇的增量即为植被生物增加量换算成干物质计算出的有机碳增量。常见碳汇估算方法为：

$$WTOCS = 1\ 000 \times A_1 \times P \times C + 1\ 000 \times A_2 \times D \qquad (15-16)$$

式中：WTOCS为湿地有机碳储量，t；A_1为湿地植被覆盖面积，m^2；A_2为湿地生态系统面积，m^2；P为湿地单位面积平均生物量（干重），kg/m^2；C为生物量（干重）的碳储量系数，一般取0.45；D为湿地平均土壤碳密度，kg/m^2。

（四）农田碳汇

不考虑农田作物碳循环，随着农田管理的优化，农田土壤也是大气中CO_2的潜在碳汇，研究估算出农田土壤的平均碳密度为$1.03 \sim 2.36\ t/hm^2$。考虑农田作物固碳能力，农田生态系统碳汇强度呈现增长的趋势，年增加量为$1.9 \sim 9.17\ t/(hm^2 \cdot a)$。通过测算农田面积，即可计算出农田碳汇量。

第三节
净零碳导向下的低碳转型情景分析

开展净零碳导向下的低碳转型情景分析可以为碳中和目标的实现提供决策支撑。相应的模型和工具需要作为路径分析的支撑。IPCC的评估报告采用了多家模型组的研究结果。从方法学上分类，模型一般可以分为自上而下的能源经济模型、自下而上的能源技术模型和混合模型，它们在中国的低排放战略情景相关的研究中都得到了应用。下面介绍基于这三类模型的碳中和情景及其应用案例。

一、能源经济模型

自上而下的能源经济模型主要由传统经济模型发展而来，它以经济增长对各部门的影响为出发点，以价格、弹性为主要指标，描述宏观经济变化引起的能源系统变化。一般是以相对集合的形式描述能源、环境和经济等部门之间的联系，研究不同约束或政策对能源、环境和经济等系统的影响。下面介绍自上而下的能源经济模型中最典型的三类模型：投入产出模型、宏观计量经济学模型和一般均衡模型。

（一）投入产出模型

投入产业模型以总需求为已知条件，基于联立方程组来模拟经济部门的复杂关系，为如何满足需求提供详尽部门信息。传统的投入产出模型经过适度调整扩展就可应用于能源和环境政策的分析。这类模型在总需求确定的条件下，通过已有的投入产出平衡表将各部门之间的复杂关系表示出来。由于这类模型中的系数是固定的，难以描述能源环境政策引起的要素替代、技术变化和行为变化等，因此在分析能源、环境和经济政策的宏观影响方面存在一定的局限性。

（二）宏观计量经济模型

宏观计量经济模型基于经济变量的历史统计关系来预测经济行为，着重突出与政策相关的短期动态机制。该模型通过数量的调整实现均衡机制，在时间序列数据的基础上，通过计量经济技术评估模型参数。由于该模型对政策产生的效果进行预测时，并未考虑主体可能存在的预见性反应。因此，该模型仅适合于政策变化的中短期预测。

（三）可计算一般均衡模型

可计算一般均衡（computable general equilibrium，CGE）模型对气候变化影响的评估框架如图15-11所示，它以微观经济学原理构建经济代理人的行为，来模拟不同行业和部门间的复杂的、基于市场的相互作用关系。

可计算一般均衡模型通过在消费者需求和生产者供给间达成平衡的过程中，以消费者和生产者分别寻求福利或利润最大化为假设基础，对市场均衡价格进行模拟。世界上应用较多的能源环境CGE模型包括温室气体排放预测与政策分析模型（EPPA）、GLOBAL2001、区域与全球温室气体减排政策影响评估模型（MERGE）、一般均衡环境模型（GREEN）等。

清华大学能源环境经济研究所基于全球可计算一般均衡模型对2060年碳中和目标下的低碳能源转型情景分析作了相关的研究。研究采用多情景模拟的方法，通过预设碳排放控制目标，倒逼能源与经济转型，从而识别未来的能源转型和减排路径。研究中比较了当前政策情景、2050年碳中和情景、2060年碳中和情景和2070年碳中和情景四种情景下的一次能源消费量和CO_2排放轨迹，并刻画了2060年碳中和情景路径。

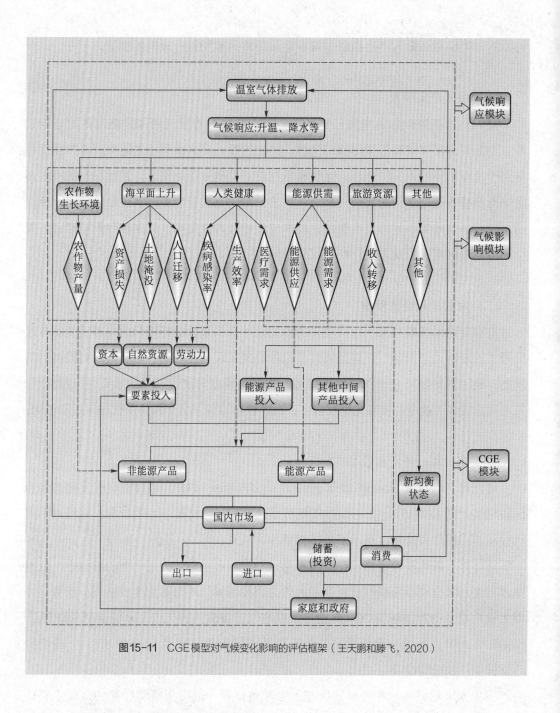

图15-11　CGE模型对气候变化影响的评估框架（王天鹏和滕飞，2020）

1. 不同情景下的低碳能源转型路径

（1）不同情景下的一次能源消费量：如图15-12（a）所示，四种情景下的一次能源消费量在达峰时间及达峰量上存在显著差异。2050年和2060年碳中和情景一次能源消费量在2030年即可达到峰值，峰值大约在58亿t标准煤。而对于2070年碳中和情景而言，达峰时间要远晚于前两个情景，在2040年才实现一次能源消费量达峰，且峰值更高，大约达到62亿t标准煤。从达峰后的减排速率来看，一次能源消费量在2060年碳中和情景中达到峰值后，下降速率相比2050年碳中和情景有所减缓。

（2）不同情景下的碳排放：对于不同情景下的碳排放轨迹而言 [图15-12（b）]，除了当前政策情景外，三种不同的碳中和情景都可以在2025年实现碳达峰，峰值为102亿t。达峰后，碳排放速率下降更快的情景能够更早实现碳中和。在2060年碳中和情景中，在2025年达峰后，碳排放年均下降速率为16.7%。

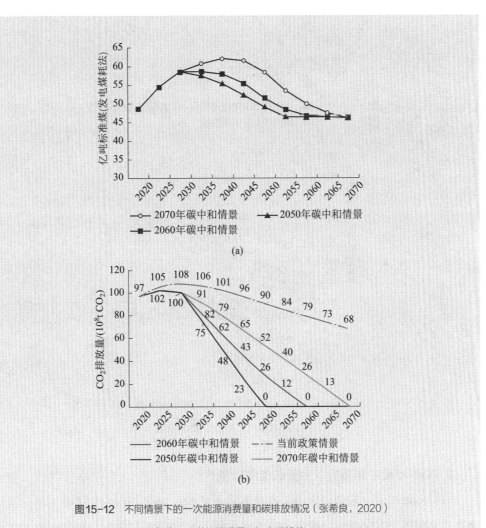

图15-12　不同情景下的一次能源消费量和碳排放情况（张希良，2020）

（a）一次能源消费量；（b）碳排放

（3）不同情景下的电力消费情况：从不同情景下的电力消费情况来看（图15-13），更早实现碳中和的情景中需要更早实现较高电气化水平。在2060年碳中和情景中，需要在2060年左右使得电力占终端用能的比例达到79%，全社会发电量为15 200 TW·h。

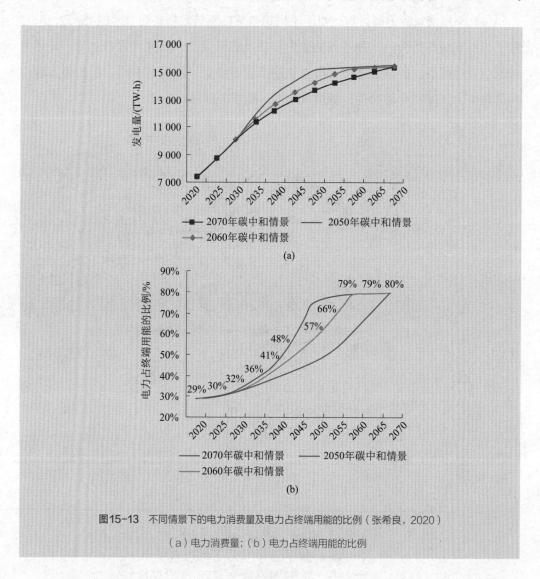

图15-13 不同情景下的电力消费量及电力占终端用能的比例（张希良，2020）

（a）电力消费量；（b）电力占终端用能的比例

2. 2060年碳中和情景下的低碳能源转型路径

（1）2060年碳中和情景下的一次能源消费结构：2060年碳中和情景下的一次能源消费结构如图15-14所示，煤的占比不断下降，到2060年，占比只有10%左右。可再生能源的占比则呈现出快速上升的趋势，且在2030年碳达峰后加速上升，到2060年，可再生能源的占比达到68%。

此外，从可再生能源种类来看，风电和太阳能发展较为迅速，占比最高，两者之和占整个可再生能源的比例接近70%。核电由于其安全性问题，发展相对平稳，没有激进的发展趋势，到2060年占比为13%。

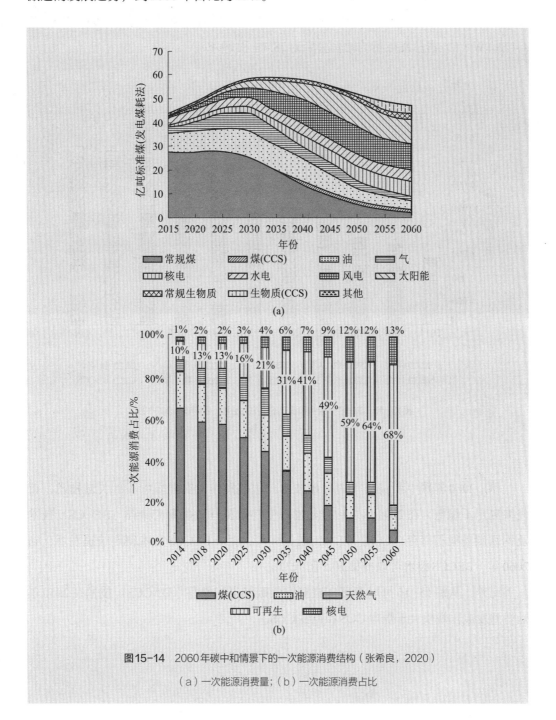

图15-14 2060年碳中和情景下的一次能源消费结构（张希良，2020）

（a）一次能源消费量；（b）一次能源消费占比

（2）2060年碳中和情景下的电力结构：电力部门作为可再生能源消纳的重要部门，随着CCS技术的发展，在2035年后燃煤电厂CCS的应用有一定幅度的上升。在2060年碳中和情景中，在2050年前，电力部门中未安装CCS技术的煤电都被淘汰（图15-15）。到2060年碳中和时，风电和光伏的发电量分别为4 360 TW·h和4 472 TW·h，占总发电量的比例分别为28.7%和29.4%。

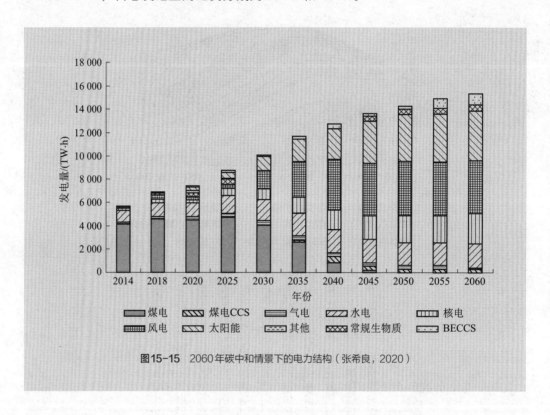

图15-15　2060年碳中和情景下的电力结构（张希良，2020）

（3）2060年碳中和情景下的负碳技术：碳捕集作为实现碳中和的关键技术，首先被应用于煤电；在2045年之后开始出现生物能源与碳捕集和储存（BECCS）技术及钢铁碳捕集和储存（CCS）技术；在2050年之后，BECCS技术得到快速发展；到2060年，BECCS技术可以捕集10.5亿t CO_2。

此外，从图15-16可以看出，直接空气碳捕集和储存（DACCS）技术在2050年后得到发展，规模大于煤电CCS和钢铁CCS。

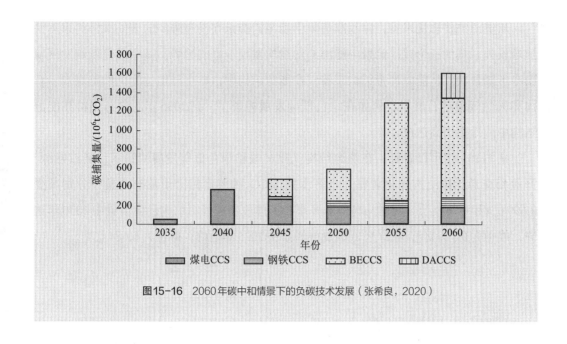

图15-16 2060年碳中和情景下的负碳技术发展（张希良，2020）

二、能源技术模型

自下而上的能源技术模型建立在反映能源消费和生产中人类活动所使用的技术过程的基础上，从而对能源消费和生产方式进行预测，以此来评价不同政策对能源技术选择及环境排放的影响。自下而上的能源技术模型大致也可以分为3类：综合能源系统仿真模型、部门预测模型和动态能源优化模型。

（一）综合能源系统仿真模型

综合能源系统仿真模型详细刻画了能源供应和需求技术，其中能源供应和能源技术的发展通过外生的情景假设来驱动。该模型比较适合于中短期研究。能源系统仿真模型中最为代表的是斯德哥尔摩环境研究所与美国波士顿大学联合开发的长期能源可替代规划系统（long-range energy alternatives planning system，LEAP）模型。

基于LEAP模型，对乌鲁木齐市的绿色低碳协同发展路径进行分析。研究构建了基准情景、污染减排情景、能源结构优化情景和绿色低碳发展情景，并分析了不同情景下的能源消费量及协同减排情况。其中，能源结构优化情景综合考虑了能效提高、能源结构优化、新能源车推广的影响；绿色低碳发展情景在能源结构优化情景的基础上进一步考虑了产业结构调整等措施。

从能源消费总量来看，除基准情景中能源消费量在没有强制的节能减排约束下快速增长外，其他三个减排情景中能源消费量均呈现下降的趋势，其中绿色低碳发展情景中下降最快。从能源消费结构来看，在能源结构中占据主导地位的仍然是煤炭、石油和天然气等化石燃料。例如在绿色低碳发展情景下，到2035年，化石燃料在能源结构中的比重仍高达60.1%。

从图15-17可以看到，在能源结构优化情景和绿色低碳发展情景下，通过能源、产业和交通运输结构优化调整，乌鲁木齐市CO_2排放量相比于基准情景将分别减少0.699亿t和0.761亿t。同时，乌鲁木齐市CO_2排放量在能源结构优化情景中2030年达峰，峰值为0.729亿t；在绿色低碳发展情景中2025年达峰，峰值为0.684亿t。

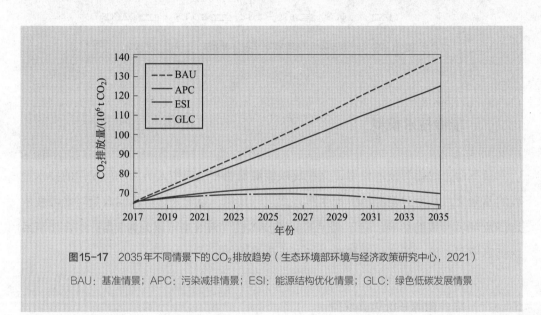

图15-17　2035年不同情景下的CO_2排放趋势（生态环境部环境与经济政策研究中心，2021）

BAU：基准情景；APC：污染减排情景；ESI：能源结构优化情景；GLC：绿色低碳发展情景

（二）部门预测模型

部门预测模型利用海量相对初级的技术实现预测能源供应和需求，比较适用于某个时间段或者动态反馈随着时间引起的不同水平的变化，主要包括能源系统的技术特征及有关财政或直接成本的数据。

（三）动态能源优化模型

动态能源优化模型又称为部分均衡模型，该模型以能源供给与需求技术的详细信息为基础，以能源系统总成本最低化为目标，来计算能源市场的局部均衡。该类模型在设定服务量的情况下，对不同能源供应和利用技术的经济成本经贴现后进行对比比选，以系统总成本最低组合作为模型的优化解，计算得出能源构成、环境排放等一系列数据。

代表性的模型包括日本国立研究所开发的AIM-技术模型、以国际能源机构为核心开发的MARKAL模型、国际应用系统分析研究所开发的MESSAGE模型、法国开发的EFOM模型等。

三、混合模型

混合模型利用自上而下模型和自下而上模型间的互补关系，将两类模型连接起来，实现关键信息的交互，来分析不同政策对宏观经济、产业部门及能源系统内部的细微变化的影响。因此，耦合能源经济模型与能源技术模型的混合模型越来越多地被应用于温室气体减排的综合评价中。

我国低碳战略情景研究中比较常见的混合模型包括北京大学搭建的IMED (integrated model of energy, environment and economy for sustainable development) 模型、国家发展和改革委员会能源研究所搭建的IPAC (integrated policy assessment model for china) 模型，以及清华大学根据美国马里兰大学开发的GCAM模型 (global chang analysise model) 本地化后得到的GCAM-China模型。

（一）IMED模型

IMED是一套包括经济能源环境资源数据库和模型的体系，目的是以系统和定量的方法，在市区、省级、国家、全球尺度上，分析经济、能源、环境和气候政策，为相关决策提供科学支撑。

IMED数据库和模型平台有机整合了多个不同类型的模型（图15-18），主要包括：

（1）经济能源环境资源数据库（IMED|DATA）：是模型构建的基础性工作。通过文献及图书、统计年鉴、行业调研、专家访谈的方式，收集全球和各省投入产出表、能源平衡表、物质资源投入、行业产能、资源禀赋、污染物排放、人群健康等方面基础数据；

（2）统计回归模型（IMED|MIN）：以统计分析、机器学习等手段进行数据挖掘，分析重点耗能耗材和高排放行业的发展路径，估算各部门未来能源服务需求量，揭示开展低碳发展实践的不同方式；

（3）宏观经济模型（IMED|CGE）：是过去数年间自主开发的全球多部门、多区域动态可计算一般均衡模型。本模型包含22个经济部门，以社会经济数据为基础，结合能源平衡表和产业统计年鉴数据，以1年为步长动态模拟2002—2030年期间全球各国经济走势、产业结构变化、能源消费及碳排放趋势；

（4）系统动力模型（IMED|HIO）：以投入产出模型为基础，综合考虑近百种终端技术参数，从宏观经济层面和技术层面，核算不同地区各部门发展所需要的能源消费和产生的资源环境排放；

（5）人群健康模型（IMED|HEL）：量化不同大气环境质量对人群健康的影响，并与IMED|CGE模型结合，量化对宏观经济产生的影响。

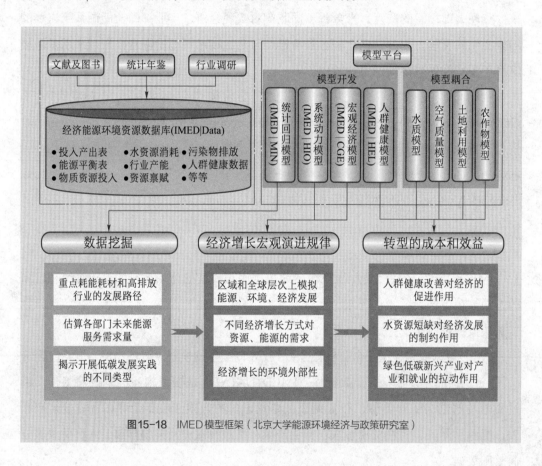

图15-18　IMED模型框架（北京大学能源环境经济与政策研究室）

（二）GCAM模型

GCAM模型是美国西北太平洋国家实验室与马里兰大学在1982年联合开发的全球综合评估模型，从最初的IPCC情景到IPCC第五次评估报告，GCAM都是其中用于创建共享社会经济路径情景的四个模型之一。

GCAM通过读取关于关键参数（如人口、经济活动、技术和政策）的外部"情景假设"，允许情景设计者假设不同情景，然后评估这些假设对关键科学或决策相关结果（如商品价格、能源利用、土地利用、水利用、排放和浓度）的影响。作为长期动态递归的模型，GCAM模型以2010年为基年，以5年为一时间步长，模拟的时间跨度可以到2100年。

GCAM模型目前共包括能源、经济、土地利用和气候四个模块（图15-19），各模块彼此之间保持一定的独立性，但是也有部分参数相互关联，各个模块既有内生变

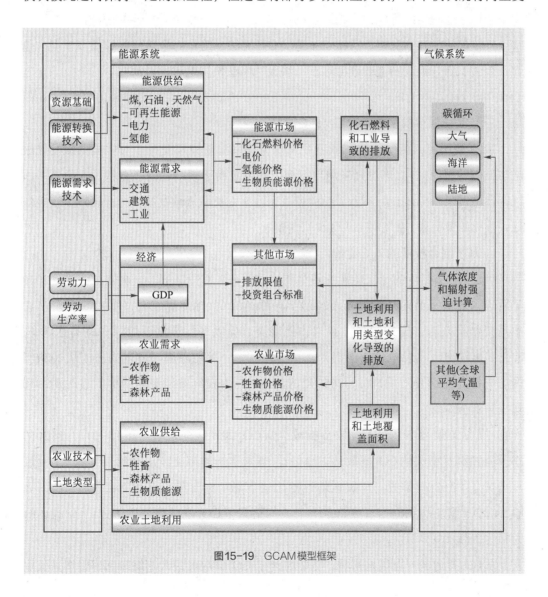

图15-19　GCAM模型框架

量，也有外部输入参数以便于模型情景的修改。

能源系统模块是GCAM的核心，详细刻画了能源从源头开采、加工、转换、分配到终端消费等的流程，考虑了能源系统中已有的和处于研发和示范阶段的各种技术。

社会经济发展模块主要包括人口和GDP，这些社会经济变量都是外生的，各国和地区的未来年份数据是根据共享社会路径情景预测得到的，不随政策和技术的变化而改变。

空间细分的土地利用模块，可模拟土地覆盖、土地利用及农产品和森林产品。在模型中，土地利用既可作为生物能源的供应者，同时也是土地排放的源或汇。

气候模块为Hector模型。Hector是一个开源的、简化的全球气候碳循环模型，包含一个由三部分组成的主要碳循环：一块大气、三块陆地和四块海洋。

（三）基于混合模型的2 ℃和1.5 ℃情景

2020年10月，清华大学气候变化与可持续发展研究院发布了《中国低碳发展战略与低碳转型研究》，该研究采用自下而上和自上而下相结合的混合模型，聚焦中国国家自主贡献（NDC）目标及2050年2 ℃和1.5 ℃长期低碳发展目标，设置了政策情景、强化政策情景、2 ℃情景和1.5 ℃情景。

1. 基于混合模型的2 ℃情景

（1）2 ℃情景下的一次能源消费量与构成：在2 ℃情景下，一次能源消费量2030年后进入峰值平台期开始下降，2050年下降到52亿t标准煤左右（图15-20）。从能源消费结构来看，到2050年，煤炭占比降至10%以下，非化石能源占比高达70%，非化石能源电力占总电量比例提升到90%左右。一次能源用于发电的占比从2020年的45%提升到2030年的50%，2050年的75%，电力在终端能源消费中的占比到2050年提升到55%左右。

（2）2 ℃情景下的CO_2排放及构成：从CO_2排放结构来看（图15-21），到2050年，能源消费相关的CO_2排放达29.2亿t，与碳达峰时相比，下降约72.1%。工业过程造成了4.7亿t碳排放，与碳达峰时相比也下降了50%左右。从负碳来看，CCS吸收5.1亿t，碳汇为7.0亿t。到2050年，2 ℃情景下CO_2净排放为21.8亿t，与碳达峰时相比下降80%。

从CO_2排放的产业结构来看，到2050年，CO_2排放量最大的终端部门仍然是工业

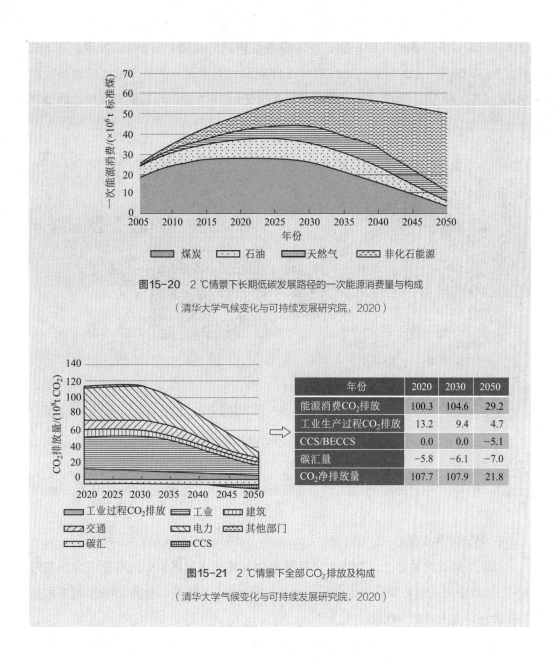

图15-20 2℃情景下长期低碳发展路径的一次能源消费量与构成

（清华大学气候变化与可持续发展研究院，2020）

年份	2020	2030	2050
能源消费CO_2排放	100.3	104.6	29.2
工业生产过程CO_2排放	13.2	9.4	4.7
CCS/BECCS	0.0	0.0	-5.1
碳汇量	-5.8	-6.1	-7.0
CO_2净排放量	107.7	107.9	21.8

图15-21 2℃情景下全部CO_2排放及构成

（清华大学气候变化与可持续发展研究院，2020）

部门和电力部门，分别占41%和28%（不计CCS和碳汇）。随着电力在终端能源消费占比提高，工业部门的碳排放水平可以有效降低。然而，对于工业部门中来源于钢铁、化工、水泥等生产过程的CO_2减排难度较大，到2050年，在2℃情景下，这些部门的CO_2排放减排效果仍然不显著。从电力部门来看，CO_2排放在2030年左右即可达峰；随着非化石能源电力在总发电量中占比增加，再加上CCS和BECCS技术应用，电力部门的CO_2排放到2050年2℃情景下基本可实现近零排放。

（3）2 ℃情景下的非CO$_2$温室气体排放及构成：从图15-22可以发现，在2 ℃情景下，2050年非CO$_2$温室气体排放仍达17.8亿t CO$_2$当量，占全部温室气体排放的38.4%（不计碳汇），全部温室气体净排放39.4亿t CO$_2$当量，全部温室气体比峰值年份降低70%。

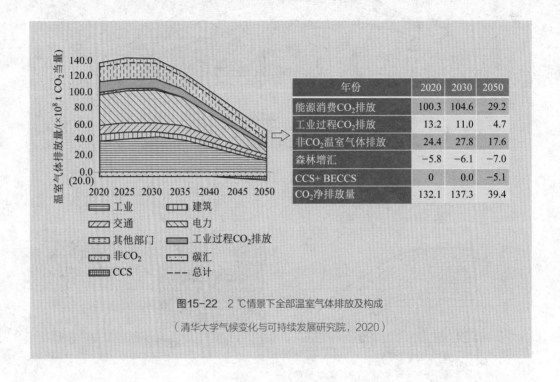

年份	2020	2030	2050
能源消费CO$_2$排放	100.3	104.6	29.2
工业过程CO$_2$排放	13.2	11.0	4.7
非CO$_2$温室气体排放	24.4	27.8	17.6
森林增汇	−5.8	−6.1	−7.0
CCS+ BECCS	0	0.0	−5.1
CO$_2$净排放量	132.1	137.3	39.4

图例：工业　建筑　交通　电力　其他部门　工业过程CO$_2$排放　非CO$_2$　碳汇　CCS　总计

图15-22 2 ℃情景下全部温室气体排放及构成

（清华大学气候变化与可持续发展研究院，2020）

2. 基于混合模型的1.5 ℃情景

在2 ℃情景的基础上，清华大学气候变化与可持续发展研究院基于混合模型对1.5 ℃情景下的低碳转型路径也进行了分析。全球1.5 ℃情景与中国2060年碳中和情景在目标导向上具有一致性。

（1）1.5 ℃情景下的一次能源消费量与构成：在1.5 ℃情景下，到2050年，一次能源消费量达到50亿t标准煤（图15-23），其中，煤炭占比降至5%以下，非化石能源占比超过85%，非化石能源电力占总电量中的比例超过90%。

与2 ℃情景一样，在1.5 ℃情景下提升终端用能部门电气化水平仍然是减排的重要路径。到2050年，一次能源用于发电的比重提升到85%，电力占终端能源消费的比重提升到68%。

（2）1.5 ℃情景下的温室气体排放及构成：在1.5 ℃情景下，CO_2在2050年为净零排放，电力系统则为负排放。从图15-24可以看到，与峰值相比，全部温室气体减排近90%。然而，非CO_2温室气体排放量仍然达10亿t CO_2当量。到2050年，不考虑CCS技术和碳汇，能源相关的CO_2排放量为14.7亿t，其中工业部门和电力部门各占31%和49%。

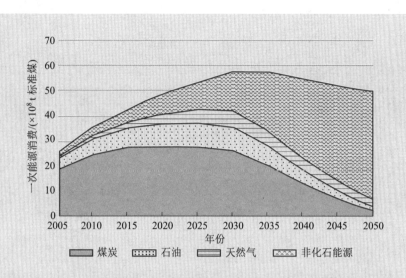

图15-23 1.5 ℃情景下长期低碳发展路径的一次能源消费量与构成

（清华大学气候变化与可持续发展研究院，2020）

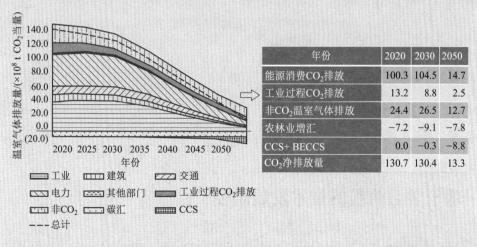

年份	2020	2030	2050
能源消费CO_2排放	100.3	104.5	14.7
工业过程CO_2排放	13.2	8.8	2.5
非CO_2温室气体排放	24.4	26.5	12.7
农林业增汇	−7.2	−9.1	−7.8
CCS+ BECCS	0.0	−0.3	−8.8
CO_2净排放量	130.7	130.4	13.3

图15-24 1.5 ℃情景下全部温室气体排放及构成

（清华大学气候变化与可持续发展研究院，2020）

3. 2 ℃情景路径向1.5 ℃情景路径转变

由2 ℃情景路径向1.5 ℃情景路径转变，各部门都要强化转型力度，特别是工业部门中难减排行业要进一步深度减排。

图15-25表明，工业部门在这个转型中仍有8.1亿t CO_2当量的减排空间。此外，还应加强氢能在工业部门、交通部门及电力部门的应用。同时，CCS和碳汇量等负排放技术的加强也将发挥重要作用。

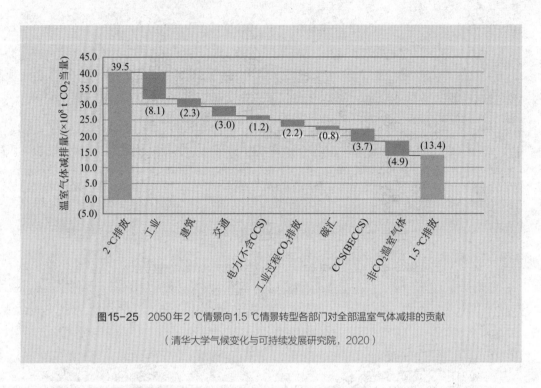

图15-25 2050年2 ℃情景向1.5 ℃情景转型各部门对全部温室气体减排的贡献

（清华大学气候变化与可持续发展研究院，2020）

第四节
基于学习曲线的技术发展路径

考虑成本效益的技术发展路径将为碳中和的实现提供重要的决策支撑，本节主要介绍可再生能源技术的学习曲线。

一、学习曲线效应

学习曲线效应基于两种因素的协同作用产生：一是熟能生巧，连续进行有固定规程的工作，复用经验，实现操作熟练，从而使得单位任务量的工作用时缩短；二是规模效应，生产10件产品与100件产品所需要的生产准备时间、各生产环节间的转换时间可能是一样的，因此一次生产的产品越多，分摊到每件产品上的准备时间和转换时间越少，单位生产效率越高。

二、可再生能源发电的学习曲线

化石燃料电力及核能电力的成本主要取决于两个因素：燃料价格和发电项目运营成本。对比而言，可再生能源发电项目的运营成本相对较低，且作为发电能源的风和阳光无需开采，因此没有燃料成本。决定其电力成本的主要因素只有发电项目的成本，即技术本身的成本。可再生能源的技术成本具有"学习曲线效应"，如图15-26所示。

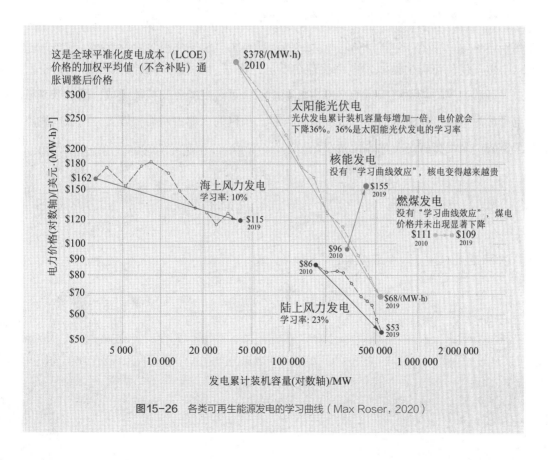

图15-26 各类可再生能源发电的学习曲线（Max Roser, 2020）

可以看到，太阳能发电电价显现出学习曲线关系，光伏发电累计装机容量每增加一倍，电价就会下降36%。

风力发电也显现出"学习曲线效应"，陆上风电产业实现了23%的"学习率"，累计装机容量每翻一番，电价就会下降近1/4。海上风电当前的"学习率"为10%，但电价仍相对昂贵。专家预计，未来几年海上风电将布设更大的风力涡轮机设备，并且持续的海上风力令其具有更高的容量系数，海上风电的价格将会显著降低。此外，陆上和海上风电之间客观存在的诸多相似性也蕴含着"学习曲线效应"可能在两者间发生传递，从而具备进一步摊薄成本的潜力。

核能发电的电价自2009年以来持续上升。这种增长也代表了核电在更长时期内的价格走向。价格上涨的原因之一是核能监管要求的提升，由此带来的益处不可忽视——核能发电安全性实现提升。第二个原因是由于近年来全球核电站新建数量较少，增速缓慢，市场供应链规模较小，在缺乏市场竞争条件下，无法受益于规模效应。

这与可再生能源发电的情况形成了鲜明对比。从标准化程度和生产建造数量而言，核技术标准化程度较低，新建核电站数量也极少，而太阳能光伏电池组件及风力发电项目恰恰相反，不仅标准化程度很高，而且生产建造数量也多得多。

然而目前可再生能源发电仍然存在不足：首先，供电的间歇性仍然是一大挑战，未来低碳世界的能源结构可能全部由低碳能源、可再生能源及核能组成，因此未来核电可成为可再生能源电力的有效补充。再者，项目的土地占用面积较大，而核能发电项目的一大优势就是土地占用量小。

思考题

1. 概述碳排放监测技术的特征，并对比分析其差异。

2. 论述碳排放监测的时效性对减排政策制定的意义，可围绕全球碳排放实时监测技术展开。

3. 针对碳核算主要覆盖的三种活动：能源燃烧、工业生产及废弃物处理，试参考温室气体排放清单指南，任选一个城市，选择其中的一种活动开展碳核算。

4. 试查找国内外相关碳排放数据库，比较不同数据库之间碳排放量存在的差异，并找出存在差异的原因。

5. 当前碳排放监测与核算技术体系存在哪些不足？请提出你的改进意见。

6. 在低碳战略情景分析中，用到的主要模型包含哪些？试评述这些模型的特点、局限性。

7. 查找3~5篇低碳战略情景分析的主题文献，对比其使用方法及情景分析结果，探讨其情景分析结果的差异性及原因。

8. 设计三种不同的实现1.5 ℃温升目标的低碳转型路径，并给出设计理由及技术选择倾向。

9. 当前中国不同省份及不同城市发展不平衡，因此在"双碳"目标的实现路径上具有差异性。请根据某一个或多个指标将省份分类，给不同类型的省份设计低碳路径，并比较路径间的差异。

10. 现有的文献展示了许多科学理论上宏观调控的碳中和实现路径，但在现实中，作为普通民众，通过日常的低碳行为，也能为碳中和的实现贡献一份力量。你认为该如何向更多人普及碳中和理念，倡导碳中和行为。

参考文献

[1] 李峥辉，卢伟业，庞晓坤，等. 火电企业 CO_2 排放在线监测系统的研发应用 [J]. 洁净煤技术，2020，26（4）：182−189.

[2] 饶雨舟，李越胜，姚顺春，等. 碳排放在线检测技术的研究进展 [J]. 广东电力，2015，28（8）：1−8.

[3] 王婷波. 碳卫星与全球碳测量 [J]. 气象科技进展，2019，9（4）：33.

[4] 马虹. 智慧能源及碳排放监测管理云平台系统方案研究与应用 [J]. 计算机测量与控制，2020，28（4）：28−32.

[5] 吴孟辉. 搭建碳排放智能平台 服务低碳经济发展 [J]. 福建质量技术监督，2019（4）：11−12.

[6] 曹晓裴，林殷怡，杜鹏宇，等. 高光谱遥感数据下城市植被碳汇的研究 [J]. 科技与创新，2016（16）：11−13.

[7] 中国标准化研究院，等. 工业企业温室气体核算和报告通则：GB/T 32150−2015 [S]. 北京：国家质量监督检疫总局，2015.

[8] 中国标准化研究院，等. 温室气体排放核算与报告要求 第1部分：GB/T 32151. 1−2015 [S]. 北京：国家质量监督检疫总局，2015.

[9] 张琦峰，方恺，徐明，等. 基于投入产出分析的碳足迹研究进展 [J]. 自然资源学报，2018, 33（4）：696−708.

[10] 李新航. 基于全生命周期的风电系统碳排放核算与分析 [J]. 环境保护与循环经济，2021, 41（6）：5−8, 45.

[11] 北京林业大学，中国林业科学研究院，中国质量认证中心. 森林生态系统碳储量计量指南：LY/T 2988−2018 [S]. 北京：国家林业和草原局，2018.

[12] 单永娟，张颖. 我国陆地生态系统碳汇核算研究 [J]. 林业经济，2015, 37（6）：102−107.

[13] 刘强. 能源环境政策评价模型的比较分析 [J]. 能源与环境，2008, 30（5）：26−31.

[14] 王天鹏，滕飞. 可计算一般均衡框架下的气候变化经济影响综合评估 [J]. 气候变化研究进展，2020, 16（4）：480−490.

[15] 张希良，张达，余润心. 中国特色全国碳市场设计理论与实践 [J]. 管理世界，2021, 37（8）：80−94.

[16] 生态环境部环境与经济政策研究中心. 乌鲁木齐市绿色低碳协同发展规划研究：决策者摘要 [R]. 2021.

[17] 清华大学气候变化与可持续发展研究院项目综合报告编写组.《中国长期低碳发展战略与转型路径研究》综合报告 [J]. 中国人口·资源与环境，2020, 30（11）：1−25.

[18] Roser M. Why did renewables become so cheap so fast? And what can we do to use this global opportunity for green growth? [R]. Our World in Data, 2020.

[19] 曹东，刘兰翠，蔡博峰，等. 基于第一次全国污染源普查的二氧化碳排放核算方法研究 [M]. 北京：中国环境科学出版社，2012.

郑重声明

高等教育出版社依法对本书享有专有出版权。任何未经许可的复制、销售行为均违反《中华人民共和国著作权法》，其行为人将承担相应的民事责任和行政责任；构成犯罪的，将被依法追究刑事责任。为了维护市场秩序，保护读者的合法权益，避免读者误用盗版书造成不良后果，我社将配合行政执法部门和司法机关对违法犯罪的单位和个人进行严厉打击。社会各界人士如发现上述侵权行为，希望及时举报，我社将奖励举报有功人员。

反盗版举报电话　　（010）58581999　58582371

反盗版举报邮箱　　dd@hep.com.cn

通信地址　　北京市西城区德外大街4号　高等教育出版社法律事务部

邮政编码　　100120

读者意见反馈

为收集对教材的意见建议，进一步完善教材编写并做好服务工作，读者可将对本教材的意见建议通过如下渠道反馈至我社。

咨询电话　　400-810-0598

反馈邮箱　　hepsci@pub.hep.cn

通信地址　　北京市朝阳区惠新东街4号富盛大厦1座
　　　　　　高等教育出版社理科事业部

邮政编码　　100029

防伪查询说明

用户购书后刮开封底防伪涂层，使用手机微信等软件扫描二维码，会跳转至防伪查询网页，获得所购图书详细信息。

防伪客服电话　　（010）58582300